아인슈타인이
괴델과 함께 걸을 때

When Einstein Walked with Gödel
: Excursions to the Edge of Thought by Jim Holt

When Einstein Walked with Gödel

사고의 첨단을 찾아 떠나는 여행

아인슈타인이
괴델과 함께 걸을 때

짐 홀트 지음 · 노태복 옮김

편집자 로버트 B. 실버스를

추모하며

● 일러두기

1. 본문에 나오는 옮긴이의 각주는 별도로 표시했습니다.
2. 국내 독자들에게 널리 알려진 지명이나 인명 같은 고유명사는 원어를 생략하고, 그렇지 않은 경우만 원어를 병기했습니다.
3. 원어는 괄호 없이 병기하는 것을 원칙으로 삼고 괄호가 중복되는 경우에는 대괄호를 사용하여 의미를 분명하게 전달하고자 했습니다.
4. 본문에 인용된 도서 중 국내에서 번역 출간된 경우에는 한국어판 제목으로, 그렇지 않은 경우에는 원제를 번역하여 달았습니다.
5. 일반적인 도서명에는 『 』를, 단편적인 글이나 논문 제목, 작품명이나 방송 프로그램, 영화 제목에는 「 」를, 정기간행물(신문, 잡지 등)에는 '〈 〉'를 붙였습니다.

이 글들은 지난 20년간 쓴 것이다. 나는 다음과 같은 세 가지를 고려하여 내용을 선정했다.

첫째는 글이 전하는 생각의 깊이와 힘, 그리고 순수한 아름다움이다. 아인슈타인의 (특수 및 일반)상대성이론, 양자역학, 군이론群理論, group theory, 무한대와 무한소, 튜링의 계산 가능성과 '결정 문제', 괴델의 불완전성 정리, 소수와 리만 제타 추측, 범주론, 위상수학, 고차원, 프랙털, 통계 회귀분석 및 '종형곡선bell curve', 진리 이론 등은 내가 살면서 접한 가장 흥미로운(또한 나를 겸손하게 만드는) 지적 성취이다. 이 모든 주제를 이 책에서 다루고 있다. 나의 이상은 칵테일파티용 잡담이다. 즉 심오한 개념을 핵심만 들추어내어 (어쩌면 냅킨에 연필로 몇 번 휘갈겨) 관심 있는 친구에게 상쾌하고 즐겁게 전달하자는 것이다. 궁극적으로 나는 이 책을 통해 문외한에게는 빛나는 통찰을, 전문가에게는 뜻밖의 참신한 반전을 선사하고 싶다. 전혀 지루하지 않게 말이다.

두 번째 고려 사항은 인간적인 요소이다. 이 책의 모든 사상은 매우 극적인 삶을 살았고 피와 살을 지녔던 해당 사상의 창시자와 함께 펼

처진다. 종종 이들의 삶에는 어처구니없음의 일면이 깃들어 있다. 현대
통계학의 창시자(아울러 '본성 대 양육' 개념의 시조)인 프랜시스 골턴 경은 빅토
리아 시대의 고상한 학자였지만, 아프리카의 덤불을 헤치며 온갖 우여
곡절을 겪기도 했다. '네 가지 색깔 정리'의 역사에서 중심적 인물은 굉
장히 기이한 수학자이자 고전학자인 퍼시 히우드Percy Heawood – 또는 고
양이 수염을 했다고 해서 친구들이 부르던 이름인 '퍼시Pussy' 히우드 –
였다.

비극적인 방향으로 흘러간 인생도 꽤 있다. 군이론의 창시자인 에
바리스트 갈루아는 스물한 살 생일을 앞두고 결투를 벌이다가 사망
했다. 지난 세기 후반의 가장 혁명적인 수학자인 알렉산더 그로텐디
크Alexander Grothendieck는 피레네 산맥 기슭에서 망상에 빠진 은둔자로 살
다가 격동의 삶을 마감했다. 무한 이론의 창시자이자 유대교 신비주의
자였던 게오르크 칸토어는 정신병원에서 죽었다. 광신적 사이버 페미
니즘의 여신 – 그리고 미 국방부가 사용한 프로그래밍 언어에도 자신
의 이름이 붙은 여인 – 인 에이다 러브레이스는 아버지 바이런 경의 방
탕한 삶을 자신이 속죄하며 살아야 한다는 강박관념에 시달렸다. 무한
에 관한 이론의 대가인 러시아의 위대한 두 수학자 드미트리 예고로
프Dmitri Egorov와 파벨 플로렌스키Pavel Florensky는 반유물론적 영성주의 신
봉자라는 죄목으로 스탈린의 강제노동수용소에서 살해되었다. 현대의
모든 논리학자 중에서 가장 위대했던 쿠르트 괴델은 자신을 독살하려

는 우주적인 음모가 있다는 피해망상에 사로잡힌 나머지 스스로 굶어 죽었다. 미국 작가 데이비드 포스터 월리스David Foster Wallace – 이 작가가 무한이라는 주제에 천착했던 이야기가 나중에 이 책에 나온다 – 는 스스로 목을 맸다. 그리고 앨런 튜링 – 컴퓨터의 개념을 고안했고, 당대의 가장 엄청난 논리 문제를 풀었으며, 나치의 '에니그마Enigma' 암호를 해독하여 수많은 생명을 살려낸 인물 – 도 무슨 이유인지는 밝혀지지 않았지만 청산가리가 든 사과를 깨물고 스스로 목숨을 끊었다.

세 번째 고려 사항은 철학적인 것이다. 각각의 글에 나오는 사상들은 전부 이 세계에 관한 가장 일반적인 개념(형이상학), 어떻게 우리가 지식을 얻고 정당화하는지(인식론), 그리고 심지어 우리가 어떻게 살아야 하는지(윤리학)와 결정적으로 관련되어 있다.

형이상학부터 시작하자. 무한히 작다는 – 무한소의 – 개념은 실재가 한 통의 시럽(연속적인 것)인가, 아니면 한 무더기의 모래(개별적인 것) 인가라는 질문을 제기한다. 아인슈타인의 상대성이론은 시간에 대한 우리의 인식에 도전을 가하거나 – 만약 괴델의 독창적인 추론이 옳다면 – 그것을 통째로 뒤집어버린다. 양자 얽힘은 공간의 실재성에 의문을 던지면서, 우리가 '전일적인' 우주에 살고 있을 가능성을 제기한다. 튜링의 계산 가능성 이론은 우리로 하여금 어떻게 마음과 의식이 물질에서 비롯되는지 다시 생각하게 만든다.

다음은 인식론이다. 위대한 수학자들 중 대다수는 우리가 사는 평범한 세계를 초월하는 추상적 형태의 영원한 영역을 통찰한다. 어떻게 위대한 수학자들은 그러한 '플라톤적' 세계를 드나들면서 수학적 지식을 얻을까? 어쩌면 수학자들은 완전히 잘못 생각하고 있는 게 아닐까? 즉 위력과 유용함에도 불구하고 결국 수학은 '갈색 암소는 암소다' 같은 명제처럼 단지 동어반복에 지나지 않는 것일까? 이 사안을 생생하게 드러내기 위해 나는 참신한 방법으로 접근하고자 한다. 구체적으로는, 수학의 가장 위대한 미해결 문제로 널리 인정되는 리만 제타 추측을 살펴보겠다.

물리학자들 또한 자신이 어떻게 지식에 도달하는지에 관한 낭만적 이미지에 빠지기 쉽다. 굳건한 실험·관찰 증거가 없을 때면 미학적 직관에 의존한다. 노벨 물리학상 수상자인 스티븐 와인버그가 '아름다움의 감각'이라고 도도하게 불렀던 바로 그 능력이다. '아름다움=진리'라는 등식은 지난 세기 대부분의 기간 동안 물리학자들을 사로잡았다. 하지만, 내가 「끈이론 전쟁, 아름다움은 진리인가?」에서 묻는 질문이기도 한데 그 등식 때문에 물리학자들은 최근에 길을 잃어버리지 않았는가?

마지막은 윤리다. 이 책은 여러 면에서 삶의 길을 다룬다. 프랜시스 골턴 경의 이론적 추정에 의해 시도된 유럽과 미국의 우생학 프로그램들은 어떻게 과학이 윤리를 타락시킬 수 있는지를 잔인하게 보여준다. 컴퓨터로 인해 우리의 생활 습관이 달라지는 지금의 현실은 행복과 창의적 충족감의 본질에 관해 깊은 생각을 하도록 이끈다(「더 똑똑한, 더 행복한, 더 생산적인」에서 이 사안을 다룬다). 그리고 세계에 만연한 고통은 도덕성이 우리에게 부과한 요구사항에 어떤 제한이 있을 수 있는지 묻게 만든다 (「도덕적 성인에 관하여」에서 이 사안을 다룬다).

마지막 글인 「아무 말이나 하세요」는 미국의 철학자 해리 프랑크 푸르트가 진리에 적대적이지는 않지만 무관심한 사람을 논한 유명한 주장을 짚어보면서 시작한다. 이어서 그 구도를 확장시켜 어떻게 철학자들이 언어와 세계 사이의 '교신'이라며 진리에 관해 – 그릇되게? – 논하는지를 살펴본다. 약간 농담조로 이 글은 형이상학과 인식론과 윤리학 분야에 다리를 놓는데, 덕분에 나름 책 전체에 통일성이 갖추어졌다고 본다.

마지막으로 일관성이 없다는 비난을 받지 않기 위해 나는 다음과 같이 (과도하게?) 확신한다. '코페르니쿠스 원리', '괴델의 불완전성 정리', '하이젠베르크의 불확정성 원리', '뉴컴Newcomb의 문제', 그리고 '몬티 홀Monty Hall 문제'는 모두 스티글러Stigler의 명명법칙의 예외라고 말이다(406~407쪽 참조).

2017년 뉴욕 시에서
J. H.

차례

제1부

영원성의 움직이는 이미지

아인슈타인이 괴델과 함께 걸을 때

1933년, 자신의 위대한 과학적 발견을 뒤로하고 알베르트 아인슈타인은 미국으로 건너왔다. 고등과학연구소의 주역으로 뽑혀 뉴저지주 프린스턴에서 22년간의 여생을 보냈다. 아인슈타인은 그곳의 우쭐한 분위기를 어려워하지 않고 새로운 환경에 꽤 만족했다. 하지만 "프린스턴은 지구에서 보기 드문 멋진 곳이지만, 또한 작고 비실비실한 반인반신들이 사는 대단히 웃기는 케케묵은 벽지다"라고 빈정대기도 했다. 하루 일과는 머서 가Mercer Street 112번지에 있는 자택에서 프린스턴의 자기 연구실까지 유유히 걷는 데서부터 시작했다. 그 무렵 아인슈타인은 세계에서 가장 유명한 인물이자 독특한 외모 – 방금 침대에서 나온 듯한 부스스한 머리카락과 멜빵이 달린 헐렁한 바지 – 때문에 단연 눈에 띄는 인물이었다.

프린스턴에 온 지 10년이 지나자 아인슈타인은 함께 걷는 일행이 생겼다. 훨씬 젊은 그 사람은 후줄근한 아인슈타인과 달리 흰색 린넨

정장과 그에 잘 어울리는 중절모를 쓴 말쑥한 차림이었다. 둘은 연구소로 가는 아침 출근길에서, 그리고 낮에 집으로 돌아오는 길에서 독일어로 활기찬 대화를 하곤 했다. 정장 차림의 남자는 많은 사람들이 알아보는 인물은 아닐지 모르지만, 아인슈타인은 그를 자신과 마찬가지로 혁명적 사상을 독자적으로 내놓은 동무라고 여겼다. 아인슈타인이 상대성이론으로 물질세계에 관한 우리의 일상적 개념을 뒤집은 사람이라면, 마찬가지로 그 젊은 사람인 쿠르트 괴델은 수학이라는 추상적 세계에 혁명을 일으킨 사람이었다.

아리스토텔레스 이후 가장 위대한 논리학자라고 종종 불리는 괴델은 특이한 사람이었는데, 종국에는 비극적으로 삶을 마무리했다. 아인슈타인이 붙임성이 좋고 웃기 좋아한 반면에 괴델은 침울하고 고독하고 비관적이었다. 열정적인 아마추어 바이올리니스트였던 아인슈타인은 베토벤과 모차르트를 좋아했다. 괴델의 취향은 다른 방향으로 향했다. 가장 좋아한 영화는 월트 디즈니에서 만든 「백설공주와 일곱 난쟁이」였으며, 아내가 앞마당에 풀어놓은 홍학을 보고서 푸르흐트바 헤르치히*furchtbar herzig*, 즉 '지독하게 매력적인'이라고 감탄했다. 아인슈타인이 기름진 독일식 요리를 마음껏 탐닉한 반면에 괴델은 병약자의 식단과 유아식, 그리고 변비약으로 간신히 생활해나갔다. 아인슈타인의 사생활도 복잡하지 않은 건 아니었지만, 겉으로 볼 때는 즐겁고 평온했다. 반면에 괴델은 편집증 기질이 있었다. 귀신을 믿었고, 냉장고 냉매로 독살을 당할지 모른다는 병적인 두려움에 시달렸다. 실제로 어떤 저명한 수학자들이 프린스턴에 왔을 때 그들이 자신을 죽일까봐 무서워서 외출을 하지 않으려고 했다. 괴델이 고수한 '혼란스러운 것은 뭐든 잘못된 모습이다'라는 주장은 편집증 환자의 으뜸 금언이다.

연구소의 다른 회원들은 이 우울한 논리학자를 찜찜해하고 난처해했지만 아인슈타인만은 사람들에게 이렇게 말했다. 자신이 연구실에 나오는 까닭은 '단지 쿠르트 괴델과 함께 집으로 걸어가는 특권을 누리기 위해서'라고. 아마도 그렇게 말한 이유에는 괴델이 아인슈타인의 명성에 주눅들지 않고 거침없이 반론을 펼치는 태도가 한몫했던 듯하다. 고등과학연구소에서 함께 일한 물리학자 프리먼 다이슨은 이렇게 말했다. "괴델 박사님은…… 우리 동료들 중에서 아인슈타인 박사님과 대등하게 걷고 대화를 한 유일한 사람이었다." 아인슈타인과 괴델은 나머지 인류보다 더 높은 경지에 서 있는 듯 보이기도 했지만, 또한 아인슈타인의 말대로 '박물관 소장품'이 되고 만 것도 사실이었다. 아인슈타인은 닐스 보어와 베르너 하이젠베르크의 양자론을 인정하지 않았다. 괴델은 수학의 추상적 개념이 모든 면에서 탁자와 의자만큼이나 실재라고 믿었는데, 이것은 철학자들이 순진한 생각이라며 웃어넘겼던 견해다. 괴델과 아인슈타인 둘 다 이 세계는 우리 개개인의 인식과 무관하게 합리적으로 조직되어 있으며, 결국 인간이 이해할 수 있는 것이라고 믿었다. 지적인 고립의 감정을 공유했던 둘은 서로의 사귐에서 위안을 찾았다. 연구소의 또 다른 누군가는 이렇게 말했다. "둘은 다른 누구와도 이야기하고 싶어 하지 않았다. 자기들끼리만 이야기하길 원했다."

사람들은 둘이 무슨 이야기를 하는지 궁금해했다. 정치도 아마 이야기의 주제였던 듯하다. (1952년 미국 대통령 선거에서 애들레이 스티븐슨Adlai Stevenson을 지지했던 아인슈타인은 괴델이 드와이트 D. 아이젠하워에게 표를 던지자 격분했다.) 물리학도 당연히 대화 주제였다. 괴델은 물리학에도 정통했다. 그는 아인슈타인과 마찬가지로 양자론을 불신했지만, 결정론적인 체계에서 기존의 모든 힘을 아우르는 '통일장이론'으로 양자론을 대체하려는 그 노장 물리학자의 야심에도 의심의 눈길을 보냈다. 하지만 둘은 아인슈타인의 말대로 '진정한 중요성'을 지닌 문제들, 즉 실재의 가장 기본적인 요소들에 관한 문제에 매력을 느꼈다. 괴델은 특히 시간의 본질에 심취했는데, 한 친구에게 말한 대로 그것만이 유일한 본질적 질문이었다. 어떻게 그처럼 '불가사의하고 자기모순적인 듯한' 것(시간)이 '세계와 우리 존재의 기반을 형성할 수 있는가?'라고 괴델은 물었다. 시간은 아인슈타인의 전문 분야이기도 했다.

수십 년 전인 1905년에 아인슈타인은 기존의 과학자와 보통 사람들이 이해하고 있는 시간은 허구임을 증명해냈다. 그해의 독보적인 성취는 이뿐만이 아니었다. 그해 초에 스물다섯 살의 아인슈타인은 스위스 베른의 한 특허사무소에서 특허 문서를 심사하는 직원으로 채용되었다. 이전에 물리학 박사학위를 받는 데 실패하고서는, 학계에 몸담겠다는 생각을 잠시 접고 친구에게 이렇게 말했다고 한다. "코미디는 이제 죄다 지겹다." 그즈음 아인슈타인은 프랑스의 저명한 수학자인 앙리 푸앵카레의 책을 읽었는데, 그 책에는 과학의 근본적인 세 가지 미해결 문제가 나와 있었다. 첫 번째는 '광전효과'에 관한 것이었는데, 자외선이 어떻게 금속 표면에서 전자를 떼어내는가라는 질문이었다. 두 번째는 '브라운 운동'에 관한 질문으로, 왜 물에 떠 있는 꽃가루 입자들이 무작위적인 지그재그 운동을 하는가라는 것이었다. 세 번째는 공간을 가득 채우고 있으며 소리가 공기를 통해, 그리고 파도가 물을 통해 이동하듯 빛이 이동하는 데 매질 역할을 한다고 예상되는 '에테르'에 관한 것이었는데, 왜 지구가 이 에테르 속에서 이동하는 효과가 실험으로 검출되지 않는가라는 질문이었다.

이 질문들 각각은 아인슈타인이 보기에 자연의 근본적 단순성을 밝혀낼 잠재력을 지니고 있었다. 과학계와 동떨어져 혼자 연구하던 무명의 특허사무소 신참 직원은 신속하게 세 가지 문제를 몽땅 해치웠다. 그의 해법은 1905년 3·4·5·6월에 쓰인 네 편의 논문으로 발표되었다. 광전효과에 관한 3월의 논문은 빛이 (훗날 광자라고 명명되는) 이산적인 입자 형태로 존재한다고 가정했다. 4월과 5월 논문에서는 원자의 실재성을 최종적으로 규명했으며, 원자의 크기에 대한 이론적 추산치를 내놓았고, 아울러 어떻게 원자들이 서로 부딪히면서 브라운 운동을 일으키는지를 밝혀냈다. 에테르 문제에 관한 6월 논문에서는 상대성이론을 펼쳐냈다. 이후 일종의 앙코르로서 9월에 세 쪽짜리 주석을 발표했는데, 거기에는 시대를 통틀어 가장 유명한 방정식 '$E=mc^2$'이 들어 있었다.

이 논문들은 전부 경이로운 내용이었으며 물리학계의 굳건한 기존 개념들을 전복시켰다. 하지만 범위와 대담성 면에서 6월 논문이 가장 두드러졌다. 30쪽의 간명한 이 논문은 물리법칙들을 완전히 새로 썼다. 먼저 그는 엄연한 두 법칙에서부터 시작했다. 첫째, 물리법칙들은 절대적이다. 즉 동일한 법칙은 모든 관찰자에게 동일하게 적용된다는 뜻이다. 둘째, 빛의 속력은 절대적이다. 이 또한 모든 관찰자에 대해 동일하다. 두 번째 원리는 첫 번째 원리에 비해 덜 자명하지만, 그것을 제시하기 위한 논리는 대동소이하다. (19세기 후반에 이미 밝혀졌듯이) 빛은 전자기파이기 때문에, 빛의 속력은 전자기 법칙들에 의해 규정된다. 그 법칙들은 모든 관찰자에게 동일해야 한다. 따라서 누가 보아도 빛은 관찰자의 기준계에 무관하게 동일한 속력으로 움직여야 한다. 하지만 아인슈타인으로서도 빛 원리를 받아들이기가 난처했는데, 왜냐하면 그 원리에서 도출된 결과는 명백히 터무니없어 보였기 때문이다.

상황을 실감나게 설명하기 위해, 빛의 속력이 시속 100마일*이라고 가정하자. 이제 나는 도로가에 서 있으면서 빛이 그 속력으로 지나가는 것을 바라본다. 다음에 나는 당신이 시속 60마일의 속력으로 그 빛을 따라가고 있는 모습을 본다. 내가 보기에 빛의 광선은 당신을 40마일의 속력으로 앞서가고 있다. 하지만 차 안에 있는 당신이 보기에 빛의 광선은 여전히 도로가에서 내가 보고 있는 것과 똑같이 시속 100마일로 멀어지고 있다. 이것이 바로 빛 원리가 요구하는 것이다. 당신이 엔진을 더 세게 가동시켜 속력을 시속 99마일로 높이면 어떻게 될까? 이제 내가 보기에 빛의 광선은 당신을 고작 시속 1마일로 앞서간다. 하지만 차 안에 있는 당신이 보기에 빛의 광선은 당신의 속도 증가와 무관하게 여전히 시속 100마일로 달리고 있다. 어떻게 이럴 수 있을까? 물론 속력은 거리를 시간으로 나눈 값이다. 분명 당신이 차 안에서 더 빨리 갈수록 당신의 차는 더 짧아지고 당신의 시계는 더 느리게 간다. 그래야만 빛의 속력이 두 관찰자에게 동일할 수 있다. (만약 내가 쌍안경을 꺼내 당신의 차를 본다면, 실제로 차의 길이는 줄어들고 당신은 차 안에서 슬로모션으로 움직이고 있을 것이다.) 아인슈타인은 이런 상황에 맞게 물리법칙들을 다시 작성하기 시작했다. 이 법칙들을 절대적으로 만들기 위해서는, 거리와 시간을 상대적으로 만들어야 했던 것이다.

절대적인 시간 개념을 버린 것은 실로 놀라운 일이었다. 아이작 뉴턴은 시간이 객관적이고 보편적이며 모든 자연현상을 초월한다고 믿었다. "절대적 시간의 흐름은 결코 변할 수 없다"고 뉴턴은 자신의 저서인 『프린키피아』에서 선언했다. 하지만 아인슈타인은 시간이라는 것이 반복적인 현상 – 심장박동, 행성의 자전과 공전, 그리고 시계의 똑딱

---

* 약 160킬로미터 – 옮긴이

거림 – 에 대한 우리의 경험으로부터 추상화시킨 개념임을 알아차렸다. 시간 판단은 언제나 동시성의 판단으로 귀결된다. "만약 내가 '기차가 여기에 7시에 도착한다'라고 말한다면, 이는 '내 시곗바늘이 정확히 7을 가리키는 것과 기차의 도착이 동시적인 사건'이라는 뜻"이라고 아인슈타인은 6월 논문에 썼다. 만약 해당 사건들이 서로 어느 거리만큼 떨어져 있다면, 동시성의 판단은 오직 빛 신호를 주고받아야만 이루어질 수 있다. 자신의 기본적인 두 원리를 바탕으로 아인슈타인은 한 관찰자가 두 사건이 '동시에' 일어난다고 판단할지 여부는 자신의 운동 상태에 달려 있음을 증명해냈다. 달리 말해서, 보편적인 *지금*은 존재하지 않는다는 것이다. 서로 다른 관찰자들이 시간을 상이한 방식으로 '과거', '현재', 그리고 '미래'로 나누므로, 따라서 모든 순간은 동일한 실재성을 갖고서 공존한다고 보아야 할 것이다.

아인슈타인의 결론은 자연에 관한 가장 단순한 가정에서 출발하여 도달한 순수한 사고의 산물이었다. 이후 한 세기가 넘도록 그 결론들은 온갖 실험에 의해 정밀하게 검증되었다. 하지만 상대성에 관한 1905년의 논문은 정식 학술논문으로 제출되었을 때 거부당했다. (그래서 심사관들이 덜 놀랄 법한, 원자의 크기에 관한 4월 논문을 제출했다. 이 논문은 분량의 최소한도를 넘기기 위해 한 문장을 더 추가하고 나서야 수락되었다.) 이후 1921년에 아인슈타인은 노벨 물리학상을 받았는데, 광전효과에 관한 연구 덕분이었다. 스웨덴 아카데미는 아인슈타인에게 노벨상 수락 연설에서 상대성은 일절 언급하지 못하게 했다. 공교롭게도 아인슈타인은 스톡홀름에서 열린 수상식에 참석할 수 없는 처지였다. 그래서 예테보리에서 노벨상 수상 기념 강연을 했는데, 바로 앞줄에 스웨덴 국왕 구스타프 5세가 앉아 있었다. 국왕이 상대성이론을 알고 싶다고 하자 아인슈타인은 설명해주었다고 한다.

1906년, 그러니까 아인슈타인의 '기적의 해' 다음 연도에 (지금은 체코공화국의 도시인) 브르노에서 쿠르트 괴델이 태어났다. 괴델은 호기심이 많고 – 부모와 형은 괴델에게 데어 헤르 바룸 der Herr Warum, 즉 '미스터 와이 Mr. Why'라는 별명을 붙여주었다 – 신경이 예민했다. 다섯 살 때는 가벼운 불안신경증에 걸렸던 듯하다. 여덟 살 때는 심각한 류마티스열을 앓았는데, 이 때문에 심장이 치명적으로 망가졌다고 평생 확신했다.

1924년 괴델은 빈 대학에 입학했다. 물리학을 공부할 생각이었지만, 곧 수학의 아름다움에 매혹되었고, 특히 수나 원 같은 추상적 개념이 인간의 의식과 무관한 완벽하고 절대적인 존재라는 생각에 사로잡혔다. 플라톤의 이데아 이론에서 비롯되었기에 플라톤주의라고 알려진 이 견해는 수학자들 사이에서 언제나 유행이었다. 하지만 1920년대 빈 철학계에서는 확실히 낡은 것으로 취급되었다. 그 도시의 부유한 카페 문화에서 번창한 많은 지적인 운동 중에서 가장 돋보인 것은 빈 서클 Vienna Circle이었다. 빈 서클에 속한 일군의 철학자들은 철학이 형이상학을 말끔히 걷어내고 과학의 옷을 입어야 한다고 믿었다. 원하는 바는 아니었으나 이들의 선봉에 서게 된 루트비히 비트겐슈타인의 영향력 아래 빈 서클의 회원들은 수학을 기호들을 갖고 벌이는 게임으로 간주했다. 수학이 좀 더 복잡한 버전의 체스 게임이라고 본 것이다. '2+2=4'와 같은 명제가 참인 까닭은, 회원들의 주장에 따르면 그것이 수들로 이루어진 어떤 추상적 세계를 옳게 기술하기 때문이 아니라 어떤 규칙들에 따라 논리체계 안에서 유도될 수 있기 때문이었다.

괴델도 어느 교수의 소개로 빈 서클에 들어갔지만 자신의 플라톤적 견해를 입 밖에 내지 않았다. 철두철미한 성격인데다 논쟁을 싫어하는 성향이었기에 어떤 것을 아무리 확신해도 옳음을 증명할 확실한 방법이 없는 한 논쟁을 벌이려 하지 않았다. 하지만 수학이 단지 논리로 환원되는 것이 아님을 어떻게 증명할 수 있을까? 괴델의 전략 ― 기이하기 그지없이 총명하며, 철학자 레베카 골드스타인Rebecca Goldstein의 표현에 따르면 '심장이 멎을 만큼 아름다운' ― 은 논리를 자신에게 반하도록 이용하는 것이었다. 모순이 없으리라고 여겨지는 수학에 관한 어떤 논리체계에서 시작하여 괴델은 그 체계 내의 공식들이 모호성을 갖게 하는 독창적인 방안을 고안해냈다. 수에 관해 무언가를 말하는 한 공식은, 이 방안에 의하면 또한 다른 공식들에 관해, 그리고 그 공식들이 어떻게 서로 논리적으로 관련되는지에 관해 무언가를 말한다고 해석될 수 있다. 사실 괴델이 보여주었듯이, 공식은 심지어 *자신*에 관해 무언가를 말할 수도 있다. 수학적 자기 지칭이라는 이 도구를 각고의 노력 끝에 만들어낸 다음에 괴델은 놀라운 반전을 선보였다. 즉 겉으로는 수에 관해 내용을 말하면서 또한 '나는 증명될 수 없다'라고도 말하는 공식을 내놓았던 것이다. 우선 이것은 역설처럼 보인다. '모든 크레타인은 거짓말쟁이'라고 선언했다는 크레타인의 이야기가 떠오르기 때문이다. 하지만 괴델의 자기 지칭 공식은 자신의 진리성에 관해서가 아니라 증명 가능성에 관해 언급한다. 그 공식이 '나는 증명될 수 없다'고 말할 때, 이 말이 거짓일 수 있을까? 아니다. 왜냐하면 만약 거짓이라면, 공식은 증명될 수 있다는 뜻이 되므로 결국 참이 되기 때문이다. 따라서 그것이 증명될 수 없다는 선언은 참일 수밖에 없다. 하지만 이 명제가 진리임은 그 논리체계 바깥에서만 알 수 있다. 체계 내부에서는 증명될 수도, 반박될 수도 없다. 그렇다면 그 체계는 불완전하다. 왜냐하면 체계 내에서는 증명될 수 없는, 수에 관한 참인 명제('나는 증명될 수 없다'

고 말하는 명제)가 적어도 하나 존재하기 때문이다. 이 결론 – 어떤 논리체계도 수학의 모든 진리를 판단할 수는 없다는 결론* – 을 가리켜 괴델의 제1불완전성 정리라고 한다. 괴델은 또한 수학의 어떤 논리체계도 스스로의 수단에 의해 무모순임을 보일 수 없음을 증명했는데, 이를 가리켜 괴델의 제2불완전성 정리라고 한다.

비트겐슈타인은 "논리에는 놀라울 게 결코 있을 수 없다"고 주장한 적이 있었다. 하지만 괴델의 불완전성 정리는 실로 놀라움을 불러일으켰다. 사실 이 신출내기 논리학자가 1930년 독일의 쾨니히스베르크시에서 열린 학회에서 불완전성 정리를 소개했을 때, 거의 아무도 이해하지 못했다. 수학 명제가 설령 그것을 증명할 가능성이 없더라도 참이라는 말이 도대체 무슨 뜻이란 말인가? 그런 발상은 터무니없어 보였다. 한때 위대한 논리학자였던 버트런드 러셀도 당혹해했다. 러셀은 괴델이 수학의 한 모순을 발견해냈다고 오해했던 듯하다. "2+2가 4가 아니라 4.001이라고 여겨야 하는가?" 러셀은 수십 년 후 침울하게 그렇게 묻더니, 다시 덧붙였다. "(자신이) 더 이상 수학 논리를 다루지 않게 되어서 기쁘다"고. 괴델의 정리가 지닌 중요성이 차츰 알려지면서 '사망', '대재앙', 그리고 '악몽' 등의 단어들이 퍼져나갔다. 수학자들은 논리로 무장하여 결국에는 어떠한 난제라도 원리적으로 풀 수 있다는 신념이 줄곧 이어져왔다. 유명한 선언에서처럼, 수학에는 영원한 무지가 존재하지 않았다. 그런데 괴델의 정리가 완전한 지식이라는 이 이상을 산산조각 내버린 듯했다.

하지만 괴델은 그렇게 보지 않았다. 오히려 수학에는 모든 논리체계를 초월하는 굳건한 실재가 깃들어 있음을 자신이 밝혀냈다고 여겼

---

* 구체적으로 말하자면, 어떤 논리체계에서도 참이지만 증명할 수 없는 명제가 존재한다는 결론 – 옮긴이

다. 하지만 논리는, 괴델의 확신에 따르면 이 실재에 관한 지식으로 가는 유일한 길이 아니었다. 인간에게는 그런 실재에 관한 초감각적 지각 같은 것이 있는데, 괴델은 이를 '수학적 직관'이라고 불렀다. 바로 그런 직관 능력 덕분에 우리는 가령 '나는 증명될 수 없다'라고 말하는 공식이 반드시 참임을 알 수 있는 것이다. 비록 그런 공식이 사는 체계 내에서는 증명될 수 없지만 말이다. 어떤 사상가들(가령 물리학자 로저 펜로즈)은 한 걸음 더 나아가 괴델의 불완전성 정리가 인간 정신의 본질에 관해 심오한 함의를 지니고 있다고까지 주장했다. 이들의 주장에 따르면 우리의 정신적 능력은 컴퓨터의 능력을 틀림없이 뛰어넘는다. 왜냐하면 컴퓨터는 하드웨어상에서 작동하는 논리체계일 뿐인데 우리의 정신은 논리체계의 범위를 벗어나는 진리에 도달할 수 있기 때문이다.

불완전성 정리를 증명했을 때 괴델은 스물네 살이었다(아인슈타인이 상대성이론을 내놓았을 때보다 조금 더 젊었다). 그 무렵 엄격한 루터교 신자인 부모가 극구 반대하는데도 괴델은 연상의 가톨릭교도인 이혼녀에게 구애 중이었다. 아델레라는 이름의 이 여자는 설상가상으로 데어 나흐트팔터Der Nachtfalter('나방'이라는 뜻이다)라는 빈의 나이트클럽에서 무용수로 일하고 있었다. 당시 오스트리아의 정치적 상황은 독일에서 히틀러가 집권하면서 점점 더 혼돈 속으로 빠져들고 있었다. 비록 괴델은 별로 의식하지 못했지만 말이다. 1936년에는 빈 서클이 해산당했다. 어느 삐뚤어진 학생이 서클의 설립자를 암살했기 때문이다. 2년 후에는 독일이 오스트리아를 강제로 합병했다. 시대의 위험은 마침내 괴델에게도 닥쳐왔다. 히틀러 소년단 무리에게 폭행을 당하다가 아델레가 우산으로 아이들을 물리친 덕분에 겨우 도망칠 수 있었다. 괴델은 프린스턴에 가기로 결심했다. 프린스턴 고등과학연구소에서 일자리 제안을 받아두었기 때문이다. 하지만 전쟁이 발발하자 대서양을 건너기는 너무 위험하다고 판단했다. 그래서 당시 부부 사이였던 아델레와 함께 머나먼 우회로를 택했다. 러시아를 횡단하여 태평양을 건너 미국 서부 해안에 도착한 뒤 마침내 1940년 프린스턴에 도착했다. 연구소에서 괴델이 배정받은 연구실은 아인슈타인의 연구실 거의 바로 밑이었다. 이후로 평생 동안 괴델은 프린스턴을 거의 떠나지 않았다. 한때 좋아했던 빈보다 '열 배나 더 마음에 드는' 곳이었으니까.

괴델은 일반 대중에게 거의 알려지지 않았지만, 전문가들에게는 신과 같은 존재로 인정받았다. 1970년대 초반에 철학과 대학원생으로 프린스턴 대학에 온 레베카 골드스타인은 『불완전성 : 쿠르트 괴델의 증명과 역설』(2005년)이라는 지적인 전기를 썼는데, 이 책에는 다음과 같은 구절이 나온다. "어처구니없게도 쿠르트 괴델이라는 이름이 프린스턴의 밝은 주황색 전화번호부에 여느 사람들의 이름과 똑같이 실려 있었다." 다음으로 골드스타인은 이렇게 적었다. "동네 전화번호부를 펼쳤더니 스피노자나 뉴턴의 이름이 나온 것과 마찬가지 상황이었다." 이어서 다음과 같은 회상을 들려준다. "어느 날 식료품점에 갔더니 철학자 리처드 로티Richard Rorty가 어리둥절한 표정으로 나를 바라보고 있었다. 로티는 내게 귀띔하기를, 방금 전에 냉동식품 코너에서 괴델을 만났다고 했다."

그 위대한 논리학자는 너무나 순진하고 유별났기에 아인슈타인은 자기가 나서서 괴델의 현실적 문제를 챙겨야겠다고 느꼈다. 좋은 예가 전후 괴델이 미국 시민이 되기로 한 때의 이야기다. 괴델은 시민권 문제를 매우 진지하게 받아들여서, 시험 준비로 미국 헌법을 자세히 공부했다. 시험 당일에 아인슈타인도 괴델과 함께 트렌턴에 있는 법원으로 갔는데, 거기서 괴델의 입을 막아야만 했다. 흥분한 논리학자가 판사에게 미국 헌법이 어떻게 독재자의 출현을 방조할 허점이 있는지를 조목 조목 설명하기 시작했기 때문이다.*

　미국 헌법을 공부하던 무렵에 괴델은 아인슈타인의 상대성이론도 자세히 들여다보고 있었다. 상대성의 핵심 원리는 물리법칙이 모든 관찰자에게 동일해야 한다는 것이다. 혁명적인 1905년 논문에서 상대성 원리를 처음으로 정식화했을 때 아인슈타인은 '모든 관찰자'를 서로에 대해 등속운동을 하는 관찰자로 한정했다. 즉 직선상에서 일정한 속력으로 움직이는 관찰자만이 대상이었다. 하지만 곧 그런 제한이 임의적임을 알아차렸다. 만약 물리법칙이 자연을 정말로 객관적으로 기술하고자 한다면, 서로에 대해 운동하는 방식 – 회전, 가속, 나선 등 무엇이든 – 이 어떠한지와 무관하게 모든 관찰자에게 적용되어야 한다. 따라서 아인슈타인은 1905년의 '특수'상대성이론을 벗어나 '일반'상대성이론으로 나아갔고, 그 이론의 방정식들을 10년 동안 연구하여 1916년에 발표했다. 일반상대성이론의 방정식들은 막강했다. 우주의 전체적인 형태를 지배하는 힘인 중력을 설명해냈기 때문이다.

　수십 년 후 괴델은 아인슈타인과 함께 걸으면서 상대성이론의 미묘함을 창안자한테서 직접 들을 수 있는 특권을 누렸다. 아인슈타인이 밝혀낸 바에 의하면 시간의 흐름은 운동과 중력에 의존하며, 사건을 '과거'와 '미래'로 구분하는 것은 상대적이다. 괴델은 더욱 급진적인 견해를 취했다. 괴델의 믿음에 의하면 시간은 우리의 직관적인 인식과 달리 전혀 존재하지 않았다. 늘 그렇듯이 괴델은 단지 말로 하는 주장에 만족하지 않았다. 고대의 파르메니데스에서부터 18세기의 임마누엘 칸트, 그리고 나아가 20세기 초반의 J. M. E. 맥타가트McTaggart에 이르는 철학자들도 그런 주장을 내놓았지만, 똑 부러진 결론을 내진 못했

---

* 이 사건에 관한 자세한 내용은 이 책의 「괴델이 미국 헌법을 문제삼다」를 보기 바란다.

다. 괴델은 수학적 엄밀성과 확실성을 지닌 증명을 원했다. 자신이 원하는 것이 상대성이론 안에 숨어 있다고 보았다. 그래선지 자신의 주장을 1949년 아인슈타인의 70세 생일에 동판화 한 점과 함께 선사하기도 했다. (괴델의 아내는 아인슈타인에게 보낼 스웨터 한 벌을 떴지만 보내지 않기로 했다.)

괴델은 이전에는 상상할 수 없었던 종류의 우주가 존재할 가능성을 궁리했다. 일반상대성이론의 방정식들은 다양한 방식으로 풀 수 있다. 각각의 해解는 결과적으로 우주의 구조에 관한 모형이다. 아인슈타인은 철학적인 이유로 우주가 영원불변이라고 믿었기에 자신의 방정식들이 그런 모형을 내놓게끔 살짝 수정했다. 나중에 이것은 '나의 가장 큰 실수'가 되고 만다. 어느 물리학자(공교롭게도 예수회 사제)가 유한한 과거의 어느 한순간에 태어나서 팽창하는 우주에 대응하는 해를 찾았다. 나중에 빅뱅 모형이라고 알려지는 이 해는 천문학자들의 관측 결과와 일치했기에 바로 그런 모형이 실제 우주를 기술하는 듯했다.

하지만 괴델은 아인슈타인의 방정식에 세 번째 유형의 해를 내놓았는데, 우주가 팽창하지 않고 회전하는 해였다. (회전으로 인해 생기는 원심력이 만물을 중력으로 인한 붕괴가 일어나지 않도록 막아주고 있었다.) 이 우주 내의 한 관찰자는 모든 은하가 자기 주위로 천천히 회전함을 보게 될 것이다. 그리고 자신은 전혀 어지럼을 느끼지 못하기에 회전하는 것은 우주 자체이지 자신이 아님을 관찰자는 알게 될 터이다. 이 회전하는 우주가 정말로 이상한 것인 까닭은 우주의 기하학이 공간과 시간을 결합하는 방식 때문이다. 우주선을 타고 아주 장거리의 왕복 여행을 마치고 나면 괴델 우주의 거주자는 자신의 과거 어느 지점에라도 되돌아갈 수 있다.

아인슈타인은 자신의 방정식들이 '이상한 나라의 앨리스' 세계마냥 과거의 시간으로 되돌아가는 경로를 갖는 해를 허용할 수 있다는 소식에 전혀 기뻐하지 않았다. 사실은 괴델의 우주를 듣고서 "심란했다"고 고백했다. 다른 물리학자들은 이전에는 공상과학의 영역이던 시간 여행이 물리법칙에 부합할 수 있다는 점에 감탄했다. (곧이어 그들은 걱정하기 시작했다. 만약 당신이 태어나기 이전의 시간으로 돌아가서 당신의 할아버지를 죽이게 된다면 어떻게 되는지를.) 정작 괴델은 다른 교훈을 이끌어냈다. 만약 시간 여행이 가능하다면 시간 자체가 존재할 수 없었다. 다시 갈 수 있는 과거는 실제로 지나온 것이 아니었다. 그리고 실제 우주가 회전이 아니라 팽창하고 있다는 사실은 부적절하다. 신과 마찬가지로 시간은 필요한 것이거나, 아니면 존재하지 않는 것이다. 만약 우리가 있을 수 있는 한 우주에서 시간이 사라진다면, 우리의 우주를 포함하여 있을 수 있는 모든 우주에서도 시간은 값어치가 떨어지고 만다.

괴델의 희한한 우주론적 선물을 받았을 때 아인슈타인은 인생의 황량한 시기였다. 물리학의 통일이론은 아무런 진척이 없었고, 양자론을 반대하는 바람에 주류 물리학에서 멀어지고 말았다. 가정생활은 별다른 위안을 안겨주지 못했다. 두 번에 걸친 결혼은 실패였다. 혼외로 출생한 딸은 종적을 찾을 길이 없었다. 두 아들 중 한 명은 정신분열증에 걸렸고 다른 한 명도 소원한 사이가 되었다. 아인슈타인이 교제하는 사람들도 괴델을 포함한 몇 명으로 줄어들었다. 그들 중에 벨기에의 엘리자베스 여왕도 있었는데, 아인슈타인은 1955년 3월에 보낸 편지에서 이렇게 털어놓았다. "제 필생의 연구에 쏟아지는 과도한 존경이 저를 아주 불편하게 만듭니다. 나 자신이 어쩌다 보니 사기꾼이 되었다는 생각이 들지 않을 수 없습니다." 그로부터 한 달 후 아인슈타인은 76세의 나이에 세상을 떠났다. 괴델과 또 한 명의 동료가 그의 연구 자료를 수습하려고 연구실에 갔을 때, 칠판은 해답이 막힌 방정식으로 뒤덮여 있었다.

아인슈타인이 죽은 후로 괴델은 훨씬 더 내향적인 사람이 되었다. 모든 대화를 전화로만 하길 좋아했는데, 심지어 대화 상대가 몇 미터 거리에 있더라도 마찬가지였다. 특히 누군가를 피하고 싶을 때에는, 정확한 시간과 장소에서 만남을 약속해놓고서는 꼭 거기서 멀찍이 떨어진 어딘가에 가 있었다. 세상이 주고 싶어 안달하는 영예들도 그를 불편하게 만들었다. 1953년에는 명예박사학위를 받으려고 하버드 대학에 나타난 적이 있었다. 그곳에서는 괴델의 불완전성 정리가 지난 수백 년 이래로 가장 중요한 수학적 발견이라고 칭송이 자자했다. 하지만 나중에 공동 수상자인 존 포스터 덜레스John Foster Dulles라는 "아주 호전적인 동료와 부당하게 엮이게 되었다"며 불평을 늘어놓았다. 1974년에 국가과학훈장을 받게 되었을 때는, 그와 아내를 모실 운전기사까지 보내준다는데도 백악관에서 제럴드 포드 대통령을 만나러 워싱턴에 가기를 거부했다. 괴델은 환각에 시달렸고, 세상에는 어떤 힘이 작용하여 "선善을 순식간에 가라앉혀버린다"고 음울하게 말하곤 했다. 자신을 독살하려는 음모가 있다고 두려워하여 줄기차게 음식을 거부했다. 결국에는 (한 친구의 말에 의하면) '산송장' 모습을 하고서 프린스턴 병원에 입원했다. 그곳에서 2주 후인 1978년 1월 14일에 결국 세상을 떠났다. 사망확인서에 따르면 죽음의 원인은 '성격장애'로 인해 초래된 '영양실조와 쇠약'이었다.

괴델과 아인슈타인 둘 다 어떤 공허함이 말년을 장식했다. 하지만 아마도 가장 공허했던 것은 시간의 비실재성에 관한 둘의 굳은 믿음이었다. 그런 유혹은 이해할 만했다. 만약 시간이 단지 우리 마음속에 있다면, 어쩌면 우리는 시간을 벗어나 어떤 시간 없는 영원 속으로 들어갈 수 있을지 모른다. 그렇다면 시인 윌리엄 블레이크처럼 우리도 이렇게 말할 수 있으리라. "과거와 현재와 미래가 모두 한꺼번에 존재하네 / 내 앞에." 괴델의 경우, 어렸을 때 입은 치명적인 심장 손상의 공포 때문에 시간이 없는 우주라는 발상에 이끌렸는지 모른다. 생의 마지막 즈음에 한 친구에게 터놓은 바에 의하면 괴델은 세계를 새로운 빛으로 볼 수 있게 해줄 어떤 통찰을 오랫동안 갈구했지만 끝내 그런 통찰은 오지 않았다고 한다.

아인슈타인도 시간과 깔끔하게 결별할 수 없었다. 그즈음 세상을 떠난 친구의 미망인에게 이런 편지를 썼다. "물리학을 믿는 우리로서는 과거와 현재와 미래라는 구분이 환영일 뿐이건만, 고집스럽게 쉽게 사라지진 않습니다." 2주 후 자신의 차례가 왔을 때 아인슈타인은 말했다. "이제 나도 가야 할 시간이네."

시간은 거대한 환영에 불과한 것일까?

아이작 뉴턴은 시간을 바라보는 관점이 특이했다. 시간이란 일종의 우주적인 괘종시계로, 태평스럽게 자율성을 발휘하면서 이 세계 위에서 맴돈다고 그는 여겼다. 그리고 시간은 매끄럽고 일정한 속도로 과거에서 미래로 나아간다고 믿었다. "절대적이고 참되며 수학적인 시간은 스스로, 그리고 자신의 본성으로 인해 외계의 어떠한 것과도 무관하게 균등하게 흐른다"고 뉴턴은 『프린키피아』의 서두에서 선포했다. 일상생활의 시간적 흐름 속에 갇혀 있는 이들이 보기에 그 말은 순 헛소리처럼 들린다. 시간이 초월적이고 수학적인 것이라고 우리는 느끼지 않는다. 대신에 시간은 친밀하고 주관적인 어떤 것이다. 게다가 품위 있게 변함없는 속도로 나아가지도 않는다. 우리가 알기에 시간은 그때그때 속도가 다르다. 가령 한 해의 마지막 날로 향해 갈 때 시간은 그야말로 쏜살같이 날아간다. 하지만 1월과 2월에는 느려져서 굼뜨게 기어간다. 게다가 어떤 사람들은 다른 이들보다 시간이 더 빠르게 흐른다.

나이 든 사람들은 잔혹하리만치 빠른 속도로 미래 쪽으로 내몰리고 있다. 성인인 경우에는 미국 작가 프란 레보위츠Fran Lebowitz의 말마따나 크리스마스가 5분마다 다가온다. 하지만 어린아이한테는 시간이 꽤 느리게 간다. 어린아이는 어떤 상황을 언제나 새롭게 여기는 까닭에, 한 번의 여름도 영원으로까지 늘어날 수 있다. 어떤 추정에 의하면 여덟 살배기는 자기 삶의 3분의 2를 살았다고 주관적으로 느낀다고 한다.

연구자들은 주관적인 시간의 흐름을 측정하려고, 서로 다른 연령대의 사람들에게 얼마만큼의 시간이 지났다고 여기는지 물었다. 10대 초반의 청소년들은 3분이 경과했을 때 보통 3초 이내의 오차로 꽤 정확히 시간의 흐름을 판단하는 편이었다. 반면에 60대인 사람들은 40초만큼 더 나갔다. 무슨 말이냐면, 실제로는 3분 40초의 시간이 10대들에게는 고작 3분으로 여겨졌다. 노인들은 내적으로 느리게 시간이 가므로, 실제 시계는 너무 빠르게 가는 것처럼 보인다. 나름의 장점도 있다. 가령 존 케이지 연주회에서 「4분 33초」라는 곡이 아주 빨리 끝나서 안도할 수 있으니까.

시간의 강은 급류 구간도, 완만한 구간도 있을지 모르지만 한 가지는 확실한 듯하다. 즉 자신의 흐름 속에서 싫든 좋든 우리 모두를 실어나른다. 거부할 수도, 되돌릴 수도 없게 우리는 초당 1초의 엄격한 비율로 죽음을 향해 나아가고 있다. 과거가 우리 뒤에서 존재 밖으로 미끄러져나가면, 한때는 미지의 불가사의였던 미래가 마침내 늘 서두르는 지금에 굴복하면서 우리 앞에 자신의 평범한 현실을 드러낸다.

하지만 이런 흐름의 인식은 끔찍한 환영이라고 현대의 물리학자들은 말한다. 그리고 뉴턴은 우리와 마찬가지로 이 환영의 가엾은 희생자였다.

시간에 관한 우리의 생각에 혁명을 촉발시킨 사람은 알베르트 아인슈타인이었다. 1905년에 아인슈타인은 시간이란 당시의 물리학자와 일반인들의 생각과 달리 허구임을 밝혀냈다. 아인슈타인은 한 관찰자가 상이한 장소의 두 사건이 '동시에' 벌어진다고 여길지 여부는 자신의 운동 상태에 의존함을 증명해냈다. 가령 존스가 5번가에서 도심 외곽을 향해 걷고 있고 스미스는 도심을 향해 걷고 있다고 하자. 상대적인 운동으로 인해 둘은 서로 인도에서 지나치는 순간에 안드로메다은하에서 '지금' 벌어지는 일의 판단에 여러 날의 차이가 발생한다. 스미스로서는 우주 함대가 이미 지구의 생명체를 말살하려고 원정에 오른 반면에 존스로서는 안도로메다의 독재자 정부가 아직 함대를 보낼지 결정하지도 않았다.

아인슈타인이 밝혀내기로, 보편적인 '지금'이란 존재하지 않는다. 두 사건이 동시인지 여부는 관찰자에게 달려 있다. 일단 동시성이 무의미해져버리면 시간을 '과거', '현재', 그리고 '미래'로 구분하는 일 자체가 무의미해져버린다. 한 관찰자가 과거에 있다고 판단한 사건이 다른 관찰자에게는 여전히 미래에 있을지 모른다. 그러므로 분명히 과거와 현재는 마찬가지로 확정적이다. 즉 둘 다 '현실'인 것이다. 순식간에 흘러가버리는 현재를 대신하여 우리에게는 광대한 얼어붙은 시간풍경 - 4차원의 '블록 우주' - 이 남았다. 여기서는 여러분이 태어나고 있고, 저기서는 밀레니엄의 도래를 축하하고 있고, 또 저기서는 잠시 죽어 있다. 어떤 것도 한 사건에서 다른 사건으로 '흐르고' 있지 않다. 수학자 헤르만 바일이 남긴 인상적인 말처럼, "객관적인 세계는 그냥 있지, 발생하지 않는다".

상대성이론을 통해서 아인슈타인은 스피노자, 아우구스티누스, 그리고 파르메니데스에까지 이르는 시간에 관한 철학적인 견해 - 일명 '영원주의' - 에 과학적인 정당성을 마련해주었다. 이 견해에 따르면 시간은 외관의 영역에 속하지, 실재에 속하지 않는다. 우주를 이해하기 위한 유일한 객관적인 방법은 신이 우주를 보는 대로 보는 것뿐이다. 이를 스피노자는 수브 스페키에 아에테르니타티스*sub specie aeternitatis*라고 했는데, '영원의 관점에서'라는 뜻이다.

아인슈타인 사후 수십 년 동안 물리학은 시간에 대한 우리의 일상 개념을 더욱 급진적으로 변화시켰다. 상대성이론의 얼어붙은 시간풍경에는 그 안에 입을 벌린 구멍이 있음이 드러났다. 그런 구멍이 존재하는 까닭은 시간이 중력에 의해 '왜곡'되기 때문이다. 중력장이 더 강할수록 시계의 바늘은 더 느리게 간다. 만약 여러분이 아파트 1층에 산다면, 꼭대기 층에 사는 사람보다 나이를 조금 덜 먹는다. 이 효과는 여러분이 블랙홀 속으로 빠질 때 훨씬 더 뚜렷해지는데, 거기에선 중력에 의한 시간의 왜곡이 무한대가 된다. 문자 그대로 블랙홀은 시간의 종말, 즉 시간 없음의 세계로 가는 입구이다.

블랙홀 주위에서 시간이 위태롭게 간다고 한다면, 시공간의 구조가 완전히 해체되어 '양자 거품' – 사건이 확실한 시간 순서를 전혀 갖지 못하는 세계 – 이 되어버리는 극미의 스케일에서는 시간이 완전히 사라질지 모른다. 시간에 관한 사안들은 우리의 우주 – 우주와 더불어 우주의 시공간이라는 용기容器 – 를 존재하게 만든 대격변의 사건인 빅뱅을 되돌아보면 훨씬 더 기이해진다. 우리는 너나없이 빅뱅 직전에 도대체 무슨 일이 벌어지고 있었는지 궁금해한다. 하지만 무의미한 질문이다. 어쨌든 『시간의 역사』에서 스티븐 호킹이 한 말에 의하면 그렇다. 자신이 고안한 '허수 시간' – 동료 물리학자들조차도 당혹스럽게 만들었다는 개념 – 을 들먹이면서 호킹은 빅뱅 이전에 무엇이 있었냐고 묻는 것은 마치 북극점의 북쪽이 어디냐고 묻는 것만큼이나 어리석다고 했다. 물론 이 질문의 답은 이렇다. 그런 곳은 어디에도 없다.

시간에 미래가 있을까? 그렇다. 하지만 얼마만큼의 미래가 우주의 궁극적인 운명이 무엇일지에 달려 있을까? 가능성은 시인 로버트 프로스트의 선택으로 귀결된다. 즉 불이냐 얼음이냐? 약 138억 2,000만 년 전에 빅뱅으로 탄생한 이후 우주는 줄곧 팽창하고 있다. 만약 이 팽창이 영원히 계속된다면, 우주는 적어도 은유적으로 말해서 얼음으로 끝날 것이다. 별은 다 타버릴 것이고, 블랙홀은 증발해버릴 것이며, 원자와 아원자 구성 요소들도 붕괴할 것이다. 머나먼 미래에는 남은 입자들(주로 광자와 뉴트리노들)이 텅 빈 허공 속으로 흩어져, 서로 너무 멀어지는 바람에 더 이상 상호작용을 하지 않게 될 것이다. 공간은 '진공 에너지'의 미미한 흔적 말고는 텅 비게 될 것이다. 하지만 거의 무無 상태인 그러한 미래의 황무지에서도 시간은 갈 것이다. 무작위적인 사건은 계속 일어날 것이다. 양자 불확정성이라는 마법 덕분에 무언가가 '요동쳐서' 존재하게 되었다가 다시 허공 속으로 사라지고를 반복할 것이다. 이렇게 미래에 단명하는 존재들 중 대다수는 전자와 광자 같은 단일 입자일 것이다. 하지만 가끔씩은 - 아주 가끔씩은 - 더 복잡한 구조, 가령 인간의 두뇌가 저절로 잠깐이나마 존재하게 될 것이다. 정말이지 시간이 충분히 흘러 적당한 때가 되면, 양자물리학은 그러한 몸 없는 뇌들이 (거짓) 기억을 장착한 채 무한히 많이 나타났다가 사라지는 상황을 허용할 수 있다. 과학 문헌에서 이처럼 가엾고도 덧없는 실체들을 가리켜 '볼츠만 두뇌'(현대 열역학의 선구자인 루트비히 볼츠만의 이름을 딴 명칭이다)라고 한다. 그런 먼 미래의 볼츠만 두뇌 중 하나는 지금 이 순간에 구성된 대로의 여러분의 뇌와 동일할 것이다. 따라서 상상할 수 없을 정도로 머나먼 어느 시점에 여러분의 현재 의식 상태가 그 텅 빈 우주에서 재창조되었다가 순식간에 꺼져버릴 것이다. 아마도 여러분이 바라는 방식의 부활은 아니다.

(현재의 물리학에 의하면) 참일 수 있는 모든 정황에 비추어볼 때 우주는 영원히 팽창하고 있기에, 우주는 점점 더 비어가고 더 어두워지며 더 차가워지고 있다. 이 시나리오를 가리켜 빅칠big chill(거대한 냉각)이라고 불러도 좋겠다. 하지만 우주는 다른 운명을 맞을 수도 있다. 점점 더 먼 미래의 어느 시점에 지금 우주가 겪고 있는 팽창은 – 중력 때문이거나, 아니면 지금은 모르는 어떤 힘에 의해서 – 멎어버릴지 모른다. 그러면 수천억 개의 은하가 다시 좁혀지다가 합쳐져서 마침내 모든 것이 붕괴되는 내폭이 벌어질지 모른다. 이를 가리켜 빅크런치big crunch(거대한 바스러짐)라고 한다. 빅뱅이 시간을 존재시켰듯이, 빅크런치는 시간을 끝나게 만든다. 그렇지 않을까? 어떤 우주적 낙관론자들의 주장에 의하면 빅크런치 이전의 마지막 순간에 엄청난 양의 에너지가 방출될 거라고 한다. 낙관론자들의 말로는, 이 에너지를 우리의 먼 미래 후손들이 이용하여 무한한 횟수의 연산이 실행되고, 그럼으로써 무한히 많은 사고가 피어날 수 있다. 이런 사고들은 더더욱 빠르게 펼쳐지기 때문에 주관적인 시간은 영원히 흐르는 듯이 느껴질 것이다. 비록 객관적인 시간은 종말을 눈앞에 두고 있지만 말이다. 따라서 빅크런치 직전의 아주 짧은 시간은 흡사 어린아이의 영원한 여름 같을 것이다. 즉 가상 영원이 무한히 펼쳐진다는 말이다.

가상 영원, 시간 없는 세계로 가는 문, 시간의 비실재성…… 이런 몽상적인 개념들이 우리가 사는 현실 세계에 과연 영향을 줄 것인가? 글쎄다. 아인슈타인과 마찬가지로 우리는 시간적 환영에 단단히 속박되어 있다. 우리는 시간풍경의 한 부분(과거)에 노예이며 다른 부분(미래)에 인질이라고 느끼지 않을 수가 없다. 게다가 말 그대로 우리에게는 시간이 줄어들고 있다고 여기지 않을 도리가 없다. 아인슈타인의 상대성이론을 이해한 최초의 물리학자들 중 한 명인 아서 에딩턴이 선언한 것처럼, 시간이 흐른다고 느끼는 우리의 직관적 인식은 너무나 강력한 지라, 객관적 세계의 무언가와 대응함이 틀림없다고 선언했다. 만약 과학이 이 점을 확고히 붙들지 못한다면 글쎄, 과학이 무슨 소용이겠는가!

과학이 우리에게 알려줄 수 있는 것은 시간의 경과에 관한 심리학이다. 우리가 의식하는 지금 – 심리학자 윌리엄 제임스의 표현에 의하면 '그럴듯한 현재' – 은 사실 약 3초의 간격이다. 바로 그 기간 동안 우리의 뇌는 도착하는 감각 데이터를 짜 맞추어서 통일된 경험을 만들어낸다. 또한 분명 기억의 본질은 우리가 시간 속에서 움직이고 있다는 느낌과 상당히 연관되어 있다. 과거와 미래는 마찬가지로 현실일지 모르지만 – 흥미롭게도 열역학 제2법칙으로 이어지는 이유로 인해 – 우리는 미래의 사건이 아니라 오직 과거의 사건만 '기억'할 수 있다. 기억은 시간의 한쪽 방향으로 축적될 뿐 다른 방향으로는 축적되지 않는다. 이것이 시간의 심리학적 화살을 설명해주는 듯하다. 하지만 안타깝게도 그 화살이 왜 날아가는 듯 보이는지를 설명해주지는 않는다.

만약 이제껏 한 이야기 때문에 여러분이 시간에 관해 완전히 어리둥절해졌다면, 과학계의 탁월한 인물 한 명도 여러분과 입장이 같다. 20세기의 위대한 물리학자인 존 아치볼드 휠러는 과학 논문에 이런 문구를 넣었다. "시간은 모든 것이 한꺼번에 일어나지 않도록 막아주는 자연의 방법이다." 주석에서 휠러는 그 인용문을 텍사스 주 오스틴에 있는 올드 피칸 스트리트 카페Old Pecan Street Café의 남자 화장실에 그려진 그래피티에서 발견했다고 밝혔다. 저명한 물리학자가 남자 화장실 벽에서 본 인용문을 거론했다는 사실은 만약 여러분이 시간의 본질을 놓고서 물리학자와 철학자, 그리고 물리철학자들이 벌인 현대의 난상 토론을 살펴본다면 그리 놀랍지 않은 일이다. 어떤 이는 시간이 우주의 기본적 구성 요소라고 주장하고, 또 어떤 이는 그렇지 않고 시간이란 물리적 실재의 더 깊은 특징에서 도출된다고 주장한다. 누군가는 시간이 내재된 방향성을 지닌다고 하고, 또 누군가는 그런 주장을 부정한다. (언젠가 스티븐 호킹은, 시간은 결국 자신을 되돌려서 거꾸로 흐를 수 있다고 주장했다가 계산 과정에 실수가 있었음을 나중에 알아차렸다.) 오늘날 대다수의 물리학자와 철학자들은 시간의 경과가 환영이라는 아인슈타인의 말에 동의한다. 영원주의자인 셈이다. 하지만 소수 – 자칭 현재주의자 – 는 *지금*이란 마치 작은 빛 하나가 역사의 직선을 따라 이동하듯이, 실제로 진행하고 있는 흐름의 특수한 한순간이라고 여긴다. 그들이 믿기에, 이는 설령 우주에 우리와 같은 관찰자가 존재하지 않더라도 여전히 참이다.

　　과학적인 성향의 모든 사상가가 동의할 수 있는 시간에 관한 진술하나가 있다면, 과학자가 아닌 프랑스의 작곡가 루이 엑토르 베를리오즈의 다음과 같은 말일지 모른다. "시간은 위대한 교사이지만, 불행히도 제자들을 모조리 죽여버린다."

제2부

수가 활약하는 세 가지 세계

3

숫자 사나이

수학의 신경과학

1989년 9월의 어느 날 아침, 전직 외판원인 40대 남자가 검사실에 들어갔다. 파리에 거주하는 젊은 신경과학자 스타니슬라스 드앤Stanislas Dehaene과 함께였다. 과학자들이 '미스터 N'이라고 부르는 이 사람은 3년 전에 뇌출혈로 인해 좌뇌의 뒤쪽 절반에 커다란 병변이 생겼다. 그래서 심각한 장애를 앓게 되었는데, 오른팔이 건들건들했고, 글을 읽을 수 없었고, 말이 심각하게 느려졌다. 한때 결혼해서 두 딸을 두었지만, 이제는 독립적인 생활이 불가능해져서 나이 든 부모님과 함께 살았다. 드앤이 그 사람을 보러 온 까닭은 여러 장애 중에서 심각한 계산불능증acalculia이 포함되어 있었기 때문이다. 이것은 숫자 처리와 관련된 심각한 결함을 가리키는 총칭이다. 2와 2를 더하라고 했더니 '3'이라고 대답했다. 여전히 셈을 하고 2, 4, 6, 8과 같은 순열을 나열할 수 있었지만 9부터 거꾸로 세거나 짝수와 홀수를 구별하거나 눈앞에 잠시 나타난 숫자 5를 알아보지 못했다.

드앤이 보기에 이런 손상들은 미스터 N이 용케도 잃지 않은 단편적인 능력들보다 덜 흥미로웠다. 가령 숫자 5를 몇 초 동안 보여주었더니 문자가 아니라 숫자인지를 알았으며, 1부터 시작하여 올바른 정수에 도달할 때까지 세어서 결국에는 5인지 알아냈다. 자신의 일곱 살배기 딸의 나이를 물었을 때도 바로 그렇게 해서 나이를 알아냈다. 1997년에 나온 자신의 저서 『수 감각The Number Sense』에서 드앤은 이렇게 썼다. "그는 처음부터 자신이 무슨 양을 표현하고 싶은지를 아는 듯했지만, 수열 나열하기만이 그 양에 대응하는 단어를 끄집어낼 유일한 수단인 듯했다."

또한 드앤이 알아내기로, 비록 미스터 N은 더 이상 읽지 못했지만 때로는 자기 앞에 잠시 나타난 단어들을 어렴풋이 아는 듯했다. 가령 '햄'이라는 단어를 보여주자 '일종의 고기'라고 말했다. 드앤은 미스터 N이 숫자도 비슷하게 인식하는지 알아보기로 했다. 숫자 7과 8을 보여주자 미스터 N은 8이 더 큰 숫자라고 재빨리 대답했다. 1부터 세어서 그 숫자들을 알아보는 데 걸리는 시간보다 훨씬 더 빠른 대답이었다. 또한 여러 수가 55보다 크거나 작은지를 판단할 수 있었는데, 실수는 오직 55에 매우 가까운 수에서만 벌어졌다. 드앤은 미스터 N을 '근사적 인간Approximate Man'이라고 명명했다. 근사적 인간이 사는 세계는 1년이 '대략 350일'이고 한 시간이 '대략 50분'이며, 계절은 다섯 가지가 있고 달걀 한 줄은 '여섯 개 내지 열 개'이다. 여러 번에 걸쳐 2와 2를 더해보라고 했더니, 답의 범위는 3부터 5까지였다. 하지만 드앤은 말하길, "결코 9처럼 터무니없는 결과는 아니었다".

인지과학에서 뇌 손상 사건들은 자연의 실험이다. 만약 어떤 병변이 하나의 능력은 없애고 다른 능력은 온전히 남겨둔다면, 이는 두 능력이 상이한 신경회로를 통해 발현된다는 증거다. 이 사례를 통해 드앤은 정교한 수학적 처리를 배우는 우리의 능력이 수를 대충 다루는 능력과는 완전히 다른 뇌의 부분에 깃들어 있음을 이론적으로 밝혀냈다. 수십 년 동안 뇌 손상 환자들의 인지장애에 관한 증거가 축적되면서 과학자들이 내린 결론에 의하면 수에 관한 우리의 감각은 언어, 기억, 그리고 일반적인 추론과는 독립적이다. 신경과학 내에서 수에 관한 인식은 활발한 연구 분야로 부상했으며, 드앤은 이 분야의 가장 으뜸가는 연구자에 속한다. 그의 연구는 '대단히 선구적'이라고 수전 캐리Susan Carey가 내게 말해주었다. 수 인지numerical cognition를 연구한 하버드 대학의 심리학 교수 수전은 이렇게 덧붙였다. "만약 아이들이 배우는 수학이 의미 있는 것이 되도록 하고 싶다면, 드앤이 이해하려는 유의 수준에서 뇌가 어떻게 수를 표현하는지 알아야 합니다."

드앤은 연구 경력에서 대부분의 기간 동안 우리가 지닌 수 감각의 기본적인 작동 방식은 물론이고 수학적 능력의 어떤 측면이 선천적이고 어떤 측면이 후천적인지, 아울러 그 두 측면이 어떻게 서로 겹치고 영향을 주는지를 탐구해왔다. 드앤은 상상할 수 있는 모든 각도에서 이 문제에 접근했다. 가령 프랑스·미국 과학자들과의 협동연구를 통해 수가 우리의 마음속에 부호화되는 방식을 찾기 위한 실험을 실시했다. 동물, 아마존 부족민, 프랑스의 뛰어난 수학과 대학생에 대한 수치 처리 능력을 비교 연구했다. 그러기 위해 뇌 스캔 기술을 이용하여 정확히 대뇌피질의 주름과 틈의 어느 곳에 우리의 수치 기능이 자리 잡고 있는지를 조사했다. 아울러 어떤 언어가 다른 언어보다 수를 더 어렵게 만드는지 비교 검토했다.

드앤의 연구는 수학을 배우는 방식에 관한 중대한 사안들을 제기했다. 그의 견해에 의하면 우리 모두는 진화상으로 원초적인 수학적 본능을 갖고 태어난다. 수리 능력을 갖추려면 아이들은 이 본능을 반드시 이용해야 하는데, 하지만 동시에 우리의 원시 조상들에게는 유용했지만 오늘날 필요한 능력과는 상충되는 어떤 성향을 버려야 한다. 그리고 어떤 사회는 다른 사회보다 아이들을 그렇게 교육시키는 데 분명 더 뛰어나다. 프랑스와 미국 모두에서 수학교육은 종종 위기 상황이라고 여겨진다. 미국 아이들의 수학 실력은 싱가포르, 한국, 그리고 일본과 같은 국가의 또래에 비해 열등하다. 이런 상황을 바꾸려면 드앤이 오랫동안 품었던 질문을 공략해야 한다. 뇌의 어떤 기능 때문에 어느 경우에는 수가 쉽게 여겨지고, 또 어느 경우에는 어렵게 여겨지는가?

드앤은 수학자로서의 재능도 상당한 인물이다. 그는 1965년생으로 벨기에 접경에 있는, 프랑스의 중소도시만 한 규모의 산업도시인 루베Roubaix에서 자랐다. (드앤이라는 성은 플랑드르 지역의 것이다.) 아버지는 소아과 의사로, 태아알코올증후군을 연구한 초기 연구자들 중 한 명이었다. 10대 때 드앤은 자칭 수학에 대한 '열정'을 길렀으며, 프랑스의 엘리트 학자를 양성하는 산실인 파리 고등사범학교(에콜 노르말 쉬페리외르)에 다녔다. 드앤의 관심사는 컴퓨터 모델링과 인공지능으로 기울었다. 열여덟 살 무렵에는 프랑스에서 가장 저명한 신경생물학자였던 장 피에르 샹죄Jean-Pierre Changeux의 『뉴런 인간Neuronal Man』(1983년)이라는 책을 읽은 뒤 뇌과학에 끌렸다. 뇌에 관한 샹죄의 접근법은 심리학과 신경과학을 조화시킬 멋진 가능성을 드러냈다. 드앤은 샹죄와 만난 후 함께 사고와 기억에 관한 추상적 모형들을 연구하기 시작했다. 또한 드앤은 인지과학자 자크 멜러Jacques Mehler와도 함께 연구했다. 유아인지심리학 연구자이자 나중에 아내가 된 기슬랭 람베르Ghislaine Lambertz를 만난 것도 바로 멜러의 연구실에서였다.

드앤의 회상에 의하면 '마침 운 좋게도' 멜러는 수를 어떻게 이해하는지에 관한 연구를 진행하고 있었다. 덕분에 드앤은 자신이 '수 감각'이라고 규정하게 된 것을 처음 접했다. 드앤의 연구는 겉보기엔 단순한 질문에 초점을 맞추었다. 즉 어떻게 우리는 어떤 수가 다른 수보다 더 크거나 작은지 아는가? 만약 여러분이 아라비아숫자의 쌍 — 가령 4와 7 — 에서 어느 것이 더 크냐는 질문을 받는다면 단번에 '7'이라고 답할 것이며, 그 어느 두 수도 마찬가지로 매우 짧은 시간 안에 비교할 수 있겠거니 여길지 모른다. 하지만 드앤의 실험에서 실험 대상자들은 2와 9처럼 멀찍이 떨어진 두 수인 경우에는 빠르고 정확하게 대답했지만, 두 수가 5와 6처럼 가까워질수록 대답이 느려졌다. 고등사범학교의 가장 뛰어난 수학과 학생들 중 일부를 검사했더니, 8과 9 중에 어느 것이 더 큰 수인지 물었을 때 (멀찍이 떨어진 두 수를 비교할 때에 비해) 답이 느려지고 실수를 저지른다는 사실에 그들 자신도 깜짝 놀랐다.

드앤이 추측한 바에 따르면 우리가 숫자를 보거나 수 단어를 들을 때 뇌는 자동적으로 그것들을 수직선 위에 대응시키는데, 이 직선은 3이나 4를 넘어가면 점점 더 혼란스러워진다. 드앤은 아무리 훈련을 시켜도 결과가 달라지지 않는다는 것을 알아냈다. 드앤이 내게 알려주었다. "그 결과는 우리 뇌가 수를 표현하는 방식의 기본적인 구조적 속성 때문이지, 기능의 결핍 때문이 아니다."

1987년 드앤이 아직 파리에서 학생 신분일 때, 세인트루이스에 있는 워싱턴 대학의 미국인 인지심리학자 마이클 포스너Michael Posner와 동료들이 〈네이처〉에 선구적인 논문을 발표했다. 뇌의 혈액 흐름을 추적할 수 있는 스캔 기술을 이용하여 포스너의 연구팀은 상이한 뇌 영역들이 언어 처리 과정에서 어떻게 활성화되는지를 자세히 밝혀냈다. 이들의 연구는 드앤에게 하나의 계시였다. "이 논문을 읽은 다음에 나의 박사학위 지도 교수인 자크 멜러 박사와 토론하던 일이 지금도 생생하다"고 드앤은 내게 말해주었다. 멜러는 주 연구 분야가 인지기능의 추상적 조직화 과정을 알아내는 것이었기에 정확히 뇌의 어디에서 무엇이 발생하는지 찾아내는 일이 어떤 의미가 있는지 알아차리지 못했다. 하지만 드앤은 심리학과 신경생물학 사이의 '틈을 메우길' 원했기에 마음의 기능들 – 사고, 지각, 느낌, 의지 – 이 두개골 내의 3파운드*짜리 젤라틴 덩어리에서 어떻게 실현되는지 정확히 알아내고 싶었다. 그런데 이제 신기술 덕분에, 비록 조잡하지만 사고 활동 중에 뇌의 모습을 포착하는 일이 마침내 가능해졌다. 그래서 박사학위를 받은 후 드앤은 포스너와 함께 2년 동안 뇌 스캔 연구를 했다. 당시 포스너는 미국 오리건 주의 유진Eugene에 있는 오리건 대학에서 연구 중이었다. "정말 희한하게도 신생 인지신경과학 분야의 가장 흥미로운 결과들 중 일부는 그 조그만 장소에서 나오고 있었다. 이곳은 내가 알기에 60세의 히피들이 알록달록한 셔츠 차림으로 앉아 있는 유일한 고장이다!"라고 그는 말했다.

드앤은 다부지고 매력적이며 상냥한 사람이다. 캐주얼한 옷차림에 인상적인 안경을 착용하며, 반질반질하고 둥그스름한 대머리를 악천후로부터 보호하려고 카우보이모자를 쓴다. 지난 2008년에 나와 처음 만났을 때는 새 연구소로 막 옮긴 후였다. 뉴로스핀NeuroSpin이라는 그 연구소는 파리에서 남서쪽으로 10여 마일** 떨어진, 핵에너지 연구를 위한 국립 센터 부지에 있었다. 연구소 건물은 유리와 금속 소재로 지어진 모던한 구조인데, 뇌 스캔 장비가 내는 윙윙, 슝슝, 쉭쉭거리는 소리가 배경 잡음이었다. 당시 건물의 상당 부분은 여전히 조립 중이었다. 잇따라 늘어선 아치가 거대한 사인파의 형태로 벽을 따라 달리고 있었다. 각각의 아치 뒤에는 둥근 콘크리트 지붕이 액체헬륨 냉각식 초전도 전자석을 품고 있었다. (뇌 영상 촬영에서는 자기장이 강할수록

---

* 약 1.4킬로그램 – 옮긴이
** 약 16킬로미터 – 옮긴이

사진이 더 선명하게 나온다.) 신형 뇌 스캔 장치들이 인간의 뇌 구조를 전례 없는 수준으로 자세히 드러내줄 것으로 기대를 모았는데, 어쩌면 난독증과 계산불능증을 지닌 사람들의 뇌 속의 미묘한 이상 상태를 밝혀낼지도 모르는 일이었다. 특히 계산불능증은 숫자를 다루는 능력의 손상인데, 과학자들은 그것 또한 난독증만큼이나 널리 퍼져 있을지 모른다고 여겼다.

스캔 장치들 중 하나는 이미 작동하고 있었다. "심장박동기 같은 건 차고 있으면 안 됩니다. 아시겠죠?" 연구실에 들어갈 때 드앤이 내게 말했다. 연구실 내에는 두 명의 연구원이 조작 기판을 만지작거리고 있었다. 스캔 장치는 내부에 사람을 넣을 수 있도록 제작되긴 했지만, 내가 모니터로 볼 수 있었던 것은 갈색 쥐 한 마리였다. 연구자들은 쥐의 뇌가 가끔씩 방출되는 다양한 향기에 어떻게 반응하는지 살펴보고 있었다. 이어서 드앤은 나를 데리고 2층의 널찍한 갤러리로 올라갔다. 뉴로스핀의 뇌과학자들이 모여서 아이디어를 주고받는 공간이었다. 마침 비어 있었다. "커피머신만 한 대 있으면 환상적일 텐데요." 그가 말했다.

드앤은 국제적으로 뇌 스캔 전문가의 입지를 다졌다. 포스너와 함께 연구한 뒤 프랑스로 돌아오자마자 뇌 스캔 기술을 이용하여 어떻게 인간의 마음이 수를 처리하는지에 관한 연구에 박차를 가했다. 인간에게는 어떤 진화된 수 능력이 존재한다는 가설이 동물과 유아에 대한 연구를 바탕으로 오랫동안 제기되었는데, 뇌 손상 환자들에게서 얻은 증거 덕분에 정확히 뇌의 어느 부위에서 그 능력을 찾을 수 있을지 단서가 나왔다. 드앤은 이 능력을 담당하는 부위의 위치를 더욱 정밀하게 찾아내고, 그 부위의 구조를 기술하는 일에 착수했다. 드앤의 회상을 들어보자.

"내가 특히 좋아했던 한 실험에서 우리는 30분 안에 두정엽頭頂葉 전부를 지도화하기로 했습니다. 이를 위해 실험 대상자들에게 눈과 손 움직이기, 손가락으로 가리키기, 물체 잡기, 여러 언어 과제 수행하기, 그리고 물론 13 빼기 4와 같은 간단한 계산하기 등의 기능을 수행하게 했지요. 그랬더니 활성화된 영역들이 하나의 아름다운 기하학적 형태로 나타났어요. 가령 눈 움직임은 뒤에 있었고, 손 움직임은 가운데에 있었으며, 잡기는 앞에 있는 식이었죠. 게다가 바로 한가운데에 수에 관한 영역이 있는 것을 확인할 수 있었어요."

수의 영역은 두정엽 안의 주름 내부 깊숙이 자리하고 있는데, 이를 가리켜 두정엽내고랑intraparietal sulcus(정수리 바로 뒤에 있다)이라고 한다. 하지만 그곳에 있는 뉴런들이 실제로 무슨 일을 하는지 알기는 어렵다. 뇌 영상 촬영은 지극히 정교한 기술이지만 두개골 내부에서 벌어지는 일을 상당히 조잡한 사진으로 보여줄 뿐이며, 두 가지 과제에 대해 상이한 뉴런이 관여할 때에도 뇌의 동일한 장소가 활성화될지도 모른다. "어떤 사람들은 심리학이 뇌 영상 촬영에 의해 대체되고 있다고 믿지만, 나는 전혀 그렇지 않다고 생각해요"라고 드앤은 말했다. "영상이 우리에게 무엇을 보여주는지를 제대로 이해하려면 심리학이 필요해요. 그런 까닭에 우리는 행동 실험을 하고 환자들을 살펴봐요. 이런 상이한 모든 방법이 함께 어우러져야 지식이 창조되죠."

드앤은 실험적 측면과 이론적 측면을 통합한 연구를 수행할 수 있었고, 덕분에 적어도 한 건에 대해서는 신경학적 특징의 존재를 이론화해냈다. 이 특징의 존재 여부는 나중에 다른 연구자들에 의해 확인되었다. 1990년대 초반에 장 피에르 샹좌와 함께 연구하면서 컴퓨터 모형 하나를 제작했다. 인간 및 일부 동물들이 주위에 있는 대상들의 개수를 힐끗 보고서 짐작하는 방법을 시뮬레이션하기 위한 모형이었다. 아주 작은 수인 경우 이런 짐작은 거의 완벽할 정도로 정확하게 이루어질 수 있었는데, 이런 능력을 가리켜 직산subitizing('갑작스러운'이라는 뜻의 라틴어 '수비투스subitus'에서 온 말)이라고 한다. 어떤 심리학자들은 직산은 단지 빠르고 무의식적인 셈하기라고 여기는 반면에 드앤과 같은 심리학자들은 우리의 마음이 한꺼번에 서너 물체까지는 하나씩 '주시'하지 않아도 단박에 지각할 수 있다고 여긴다.

드앤이 알아내기로, 컴퓨터 모형이 인간과 동물이 하는 방식으로 직산하도록 만드는 것은 오로지 '수 뉴런들'을 특정한 수의 대상에 반응하여 최대한 강력하게 작동하도록 조정할 때에만 가능했다. 가령 그의 모형에는 컴퓨터에 네 개의 대상을 제시했을 때에 특별히 활성화되는 특수한 네 개의 뉴런이 있었다. 모형의 수 뉴런들은 순전히 이론적 존재이긴 하지만, 거의 10년이 지나서 두 연구팀은 수 과제를 수행하도록 훈련받은 짧은꼬리원숭이의 뇌에서 실제 뉴런으로 여겨지는 것을 발견했다. 수 뉴런들은 드앤의 모형이 예측한 방식 그대로 작동했다. 놀랍게도 이론심리학의 예측이 옳음을 입증해낸 것이다. "기본적으로 우리는 이런 뉴런들의 행동 속성을 상위 이론들로부터 도출해낼 수 있습니다." 드앤이 내게 해준 말이다. "심리학이 물리학과 비슷해졌다고나 할까요."

하지만 뇌는 진화 – 혼란스럽고 무작위적인 과정 – 의 산물이며 비록 수 감각이 대뇌피질의 특정 부위에 자리하고 있을지 모르지만, 수 감각의 회로 배선은 다른 정신적 기능들을 위한 배선과 혼재되어 있는 듯하다. 몇 년 전, 수 비교에 관한 어떤 실험을 분석하면서 드앤은 다음과 같은 사실을 알아차렸다. 실험 대상자들은 응답 버튼을 오른손에 쥐고 있을 때는 큰 수를 더 잘 다루었고 왼손에 쥐고 있을 때는 작은 수를 더 잘 다루었다. 이상하게도 실험 대상자들에게 손을 엇갈리게 두라고 할 때는 결과가 반대였다. 반응을 하는 데 이용된 실제 손은 이 실험과 무관한 듯 보였다. 실험 대상자들이 큰 수나 작은 수와 무의식적으로 연관시키는 것은 공간 자체였던 것이다. 드앤은 수에 대한 뉴런의 배선과, 위치 찾기에 관한 뉴런의 배선이 겹친다는 가설을 내놓았다. 심지어 바로 이런 이유 때문에 여행객들이 작은 수가 적힌 출구가 오른쪽에 있고 큰 수가 적힌 출구가 왼쪽에 있는 파리의 샤를드골 공항의 제2터미널에 들어갈 때 방향을 혼동하는지 모른다고 추측했다. 드앤은 이렇게 말했다. "어떻게 우리가 수를 공간에, 그리고 공간에 수를 연관시키는지를 알아내는 일이 지금 가장 큰 과제가 되었어요. 또한 우리는 그 연관성이 뇌의 아주아주 깊은 곳에서 일어남을 알아가고 있어요."

나중에 드앤이 루브르에서 센 강 맞은편에 있는 프랑스 학사원의 화려한 무대에 가는 길에 나도 동행했다. 거기서 드앤은 화장품 회사 로레알의 창립자 딸인 릴리안 베탕쿠르Liliane Bettencourt가 주는 상금 25만 유로를 받았다. 바로크풍의 태피스트리가 걸린 살롱에서 드앤은 전직 프랑스 총리가 포함된 소규모의 청중에게 자신의 연구 내용을 설명했다. 뉴런 영상 촬영이라는 신기술은, 그가 설명하기로, 뇌 속에서 어떻게 계산과 같은 사고 과정이 펼쳐지는지를 밝혀낼 전망이다. 이는 순수 지식의 문제만이 아니라고 그는 덧붙였다. 뇌의 구조는 우리에게 자연스레 나타나는 여러 능력을 결정하므로, 그 구조를 자세히 이해하면 어린아이에게 수학을 가르치는 더 나은 방법이 분명히 나올 테고, 서양의 어린아이들과 여러 아시아 국가 아이들 사이의 교육 격차를 좁히는 데 보탬이 될 것이다.

수학 배우기의 근본적인 문제점은 수 감각이 유전적일지 모르지만 정확한 계산에는 문화적 도구가 필요하다는 것이다. 이 도구는 등장한 지 겨우 몇천 년밖에 되지 않았기에 다른 목적으로 진화된 뇌의 영역들에 어떻게든 흡수되어야만 한다. 이 과정은 우리가 배우는 내용이 뇌의 회로 배선과 조화를 이룰 때에 더 쉬워진다. 설령 뇌의 구조를 변화시킬 수 없더라도 우리는 뇌의 제약 사항에 맞게 교육 방법을 적용할 수 있다.

거의 30년 동안 미국의 교육자들은 어린아이들에게 자기 나름의 문제 해결 능력을 기르도록 권장하는 '수학 개혁'을 추진해왔다. 그 이전에는 '새로운 수학'이 있었는데, 이는 지금 돌이켜보면 교육적 재앙이었다. [프랑스에서는 'les maths modernes(현대적 수학)'이라고 불렀는데 마찬가지로 비난을 받았다.] '새로운 수학'은 영향력 있는 스위스 심리학자 장 피아제의 이론에 근거를 두었다. 그는 아이들이 태어날 때는 수에 대한 아무런 감각이 없다가 성장 중에 일련의 발달 단계를 거치면서 수 개념을 차츰 기른다고 믿었다. 피아제가 보기에, 아이들은 네댓 살 전까지는 물체를 움직이는 행위가 물체의 개수에 영향을 주지 않는다는 단순한 원리도 파악할 수 없으며, 따라서 예닐곱 살 전에 아이들에게 산수를 가르치는 것은 아무 소용이 없었다.

피아제의 견해는 1950년대까지 표준으로 자리 잡았지만, 이후로 심리학자들은 그가 아주 어린 아이들의 수학 실력을 과소평가했다고 여기게 되었다. 여섯 달 된 아기들에게 흔한 물체들의 영상과 연속적으로 울리는 북소리를 동시에 노출시키면, 북소리가 울리는 횟수만큼의 물체들 개수가 있는 영상을 일관되게 더 오래 바라보았다. 요즘 일반적으로 인정되는 견해에 의하면 유아들은 수를 지각하고 표현하는 기본적 능력을 갖추고 태어난다. (도롱뇽, 비둘기, 미국너구리, 돌고래, 앵무새, 그리고 원숭이도 마찬가지인 듯하다.) 그리고 만약 진화가 원시적인 수 감각의 형태로 수를 표현하는 한 가지 방법을 우리에게 장착시켜주었다면, 문화는 숫자와 수 단어라는 두 가지 표현 방법을 더 장착시켜주었다. 수에 관해 사고하는 이 세 가지 방법은, 드앤의 믿음에 의하면 뇌의 상이한 영역에 각각 대응한다. 수 감각은 공간 및 위치 찾기와 관련된 뇌 부위인 전두엽에서, 숫자는 시각 영역에서, 그리고 수 단어는 언어 영역에서 처리된다.

하지만 이 모든 정교한 뇌 회로 중 어디에도 5달러짜리 전자계산기 속의 전자 칩과 같은 것은 없다. 이 결핍은 끔찍한 4중주 – 루이스 캐럴이 희화화한 표현대로 '야망Ambition', '산만Distraction', '추하게 만들기Uglification', '조롱하기Derision'* – 배우기를 무척 힘든 일로 만들 수 있다. 처음에는 그리 나쁘지 않다. 타고난 수 감각 덕분에 덧셈은 어설프게나마 처리할 수 있다. 그래서 학교에서 배우기도 전에 아이들은 숫자를 더하는 간단한 방법을 찾아낼 수 있다. 가령 2+4를 계산해보라고 하면, 아이들은 첫 번째 수부터 시작해서 두 번째 수만큼 위로 셀 수 있다. 이렇게 말이다. '2, 3은 하나, 4는 둘, 5는 셋, 6은 넷, 답은 6.' 하지만 곱셈은 또 다른 문제다. 이는 '자연스럽지 않은 행위'라고 드앤은 즐겨 말하는데, 그 이유는 우리 뇌가 잘못된 방식으로 배선되어 있기 때문이다. 직관도 셈하기도 별로 소용이 없으며, 곱셈 값들은 단어의 열 형태인 말로서 뇌에 저장해놓아야 한다. 기억해야 할 곱셈 값들의 목록은 짧을지 모르지만, 골치 아플 정도로 어렵다. 동일한 수들이 다른 순서로 거듭 나오는데, 부분적으로 서로 겹치기도 하고 운율도 맞아떨어지지 않는다. (이중 언어 사용자가 곱셈을 할 때는 학교에서 사용한 언어로 되돌아간다.) 인간의 기억은 컴퓨터와 달라서 연상작용을 통해 작동하도록 진화되었기에 산수에 적합하지 않다. 산수에서는 지식의 조각들이 서로 방해받지 않게 분리되어야 하기 때문이다. 만약 7×6의 결과

---

* 이것은 덧셈, 뺄셈, 곱셈, 나눗셈에 해당하는 영어 단어를 비틀어서 만든 단어다 – 옮긴이

를 내놓아야 하는 상황이라면, 7+6이나 7×5가 반사적으로 머리에 떠오르면 아주 곤란해진다. 따라서 곱셈은 이중의 공포다. 우리의 직관적인 수 감각으로부터 동떨어졌을 뿐만 아니라 우리 기억의 진화상의 메커니즘과 상충되는 형태로 내재화되어야 하기 때문이다. 그 결과, 성인이라도 한 자리 숫자를 곱할 때 시도하는 횟수의 10~15퍼센트나 실수를 저지른다. 7×8처럼 가장 어려운 문제인 경우에는 실수율이 25퍼센트를 초과할 수 있다.

복잡한 수학 문제 처리는 인간에게 태생적으로 부적합한 마당에, 왜 긴 나눗셈과 같은 연습 문제를 줄곧 어린이 수학교육에 포함시키려 하는지 드앤은 의문이 들었다. 어쨌거나 전자계산기라는 대안이 있지 않은가. "전자계산기를 다섯 살배기에게 주면, 숫자와 원수가 아니라 친구가 되는 법을 가르칠 수 있다"고 그는 적었다. 지루한 계산 과정을 기억하느라 수백 시간을 쏟을 필요가 없다는 것이다. 전자계산기는, 현재의 교육 상황에서는 무시되고 있는, 그러한 계산 과정들이 무엇을 의미하는지에 아이들이 집중하도록 만들 수 있다고 보았다.

이런 태도로 볼 때 드앤은 '수학 개혁'을 옹호하는 교육자들과 한통속이고 아이들의 수학 교사가 '기본으로 돌아가기를' 바라는 부모들의 적인 듯 보인다. 하지만 '수학 개혁'에 관해 의견을 물었더니 그는 별로 공감하지 않았다. 그는 "모든 아이가 다르고 각자 자신만의 방법으로 해결책을 찾아야 한다는 발상은 저로서는 전혀 수긍할 수 없습니다. 나는 어떤 뇌조직이 있다고 믿어요. 아기한테도 있고 성인한테도 있어요. 기본적으로 몇 가지 변형이 있긴 하지만, 우리는 전부 똑같은 길을 따라가고 있지요"라고 말했다. 그는 중국이나 일본 같은 아시아 국가들의 수학 교과과정을 높이 사는데, 거기서는 각 단계별로 아이들이 보이는 반응의 종류를 예상하여 오류의 개수를 최소화하도록 고안된 도

전 과제를 제시한다. "프랑스에서도 바로 그런 방식으로 돌아가려 합니다"라고 그는 말했다. 동료인 애너 윌슨Anna Wilson과 함께 드앤은 계산 불능증 아이들을 도와주는 '더 넘버 레이스The Number Race'라는 컴퓨터 게임을 개발했다. 이 소프트웨어는 적응형으로서 아이들이 어려워하는 수 과제들을 찾아내고 의욕을 북돋우기 위해 75퍼센트의 성공률을 유지하도록 난이도를 조정한다.

뇌조직은 동일하지만 우리가 수를 다루는 방식에 관한 문화적 차이는 존재하는데, 이는 교실에만 국한되지 않는다. 진화를 통해 우리는 하나의 근사적 수직선을 갖게 되었을지 모르지만, 수를 정확하게 만들려면 – 드앤의 비유에 의하면, 수를 '결정화'하려면 – 기호 체계가 필요하다. 드앤과 언어학자 피에르 피카Pierre Pica를 필두로 하는 동료들은 최근에 아마존 부족인 문두루쿠족Mundurukú을 연구했는데, 이들은 다섯까지만 수를 나타내는 단어가 있다. (다섯을 나타내는 이들의 단어는 말 그대로 '한 손'이다.) 심지어 이 단어들은 단지 근사적인 꼬리표에 지나지 않는 듯하다. 한 문두루쿠족에게 세 물체를 보여주면 어떤 경우에는 세 개라고 하고, 또 어떤 경우에는 네 개라고 말할 것이다. 그럼에도 문두루쿠족은 훌륭한 수적 직관이 있다. 드앤은 "가령 그들은 50에 50을 더하면 60보다 커진다는 것을 안다. 물론 그것을 언어적으로 알지는 못하기에 말로 표현할 방법은 없다. 하지만 우리가 적절한 집합과 변환을 보여주자 금세 알아차렸다"고 말했다.

문두루쿠족은 타고난 수 감각을 확장시킬 문화적 수단을 별로 개발하지 못한 듯하다. 흥미롭게도 우리가 수 셈하기를 적는 데 쓰는 기호들도 비슷한 단계의 자취를 따른다. 처음 나오는 세 로마숫자 'Ⅰ', 'Ⅱ', 'Ⅲ'은 하나에 대한 기호를 가급적 여러 번 사용하여 생긴 것인데, 넷을 가리키는 기호인 'Ⅳ'는 그렇게 단순하지 않다. 똑같은 원리가 중국 숫자에도 적용된다. 처음 나오는 세 개의 숫자는 수평 막대 하나, 둘, 그리고 세 개로 이루어지지만, 네 번째 숫자는 다른 형태를 취한다. 심지어 아라비아숫자도 이런 논리를 따른다. 1은 하나의 수직 막대이고, 2와 3은 두 개 및 세 개의 수평 막대를 쓰기 쉽게 함께 이은 것이다. ("아름다운 작은 사실이지만, 우리의 뇌가 그렇게 부호화되어 있다고 나는 더 이상 생각하지 않는다"고 드앤은 말했다.)

오늘날 아라비아숫자는 전 세계에서 거의 공통적으로 쓰이지만, 우리가 수를 부르는 단어는 언어마다 당연히 다르다. 그리고 드앤을 포함한 여러 사람이 언급했듯이, 이런 차이는 결코 사소하지 않다. 영어는 번잡하다. 11부터 19까지의 수에 대해, 그리고 20부터 90까지의 십단위수에 대해 특별한 단어가 따로 존재한다. 이 때문에 영어를 사용하는 어린아이들에게는 셈하기가 벅찬 과제이다. 이들은 'twenty-eight(이십팔), twenty-nine(이십구), twenty-ten(이십십), twenty-eleven(이십십일)'과 같은 실수를 저지르기 쉽다. 프랑스어도 못지않은데, 이십진법의 끔찍한 셈법이 남아 있기 때문이다. 가령 99는 *quatre-vingt-dix-neuf*(사 이십 십 구)로 표현한다. 이와 달리 중국어는 단순하다. 중국어의 수 체계는 최소한의 용어를 지닌 아라비아숫자의 십진 형태를 정확히 반영한다. 따라서 평균적인 중국의 네 살배기는 40까지 셀 수 있는 데 반해, 동일 연령의 미국 아이는 열다섯까지 세는 데도 애를 먹는다. 그런 이점은 성인에게까지 이어진다. 중국어 수 단어는 매우 간결하다. 그래서 중국어 수 단어는 말하는 데 평균 4분의 1초 미만밖에 걸리지 않는데, 영어 수 단어는 3분의 1초가 걸린다. 평균적인 중국인 화자는 영어 화자가 일곱 자릿수를 기억하는 데 반해 아홉 자릿수를 기억한다. (홍콩에서 쓰이는 광둥어는 굉장히 효율적인데 그 화자는 열 자릿수를 머릿속에 넣고 마음대로 굴리며 사용할 수 있다.)

2005년에 드앤은 프랑수아 1세가 1530년에 설립한 매우 권위 있는 대학인 콜레주 드 프랑스Collège de France의 실험인지심리학과 학장에 선출되었다. 교수진은 52명뿐이었는데, 그들 중에서 드앤이 가장 젊었다. 취임 연설에서 드앤은 수학이 인간 정신의 산물이자 동시에 인간 정신이 작동하는 법칙을 발견해내는 데 강력한 도구라는 사실에 경의를 표했다. 뇌 영상 촬영 같은 신기술과 수, 공간 및 시간에 관한 고대의 철학적 질문들의 만남에 관해서도 말했다. 자신은 행운아라면서, 왜냐하면 심리학과 신경 영상 촬영술의 발전 덕분에 이전에는 드러나지 않은 사고의 영역이 '보이게 되는' 시대에 살고 있기 때문이라고 했다.

드앤에게 수치적 사고는 탐구의 시작일 뿐이다. 연구 인생 후반부에는 어떻게 의식이라는 철학적 문제를 실증적 과학의 방법으로 접근할 수 있을지 궁리해왔다. 부지불식간에 일어나는 숫자 지각에 관한 실험들은 우리의 마음이 숫자를 다룰 때 많은 부분이 무의식적임을 밝혀냈는데, 이 발견을 계기로 드앤은 왜 어떤 정신적 활동은 의식의 문턱을 넘는 데 반해 다른 활동은 그렇지 않은지 묻기 시작했다. 두 명의 동료와 함께 협동연구를 통해 드앤은 이른바 의식에 관한 '통합 작업공간global workspace' 이론의 신경학적 근거를 탐구했다. 이 이론은 철학자들에게서도 대단한 관심을 불러일으켰다. 그 이론을 드앤이 연구한 바에 따르면 정보가 의식적으로 바뀌는 시기는 어떤 '작업공간' 뉴런들이 정보를 뇌의 여러 영역에 동시에 뿌림으로써 가령 언어, 기억, 지각적 범주화, 행동계획 등을 위해 동시에 그 정보가 이용 가능하도록 만들 때이다. 달리 말해서, 의식은 철학자 대니얼 데닛의 표현대로 '뇌의 유명 인사'인 셈이다.

뉴로스핀의 연구실에서 드앤은 어떤 대단히 긴 작업공간 뉴런들이 인간 두뇌의 멀리 퍼진 영역들을 어떻게 함께 연결시켜서 의식이라는 단일 현상을 발생시키는지 내게 설명해주었다. 그 영역들이 어딘지 보여주려고, 벽장으로 가더니 불규칙한 형태의 연한 푸른색 석고반죽 물체를 꺼냈다. 크기는 대략 소프트볼 정도였다. 드앤은 "저의 뇌예요!"라고 신나서 말했다. 손에 쥔 모형은 자신이 받은 여러 번의 MRI 스캔 영상들 중 하나로부터 얻은 컴퓨터 데이터를 이용해 신속 초벌 제작 기계(일종의 3D프린터)로 만든 것이라고 했다. 그러고는 수 감각이 위치해 있다고 여겨지는 작은 고랑을 가리키더니, 자기 뇌는 약간 평범하지 않은 형태라고 말했다. 흥미롭게도 컴퓨터 소프트웨어가 드앤의 뇌를 '특이형'으로 분류했는데, 뇌의 활성화 패턴이 보통 사람과 매우 달랐기 때문이라고 한다. 자신의 정신적 노력으로 만들어낸 자기 마음의 모형인 그 파스텔색 덩어리를 양손에 놓고 어르더니 그는 잠시 동작을 멈추었다. 곧이어 그가 웃으며 말했다. "그래선지 제 뇌가 조금 마음에 들어요."

⬡ 4

리만 제타 추측, 그리고 최종 승자의 웃음

지금부터 100만 년 후의 문명은 어떤 모습일까? 오늘날 우리에게 익숙한 것들은 대부분 사라지고 없으리라. 하지만 어떤 것들은 남을 텐데, 수와 웃음이 남으리라고 우리는 확신할 수 있다. 좋은 일이다. 왜냐하면 수와 웃음은 각각 나름의 방식으로 인생을 가치 있게 만들기 때문이다. 따라서 100만 년 후 이 둘의 위상을 숙고해보는 일은 흥미롭다. 우선 오늘날 우리가 아는 다른 거의 모든 것이 사라지거나 도저히 알아볼 수 없을 무언가로 진화해버리는 먼 훗날에 그 둘이 살아남으리라고 내가 확신하는 까닭부터 밝히겠다.

일반적으로, 오랫동안 존재해온 것들은 앞으로도 더 오래 존재하게 될 가능성이 높다. 그와 달리 최근에 생긴 것들은 아마도 그렇지 않을 것이다. 이 두 결론은 '코페르니쿠스 원리'에서 도출되는데, 이 원리는 본질적으로 당신은 특별하지 않다고 말한다. 우리가 보는 시점이 특별하지 않다면, 그것이 무엇이든 우리는 그 시초부터나 최후의 시점에 그것을 보고 있을 것 같지는 않다. 여러분이 브로드웨이 연극을 보러 간다고 해보자. 그 연극이 얼마나 오래 상영될지는 아무도 확실히 알 수 없다. 며칠 만에 끝날 수도, 몇 년까지 갈 수도 있다. 하지만 그 연극을 보는 모든 사람 중에 95퍼센트는 처음으로 보는 2.5퍼센트도, 마지막으로 보는 2.5퍼센트도 아님을 여러분은 안다. 따라서 여러분이 특별하지 않다면 – 연극을 관람하는 총 관객들 중에서 단지 무작위적으로 보게 된 관객이라면 – 여러분이 이 양 끝단 중 어디에도 속하지 않음을 95퍼센트 확신할 수 있다. 이것은 다음을 의미한다. 만약 연극이 여러분이 보게 된 그 시점에 이미 n번 공연을 했다면, $n \times 39$번보다 더 많이 또는 $n \div 39$번보다 더 적게 상영되지 않으리라는 것을 95퍼센트 확신할 수 있다. (이것은 기본적인 산수의 문제다. 상한은 여러분이 총 관객 수의 처음 2.5퍼센트 바깥에 있도록 해주고 하한은 마지막 2.5퍼센트 바깥에 있도록 해준다.) 고작 코페르니쿠스 원리와 초등학교 수준의 계산만으로 여러분은 브로드웨이 연극의 공연 수명을 95퍼센트 확신할 수 있게 되었다. 이것은 무척 경이로운 일이다.

프린스턴 대학의 천체물리학자 J. 리처드 고트 3세J. Richard Gott Ⅲ가 이런 식의 추론을 개척했다. 〈네이처〉에 발표된 1993년 논문 「코페르니쿠스 원리가 미래 전망에 대해 갖는 함의」에서 고트는 우리 종의 수명 예상치를 계산했다. 인류는 이미 약 20만 년 동안 존재해오고 있다. 따라서 우리가 우리 종을 관찰하는 시점에 특별한 것이 없다면, 적어도 5,100년(1/39×200,000) 동안은 존재할 테지만 780만 년(39×200,000) 이내에는 사라질 것을 우리는 95퍼센트 확신할 수 있다. 고트에 의하면 이것은 다른 인간류의 종들, 그리고 포유류 일반과 대비하여 호모 사피엔스의 예상 총 수명을 알려준다(우리 종의 조상인 호모 에렉투스는 160만 년간 존재했고, 포유류의 평균 존속 기간은 200만 년이다). 또한 100만 년 후에 우리가 존재할지에 관해 그럴듯하게 짚어낸다. 비록 그 확률은 우리가 순진하게 희망하는 것만큼 아주 크지는 않지만 말이다(353쪽의「임박한 종말」을 보기 바란다).

하지만 그때 무엇이 남아 있을까? 최근에 시작된 것, 가령 인터넷을 살펴보자. 인터넷은 한 세기의 약 3분의 1 동안 존재했다(인터넷에 접속하여 위키피디아를 살펴본 바에 의하면 그렇다). 즉 코페르니쿠스 원리에 따른 추론에 의하면 우리는 인터넷이 열 달 더 존속하리라는 것과 1,300년 이내에 사라질 것임을 95퍼센트 확신할 수 있다. 따라서 100만 년 후의 시점에 인터넷처럼 우리에게 익숙한 것은 거의 확실히 남아 있지 않다고 봐야 한다. (아마도 끔찍할 정도로 놀라운 결론은 아니다.) 200년 조금 넘게 내려온 야구도 마찬가지다. 몇백 년간 존재해온 이른바 산업기술 또한 앞으로 1만 년 후에는 낯설고 새로운 어떤 것으로 대체될 가능성이 높다. 마찬가지로 코페르니쿠스 원리에 따른 추론에 의할 때, 제도화된 종교도 100만 년 후에 살아남는다고 보기 어렵다.

100만 년 후에도 확실히 존속할 것을 찾으려면, 역설적이게도 우리는 역사의 훨씬 더 이전 시간으로 거슬러 올라가야 한다. 이 역시 (고트의 표현대로) 다음 이유 때문이다. "오랫동안 존재해온 것은 앞으로도 오랫동안 존재하게 될 경향이 있다." 그런데 우리가 몇백만 년 전의 과거로 눈길을 던질 수 있다면, 다른 무엇보다도 웃음과 수가 보일 것이다. 어떻게 아는가? 왜냐하면 지금 우리는 웃음과 수 감각을 오늘날의 다른 종들과 공유하고 있으므로, 수백만 년 전에 존재한 공통 조상들과도 공유했을 것이기 때문이다.

웃음부터 살펴보자. 침팬지는 웃는다. 찰스 다윈은『인간과 동물의 감정 표현』(1872년)에서 이렇게 적고 있다. "어린 침팬지를 간질이면 – 아이들과 마찬가지로 겨드랑이가 특히 간질임에 민감하다 – 낄낄거리거나 웃는 소리를 확실히 낸다. 때로는 웃음이 소리 없이 나오기도 하지만 말이다." 영장류학자들이 '침팬지 웃음'이라고 부르는 것은 실제로 헐떡거림에 가깝다. 침팬지 웃음은 간질임에 의해서뿐만 아니라 뒤엉켜 구르는 놀이, 쫓아가고 도망가기, 그리고 싸움을 흉내낸 놀이에 의해서도 생긴다. 아이들이 대여섯 살 즈음, 말로 농담을 하기 전에 벌이는 행동과 마찬가지다. 하지만 영장류의 유머가 신체 활동 이외의 방법으로도 표현될까? 과학자 로저 파우츠Roger Fouts의 보고에 의하면 신호 언어를 배운 침팬지 와쇼Washoe는 로저의 어깨에 올라타서 오줌을 눈 적이 있는데, 이때 '웃긴다'는 신호를 표현하고 콧방귀를 뀌었지만 웃지는 않았다.

인간과 침팬지의 계보는 500만~700만 년 사이에 서로 갈라졌다. 합리적으로 가정해볼 때, 인간과 침팬지의 웃음은 독립적으로 진화한 특성이라기보다 '상동적homologous'인데, 이는 웃음이 틀림없이 적어도 500만~700만 년은 되었다는 뜻이다. (어쩌면 훨씬 더 오래되었을 수도 있다. 웃을 줄 아는 오랑우탄의 계보가 약 1,400만 년 전에 우리와 갈라졌으니 말이다.) 따라서 코페르니쿠스 원리에 의해 웃음은 100만 년 후에도 존속할 가능성이 꽤 높다.

이제 수를 살펴보자. 침팬지는 또한 기초 산수를 할 수 있으며, 훈련을 통해 숫자와 같은 기호를 이용하여 양에 관해 추론할 수 있다. 게다가 수 감각은 영장류에만 국한되지 않는다. 과학자들이 밝혀낸 바에 의하면 도롱뇽, 돌고래, 그리고 미국너구리와 같이 다양한 동물들이 수를 인식하고 표현하는 능력을 갖고 있다. 20년 전쯤 MIT의 연구자들은 짧은꼬리원숭이들이 인간의 뇌 처리 부위에 대응하는 그들의 뇌 부위에 '수 뉴런'을 특화시켰다는 것을 알아냈다. 분명 수 감각은 웃음보다 훨씬 더 긴 진화론적 역사를 갖고 있다. 따라서 이번에도 코페르니쿠스 원리에 의해 수가 100만 년 후에도 존속하리라고 상당히 확신할 수 있다.

이 세상의 경이로운 문화 요소들 중에서 수와 웃음은 가장 오래된 두 가지다. 그렇기에 둘은 가장 오랫동안 살아남을 가능성이 높은데, 아마도 100만 년을 훌쩍 뛰어넘을 듯하다. 고대 세계의 7대 불가사의와 비유할 수 있을지 모르겠다. 이 목록이 처음 작성되었을 때(전해지는 것들 중 가장 이른 것은 기원전 약 140년 전에 작성되었다), 그때까지 목록상 가장 오래된 불가사의는 기원전 약 2,500년 전에 지어진 기자의 피라미드였다. 나머지 여섯 – 바빌론의 공중정원, 에페소스의 아르테미스 신전, 올림피아의 제우스 상, 마우솔로스의 영묘, 로도스의 거상, 그리고 알렉산드리아의 등대 – 은 거의 2,000년이나 더 훗날에 만들어졌다. 그런데 7대 불가사의 중에서 지금도 남아 있는 것은 무엇일까? 기자의 피라미드뿐이다. 나머지는 전부 화재나 지진으로 사라졌다.

웃음과 수는 예상수명으로 볼 때 피라미드와 비슷하다. 앞서 말했듯이, 이는 좋은 일이다. 왜냐하면 그 둘은 각각 유머와 수학의 핵심을 차지하며, 우리의 삶을 더 숭고한 영혼을 함양하기 위해 인내할 수 있도록 만들어주기 때문이다. 버트런드 러셀은 자서전에서 밝히기를, 불행한 사춘기 시절에 종종 자살을 고민했다고 한다. 하지만 실행하지는 않았는데, '왜냐하면 수학을 더 알고 싶어서'였다. 영화 「한나와 그 자매들」에 나오는 우디 앨런의 등장인물도 비슷하게 자살 생각을 하지만 벼랑 끝에서 물러난다. 어느 재상영 영화관에 갔다가 「식은 죽 먹기Duck Soup」에 나오는 막스 형제가 프리도니아 군인들의 모자로 실로폰 연주를 하는 모습을 보았기 때문이라나. 만약 우리 후손들이 100만 년 후에도 고생을 무릅쓰고 살아남고자 한다면, 웃음과 수학이 있는 편이 낫다.

그런데 이 후손들의 수학은 어떤 모습일까? 그리고 후손들은 무엇이 좋아서 웃을까?

첫 번째 질문이 대답하기 더 쉬울 듯하다. 어쨌거나 수학은 인류 문명의 가장 보편적인 요소라고 여겨진다. 지상의 모든 문명이 셈을 하기에, 모든 문명에는 수가 있다. 만약 우주의 다른 어디라도 지성을 가진 생명이 있다면, 짐작하기에 그 생명도 마찬가지일 것이다. 우주 어디에서라도 알아볼 가능성이 있는 문명의 한 표시가 수이다. 칼 세이건의 공상과학소설 『콘택트Contact』에서 베가별 근처의 외계인들은 지구를 향해 일련의 소수들을 발사한다. (소설의 영화 버전에서 조디 포스터가 연기한) 여주인공은 SETI(외계지적생명체탐사)에 참여하고 있다. 전파망원경이 수신하는 소수 펄스가 어떤 지적 생명체에 의해 생성된 것이 틀림없음을 알아차리고 그녀는 전율한다.

하지만 외계인이 수 대신에 우리에게 농담을 발사한다면 어떻게 될까? 아마 우리는 그 농담을 배경 잡음과 구분해낼 수 없을 것이다. 심지어 우리는 셰익스피어 희곡 속의 농담도 배경 잡음과 좀체 구분해낼 수 없다. (진지하게 묻는데, 여러분은 셰익스피어 연극을 볼 때 웃은 적이 있었나?) 수학의 핵심인 수보다 더 시대를 초월한 것은 없는 반면에 웃음의 핵심인 유머보다 더 지역적이고 일시적인 것도 없다. 적어도 우리 생각에는 그렇다. 우리보다 100만 년 앞선 문명은 우리의 수 개념을 이해할 수 있으리라고 우리는 확신하며, 그들의 수 개념을 우리도 이해할 수 있을 것이다. 하지만 그들의 농담에 우리는 머리를 절레절레 흔들 테고, 우리의 농담에 그들도 마찬가지일 터이다. 그 사이의 모든 문화 요소 – (더욱 지역적인 끝단인) 문학에서부터 (가장 보편적인 끝단인) 미술에 이르기까지 – 의 경우는 어떠할지, 글쎄, 누가 알겠는가?

현재로서는 그렇게 예상된다. 하지만 100만 년 후에는 관점이 정반대가 되리라고 나는 내다본다. 유머가 문화의 가장 보편적인 요소라고 칭송되는 반면에 수는 초월적인 명성을 잃고서 컴퓨터 운영체계나 회계 방식처럼 지역적인 인공물로 격하될 것이다. 만약 내가 옳다면

SETI 과학자들은 소수나 π의 숫자 표기가 아니라 전혀 다른 무언가를 분명 수신하게 될 것이다.

잠시 수로 되돌아가자. 1907년 당시 30대의 버트런드 러셀은 수학의 영광을 찬사하는 글을 쏟아냈다. 러셀은 이렇게 썼다. "누가 보더라도 수학은 진리만이 아니라 지고한 아름다움까지 지니고 있다. 차갑고 위엄 있는 이 아름다움은 조각상의 아름다움처럼 우리의 나약한 본성에 호소하지 않고, 미술이나 음악의 번지르르한 외관을 갖지 않으면서 숭고하게 순수하며, 아울러 가장 위대한 예술만이 보여줄 수 있는 엄격한 완벽성을 지닐 수 있다." 수학의 초월적인 이미지를 강조하는 이런 노선은 수학에 관한 대중교양서에서 흔히 나타난다. 하지만 그런 책에서 좀처럼 목격할 수 없는 것은 러셀이 80세 후반에 표현했던 상이한 견해다. 그 무렵 러셀은 (비교적) 젊은 시절에 쓴 열정적인 글을 '대체로 헛소리'로 치부했다. 늙은 러셀이 쓴 바에 의하면 수학은 "내용 면에서 더 이상 인간을 초월한 어떤 것이 아니다. 대단히 내키지는 않지만 나는 수학이 동어반복으로 구성되어 있다고 믿게 되었다. 두려운 말이긴 하지만, 지적인 능력을 충분히 갖춘 사람이 보기에 수학 전체는 '네 발동물은 동물이다'라는 진술만큼이나 하찮은 것 같다". 그러니 러셀은 살아가면서 수학에 관한 생각에 일대 전환을 겪은 셈이다. 우리 문명도 100만 년이 지나면 비슷한 전환을 겪으리라고 나는 여긴다. (물론 계통발생은 때로 개체발생을 반복한다.) 우리 후손들은 수학을 단지 동어반복의 정교한 네트워크로 여길 것이어서, 수학은 단지 세상살이를 편하게 해주는 부기 작성법처럼 지역적인 중요성만 가질 것이다.

만약 수학이 본질적으로 하찮다면, 그런 속성은 상위 이론의 교묘한 속임수가 술수를 부리기 이전인 기초 단계에서 가장 명백할 것이다. 따라서 이 단계를 살펴보자. 누구나 동의하듯이 수학의 가장 근본적인 대상은 1, 2, 3 등의 세는 수들이다. 그런 수들 중에서 소수 ─『콘택트』에서 외계인들이 발사하는 것 ─ 는 특별하다고 여겨진다. 소수는 더 작은 인수로 나눌 수 없는 수이다. (다르게 표현하자면, 소수는 오직 자신과 1만으로 나눠지는 수이다.) 처음 나오는 몇 가지 소수를 들자면 다음과 같다. 2, 3, 5, 7, 11, 13, 17, 19, 23, 29, 31, 37…… 소수는 산수의 원자인 셈이다. '합성수'라고 하는 나머지 모든 수는 소수들을 다양한 조합으로 곱해서 얻을 수 있기 때문이다. 그러므로 수 666은 $2 \times 3 \times 3 \times 37$이라는 곱셈으로 얻을 수 있다. 별로 수고하지 않더라도 모든 합성수는 소수들의 곱에 의해 유일한 한 가지 방식으로 얻어질 수 있음을 증명할 수 있다. 이것을 가리켜 종종 '산수의 근본 법칙'이라고 한다.

지금까지는 좋다. 모든 것이 충분히 동어반복적이다. 이어서 다음 질문으로 넘어가자. 소수는 모두 몇 개인가? 이 질문은 기원전 3세기에 유클리드가 제기했으며, 답은 그가 쓴『원론』의 '명제 20'에 들어 있다. 즉 무한히 많은 소수가 존재한다는 것. 이 명제에 대한 유클리드의 증명은 아마도 수학 역사상 최초의 진실로 아름다운 추론이다. 단 하나의 문장에 담을 수 있는 증명은 다음과 같다. 만약 소수의 개수가 유한하다면, 그 모든 소수를 곱한 다음에 1을 더하면 임의의 소수로 결코 나눌 수 없는 새로운 수가 나올 것인데, 이는 가정에 반하므로 불가능하다. (이 새로운 수를 소수들의 유한한 목록에 있는 임의의 수로 나누면 1이 남는다. 따라서 그 수는 소수이거나, 아니면 원래 목록에 없는 어떤 수로 나눠질 것이다. 두 경우 모두 원래의 유한한 소수 목록은 불완전함이 틀림없다. 따라서 어떤 유한한 목록도 모든 소수를 포함할 수 없다. 그러므로 소수의 개수는 무한함이 틀림없다.)

일단 소수가 무한히 많음을 알게 되었으니, 다음 질문은 당연히 이 것이다. 이 산수의 원자들은 나머지 수들 중에서 어떻게 흩어져 있는가? 어떤 패턴이 있는가? 소수는 작은 수들에서 꽤 자주 나타나며, 수가 커질수록 더 드물게 나타난다. 처음 나오는 열 개의 수 중에서 네 개가 소수이다(2, 3, 5, 7). 처음 나오는 100개의 수 중에서는 스물다섯 개가 소수이다. 조금 더 도약하여 9,999,900과 10,000,000 사이에서는 아홉 개가 소수이다. 다음 100개의 수인 10,000,000부터 10,000,100 사이에서는 두 개만 소수이다(10,000,019와 10,000,079). 원한다면 소수가 전혀 없는 수들의 구간을 찾을 수도 있다. 또한 1,000,000,009,649와 1,000,000,009,651처럼 무리를 짓는 매우 큰 소수도 있다. (이처럼 2만큼 차이 나는 소수를 가리켜 '쌍둥이소수'라고 하는데, 이것들이 무한히 존재하는지 여부는 아직 밝혀지지 않았다.) 소수는 나머지 수들 중에서 잡초처럼 불쑥 무작위로 나타나는 듯하다. 수학자 돈 재기어Don Zagier는 1975년 본 대학의 취임 강연에서 이렇게 선언했다. "왜 어떤 수는 소수이고 다른 수는 아닌지 명백한 이유는 없습니다. 오히려 이런 수들을 살펴보면, 우리는 창조의 불가해한 비밀 속에 있다는 느낌이 듭니다."

정의는 단순하지만 소수는, 그것을 바라보는 인간의 마음과 무관하게 복잡하고 절대적인 어떤 실재를 자신 속에 지니고 있는 듯하다. 소수는 '네발동물은 동물이다'라는 러셀의 명제와 달리 초월적으로 불가사의하다. 그렇다면 아예 법칙이 없는 것일까? 산수의 구성 요소라는 역할을 감안할 때 소수의 그런 성질은 매우 놀랍다. 그런데 실제로 소수도 법칙을 따른다. 이 법칙을 찾아내려면 희한하게도 수학의 전당에서 수많은 층을 올라가야만 한다. 소박한 숫자의 셈에서부터 시작해 정수, 분수, 실수, 그리고 '허수' 부분을 갖는 복소수까지 줄곧 올라가야 하는 것이다. (역사적으로 그런 오름에는 2,000년 이상의 시간이 걸렸다.) 다음으로 가장 높은 단계에서 '리만 제타 가설'이라고 알려진 난제가 등장한다.

　수학자라면 거의 누구나 만장일치로 동의하듯이, 리만 제타 가설
은 모든 수학 중에서 가장 위대한 미해결 문제다. 어쩌면 인간이 생각해
낸 것들 중에서 가장 어려운 문제인지도 모른다. 여기서 리만은 19세기
의 독일 수학자 베른하르트 리만(1826~1866)이다. '제타'는 제타 함수를
가리키는데, 이는 소수의 비밀을 품고 있는 고등수학의 산물이다. 바로
리만이 그런 점을 알아차린 최초의 사람이다. 1859년에 간결하지만 매
우 심오한 논문에서 리만은 제타 함수에 관한 가설을 하나 내놓았다.
만약 이 가설이 옳다면, 소수에는 매우 아름다운 숨겨진 조화로움이 있
게 된다. 만약 틀리다면, 소수의 음악은 균형이 맞지 않는 관현악단이
내는 소리처럼 꽤 흉측해지고 만다.

　어느 쪽이 맞을까? 지난 한 세기하고도 반세기 동안 수학자들은 리
만 제타 가설을 증명하려고 헛되이 고군분투해오고 있다. 1900년 파리
에서 열린 한 국제회의의 유명한 개막 강연에서 다비트 힐베르트는 수
학의 가장 중요한 스물세 가지 문제의 목록에 그 가설을 포함시켰다.
(나중에 힐베르트는 그것이 "수학에서만 중요한 것이 아니라 절대적으
로 가장 중요하다"고 선언했다.) 리만 가설은 힐베르트의 목록에 있는
것들 중에서 풀리지 않고 다음 세기로 넘겨진 유일한 문제였다. 2000년
에 힐베르트 강연 100주년 기념식에서 한 무리의 세계적 수학자들이
콜레주 드 프랑스에서 기자회견을 열었는데, 그 자리에서 일곱 가지의
'밀레니엄 상금 문제'를 발표하면서 그중 어느 문제라도 해법을 내놓으
면 상금 100만 달러를 줄 것이라고 알렸다. (상금은 보스턴의 투자가인

랜던 T. 클레이Landon T. Clay가 설립한 클레이 수학연구소가 낸다.) 놀랄 것도 없이 리만 가설은 이 목록에도 들어갔다.

리만 제타 가설은 단지 소수를 이해하는 열쇠 이상이다. 수학의 발전에 너무나도 핵심적이기에 수천 가지 정리의 잠정적인 증명들은 그 가설이 참이라고 무작정 – 아마도 경솔하게 – 가정하고 있다(그 정리들은 리만 제타 가설에 '조건화'되어 있는 셈이다). 만약 리만 가설이 거짓이라고 드러나면, 그 위에 세워진 고등수학들의 일부는 무너질 것이다. (1995년에 증명된 '페르마의 마지막 정리'는 수학에 그런 구조적인 역할을 하지 않는지라, 훨씬 덜 중요하다고들 여겼다.)

제타 함수는 적절하게도 음악에 기원을 두고 있다. 바이올린 줄을 하나 튕기면, 그 줄에 맞춰진 음정뿐만 아니라 모든 가능한 배음을 생성하면서 진동한다. 수학적으로 말해, 이 소리들의 조합은 무한급수 $1+\frac{1}{2}+\frac{1}{3}+\frac{1}{4}+\cdots$에 대응하는데, 이것을 가리켜 조화급수라고 한다. 이 급수의 모든 항을 택해 변수 s의 거듭제곱을 취하면 제타 함수가 얻어진다.

$$\zeta(s)=1+\left(\frac{1}{2}\right)^{s}+\left(\frac{1}{3}\right)^{s}+\left(\frac{1}{4}\right)^{s}+\cdots$$

이 함수는 1740년경 레온하르트 오일러가 처음 도입했으며, 그는 이 함수에 관한 놀라운 사실 하나를 발견했다. 알고 보니 제타 함수, 즉 모든 수를 더하는 무한한 합은 단지 소수들(역수 형태)의 무한한 곱으로 다시 표현될 수 있다는 것이다.

$$\zeta(s)=\frac{1}{1-\left(\frac{1}{2}\right)^{s}}\times\frac{1}{1-\left(\frac{1}{3}\right)^{s}}\times\frac{1}{1-\left(\frac{1}{5}\right)^{s}}\times\frac{1}{1-\left(\frac{1}{7}\right)^{s}}\times\frac{1}{1-\left(\frac{1}{11}\right)^{s}}\times\cdots$$

비록 오일러는 당대의 가장 위대한 수학자였지만 자신이 발견한 무한곱 공식의 잠재력을 제대로 파악하지 못했다. 오일러는 이렇게 적었다. "수학자들은 소수들의 열에서 어떤 질서를 발견하려고 오늘날까지 헛되이 시도해왔다. 지금까지의 상황을 보건대, 소수는 인간의 정신이 결코 꿰뚫지 못할 불가사의라고 아니할 수 없다."

반세기 후 카를 프리드리히 가우스가 유클리드 이후 소수의 성질에 관하여 진실로 위대한 성취를 이루어냈다. 어렸을 때 가우스는 1,000개의 수로 이루어진 각 구간에 소수가 몇 개인지를 알아내는 놀이를 즐겼다. 그런 계산은 '한 시간의 한가로운 4분의 1'을 즐기는 데 좋은 방법이었다고 친구에게 썼다. "하지만 결국 나는 100만까지 해내지 못하고 포기하고 말았어." 1792년 열다섯 살이었을 때 가우스는 흥미로운 것을 알아차렸다. 소수들은 무작위로 나타나는 듯했지만, 전체적인 흐름에 어떤 규칙성이 보였다. 어느 특정한 수까지 소수가 몇 개인지에 관한 훌륭한 추산은 그 수를 자연로그로 나누면 얻을 수 있었다. 가령 100만까지 소수가 몇 개인지 알고 싶다고 하자. 전자계산기를 꺼내 1,000,000을 친 다음에 그걸 $\ln(1,000,000)$으로 나누어라. 그러면 72,382가 나온다. 100만까지의 실제 소수의 개수는 78,498이므로, 이 추산치는 약 8퍼센트 차이가 난다. 하지만 수가 커질수록 퍼센트 오차는 0에 가까워진다.

가우스가 발견한 것은 (영국 수학자 마커스 드 사토이Marcus du Sautoy의 표현에 의하면) '자연이 소수들을 선택하려고 던진 동전'이었다. 희한하게도 이 동전은 자연로그에 의해 가중치가 붙어야 하는데, 자연로그는 미적분이라는 연속적인 세계에서 등장하는 개념이어서 숫자 셈하기라는 단속적인 세계와는 전혀 무관해 보인다. (로그함수는 한 특정 곡선 아래에 생기는 면적으로 정의된다.) 가우스는 자연수가 무한히 커져갈수록 나타나는 소수들의 감소 현상을 자연로그함수가 설명해준다는 것을 증명해낼 수는 없었다. 단지 경험적인 추측을 했을 뿐이다. 또한 그것의 부정확성, 즉 *정확히* 어디에서 다음 소수가 나타날지를 알려주지 못하는 이유를 설명할 수도 없었다.

무작위성의 환영 속을 꿰뚫어본 사람은 리만이었다. 1859년 10쪽 분량도 안 되는 논문에서 그는 소수의 불가사의를 간파한 일련의 내용을 발표했다. 우선 제타 함수에서부터 시작했다. 오일러는 이 함수가 오직 '실수' 값의 범위를 갖는다고 보았다. (직선상의 점들에 대응하는 실수는 양의 수와 음의 수를 포함하는 정수, 분수로 표현할 수 있는 유리수, 그리고 π나 *e*처럼 순환하지 않는 무한소수로 표현되는 무리수로 구성된다.) 하지만 리만은 오일러를 뛰어넘는 모험을 감행하여 제타 함수가 복소수를 가지도록 확장시켰다.

복소수는 '실수' 부분과 '허수' 부분이라는 상이한 두 부분으로 이루어진다. ('허수' 부분은 √−1이 붙는다. 전형적인 복소수 중 하나인 2+3√−1에서 2는 실수 부분이고 3√−1은 허수 부분이다.) 복소수는 두 부분을 가지므로 두 개의 차원이라고 여길 수 있다. 즉 (실수처럼) 직선을 형성하지 않고 평면을 형성한다. 리만은 제타 함수를 이 복소평면상으로 확장시키기로 했다. 그가 밝힌 바에 의하면 복소평면의 모든 점 각각에서 제타 함수는 하나의 고도를 결정한다. 그러므로 제타 함수는 모든 방향으로 영원히 뻗어 있는 산, 언덕, 그리고 계곡들로 이루어진 하나의 방대한 추상적 풍경 – 제타 풍경 – 을 발생시킨다. 그의 발견에 따르면 제타 풍경에서 가장 흥미로운 점들은 0의 고도를 갖는 점들, 즉 해수면의 점들이다. 이 점들을 가리켜 제타 함수의 영점zero이라고 한다. 왜냐하면 이 점에 대응되는 복소수를 제타 함수에 대입하면 결괏값이 0이 나오기 때문이다. 제타 함수의 이 복소수 '영점' – 제타 풍경에는 이런 영점이 무한히 많다 – 을 이용하여 리만은 한 가지 경이로운 일을 해낼 수 있었다. 즉 사상 최초로 어떻게 무한히 많은 소수가 배열되는지를 *정확하게* 기술해주는 공식을 내놓았다.

이 발견 덕분에 수학과 음악은 다음과 같이 은유적으로 연결되었다. 리만 이전에는 소수에서 무작위적인 잡음만 들리더니, 이제 비로소 소수의 음악을 들을 새로운 방법이 생겼다. 제타 함수의 각 영점을 리만의 소수 공식에 대입하면 순수한 음악 음정을 닮은 파동이 나온다. 이 순음들을 모두 결합하면 소수의 화성적 구조가 생성된다. 리만이 알아내기로, 제타 풍경 내의 한 특정한 영점의 위치는 그것에 대응하는 음표의 높이와 세기를 결정한다. 영점이 북쪽으로 더 멀리 있을수록 음의 높이가 더 커진다. 그리고 이것이 더 중요한데, 동쪽으로 더 멀리 있을수록 음의 세기가 더 커진다. 오직 모든 영점이 제타 풍경의 꽤 좁은 세로 방향의 띠에 놓일 때에만 소수들의 오케스트라가 균형을 맞추어 어느 한 악기 소리도 다른 악기 소리를 죽이지 않는다. 여기서 리만은 한 걸음 더 나아갔다. 무한한 제타 풍경의 단지 한 작은 부분만 탐험하고 난 후 대담하게 단언했다. 제타 풍경의 모든 영점이 남에서 북으로 향하는 어떤 '임계선'을 따라 정확하게 배열되어 있다고 말이다. 이것이 바로 리만 제타 가설이다.

마커스 드 사토이는 이렇게 적었다. "만약 리만 가설이 옳다면, 소수에 뚜렷한 패턴이 없는 이유가 밝혀질 것이다. 한 패턴은 다른 악기들에 비해 큰 소리로 연주되는 한 악기에 대응한다. 마치 각 악기가 자신만의 패턴을 연주하는데, 그 모두를 매우 완벽하게 합치면 패턴들이 서로 상쇄되어 아무런 형태가 없는 소수들의 밀물과 썰물만 남게 되는 식이다." 무한한 소수들이 자연수상에서 나타나는 방식을 제타 풍경의 무한한 영점들이 집단을 이루어 좌우하고 있다는 것, 다시 말해서 영점들이 거울의 한쪽 면에 더 많이 배치될수록 다른 쪽 면에 더 많은 소수들이 무작위로 나타난다는 것은 마치 마법과도 같은 일이다.

그런데 영점들은 리만이 믿은 대로 완벽하게 모여 있을까? 만약 영점이 단 하나라도 임계선을 벗어나 있으면 리만 제타 가설은 쉽게 부정되고 말 것이다. 이 영점들이 어디에 위치하는지 계산하는 일은 쉬운 문제가 아니다. 리만은 제타 풍경을 탐사하고서 처음 나오는 몇 개의 영점이 자신이 예상한 방식대로 줄지어 있음을 알아냈다. 20세기 초반에는 수백 개의 더 많은 영점이 사람의 계산에 의해 드러났다. 이후로는 컴퓨터가 수십억 개의 영점을 찾아냈는데, 그 각각은 정확히 임계선에 놓여 있다. 이쯤 되면 지금까지 리만 가설에 반하는 사례를 찾지 못했으니 참일 가능성이 높다고 여길 법하다. 그런데 논쟁이 있다. 어쨌거나 제타 함수에는 영점이 무한히 많으니, 제타 풍경의 상상할 수 없을 정도로 먼 영역 – 모두 탐사하려면 100만 년이 훌쩍 넘을지도 모르는 영역 – 에서야 영점들이 진정한 실체를 드러낼지 모른다. 리만 가설의 진리성을 태평하게 가정하는 사람들은 수학사에서 흥미로운 한 가지 패턴을 유념해야만 한다. 바로 (페르마의 정리와 같은) 대수학의 장기 미해결 추측들은 보통 참으로 드러난 반면에 (리만 추측과 같은) 해석학의 장기 미해결 추측들은 종종 거짓으로 드러났음을.

리만 가설을 고수하는 오늘날 대다수의 수학자들은 주로 미학적인 근거에서 그렇게 한다. 즉 리만 가설이 참인 편이 그렇지 않은 편보다 더 단순하고 아름다우며, 참이라야 소수 분포가 가장 '자연스럽다'고 여긴다. "임계선에서 벗어난 영점이 많다면 – 그럴 수도 있겠지만 – 전체 그림은 단지 끔찍하고 추하고 아주 흉측해지고 만다." 수학자 스티브 고넥Steve Gonek의 말이다. 실제적 중요성은 별로 없는 가설 같지만, 그런 점은 수학자들에게 별로 중요하지 않다. "나는 '유용한' 일을 해본

적이 없다. 내가 직접적으로든 간접적으로든, 좋은 의도로든 나쁜 의도로든 지금껏 했거나 또는 앞으로 하게 될 어떠한 발견도 세상사의 이로움과는 별로 관계가 없다." 수학자 G. H. 하디가 자신의 유명한 책『어느 수학자의 변명』(1940년)에서 기고만장하게 내뱉은 말이다. 하디와 같은 수학자들은 두 가지 동기를 인정한다. 하나는 수학하기의 순전한 즐거움이다. 다른 하나는 자신이 수들의 플라톤적 우주 – 현재 인간의 문화뿐만 아니라 지금이든 미래에든 있을지 모르는 다른 모든 문명까지도 초월하는 우주 – 를 살피는 천문학자와 같다는 인식이다. 하디는 이렇게 덧붙인다. "317은 소수인데, 이는 우리가 그렇게 생각해서도, 우리의 마음이 다른 식이 아니라 그런 식으로 형성되어서도 아니라 *원래 그렇기 때문에*, 수학적 실재가 그런 식으로 이루어졌기 때문에 그러하다." 알랭 콘Alain Connes은 리만 가설을 증명해낼 선구적인 후보자로 널리 촉망받는 프랑스 수학자인데, 그 역시 자신의 플라톤주의를 노골적으로 드러낸다. "내가 보기에 소수들의 열은…… 우리 주위의 물리적 실재보다 훨씬 더 영원한 실재성을 지니고 있다."

하지만 100만 년 후에도 여전히 이런 생각이 옳다고들 여길까? 내 생각에, 우리가 더 완벽히 이해한다면 소수는 그런 초월적인 명성을 잃을 듯하다. 그렇다면 나머지 수학의 요소들처럼 소수는 인간이 만든 지상의 인공물로 여겨질 것이다. 이 위대한 가치 절하는 언제 일어나리라고 기대할 수 있을까? 현대 수학자들 중에서 연구 결실이 가장 풍부한 (그리고 여기저기 돌아다니기를 좋아하는) 에르되시 팔Erdős Pál(1913~1996)은 이런 유명한 말을 남겼다. "소수를 이해하려면 적어도 100만 년이 더 걸릴 것이다." 한편 코페르니쿠스 원리는 조금 다른 추산치를 내놓는다. 리만 제타 추측은 160년 전쯤 리만이 처음 내놓은 후부터 미해결 과제로 남아 있다. 따라서 우리는 그것이 미해결 문제로 4년

(1/39×160) 동안 남거나 다음 6,000년(39×160) 이내에 – 100만 년보다 훨씬 더 짧은 시기 내에 – 해결될 것임을 95퍼센트 확신할 수 있다. 만약 그 문제가 해결된다면 소수는 독보적인 지위를 마침내 잃고 말 것이다.

소수는 제타 함수를 정의한다. 제타 함수는 영점을 정의한다. 그리고 영점들은 집단적으로 소수의 비밀을 품고 있다. 리만 제타 가설을 풀면 그런 작은 꼬리물기 과정이 완결되는지라, 소수의 '불가사의'는 '네발동물은 동물이다'라는 진술처럼 동어반복이 되고 말 것이다. 그렇다면 앞으로 100만 년까지 갈 것도 없이 그보다 훨씬 이전에 수학자들이 자신들의 집단적 플라톤주의의 꿈에서 깨어날 거라고 나는 예측한다. 그때는 아무도 소수를 우주 곳곳에 발사할 생각을 하지 않을 것이다. 우리 후손들은 소수를 내칠 것이다. 버트런드 러셀의 소설 「수학자의 악몽」 속 주인공처럼 "썩 꺼져라! 너는 편의상 만든 기호일 뿐이니!"라고 말하면서.

한편 웃음은 어떻게 될까? 앞서 말했듯이, 낄낄거림을 불러오는 '유머'보다 더 지역적이고 일시적이고 하찮은 것은 없으리라. 인류의 역사에서 대부분의 기간 동안 익살은 음탕함, 공격성 및 조롱의 혼합물이었다. 익살로 인해 생기는 특이한 헐떡거림과 가슴을 들썩이게 하는 행동은 인생에 아무런 도움을 주지 않는 '사치스러운 반사작용'이라고 들여겼다.

그런데 최근에 진화심리학이라는 기발한 학문의 연구자들은 웃음에 대한 다윈주의적 근거를 내놓는 일에 몰두하고 있다. 그중 아마도 가장 그럴듯한 근거를 신경과학자 V. S. 라마찬드란이 내놓았다. 그의

1998년 저서인 『라마찬드란 박사의 두뇌 실험실』(샌드라 블레이크스리Sandra Blakeslee와 공저)에서 라마찬드란은 웃음에 관한 이른바 '거짓 경보' 이론을 펼쳤다. 겉보기에 위협적인 상황이 벌어지면 우리는 싸우거나 도망치거나 양자택일 상태에 놓이게 되며, 위험한 상황이 아니라고 밝혀지면 상투적인 발성을 표출함으로써 (유전적으로 가까운) 사회집단에 실제로는 위험이 없음을 알리는데, 이 발성은 한 명 한 명에게 전파되면서 증폭된다는 것이 이 이론의 요지다.

　　일단 진화 과정상 채택되고 나면, 이 메커니즘은 다른 목적에도 차용될 수 있다. 가령 다른 사회집단에 대해 적의(및 우월감)를 표현하거나 자기 집단 내부에서 금지된 성적 충동을 배출하는 데 쓰일 수 있다. 하지만 웃음의 원래 '거짓 경보' 메커니즘의 핵심에는 *부조화*가 자리 잡고 있다. 중대한 위협이 시시한 것으로 드러나는 부조화, 위협적인 '어떤 것'이 아무런 해가 없는 '무'로 증발해버리는 부조화가 놓여 있는 것이다. 그리고 수천 년에 걸친 유머의 진화에서 부조화의 인식은 점점 더 지배적인 역할을 행사해왔다. 최고 수준에서 보자면, 오늘날 웃음은 지적인 감정 표현으로 간주된다. 정말이지 익살의 진화에서 최상층은 유대인 농담, 즉 언어와 논리에 대한 탈무드적 유희가 지배하는 농담이다. (여러분이 좋아하는 그루초 막스Groucho Marx*나 우디 앨런의 대사를 생각해보라.) 이런 지성주의적 견해에 의하면 웃음을 유발하는 가장 위대한 자극은 순수하고 추상적인 부조화다. 쇼펜하우어의 말마따나 모든 좋은 농담은 망가진 삼단논법이다. (가령 이런 식이다. "중요한 것은 정직성이다. 만약 당신이 정직성을 위조할 수 있다면, 성공한 셈이다.") 그리고 부조화는 낡고 지루한 동어반복의 반대말이다. 하지만 그만큼

---

* 20세기에 활약한 미국의 코미디언 - 옮긴이

이나 보편적이다.

그런 까닭에 나는 유머와 수학은 100만 년이 지나면 자리를 바꾸리라고 본다. 하지만 아득히 먼 미래에 농담은 어떤 모습일까? 더 차원 높은 웃음은 부조화가 영리한 방식으로 해소되어 즐거운 인식의 감정적 흥분을 일으킬 때 표출된다. 기이하고 불가사의한 무언가를 이해한 줄 알고 있다가, 갑자기 아무것도 쥐고 있지 않다는 사실을 깨달을 때 그런 웃음이 생기는 법이다. 리만 제타 가설은 다가올 영겁의 세월이 지나 마침내 풀릴 때, 그런 해소를 우리에게 선사할 것이다. 그때에는 즐거운 웃음소리가 퍼지는 가운데 소수의 플라톤적 독보성은 사소한 동어반복으로 변하고 말 것이다. 오늘날 인간 정신이 생각해낸 가장 위대한 문제가 100만 년 후에는 학생들에게나 어울리는 약간 천박한 농담이 될지도 모른다고 생각하면 정신이 번쩍 든다.

프랜시스 골턴 경, 통계학…
그리고 우생학의 아버지

1880년대 영국 전역의 도시 거주자들은 나이 들고 대머리이며 구레나룻을 한 신사 한 명을 보았을지 모른다. 그가 거리를 지나다니면서 마주치는 모든 여자를 눈여겨보면서 주머니 속에서 무언가를 만지작거리는 모습을 알아차렸을지 모른다. 그들이 본 것은 음란행위가 아니라 과학이었다. 신사의 주머니에 감춰진 것은 '프리커pricker'라는 도구였는데, 골무와 십자가 모양의 종잇조각 위에 올려놓은 바늘로 이루어져 있었다. 종이의 상이한 부분에 구멍을 찌르는 방법으로, 지나치는 여성의 외모에 대한 평가를 매력적임에서부터 혐오스러움까지 여러 등급으로 몰래 기록할 수 있었다. 여러 달에 걸쳐 그 도구를 써서 나온 결과를 합산하여 마침내 영국 전역의 '아름다움 지도'를 그려냈다. 런던은 아름다움의 중심지이고 애버딘은 정반대임이 증명되었다.

그런 연구는 프랜시스 골턴한테 딱 맞았다. '할 수 있는 것이면 뭐든 세어라'가 인생의 좌우명인 사람이니까. 골턴은 빅토리아 시대의 위대한 혁신가들 중 한 명이었다. 외사촌인 찰스 다윈만큼 위대하진 않았지만 다재다능하기로는 분명 더 뛰어났다. 그는 아프리카의 미지의 지역을 탐험했다. 일기예보와 지문 감정 분야도 개척했다. 과학의 방법론에 혁명을 가져온 통계적 개념들도 발견했다. 개인적으로 보자면 골턴은 조금 속물적이긴 했지만 매력적이고 사교적인 사람이었다. 하지만 오늘날에는 자신을 분명 부정적으로 보게 만든 업적으로 가장 유명하다. 우생학, 즉 선택적 번식을 통해 인류를 '향상'시키겠다는 과학, 어쩌면 유사과학의 아버지인 것이다.

지난 역사에서 명백하게 드러났듯이 우생학을 창시하여 발전시킨 것은 사악한 일이다. 미국과 유럽에서 수만 명을 강제 불임시킨 골턴의 열정적인 사상들은 유전학적으로 옳지 않다고 밝혀졌을 뿐 아니라 홀로코스트에서 절정에 달한 나치의 인종주의적 정책에 이바지했다. 오늘날 우리들 대다수가 보기에, '바람직한 사람들'을 더 많이 번식시키고 '바람직하지 않은 사람들'을 덜 번식시켜서 인류를 향상시킨다는 개념은 과학적·윤리적 근거 둘 다에서 애초부터 잘못된 것이었다. 하지만 어쩌면 우리는 그렇게 의기양양할 처지가 못 된다. 유전공학의 새로운 시대에 접어들면서 우생학적 유혹은 전혀 사라지지 않았음이 차츰 분명해지고 있기 때문이다. 그런 유혹은 거부하기가 더 어려운 새로운 형태를 띠어가고 있다. 우리에게 각인된 이미지대로 만약 골턴이 사악한 개념에 유혹당한 재능 있고 기본적으로 괜찮은 사람이라고 한다면, 어째서 잘못된 길로 들어섰는지 다시 살펴보는 일은 단지 역사적인 흥밋거리 이상으로 중요할지 모른다.

전기 작가 마틴 브룩스의 표현에 의하면 프랜시스 골턴은 "웰링턴 공이 이끈 워털루 전투 이후 세상에 나와서 자동차와 비행기의 여명기에 세상을 떠났다". 1822년 부유하고 유서 깊은 퀘이커교도 집안—

외할아버지인 에라스무스 다윈은 존경받는 의사이자 식물의 성생활을 소재로 시를 쓴 식물학자였다 – 에서 태어난 골턴은 부모의 애정을 듬뿍 받으며 자랐다. 그는 어렸을 때부터 조숙함을 마음껏 뽐냈다. "나는 네 살인데, 영어로 된 책은 뭐든 읽을 수 있다. 게다가 라틴어 명사와 형용사, 그리고 능동형 동사를 전부 말할 수 있고 라틴어 시도 52행이나 암송할 수 있다. 무슨 수든 덧셈을 할 수 있고 2, 3, 4, 5, 6, 7, 8, 10으로 곱할 수도 있다. 다른 종류의 화폐끼리 변환 관계가 적힌 표도 암기하고 있다. 프랑스어도 조금 읽고 시계자리라는 별자리도 안다." 골턴이 열여섯 살이 되자 아버지는 유명한 외할아버지처럼 아들을 의사로 만들기로 결심했다. 그래서 골턴은 병원에서 교육을 받게 되었는데, 마취가 도입되기 이전 시대였기에 수술대 위에서 들려오는 환자들의 비명에 도저히 적응되지 않았다. 그 무렵 비글 호를 타고 세계를 돌다가 막 돌아온 외사촌 찰스 다윈에게 조언을 구했더니, "수학 공부를 쇠뿔도 단김에 빼듯 해라"는 답이 돌아왔다. 그래서 케임브리지 대학에 입학했고, 거기서 '의욕 재생 기계'까지 발명하여 흐리멍덩해진 학자의 머리에 물을 끼얹기까지 했지만, 곧 지나친 학업 부담으로 신경쇠약에 걸리고 말았다.

이처럼 광적인 지적 활동에 이어 신경쇠약이 찾아오는 패턴은 골턴의 일생 동안 반복되었다. 하지만 생계를 위해 돈을 벌어야 하는 필요성은 골턴이 스물두 살 때 아버지의 죽음으로 사라졌다. 이제 상당한 유산도 물려받았고 아버지의 기대로 인한 부담감에서도 해방되자 모험적인 향락주의의 길로 들어섰다. 1845년에는 나일 강을 따라 하마 사냥 원정에 나섰고(덕분에 사냥에는 젬병임을 몸소 확인했다), 이어서 낙타를 타고 누비아 사막을 가로질렀다. 그런 다음 근동 지역으로 가서 아랍어를 배웠고 아마도 매춘 – 그 젊은 사내의 여자에 대한 갈망을 현저히 식혀주었을지 모르는 – 때문에 성병에 걸렸다.

당시의 세계는 미지의 지역이 여전히 많았고, 그런 지역을 탐험하는 일은 이 부유한 빅토리아 시대의 독신자에게 적절한 과업이었을 것이다. 1850년 골턴은 배를 타고 남부 아프리카로 가서 백인이 가본 적 없는 내륙지역을 탐험할 원정대를 꾸렸다. 출발하기 전에 런던의 극장가에서 연극용 왕관을 샀는데, '내가 만나게 될 가장 멀리 있는 가장 위대한 통치자의 머리에' 씌워줄 요량이었다. 덤불을 헤치며 나아가는 수천 마일의 여정 동안 생존 기술을 그때그때 배워나가면서 그는 뜨거운 열기, 부족한 물, 부족 간의 전쟁, 자신의 노새와 말을 약탈해가는 사자, 망가진 도끼, 못 미더운 안내인, 양과 소라는 이동식 식품저장고에서 나오는 양질의 고기를 음식에 관한 미신 때문에 절대 먹을 수 없다는 원주민 조력자들과 씨름했다. 또한 꼼꼼한 관찰을 통해 육분의를 능숙하게 다루게 되었는데, 한번은 이 항해 도구를 이용해 특별히 풍만한 원주민 여성 – '호텐토트족의 비너스' – 의 몸매를 멀리서 재기도 했다.

여행의 절정은 낭고로 왕을 만난 일이었다. 세계에서 가장 뚱뚱하다고 그 지역에서 소문이 자자한 부족 지도자였다. 낭고로 왕은 그 영국인의 흰 피부와 곧은 머리카락에 매료되었고, 조잡한 무대용 왕관이 자기 머리에 씌워졌을 때 적잖이 기뻐했다. 하지만 골턴은 돌이킬 수 없는 결례를 범하고 말았다. 손님의 텐트에서 하룻밤을 보내라고 왕이 버터와 붉은 석간주石間硃 가루를 몸에 바른 조카딸을 보냈을 때였다. 깨끗한 흰색 린넨 옷을 입고 있던 골턴은 그 벌거벗은 공주가 "잉크를 가득 묻힌 인쇄기 롤러처럼 무엇이든 손만 대면 뚜렷한 표시를 남길 수 있겠다 싶어서…… 제대로 인사도 하지 않고 내쫓았다".

이런 업적들이 알려지면서 골턴은 유명해졌다. 서른 살에 영국으로 돌아온 이 탐험가에게 신문은 찬사를 보냈으며 왕립지리학회에서도 금메달을 수여했다. 아프리카의 덤불 속 생존법을 소재로 베스트셀러 책도 썼다. 그러고 나서는 탐험가의 삶을 이제 그만하기로 결심했다. 대머리의 범위가 넓어지는데도 여전히 준수한 외모인지라, 골턴은 지적으로 유명한 집안 출신의 수수한 여성과 결혼했다. 아내는 얻었지만 골턴은 끝내 아이를 얻지는 못했다(성병에 걸렸던 탓에 불임이 되었는지 모른다). 그 무렵 골턴이 다니던 여러 클럽 및 협회와 가까운 사우스켄싱턴에 대저택을 구입해서, 취미 과학자의 삶에 안착했다. 스스로 느끼기에 자신의 진정한 전문 분야는 측정이었다. 가령 차 만들기의 과학이랍시고 정교한 실험을 실시하여 완벽한 차를 만들기 위한 방정식을 유도해내기도 했다. 또한 세상에 있는 금의 총 부피를 계산하는 일에 착수했는데, 스스로 놀랍게도 자기 집의 식사 공간보다 상당히 작다는 결론을 내렸다.

마침내 그의 관심사는 실제로도 중요한 무언가에 쏠렸다. 바로 날씨였다. 기상학은 당시로서는 좀체 과학이라고 할 수 없었다. 영국 정부의 첫 기상통보관의 일기예보 노력은 대중의 조롱을 심하게 받았는데, 어쨌거나 제 발등을 자기가 찍은 셈이었다. 그래도 선구자답게 골턴은 유럽 전역의 기상 조건에 관한 자료들을 모아서 근대적인 기상도의 원형을 작성했다. 또한 스스로 '반사이클론anti-cyclone'이라고 명명한 중요한 새 기후 패턴 - 오늘날 고기압이라고 더 잘 알려진 패턴 - 을 발견했다.

극적인 사건이 일어나지만 않았더라도 골턴은 여생 동안 비주류의 신사 과학자로 지내며 소일했을지 모른다. 극적인 사건이란 1859년 다윈의 『종의 기원』이 출간된 것이었다. 외사촌의 책을 읽자 골턴은 앞이 훤히 열리면서 목적의식이 생겼다. 특히 책 속의 한 부분이 특별한 힘으로 다가왔다. 즉 자연선택이 어떻게 종을 형성하는지를 설명하기 위해 다윈은 농부들이 더 나은 품종을 얻으려고 사육 동식물을 교배시킨 다는 사실을 인용하고 있었던 것이다. 아마도 이때부터 골턴은 똑같은 방법으로 인간 진화를 의도적으로 이루어내길 꿈꾸었다. "만약 말과 소를 향상시키기 위한 측정에 쓰이는 비용과 수고의 20분의 1을 인류의 향상을 위한 측정에 쓴다면, 천재들로 이루어진 은하를 우리가 창조해내지 못하겠는가!"라고 골턴은 1864년 한 잡지 기사에 썼다. 우생학을 처음 세상에 선포한 순간이었다. ('우생학eugenics'이라는 실제 단어는 '잘 태어난'이라는 그리스어 단어로부터 그가 20년 후에 새로 만들어낸 용어다.)

날개나 눈과 같은 신체적 특성의 진화만 주로 생각한 다윈을 뛰어넘어, 골턴은 동일한 유전학적 논리를 재능이나 미덕과 같은 정신적 자질에 적용했다. 이로 인해 존 로크, 데이비드 흄, 그리고 존 스튜어트 밀이 표방한 철학적 정설에 반대하는 편에 놓이게 되었다. 그들은 마음이란 경험으로만 내용을 채울 수 있는 빈 서판과 같다고 주장했다. 이와 반대로 골턴은 다음과 같이 썼다. "특히 아이들에게 착하게 굴라고 가르치는 이야기들 속에 가장 자주 내비치며 가끔씩은 직접적으로 표현되는 가설을 나는 참을 수가 없다. 그 가설이란 아이들은 죄다 똑같이 태어나며 아이들끼리, 그리고 성인들끼리 차이 나게 만드는 유일한 요인은 근면과 도덕적 노력이라는 것이다."

오늘날까지 여전히 논쟁이 분분한 '본성 대 양육nature vs nurture'이라는 문구도 골턴이 처음 내놓았다. (아마도 셰익스피어의 「템페스트」에서 힌트를 얻었을지 모른다. 그 작품에서 프로스페로는 입양아 캘리번은 "악마, 타고난 악마, 그의 본성에 / 양육은 결코 달라붙을 수 없네"라며 탄식한다.) 왜 골턴은 한 인간의 재능과 기질을 결정하는 데 양육보다는 본성이 더 지배적이라고 확신했을까? 그런 발상은 케임브리지 대학에 다닐 때 처음 떠올랐다. 그곳의 우수한 학생들한테는 이미 우수한 성적으로 그 대학을 졸업한 친척들이 있다는 사실을 알게 되면서부터 였다. 확실히 그의 짐작에 의하면 집안이 대를 이어 성공하는 것은 단지 우연적인 현상이 아니었다. 여행하면서 그런 예감은 더욱 강해졌는데, 자신의 말마따나 '상이한 인종들의 정신적 특이성'을 생생하게 목격했기 때문이다.

골턴은 본성이 양육을 능가한다는 자신의 믿음을 굳건한 증거로 증명하려고 진지한 노력을 기울였다. 1869년의 책 『유전된 천재Hereditary Genius』에서 그는 '저명한' 사람들의 긴 목록 – 판사, 시인, 과학자, 심지어 뱃사공과 레슬링선수 등 – 을 제시하여 그런 우월함이 집안에서 물려받은 것임을 밝히려 했다. 생물학적 요소보다 사회적 이익이 우월함에 영향을 끼쳤을지 모른다는 반대 주장을 반박하기 위해서 교황의 입양 아들들을 일종의 대조군으로 이용했다. 정신적 능력이 대체로 유전에 의한 것이라는 그의 주장은 의심의 눈길을 샀지만, 다윈은 인상적으로 받아들였다. "어떤 면에서 보자면, 자네는 반대자를 개종시켰네"라고 다윈은 골턴에게 보낸 편지에서 밝혔다. "왜냐하면 나는 바보를 제외하고는 사람들은 지성에서 별반 차이가 없고, 다만 열정과 노력에서만 차이가 있다고 줄곧 생각했기 때문이라네." 하지만 골턴의 연구는 제대로 시작되지도 않았다. 만약 그가 꿈꾸는 우생학적 유토피아가 실제적인 가능성이 되려면, 유전이 어떻게 작동하는지 더 많이 알아야 했다. 그런 지식이 없이는 결혼과 번식을 매우 엄격히 감독하더라도 희망하는 인류의 향상은 수포로 돌아갈지 모르기 때문이다. 그러므로 우생학의 신봉자로서 골턴은 유전의 법칙을 발견하려고 애썼다. 그러다 보니 결국 통계(학)에 관심을 갖게 되었다.

당시의 통계는 따분한 어떤 것, 엄청나게 많은 수의 인구, 거래 관런 수치 등을 뜻했다. 수학적 관점이 빠져 있는 것이었는데, 단 한 가지 예외가 있었다. 바로 종형곡선이다. 희한하게도 종형곡선 – 다른 말로 정규 분포 또는 (여러 발견자 중에서 프리드리히 가우스의 이름을 따서) 가우스 분포 – 은 천문학에서 처음 등장했다. 18세기에 천문학자들이 알아내기로, 행성의 위치에 대한 측정치의 오차는 특정한 패턴을 띠었다. 측정치들은 참값 주위에 대칭으로 모여 있었는데, 대다수는 참값에 아주 가까웠고 소수만 양쪽 가에 멀리 떨어져 있었다. 그래프로 나타내면 오차의 분포는 종 모양이었다. 19세기 초에 아돌프 케틀레Adolphe Quetelet라는 벨기에의 천문학자는 천문학에서 등장하는 바로 이 '오차의 법칙'이 여러 사회현상에도 적용된다고 주장했다. 가령 5,000명에 달하는 스코틀랜드 군인들의 가슴둘레 정보를 모아서, 그 데이터가 약 40인치의 평균 가슴둘레를 중심으로 종형곡선을 형성한다는 사실을 알아냈다.

왜 종형곡선은 그처럼 어디에나 등장할까? 수학이 답을 내놓는다. 어떤 변수(가령 인간의 키)가 다소간 독립적으로 작용하는 많은 작은 원인들(유전자, 식사, 건강 등)에 의해 결정될 때면 어김없이 종형곡선이 나타난다. 케틀레가 보기에 종형곡선은 자신이 명명한 평균인(프랑스어로 'l'homme moyen')이라는 일종의 플라톤적 이상으로부터 우연히 벗어나는 정도를 표현한 것이었다. 그런데 우연히 케틀레의 연구를 접한 골턴은 만면에 웃음을 띠고 종형곡선을 새로운 시각에서 바라보았다. 즉 종형곡선이 기술하는 내용은 무시해도 되는 우연이 아니라 진화의 바탕이 되는 변동성을 드러내는 차이라고 본 것이다. 그런 차이가 한 세대에서 다음 세대로 옮겨지는 방식을 지배하는 법칙을 찾으려고 노력한 끝에, 골턴이 과학에 바친 선물이라고 해도 과언이 아닌 결실이 맺어졌다. 바로 회귀regression와 상관correlation이라는 개념이다.

골턴의 주요한 관심사는 비록 지능과 같은 정신적 능력의 유전이 었지만, 그런 능력을 측정하기는 어려움을 자신도 잘 알았다. 그래서 키와 같은 신체적 특징에 초점을 맞췄다. 당시에 알려진 유일한 유전 규칙은 모호한 '부전자전'이었다. 키 큰 부모한테서는 큰 아이가 나오는 경향이 있고, 키 작은 부모한테서는 작은 아이가 나오는 경향이 있다. 하지만 개별적인 사례는 예측할 수가 없었다. 더 큰 패턴을 찾고 싶어서 골턴은 1884년 런던에 '인체측정연구소'를 세웠다. 그의 명성 덕분에 수천 명이 몰려와 자발적으로 자신의 키, 몸무게, 반응시간, 당기는 힘, 색깔 구분 능력 등의 측정에 응했다. 방문객들 중에는 당시의 총리 윌리엄 글래드스턴William Gladstone도 있었다. "총리는 자기 머리 크기에 자신만만해했는데…… 하지만 재어보니 둘레가 그리 크지는 않았다." 커다란 대머리에 자긍심이 대단했던 골턴의 말이다.

205쌍의 부모, 그리고 이들의 성인 자녀 928명에게서 키 데이터를 얻은 후 골턴은 한 축이 부모의 키를, 다른 축이 자녀의 키를 나타내는 그래프 위에 점들을 찍었다. 이어서 그래프가 나타내는 경향을 파악하기 위해 점들의 구름 사이로 직선을 그렸다. 직선의 기울기는 3분의 2였다. 그러니까 예외적으로 키 큰(또는 키 작은) 부모의 자녀는 키가 큰(또는 작은) 정도가 평균적으로 고작 부모의 3분의 2만큼이라는 뜻이다. 달리 말해서, 키에 관한 한 자녀는 부모에 비해 평범한 편이었다. 여러 해 전에 그가 알아차렸듯이, '저명성'도 마찬가지인 듯했다. 가령 J. S. 바흐의 자녀들은 평균적인 사람들보다야 음악적으로 더 특출했을지 모르지만 아버지보다는 덜 특출했다. 골턴은 이 현상을 '평범함으로의 회귀'라고 불렀다. 회귀분석은 두 가지가 어렴풋하게 관련되어 있을 때, 어느 하나(가령 부모의 키)로부터 다른 하나(자녀의 키)를 예측하는 방법을 알려주었다. 나아가 골턴은 그런 어렴풋한 관계의 세기를 측정하는 방법을 개발했다. 이것은 둘의 관계가 서로 다른 종류일 때 - 가령 강수량과 작물 수확량, 또는 담배 소비와 폐암, 또는 교실 크기와 학문적 성취 - 에도 적용될 수 있었다. 더욱 일반적인 이 기법을 가리켜 그는 '상관'이라고 불렀다.

그 결과, 중대한 개념상의 돌파구가 마련되었다. 이제껏 과학은 원인과 결과의 결정론적 법칙들에 상당히 국한되어 있었다. 그런 법칙들은 많은 원인이 복잡하게 뒤섞여 있는 생물계에서 찾기가 어려웠다. 골턴 덕분에 통계 법칙은 과학계에서 존중받기 시작했다. 평범함으로의 회귀 - 요즘 용어로는 '평균으로의 회귀' - 라는 그의 발견은 훨씬 더 폭넓은 반향을 불러일으켰다. 『리스크 : 리스크 관리의 놀라운 이야기Against the Gods: the Remarkable Story of Risk』(1996년)에서 저자 피터 L. 번스타인은 이렇게 썼다. "평균으로의 회귀는 거의 모든 종류의 위험 감수와 예측에 원인이 된다. 그것은 '오르면 반드시 내려간다', '교만함에는 몰락이 뒤따른다', '부자는 삼대를 잇지 못한다'와 같은 설교들의 뿌리에 놓여 있다."

겉으로는 단순해 보이지만, 회귀라는 개념은 영리한 사람과 평범한 사람 모두에게 덫이 되어왔다. 가장 흔한 오해는 그 개념이 시간에 따른 수렴을 의미한다는 생각이다. 만약 아주 키 큰 부모가 조금 더 작은 자녀를 두는 경향이 있고 아주 키 작은 부모가 조금 더 큰 자녀를 두는 경향이 있다면, 이는 결국 모두 키가 똑같아진다는 의미가 아닐까? 사실은 그렇지 않은데, 왜냐하면 회귀는 시간상 앞으로도 뒤로도 작용하기 때문이다. 즉 아주 키 큰 자녀는 부모가 조금 더 작은 경향이 있고, 아주 키가 작은 자녀는 부모가 조금 더 큰 경향이 있다.

이런 역설처럼 보이는 현상을 이해할 열쇠는 다음 사실에 있다. 즉 평균으로의 회귀는 재능이라고 할 수 있는 지속적인 요인들이 운이라고 할 수 있는 일시적인 요인들과 인과적으로 합쳐질 때 생긴다. 스포츠를 예로 들어 살펴보자. 여기서는 평균으로의 회귀가 종종 침체 또는 슬럼프로 오해된다. 마지막 시즌에 용케도 3할 이상을 친 메이저리그 야구선수들은 재능과 운의 결합으로 그렇게 했다. 이들 중 일부는 정말로 위대한 선수인데도 그저 그런 해를 맞기도 하고, 대다수는 적당히 훌륭한 선수인데도 어느 해에 행운이 따르기도 했다. 후자의 집단이 다음해에도 마찬가지로 운이 따라야 할 이유는 없다. 따라서 대략 그들 중 80퍼센트는 평균 타율이 낮아질 것이다.

시간이 지남에 따라 재능이나 자질이 감소하는 진짜 원인이 회귀라고 (많은 이들이 그러듯이) 오해하다가는, 이른바 골턴의 오류를 범하게 된다. 1933년 노스웨스턴 대학의 교수인 호레이스 시크리스트Horace Secrist는 『비즈니스에서의 평범함의 승리The Triumph of Mediocrity in Business』라는 책에서 이 오류의 예를 잔뜩 내놓았다. 그러면서 호레이스는 수익이 매우 높은 회사들은 수익이 낮아지는 경향이 있고 수익이 낮은 회사들은 수익이 높아지는 경향이 있으므로, 결국 모든 회사가 얼마 후에 평범해질 것이라고 주장했다. 몇십 년 전에 이스라엘 공군은 질책이 칭찬보다 조종사들에게 더 효과적인 동기부여 방법이라고 결론 내렸다. 왜냐하면 실적이 낮은 조종사들을 질책했더니 이후에 더 잘 착륙하게 된 반면에 실적이 높은 조종사들을 칭찬했더니 이후 실적이 떨어졌기 때문이라고 했다. (회귀오류에 빠진 나머지, 우리가 일반적으로 검열을 과대평가하고 칭찬을 과소평가할지 모른다는 생각은 섬뜩하다.) 1990년에 〈뉴욕 타임스〉의 한 논설위원은 오로지 회귀효과로 인해, 시간이 지나면 지능지수IQ의 인종 간 차이가 저절로 사라질 것이라고 어이없는 주장을 펼쳤다.

골턴 자신도 골턴의 오류를 저질렀을까? 2004년에 출간된 골턴의 전기『극단적 조치Extreme Measures』에서 작가 마틴 브룩스는 골턴이 그랬다고 주장한다. 브룩스는 이렇게 썼다. "골턴은 회귀에 관해 자신이 알아낸 결과를 완전히 오해했다. 인간의 키는 세대가 지나면서 더욱 평균치가 되는 경향이 없다. 하지만 회귀가 그런 경향을 증명해준다고 믿었다." 설상가상으로, 브룩스의 주장에 의하면 회귀를 엉뚱하게 이해하는 바람에 골턴은 다윈의 진화론을 거부하고 우생학의 더욱 극단적이고 고약한 버전을 도입하고 말았다. 회귀가 정말로 일종의 중력으로 작용하여 개인들을 전체 평균 쪽으로 늘 끌어당긴다고 가정해보자. 그렇다면 어쩔 수 없이 진화가 다윈이 본 것처럼 작은 변화의 점진적인 진행을 통해 일어날 수가 없다. 진화가 일어나려면 평균으로의 회귀에 영향을 받지 않는, 어떤 크고 불연속적인 변화여야 할 것이다. 골턴은 이런 도약이야말로 현저하게 새로운 유기체, 즉 '자연의 변종'을 등장시킬 것이며, 이로써 능력의 종형곡선이 통째로 이동할 것이라고 생각했다. 만약 우생학이 성공할 가능성이 있으려면 진화와 똑같은 방식으로 작동해야 할 것이다. 달리 말해서, 이런 자연의 변종이 많이 모여서 새로운 품종을 낳을 씨받이 역할을 해야 할 것이다. 그래야만 회귀를 극복하여 발전이 이루어질 수 있다.

하지만 골턴은 그의 전기 작가 브룩스가 생각한 것처럼 그렇게 혼란스러워하지 않았다. 골턴이 회귀라는 미묘한 주제를 밝혀내는 데는 거의 20년이나 걸렸다. 이 업적은 시카고 대학의 역사학자인 스티븐 M. 스티글러에 따르면 "과학사에서 가장 위대한 개별 사건으로 평가되어야 마땅한 일로, 윌리엄 하비의 혈액순환의 발견과 아이작 뉴턴의 빛의 분리에 필적하는 수준이다". 1889년에 가장 영향력이 큰 저서인『자연적 유전Natural Inheritance』을 출간했을 때, 그는 회귀 개념을 거의 완벽하게 파악하고 있었다. 또한 회귀가 인생이나 유전과 특별한 관계가 없음을 알았고, 아울러 시간의 경과와 무관함도 알았다. (평균으로의 회귀는 형제들 사이에조차도 적용된다고 그는 주장했다. 예외적으로 키 큰 사람들은 키가 조금 작은 형제들을 두는 경향이 있다.) 사실 골턴이 깔끔한 기하학적 논증을 통해 밝힐 수 있었듯이, 회귀는 순수한 수학의 문제이지 실증적인 힘이 아니다. 아무런 의심이 없게 하려고 유전상의 키의 사례를 역학의 문제로 위장하여 케임브리지에 있는 한 수학자에게 보냈다. 수학자는 옳다고 확인해주었다. 골턴으로선 기쁘기 그지없는 일이었다. 골턴은 이렇게 썼다. "그의 답이 내게 도달했을 때만큼 수학적 분석의 장엄함과 숭고함에 대해 충성심과 존경심이 불타오른 적은 일찍이 없었다."

인간 유전의 통계적 연구에 초석을 놓은 데서 그치지 않고 골턴은 다른 여러 지적인 관심사를 계속 탐구했다. 개중에는 중요한 것도 있고 그냥 특이할 뿐인 것도 있었다. 가령 욕조 속에 잠긴 채로 글을 읽을 수 있는 수중안경을 발명하는가 하면, 자전거용 속도계도 발명했는데 이것은 (브룩스의 묘사에 의하면) '자전거 타는 이가 페달의 회전수를 세는 동안 지니고 있는, 그냥 일종의 짧은 시간 측정용 모래시계'로 구성되었다. 300편이 넘는 그의 과학 논문 중에는 「냄새로 하는 산수」라든지 「통풍에 대한 딸기 치료법」 등도 들어 있었다. 또한 통계를 이용해 기도의 효험을 조사하여 논란을 불러일으키기도 했다. (하느님께 비는 행위는, 그의 결론에 의하면 사람을 병으로부터 지켜내는 데 아무 소용이 없었다.) 어느 정도 성공을 거둔 시도도 있었는데, 예를 들면 피커딜리 거리를 걸으면서 지나는 모든 사람과 주위의 물체가 스파이라고 상상하여 일시적인 정신이상 상태를 자신에게 유도하는 일이었다고 한다. 그리고 화성과 지구가 매우 가까워지는 현상에서 착안하여, 화성인과 통신을 할 수 있는 천체 신호 시스템을 고안해내기도 했다. 더욱 유용한 것으로는, 지문 패턴을 구별하여 모든 지문은 서로 다르다는 사실을 증명함으로써 엄밀한 근거에서 지문 감정의 초석을 놓았는데, 이는 빅토리아 시대의 경찰 수사에 위대한 도약을 가져왔다. 아울러 최초의 심리학 질문 목록을 작성했는데, 이 목록을 과학자들에게 배포하여 정신적 형상화 능력을 알아보려고 했다. 또한 단어 연상 기법을 고안하여, 이를 이용하여 프로이트보다 수십 년 전에 자신의 무의식을 파헤쳤다.

골턴은 새로운 세기로 접어들어서도 활발하게 연구 활동을 이어갔다. 1900년에 우생학의 위상이 급부상했는데, 그레고르 멘델의 완두콩에 대한 유전 연구가 조명받으면서였다. 갑자기 유전적 결정론이 과학계에 유행했다. 골턴은 청각장애와 천식 – 이 증상을 누그러뜨리려고 대마초를 피웠다 – 으로 고생하면서도 1904년 사회학회Sociological Society에서 우생학에 관한 중요한 연설을 했다. "자연이 맹목적으로 느리게, 그리고 무자비하게 하는 것을 인간은 의도적으로 빠르게, 그리고 친절하게 할지 모른다"고 선언했다. 국제 우생학 운동이 기지개를 켜자 골턴은 그 운동의 영웅으로 칭송받았다. 1909년에는 기사 작위까지 받았다. 2년 후 88세의 나이에 유명을 달리했다.

오랜 연구에도 불구하고 골턴은 우생학의 핵심 공리 증명에 근접하지 못했다. 즉 재능과 미덕에 관한 한 본성이 양육에 우선함을 증명해내지 못했다. 하지만 골턴은 그것이 참임을 결코 의심하지 않았으며, 많은 과학자들도 그의 확신을 공유했다. 다윈도 『인간의 유래와 성선택』에서 이렇게 썼다. "이제 우리는 골턴 씨의 존경할 만한 노력 덕분에 천재가…… 유전되는 경향이 있음을 안다." 이것을 공리라고 치고서, 우생학을 실천할 방법은 두 가지다. 즉 '긍정적' 우생학과 '부정적' 우생학이다. 전자는 우수한 사람을 더 많이 번식시키는 것이고, 후자는 열등한 사람을 더 적게 번식시키는 것이다. 대체로 골턴은 긍정적 우생학자였다. 조기 결혼과 유전적 엘리트들끼리의 다산을 강조했으며, 여왕이 신부를 데리고 나오며 웨스트민스터 사원에서 국가 자금으로 성대하게 치러지는 결혼식에 대한 환상을 품었다. 종교에는 언제나 적대적이었는데, 그래서 오랜 세월 동안 소속 구성원들 중 가장 재능 있는 구성원에게 금욕 생활을 강요한다며 로마가톨릭교회를 비난했다. [그의 생각에 의하면 종교적 금욕 생활의 (우생학에 반대되는) 열생학적 결과는 스페인의 쇠퇴에서 가장 분명하게 드러났다.] 우생학적 복음의 전파로 인해 재능 있는 사람들이 인류의 선을 위해 번식할 자신의 책임을 인식하길 그는 바랐다. 하지만 골턴은 우생학이 전적으로 도덕적 권고일 수 있다고 여기지 않았다. 증거를 바탕으로, 산업화된 영국의 가난한 사람들이 과도하게 많이 번식하는 상태를 우려하여 자선단체가 가난한 자들이 아니라 '바람직한 계층'에 관심을 갖도록 촉구했다. '정신 질환, 약한 마음, 습관적 범죄 기질, 그리고 극도의 빈궁으로 심각하게 고통받는 사람들의 자유로운 번식'을 방지하기 위해, 결혼 제한 내지는 심지어 거세 형태를 띨지 모르는 '엄격한 강제'를 권고했다.

골턴의 우생학적 제안들은 그의 대의명분에 동참했던 유명한 동시대인들의 견해에 비하면 유순한 편이었다. 가령 부정적 우생학의 노골적인 옹호자인 H. G. 웰스는 이렇게 선언했다. "인류의 향상 가능성은 성공한 이들을 선택하는 데 있지 않고 실패한 자들을 거세하는 데 있다." 조지 버나드 쇼는 우생학적 섹스를 결혼을 통한 비과학적 번식의 대안이라고 주창했다. 쇼는 이렇게 말했다. "우리에게 필요한 것은 일면식도 없고 다시 서로를 볼 마음도 없는 사람들끼리 명예를 잃지 않은 채로 특정한 공공적인 조건하에서 자녀를 생산할 자유이다." 골턴은 보수적인 성향이었지만, 그의 사상은 영국 경제학자 해럴드 라스키Harold Laski, 존 메이너드 케인스John Maynard Keynes, 그리고 사회학자 시드니Sidney와 비어트리스 웹Beatrice Webb 부부 같은 진보적 인물들에게 인기를 끌었다. 미국에서는 뉴욕의 사도들이 골턴 협회를 설립했는데, 이들은 미국자연사박물관에서 정기적인 만남을 가졌다. 그리고 대중화 활동가들이 나서서 미국의 나머지 지역도 우생학 친화적으로 만들고자 했다. "언제까지 우리 미국인들은 돼지와 닭과 소의 족보는 그렇게나 신경 쓰면서, 정작 *우리 아이들*의 혈통은 우연이나 '맹목적인' 정서에 맡길 것인가?"라고 필라델피아의 한 설명회에 내걸린 플래카드는 물었다.

골턴이 죽기 4년 전에 인디애나 주 입법기관은 최초의 주 불임화 법안을 통과시켰다. '확인된 범죄자; 백치, 정박아, 그리고 강간범의 번식을 금지하기 위한' 법이었다. 곧 대다수의 다른 주들도 뒤따랐다. 1927년에 미국 연방 대법원 대법관인 올리버 웬들 홈스 주니어Oliver Wendell Holmes Jr.는 버지니아 주의 불임화 법의 합법성을 지지하는 결정을 내렸다. 그 법이 한 여성에게 적용된 후에 내려진 결정이었는데, 여성의 어머니가 심신미약 상태로 보였고 그 여성 또한 자신과 마찬가지 상태인 듯한 딸을 이미 출산한 관련 배경이 있었다. '삼대에 이르는 백치만으로도 충분하다'는 것이 요지였다. 미국 전역에서 미국인들 중 우생학적으로 적합하지 않다고 판정받은 약 6만 명이 법원 판결로 강제 거세를 당했다. 또한 많은 사람들이 캐나다, 스웨덴, 노르웨이, 스위스에서 강제 거세를 당했다(정작 영국에서는 그리 많지 않았다). 우생학 운동이 유럽 전역, 남아메리카, 그리고 동쪽으로 일본에까지 퍼지자 골턴의 프로그램은, 역사학자 대니얼 J. 케블레스Daniel J. Kevles의 말에 의하면 '사실상 전 지구적 혁명의 일환으로' 출범한 듯 보였다.

그런데 우생학이 가장 끔찍한 형태로 전개된 곳은 독일이었다. 골턴의 사상은 전반적인 인류의 향상을 목표로 삼았다. 비록 그가 빅토리아 시대에 만연한 인종적 편견을 공유했지만, 인종 개념은 우생학 이론화에 그리 큰 역할을 하지 않았다. 이에 반해 독일의 우생학은 재빠르게 인종*위*생학 *Rassenhygiene*으로 탈바꿈했다. 아리안족은 열등한 인종을 지배하기 위한 투쟁 과정에 있다고 독일의 인종위생학자들은 믿었다. 그렇기에 독일의 유전적 내용물은 결코 부적합한 자들의 무계획적 번식을 통해 악화되지 않아야 했다. 히틀러 치하에서 심신미약, 알코올중독, 정신분열처럼 유전 때문이라고 짐작되는 질환이 있는 약 40만 명의 사람들이 강제로 거세를 당했다. 결국에는 많은 이들이 그냥 살해당했다. 또한 나치는 '긍정적' 우생학 조치도 취했다. '레벤스보른Lebensborn(생명의 샘)'이라는 이 프로그램은 매우 적합하다고 판단된 미혼 여성을 나치 친위대SS 대원들과 결혼시켜 최고급 형질의 아리안족 자손을 생산하자는 활동이었다.

인종생물학에 관한 나치의 실험은 우생학에 대한 반감을 불러일으켜서 결국 그 운동이 끝나게 만들었다. 유전학자들은 우생학을 사이비 과학으로 치부했는데, 두 가지 이유에서였다. 첫째는 지능과 성격이 유전에 의해 결정되는 정도를 지나치게 과장했다는 것이고, 둘째는 많은 유전자가 인간의 특성을 결정하기 위해 상호 작용할 수 있는 복잡하고 불가사의한 방식들을 간과한 순진한 입장이라는 것이다. 1966년 영국의 유전학자 라이오넬 펜로즈Lionel Penrose는 이렇게 말했다. "인간 유전자 및 이 유전자의 작용에 관한 우리의 지식은 아직도 너무나 미미하기에 인간 번식을 위한 긍정적 원리들을 버린다는 것은 시건방지고 어리석다."

이후로 과학은 인간 게놈에 대해 더 많이 배웠고 생명공학의 발전 덕분에 우리 자녀의 유전적 구성을 말할 수 있게 되었다. 가령 출산 전

검사를 통해 태아가 다운증후군이나 테이삭스병과 같은 유전성 질병을 지녔음을 부모에게 알려서 유산이라는 선택권을 부모에게 줄 수 있다. '배아 선택' 기법은 더욱 강력한 통제 방법이다. 부모의 정자와 난자를 이용해 체외에서 여러 배아를 생성한다. 그런 다음에 이 배아들을 유전학적으로 검사하여 최상의 특성을 지닌 배아를 어머니의 자궁에 이식하는 기법이다. 이 두 기법 모두 '부정적' 우생학에 포함될 수 있는데, 왜냐하면 부정적인 판단을 받는 유전자들은 부모가 낮은 지능지수, 비만, 동성애 선호 또는 대머리처럼 바람직하지 않다고 간주하는 질병 내지는 다른 잠재적 질환과 연관되어 있기 때문이다. 하지만 골턴이 원래 의도했던 '긍정적' 우생학의 부활도 난자나 정자 기증이 관여하는 번식 기법에서 볼 수 있다. 가령 아이비리그 대학신문의 광고에 SAT 고득점이나 푸른 눈과 같은 올바른 특성을 지닌 난자 기증자에게 무려 5만 달러를 준다는 내용이 등장했으며, '노르딕' 유전자에 대한 국제적 수요 때문에 덴마크가 전 세계 최대의 정자은행 본거지가 되었다.

더욱 급진적인 우생학적 가능성도 출현했는데, 이는 골턴이 내다본 것을 훌쩍 뛰어넘는다. 바로 배아 세포의 유전적 내용물을 직접 건드려서 자녀의 유전을 유도해내는 방식이다. 생식계열 공학이라고 불리는 이 기법은 포유류의 여러 종에서 사용되고 있으며, 가장 최근에는 목표 유전자 편집을 위한 새로운 CRISPR Clustered Regularly Interspaced Short Palindromic Repeats(규칙적인 간격을 갖는 짧은 회문구조 반복 단위의 배열) 기법이 도입되었다. 생식계열 공학의 옹호자들은 인간이 그 기법을 이용할 수 있는 것은 단지 시간문제라고 주장한다. 생식계열 요법이 보통 제시하는 정당성의 근거는 유전적 이상과 질병을 제거할 수 있다는 잠재력인데, 이는 변형된 유전자로부터 발생한 당사자뿐 아니라 그 자손들 모두에게도 해당된다고 한다. 하지만 '향상'을 위한 목적으로 사용될 잠재력을 지니고 있다. 만약 과학자들이 지능이나 신체운동 능력 또는 행복과 관련된 유전자를 찾아낸다면, 생식계열 공학 덕분에 부모는 그런 측면에서 자녀를 우생학적으로 개량할 선택권을 가질 수 있다. 생식계열 공학의 더욱 신중한 옹호자들은 유전적 결함을 고치는 데만 그것을 사용해야 한다고 고집하는 데 반해, 반대자들은 그것이 우생학적 향상이라는 미명하에 인류를 위태로운 길로 들어서게 하리라고 우려한다. 어쨌거나 운명적으로 지독히 낮은 지능지수의 아이가 생식계열 조작으로 '치료'될 수 있는 수준으로 그 기법이 발전한다면, 어느 부모가 자신의 정상적인 아이의 지능지수도 비슷한 조작을 통해 20점쯤 높이고 싶은 유혹을 뿌리칠 수 있겠는가!

골턴의 우생학이 잘못인 까닭은 결함 있는 과학에 근거하여 강제로 실시되었기 때문이다. 하지만 번식을 통해 인류에게서 야만성을 없애자는 골턴의 목표는 경멸할 수 없다. 이에 반해 새로운 우생학은 (아직도 대체로 불완전하지만) 비교적 타당한 과학에 근거해 있으며 강제적이지도 않다. 일종의 '자유방임형' 우생학이라고 할 수 있는데, 왜냐하면 아이의 유전적 자질에 관한 결정이 부모에게 달려 있기 때문이다. 정말이지 이제껏 심사숙고해본 중에 유일한 강제적 정책은 주州가 이런 기법을 불법화하여 자연적인 유전 질서를 따르도록 하자는 것뿐이다. (미국과 달리 유럽은 이미 생식계열 조작을 금지했다.)

도덕적인 면에서 불명확한 지점은 바로 이 새로운 우생학의 목표다. 만약 그 기법을 이용하여 부모의 바람(및 재정 상태)에 따라 자녀의 유전적 자질을 만들어낸다면, 그 결과 '내추럴스Naturals'라는 하층계급보다 더 똑똑하고 더 건강하고 더 잘생긴 '젠리치GenRich' 계급이 출현할 수 있다. 인종 향상보다는 개인적 향상이라는 이상이야말로 골턴의 우생학 비전과 극명하게 상반된다.

골턴은 1904년의 연설에서 우생학의 목표를 선언했다. "내가 보기에 인류의 향상은 우리가 타당하게 시도할 수 있는 최고의 목표들 중 하나다. 우리는 인류의 궁극적 운명을 모르지만, 인류의 수준을 낮추는 것은 치욕스러운 일인 반면에 높이는 것이 고상한 과제임은 확신할 수 있다."(마틴 브룩스가 그랬듯이) 이 말을 '허튼 설교'로 치부해도 무방할 수 있다. 하지만 골턴의 말은 설계된 아기라는 '포스트휴먼'의 미래에 관한 새로운 우생학자들의 이야기와 비교해보면 어떤 강직함을 담고 있다. 적어도 골턴에게는 그 시대엔 미처 몰랐다는 변명이 가능하다.

제3부

수학, 순수하고 불순한

6

수학자의 로맨스

고등수학을 배운 사람에게는 수학에 '아름다운'이라는 단어를 결부시킨다는 것이 더할 나위 없이 자연스러울 수 있다. 수학적 아름다움은 베토벤의 후기 4중주곡의 아름다움처럼 이상함과 필연성의 결합에서 생긴다. 단순하게 정의된 추상적 개념이 숨겨진 기이함과 복잡성을 드러낸다. 언뜻 무관해 보이는 구조가 불가사의한 대응 관계를 나타낸다. 기묘한 패턴이 등장해서는, 엄밀한 논리에 의해 분석되고 나서도 여전히 기묘한 상태로 남는다.

미학적 인상이 너무나 강력했던지라 위대한 수학자 G. H. 하디는 유용성이 아니라 아름다움이야말로 수학이 존재해야 하는 마땅한 근거라고 선언했다. 하디가 보기에 수학은 최초의, 그리고 으뜸가는 창조적 예술이었다. 자신의 고전적인 책 『어느 수학자의 변명』에서 그는 이렇게 썼다. "수학자의 패턴은 화가나 시인의 패턴처럼 틀림없이 아름답다. 아름다움은 첫 번째 관문이다. 이 세상에 못생긴 수학을 위한 영원한 자리는 없다."

그렇다면 수학적 아름다움을 접할 때 사람들은 어떻게 반응할까? 분명 기쁨이다. 어쩌면 감탄일지도 모르겠다. 토머스 제퍼슨은 76세가 되던 해에 수학의 진리를 숙고한 덕분에 '쇠락해가는 인생의 지루함을 달랠' 수 있었다고 적었다. 버트런드 러셀 – 자서전에서 자신이 자살을 하지 않은 것은 수학을 더 많이 알고 싶은 바람 때문이었다고 감상적으로 주장한 인물 – 에게 수학의 아름다움은 "조각상의 아름다움처럼 차갑고 위엄 있으며…… 숭고하게 순수하며, 엄격한 완벽성을 지닐 수 있다". 수학적 아름다움이 분명 따뜻한 분위기를 일으키는 사람도 많을 터이다. 그런 사람들은 플라톤의 『향연』에서 그런 느낌을 받을지 모른다. 그 대화문에서 소크라테스는 연회에 모인 손님들에게 디오티마라는 이름의 여사제가 어떻게 자신을 에로스 – 모든 형태의 소망을 뜻하는 그리스어 단어 – 의 신비로 인도했는지를 들려준다.

에로스의 한 형태는 특정한 연인의 신체적 아름다움을 접하고서 생기는 성적 욕망이다. 이 욕망은, 디오티마에 따르면 가장 낮은 차원의 에로스다. 하지만 철학적 정제를 거치면 에로스는 더 숭고한 욕망을 향해 고양될 수 있다. 이런 에로스 중에서 끝에서 두 번째 – 플라톤이 말한 이데아로서의 아름다움 바로 아래의 것 – 가 수학이 발견해낸, 시대를 초월한 완벽한 아름다움이다. 그런 아름다움을 이해할 수 있는 사람들은 재현 욕구가 샘솟아, '빛나도록 아름다운 사상과 이론'을 더욱 더 많이 내놓게 된다. 디오티마에게, 그리고 아마도 플라톤에게 수학적 아름다움에 대한 알맞은 반응은 우리가 사랑이라고 부르는 에로스의 형태이다. (별 의미는 없지만 재미있는 그런 우연의 일치의 한 사례를 G. H. 하디는 『어느 수학자의 변명』의 말미에서 든다. 수학의 아름다움에 처음 눈뜬 케임브리지 대학의 교수가 바로 '프로페서 러브Professor

Love'였노라고.)

　에드워드 프렌켈은 러시아의 수학 영재였다가 스물한 살에 하버드 대학의 교수가 되었으며 지금은 버클리 대학에서 학생들을 가르치고 있는데, 대놓고 플라톤주의자를 자처한다. 수학에 대한 일종의 플라토닉 러브레터인 회고록 『내가 사랑한 수학Love and Math』(2013년)에는 에로스가 흘러넘친다. 어린 시절에는 마치 번개를 맞듯이 수학의 아름다움에 사로잡혔다. 당시 10대인데도 새로운 수학적 발견을 이루어냈는데, 그것은 마치 '첫 키스와 같았다'고 한다. 수학자가 되려는 희망이 소련의 반유대주의 때문에 어림없어 보이는 상황에서도 '수학에 대한 열정과 기쁨'으로 버틸 수 있었다.

　프렌켈은 그런 열정과 기쁨을 모두가 공유하기를 바란다. 그러려면 도전이 필요하다. 수학은 추상적이고 어렵다. 수학의 아름다움은 우리들 대다수에게 접근 불가인 듯하다. 독일 시인 한스 마그누스 엔첸스베르거가 말했듯이, 수학은 "우리 문화의 접근 불가능 영역이다. 보통 사람들에게는 낯선 세계로서 거기에서는 오직 엘리트, 즉 입문한 소수만 설 자리가 있다". 그렇지 않게 자란 사람들은 수학에 관한 자신의 교양 없음을 자랑스럽게 고백할 것이다. 문제는 그들이 수학의 걸작을 한 번도 접해보지 못했다는 사실이다. 학교에서, 그리고 심지어 대학에서 (가령 기초 미적분학을 통해) 가르치는 수학은 대체로 수백 년 또는 수천 년 전의 내용이며, 대부분 지루한 계산으로 푸는 반복적인 문제를 포함하고 있다.

　이것은 오늘날 대다수의 수학자들이 하는 일과 상당히 다르다. 19세기 중반경 일종의 혁명이 수학에 일어났다. 과학을 위한 수단으로서의 계산에서 벗어나, 새로운 구조와 새로운 수학 언어의 자유로운 창조로 옮겨갔다. 수학적 증명은 엄밀한 논리를 따르긴 하지만 더욱 이야기와 비슷해졌다. 줄거리와 세부 줄거리, 그리고 반전과 해결을 지니게 된 것이다. 바로 이런 종류의 수학을 오늘날 대다수의 사람들은 보지 못하고 있다. 정말로 우리를 주눅들게 하는 수학의 세계다. 하지만 위대한 예술 작품이란 비록 어렵더라도 문외한조차 그 아름다움을 엿볼 수 있도록 해줄 때가 종종 있다. 바흐의 푸가는 대위법 이론을 몰라도 충분히 감동을 줄 수 있다.

고등수학의 아름다움을 찾는 프렌켈의 활동은 지난 반세기의 가장 흥미로운 수학적 드라마인 랭글랜즈 프로그램Langlands program에서 중대한 역할을 맡게 했다. 1960년대에 프린스턴 고등과학연구소 소속의 캐나다 수학자 로버트 랭글랜즈Robert Langlands가 구상한 이 프로그램은 대통일이론을 지향하고 있다. 프렌켈이 보기에 그 프로그램은 '모든 수학의 소스 코드'를 담고 있다. 하지만 수학계 바깥에는 거의 알려지지 않은 노력이다. 정말이지 대다수의 직업 수학자들도 1990년대 후반까지 랭글랜즈 프로그램을 몰랐는데, 그때가 되어서야 페르마의 마지막 정리의 획기적인 해결책에서 등장했다. 이후 순수수학의 범위를 넘어 이론물리학의 최전선으로까지 확장되었다.

프렌켈은 브레즈네프 시대에 모스크바에서 약 100킬로미터 떨어진 콜롬나Kolomna라는 산업도시에서 자랐다. 그는 이렇게 말한다. "학교에 다닐 때는 수학이 싫었다. 내가 정말로 재미있어했던 건 물리학, 특히 양자물리학이었다." 10대 초반에는 하드론과 쿼크 같은 아원자 입자들을 흥미롭게 소개하는 대중 과학서를 탐독했다. 그러면서 이런 의문이 들었다. 왜 자연의 기본입자들이 저토록 어리둥절할 정도로 다양하게 존재하는가? 왜 그런 입자들은 특정한 크기의 집단에 속하는가? 부모님이 오랜 친구 사이인 수학자를 소개해주고서야 깨우침을 얻었다. 물질의 구성 요소들에 질서와 논리를 부여한 것은, 그 수학자의 설명에 의하면 '대칭군'이라는 것이었다. 수학의 세계에 사는 이 짐승을 프렌켈은 학교에서는 결코 마주친 적이 없었다. "그때가 깨달음의 순간이었다"고 그는 회상한다. '전혀 다른 세계'에 눈떴다는 말이다.

수학자에게 '군群, group'이란 멋진 방식으로 함께 모이는 행위나 작용의 집합이다. 여기서 '멋진 방식으로'가 의미하는 바는 군이론의 네 가지 공리에서 설명되는데, 이 공리들이 군의 대수적 구조를 정의한다. 가령 이들 공리 중 하나에 의하면 군 내의 임의의 행위에 대해 그 행위를 취소하는 또 다른 행위가 군 내에 존재한다.

군의 중요한 한 종류 – 프렌켈이 처음 접했던 종류 – 로 *대칭군*을 들 수 있다. 방 중간에 정사각형의 카드 게임용 탁자가 있다고 하자. 직관적으로 볼 때 이 가구는 어떤 식으로든 대칭적이다. 어떻게 하면 이 주장이 더 구체적인 것이 될 수 있을까? 글쎄, 탁자의 중심을 축으로 정확히 90도 회전하면 모양이 변하지 않을 것이다. 탁자가 회전했을 때 방 바깥에 있던 사람은 누구든 방 안으로 되돌아왔을 때 차이를 알아차리지 못할 것이다(탁자 표면에 얼룩이나 흠이 없다고 가정할 때). 탁자를 180도나 270도 또는 360도로 회전하더라도 마찬가지다. 특히 마지막 행위는 탁자를 완전히 한 바퀴 돌리게 되므로 전혀 회전이 없는 것과 등가이다.

이런 행위들이 카드 게임용 탁자의 대칭군을 구성한다. 행위가 네 가지이므로 이 군은 유한하다. 반면에 탁자가 원형이라면 대칭군이 무한하다. 왜냐하면 임의의 회전이든 – 1도만큼이든 45도만큼이든 132.32578도만큼이든 무슨 각도만큼의 회전이든 – 모양이 달라지지 않기 때문이다. 그러므로 군은 한 대상의 대칭성을 측정하는 방법이다. 무한한 대칭군을 갖는 원형 탁자는 단 네 가지 행위만 들어 있는 대칭군을 갖는 정사각형 탁자보다 더 대칭적이다.

하지만 (다행히도) 군은 이보다 더 흥미롭다. 군은 단지 기하학적인 것을 뛰어넘는 대칭성 – 가령 방정식 안이나 아원자 입자들의 족family에 숨은 대칭성 – 을 담아낼 수 있다. 군이론의 진정한 위력은 1832년에 처음으로 입증되었다. 파리에 사는 스무 살의 학생이자 정치 선동가인 에바리스트 갈루아가 결투로 죽음을 당하기 전날 밤에 한 친구에게 휘갈겨 쓴 편지의 내용 때문이었다. (한 여성의 명예를 지켜주려는 결투에서 갈루아는 정부 첩자로 의심되는 자의 손에 죽었다.)

갈루아가 알아낸 것은 대칭 개념을 수의 영역으로 확장시키는 정말로 아름다운 방법이었다. 자신의 군이론 덕분에 수 세기 동안 수학자들을 괴롭혔던 대수의 한 고전적인 문제를 풀 수 있었다. 그것도 아주 뜻밖의 방식으로. (프렌켈의 말에 의하면 "갈루아는 그 문제를 푼 것이 아니라 *해킹했다*". 갈루아의 발견이 지닌 중요성은 그 발견에 영감을 주었던 문제를 훨씬 초월했다. 오늘날 '갈루아 군'은 수학 문헌 어디에나 등장하며, 군 개념은 모든 수학에서 숱한 심오한 불가사의를 명료하게 해결하면서 가장 다재다능한 역할을 한다는 것이 입증되었다. 위대한 수학자 앙드레 베유André Weil는 이렇게 충고했다. "의심이 들 때는 군을 찾아라!" 이 말은 '*여자를 찾아라cherchez la femme*'*라는 범죄 관련 금언의 수학 버전인 셈이다.)

일단 사로잡히고 나자, 어린 프렌켈은 최대한 수학을 많이 배우는 데 집착했다. ("사랑에 빠졌을 때와 똑같은 현상이다.") 열여섯 살에 대학에 지원할 수 있는 준비가 되었다. 이상적인 선택지는 명백했다. 바로 모스크바 국립대학교였다. 그곳의 역학 및 수학과, 일명 메크맷Mekh-Mat은 순수수학의 세계적 중심지 중 하나였다. 하지만 그해는 1984년, 즉 고르바초프가 권좌에 오르기 1년 전이자 공산당이 대학 입학을 포

---

* 사건 뒤에는 여자가 있다는 프랑스어 문구 - 옮긴이

함해 러시아인의 삶의 모든 측면을 여전히 통제하는 때였다. 아버지가 유대인이라는 사실만으로도 모스크바 국립대학교 입학이 좌절되기에 충분했다. (유대인을 물리학과 관련된 학문 분야에 진출하지 못하게 막는 비공식적인 이유는 그들이 핵무기 전문 지식을 습득한 뒤 이스라엘로 가버릴지 모르기 때문이었다.) 겉으로는 공정한 척하는 분위기였다. 입학시험장에 들어갈 수는 있었지만, 알고 보니 '이상한 나라의 앨리스' 식의 고통스러운 다섯 시간의 시련이 기다리고 있었다. (면접관 : "원의 정의가 무엇입니까?" 프렌켈 : "원은 주어진 한 점으로부터 등거리에 있는 평면상의 점들의 집합입니다." 면접관 : "틀렸습니다! 주어진 한 점으로부터 등거리에 있는 평면상의 모든 점들의 집합입니다.")

대신 프렌켈은 (석유란 뜻의 케로싱카Kerosinka라는 냉소적인 별명이 붙은) 모스크바 석유가스대학에 들어갈 수 있었는데, 그곳은 유대인 학생들의 안식처가 되었다. 하지만 순수수학에 대한 갈망이 너무나 컸던 프렌켈은 경계가 삼엄한 메크맷에 있는 약 6미터 높이의 담장을 올라가서 세미나에 참석했다고 한다. 곧 그의 비범한 능력이 모스크바 수학계의 선구적인 인물의 눈에 띄었고, 덕분에 한 미해결 문제의 풀이를 맡게 되었다. 그 문제에 푹 빠져서 프렌켈은 몇 주 동안 거의 잠을 자지 않고 매달렸다. "그랬더니 어느새 문제가 풀렸다. 살면서 처음으로 나는 이 세상의 다른 어느 누구도 해내지 못한 일을 내 손으로 해냈다"고 그는 회상한다. 그가 푼 문제는 또 다른 종류의 추상적 군, 즉 꼬임군braid group에 관한 것이었다. 이름이 꼬임군인 까닭은 말 그대로 많은 머리카락과 흡사하게 꼬인 곡선들의 계에서 생기는 군이기 때문이다.

아직 10대 후반인데도 그 외에 여러 성과를 냈지만 유대인이었기에 프렌켈의 학문적 앞날은 어두웠다. 하지만 프렌켈의 재능은 해외 수학자들의 주목을 받게 되었다. 1989년 하버드 대학 총장인 데릭 복Derek

Bok에게서 뜻밖의 편지 한 통이 왔다. 그 편지는 (실제로는 아직 학사학위도 없는) 프렌켈을 '박사'라고 칭하면서 특별 장학생으로 하버드에 와달라는 초청장이었다. 프렌켈은 이렇게 회상한다. "하버드 대학은 이전에 들어본 적이 있었다. 솔직히 밝히자면, 그때는 학계에서 얼마나 중요한 대학인지 제대로 몰랐다." 프렌켈은 스물한 살에 하버드 대학 수학과의 객원교수가 되었는데, 자신의 연구에 관해 가끔 강연하는 것 말고는 어떠한 공식적 의무도 없었다. 더군다나 한 달 후에 소련 출국 비자를 취득하여 페레스트로이카 시대에 유대인 수학자들의 탈출 행렬의 초기 사례가 되었다.

프렌켈은 미국 생활에 꽤 자연스럽게 적응해갔다. 보스턴의 슈퍼마켓에서 '자본주의의 풍요'에 감탄했으며, '가장 히피 느낌이 나는 청바지와 소니 워크맨'을 샀고, 매일 밤 TV에서 데이비드 레터먼 쇼를 열심히 시청하여 영어의 미묘한 뉘앙스를 배우느라 애썼다. 가장 중요한 사건은 또 한 명의 러시아 출신 유대인 이민자를 만난 일인데, 바로 그 사람이 프렌켈에게 랭글랜즈 프로그램을 알려주었다.

갈루아의 이론처럼 랭글랜즈 프로그램도 한 통의 편지에 기원을 두고 있다. 1967년에 (당시 30대 초반의) 로버트 랭글랜즈가 프린스턴 고등과학연구소의 동료인 앙드레 베유에게 보낸 편지였다. 편지에서 랭글랜즈는 수학적 우주의 정반대편에 있는 듯 보이는 두 이론 사이에 심오한 유사성이 있을 수 있다고 했다. 하나는 수의 영역에서 대칭성을 다루는 갈루아 군이론이고, 다른 하나는 복잡한 파동들(가령 교향악의 소리)이 어떻게 단순한 고조파harmonic(가령 개별 악기)들로부터 만들어지는지를 문제삼는 '조화해석'이었다. 자기동형 형식automorphic form이라고 하는, 조화해석이 적용되는 세계의 어떤 구조들은 수의 세계에 있는 불가사의한 패턴들을 '알고' 있었다. 그러므로 한 세계의 방법을 이용하여 다른 세계의 숨겨진 조화를 드러내는 것이 가능할지 모른다. 그러리라고 랭글랜즈는 추측했다. 만약 베유가 편지 속의 직관이 설득력 없다고 여길 경우를 대비해 랭글랜즈는 이렇게 덧붙였다. "물론 집에 쓰레기통이 가까이 있겠죠."

하지만 20세기 수학의 거장 베유 – 1998년에 92세의 나이로 세상을 떠났다 – 는 경청하는 성향이었다. 1940년 여동생 시몬 베유에게 쓴 편지에서 그는 수학에서 유사성의 중요성을 생생하게 기술했다. (또한 산스크리트어 학자답게) 바가바드기타를 언급하면서 앙드레 베유가 시몬 베유에게 설명한 바에 의하면 힌두 신 비슈누가 열 가지의 상이한 모습으로 현현하듯이 겉으로는 단순해 보이는 수학 방정식도 극적으로 상이한 여러 추상적 구조로 자신을 드러낼 수 있다. 그런 구조들 사이의 미묘한 유사성은, 그의 말에 의하면 '불법적인 밀통'과 같으며 "간파해내는 사람에게 더할 나위 없는 기쁨을 준다". 공교롭게도 베유는 프랑스의 감옥에서 여동생에게 편지를 썼다. 군대에서 탈영한 죄목으로 거기에 잠시 갇혀 있었기 때문이다(그 전에는 핀란드에서 스파이 노릇을 했다는 혐의로 처형될 뻔했다).

랭글랜즈 프로그램은 그런 가상적인 유사성을 굳건한 논리적 교량, 즉 무지의 바다에 떠 있는 다양한 수학적인 섬을 잇는 다리로 바꾸어줄 추측들의 체계다. 다른 식으로 말하자면, 그런 다양한 섬에 사는 수학의 부족민 – 정수이론가, 위상기하학자, 대수기하학자 등 – 이 서로 대화하고 자신들의 개념적 자원을 공유할 수 있도록 해주는 일종의 로제타석이라고 할 수 있다. 랭글랜즈 추측들은 지금까지 대개 미증명 상태다. (한 가지 예외가 다니야마–시무라 추측인데, 이것은 1950년대에 두 명의 일본인 수학자가 제기했고 1990년대에 영국인 앤드루 와일스가 증명해냈다. 덕분에 이후 와일스는 페르마의 마지막 정리가 옳음을 증명하는 데 성공했다.) 이 불가사의한 추측들이 정말로 참일까? 수학자들은 틀림없이 그럴 것이라는 거의 플라톤적 확신이 있다. 이언 스튜어트가 언급했듯이, 랭글랜즈 프로그램은 '너무나 아름답기에 참이어야만 하는 종류의 수학'이다. 그 프로그램이 고등수학에 가져다줄 통일성은, 프렌켈의 표현에 의하면 '수학이 진정으로 무엇인지를' 우리가 최종적으로 발견하는 새로운 황금시대로 우리를 인도할 수 있다.

프렌켈은 석사학위가 없었던 탓에 박사학위 논문을 쓰는 동안에 하버드 대학의 교수에서 대학원생으로 잠시 '좌천'되어야 했다. 하지만 단 1년 만에 논문을 완성했다. (1991년의 졸업식에서 프렌켈은 그해의 명예학위 취득자인 에두아르트 셰바르드나제Eduard Shevardnadze, 즉 페레스트로이카의 설계자한테서 친히 축하를 받아서 매우 기뻐했다.) 박사학위 논문에서 프렌켈은 랭글랜즈 프로그램의 새로운 한 장을 연 정리를 증명했는데, 이는 랭글랜즈 프로그램을 수의 영역으로부터 공이나 도넛의 표면과 같은 휘어진 곡면의 기하학적 영역으로 확장시킨 것이었다. (이런 곡면들은 19세기 수학자 베른하르트 리만의 이름을 따서 리만곡면이라고 한다.)

랭글랜즈 프로그램을 연구하려면 여러 낯익은 수학적 개념 – 수를 셈하기처럼 기본적인 개념들 – 을 비틀거나, 심지어 산산조각을 내야 했다. 가령 수 3을 생각해보자. 지루하고 아무런 내적 구조가 없는 수이다. 하지만 수 3을 3차원의 '벡터공간' – 즉 그 속의 각 점이 세 가지 숫자를 표현하며, 자신만의 덧셈 및 곱셈 규칙을 갖는 공간 – 으로 대체한다고 가정하자. 그러면 이제 흥미로운 어떤 것, 즉 그리스 사원보다 더 많은 대칭성을 가진 구조가 생겨난다. "현대 수학에서 우리는 수들이 벡터공간으로 살아나는 새로운 세계를 창조한다"고 프렌켈은 적고 있다. 게다가 다른 기본적인 개념들 또한 풍부해진다. 여러분이 고등학교

수학에서 만났을 '함수' – $y=f(x)$에서와 같은 – 는 고패(도르래 바퀴)라는 기이한 개념으로 변환된다. (수학 언어의 이와 같은 재발명에 가장 큰 역할을 한 사람은 20세기 후반의 가장 위대한 수학자라고 널리 인정되는 알렉산더 그로텐디크였다.)

다음 작업은 랭글랜즈 프로그램을 수학 자체의 경계선 너머로 확장시키는 일이었다. 1970년대에 알려진 바에 의하면 그 프로그램의 핵심 구성 요소들 중 하나 – '랭글랜즈 쌍대군' – 는 양자물리학에서도 등장한다. 실로 놀라운 일이었다. 수와 기하의 세계에서 어렴풋이 볼 수 있는 패턴들이 자연의 기본 힘들을 기술하는 이론에서도 상응하는 패턴으로 존재할 수 있을까? 프렌켈은 양자물리학과 랭글랜즈 프로그램 사이의 잠재적 연관성을 예감하고서 조사에 착수했다. 이 연구에는 프렌켈과 동료들이 2004년에 미 국방부에서 받은 수백만 달러의 지원금이 쓰였는데, 당시까지 순수수학에 제공된 가장 큰 액수의 지원금이었다. (깨끗하고 부드러울 뿐만 아니라 순수수학은 저렴하다. 그 실행가들에게 필요한 것이라곤 분필과 적은 이동 경비뿐이다. 또한 개방적이고 투명한데, 특허를 낼 발명이 없기 때문이다.)

이 연구를 계기로 프렌켈은 에드워드 위튼과 협동연구를 하게 되었다. 위튼은 현존하는 가장 위대한 수리물리학자로 널리 알려진 인물이다(그리고 랭글랜즈와 마찬가지로 프린스턴 고등과학연구소의 회원이었다). 위튼은 자연의 모든 힘을 하나의 깔끔한 수학적 패키지 속으로 통합하려는 물리학자들의 지속적인 노력 중 하나인 끈이론의 대가다. 그는 '난공불락의 논리'와 '위대한 취향'으로 프렌켈을 감탄케 했다. 끈이론가들이 가정한 '막'이 어떻게 수학자들이 고안해낸 '고패'와 유사한지를 알아낸 사람도 바로 위튼이었다. 그리하여 수학을 통합하려는 랭글랜즈 프로그램과 물리학을 통합하려는 끈이론 사이에 풍부한 대화의 장이 열렸다.

끈이론이 우주를 효과적으로 기술하는 과제에 (아직) 성공하지 못하는 바람에 낙관론이 조금 약해지긴 했지만, 랭글랜즈 프로그램과 끈이론의 관련성은 입자물리학에 심오한 통찰을 제공해주었다.

순수한 아름다움 때문에 연구한 수학적 개념이 나중에 물리계를 설명해준다고 밝혀진 사례는 랭글랜즈 프로그램이 처음이 아니다. 아인슈타인은 감탄하면서 이렇게 물었다. "어떻게 경험과 무관한, 결국에는 인간 사고의 산물인 수학이 실재의 대상과 놀랍도록 연관될 수 있는가?" 이에 대한 프렌켈의 입장은 아인슈타인과 매우 다르다. 프렌켈로서는 수학적 구조가 '실재의 대상들' 속에 있으며, 그런 구조는 물리적 또는 정신적 세계만큼이나 실재적이다. 게다가 그런 수학적 구조는 인간 사고의 산물이 아니며, 오히려 자신들만의 플라톤적 영역에서 시간을 초월하여 존재하면서 언젠가 수학자들이 발견해주길 기다리고 있다. 수학이 인간의 마음을 초월하는 실재성을 가진다는 확신은 수학자들에게서 드물지 않은데, 특히 프렌켈, 랭글랜즈, 로저 펜로즈 경, 그리고 쿠르트 괴델 같은 위대한 수학자들에게서는 더더욱 흔하다. 기이한 패턴과 상응 관계들이 신비스러운 숨겨진 무언가를 암시하면서 뜻밖에 출현함을 목격하는 수학자들은 으레 그런 확신을 품게 된다. 누가 그런 패턴을 내놓았단 말인가? 분명 사람이 한 일은 아닌 듯하다.

수학에 관한 이런 플라톤적 견해의 문제점 ─ 신비주의적 기질의 프렌켈은 결코 인식하지 못하는 문제점 ─ 은 그런 견해가 수학 지식을 일종의 기적으로 만든다는 것이다. 만약 수학의 대상들이 우리와 동떨어져서 공간과 시간의 물리계를 초월하는 플라톤적 천상계에 존재한다면, 어떻게 인간의 마음이 수학의 대상들과 '연락을 취하고' 그 속성과 관계를 알아낼 수 있을까? 수학자들은 ESP(초감각적 지각) 소유자란 말인가? 플라톤주의의 곤란한 점을 철학자 힐러리 퍼트넘Hilary Putnam은 이렇게 꼬집었다. "플라톤주의는 우리가 비물질적인 영혼으로가 아니라 뇌로 사고한다는 단순한 사실에 결코 부합하지 않는 듯하다."

아마도 프렌켈에게는 플라톤적 환상이 허용되어야 마땅할 듯하다. 어쨌거나 무언가를 사랑하는 모든 이는 자신이 사랑하는 대상에 관해 로맨틱한 망상을 품는다. 2009년 프렌켈이 파리 과학수학재단의 우수 회원으로 있을 때는 수학에 대한 열정을 담은 짧은 영화를 만들기도 했다. 미시마 유키오의 단편소설 「우국憂國」을 영화로 만든 「유코쿠」(영어 제목은 'Rite of Love and Death')에서 영감을 받아 제목을 '사랑과 수학의 의식들Rites of Love and Math'이라고 지었다. 이 조용한 일본 가면극풍의 우화에서 프렌켈은 사랑의 공식을 창조하는 수학자 역을 맡았다. 공식이 사악한 자의 손에 들어가지 못하게 막으려고 연인의 몸에 대나무 막대로 공식을 문신으로 새긴다. 세상 누구도 알지 못하게 하려는 뜻이다. 이어서 그는 자신까지 희생시켜 공식을 완벽하게 보호할 준비를 한다.

2010년 파리에서 이 영화가 처음 상영된 직후 〈르몽드〉는 '수학자들의 독특한 낭만적 비전을 보여주는 놀라운 단편영화'라고 치켜세웠다. 영화에서 사용된 '사랑의 공식'은 프렌켈 자신이 (양자장이론의 수학적 바탕을 연구하는 중에) 발견한 것이다. 아름답지만 금단의 공식이다. 공식에 나오는 유일한 수는 0과 1, 그리고 ∞이다. 사랑도 이와 비슷하지 않을까?

7

고등수학의 아바타들

"순수수학이라는 학문은…… 인간 정신의 가장 독창적인 창조물이라고 할 수 있다." 철학자 (그리고 한때는 수학도 함께 연구한) 알프레드 노스 화이트헤드가 한 말이다. 하지만 이상하게도 이 '학문'의 실행자들은 여전히 자신들의 소명을 정당화해야 할 필요성을 느낀다. 그 학문을 추구하기 위해 사회로부터 지원금을 받을 필요성은 굳이 말할 것도 없다. 화이트헤드가 '순수'수학이라고 말했다는 사실에 주목하자. '응용' 쪽은 배제한다는 말이다. 실증적 학문에 대한 유용성이나 상업적 목적으로 육성되는 학문은 논외다. (상업적 목적의 수학은 때때로 산업수학이라고 치부된다.) '순수'수학은 그런 문제들에 아무 관심이 없다. 순수수학의 심오한 문제들은 오로지 내면을 향하는 신비로부터 샘솟는다.

물론 가끔씩 순수수학 연구도 알고 보니 응용으로 이어지는 경우가 있다. 이론상의 거위가 황금알을 낳는 셈이다. 뜻밖의 유용한 부산물을 낳는 이러한 잠재력을 에이브러햄 플렉스너Abraham Flexner는 주목하자고 촉구했다. 프린스턴 고등과학연구소의 설립자인 그가 〈하퍼스 매거진Harper's Magazine〉 1939년 호 기사 「무용한 지식의 유용성」에서 주장했던 내용이다. 하지만 (하버드 대학 역사학자인 스티븐 샤핀Steven Shapin의 표현인) '황금 거위 논거'는 순수수학자들이 솔깃해할 만한 거리가 아니다. 한 예로 영국의 수학자 G. H. 하디는 '진짜' 수학이란 실제적인 중요성이 예상되는 것이어야 한다는 생각을 아주 경멸했다.

1940년에 출간된 자신의 책 『어느 수학자의 변명』 – '수학에 관한 가장 명료한 영어 산문 작품'이라고 미국 작가 데이비드 포스터 월리스가 칭송한 책 – 에서 하디는 수학의 요점은 예술의 요점과 똑같다고 주장했다. 즉 내재적인 아름다움의 창조가 수학의 본질이라는 말이다. 그래서 완전히 무용한 이론이라고 여겼던 자신의 전문 분야인 정수론을 탐닉했다. 1947년에 사망한 하디가 자신의 '순수한' 정수론이 나중에 공개키 암호화 기법이라는 불순한 용도로 변질했다는 사실을 알았다면 기분이 상했을 것이다. 그 기법을 통해 고객들은 신용카드 정보를 비밀 암호키의 교환 없이 온라인 상점에 보낼 수 있다. 덕분에 수조 달러 규모의 전자상거래 시장이 작동할 수 있는데, 함수해석이라는 수학 분야에서 하디가 했던 연구 결과도 알고 보니 월스트리트에서 파생금융상품에 가격을 매기는 데 쓰이는 블랙숄즈Black-Scholes 공식의 근본을 제공했음이 증명되었다.

순수수학이 천박한 상업주의를 낳고 마는 이 역설은 마이클 해리스Michael Harris에게서도 나타난다. 해리스는 하디의 고전적인 저서를 무엄하게도 흉내낸 『변명이 없는 수학Mathematics Without Apologies』이라는 회고록을 쓴 사람이다. 중년의 이 유명한 수학자는 대수, 기하 및 정수론이 만나는 대단히 순수한 권역에서 일한다. 그는 이렇게 적고 있다.

"내 연구 경력의 초반을 이끈 문제는 버치-스위너턴다이어 추측인데" 이 추측은 "해의 개수가 유한한지 무한한지 여부를 알아낼 단순한 방법이 없는 이항방정식의 가장 단순한 부류 - 타원곡선 - 에 관한 것이다". (겉보기엔 기초적인 듯하지만, 타원곡선은 알고 보면 무궁무진하게 흥미로운 심오한 구조를 지닌다.) 연구자로서 오랜 시기를 파리에서 보낸 사람답게 회고록은 프랑스인 특유의 지적인 장난기가 가득할 뿐 아니라 사회학자 피에르 부르디외Pierre Bourdieu, 패션 디자이너 이세이 미야케Issey Miyake, 작가 카트린 밀레Catherine Millet('섹슈얼 스타하노프the sexual Stakhanovite')*와 같은 인물들을 언급하고, 아울러 '처음 한두 잔째에는 수학을 논하다가 곧 대화의 주제가 대학 내 정치와 잡담으로 바뀌는' 파리의 흥청망청하는 샴페인 파티를 다룬다. 이 책은 산만하고 냉소적이며(색인에 '엿같은 돈'이라는 표현이 나온다) 재치 있다. 구체적으로 보자면, 토머스 핀천의 소설에 나오는 불가사의한 수학적 구조의 분석과 같은 매력적인 문학적 탈선도 나오고, 맨해튼의 디너파티에서 영국 여배우에게 정수론을 설명하려고 해리스가 용감하게 시도한 내용과 같은 기초 수학에 관한 앙증맞은 막간 이야기들도 나온다.

소수에 관한 단순한 정의에서 시작하여 해리스는 앞에서 언급한 버치-스위너턴다이어 추측을 차근차근 설명해나간다. 그 추측은 일급 수학자들로 이루어진 한 국제단체가 2000년에 파리에서 가진 기자회견에서 일곱 가지의 '밀레니엄 상금 문제' 중 하나로 선정되었다. 문제를 해결하면 상금 100만 달러를 받는다. 해리스는 현대 수학의 가장 심오한 발전들, 특히 알렉산더 그로텐디크의 예언적인 연구를 깊이 들여다본다. 해리스는 수학 외길만을 걸은 그 수학자의 '비장미'를 높이 산다.

---

* 스타하노프는 대단히 성실하고 생산성이 높은 구소련의 노동자를 가리키는데, 여기서는 이 작가가 성과 관련된 작품을 많이 창작했다는 뜻이다 - 옮긴이

해리스는 무례하게도, 순수수학은 아름답고 참되며, 심지어 적어도 공리주의적 '황금 거위'의 측면에서 대단히 선하다고 보는 통상적인 정당화에 의심의 눈길을 보낸다. "순수수학 연구의 동기가 단지 잠재적인 응용 가능성에 있는 척하는 짓은 부정직할 뿐 아니라 자기파괴적이다"라고 해리스는 주장한다. 그가 보기에 아마존 천하를 만든 공개키 암호화 기법은 동네 서점을 파괴했다. (미국만 해당되는 이야기이고, 프랑스는 다르다. 프랑스에서는 온라인 서점이 할인된 가격의 책을 무료 배송하는 행위를 법으로 금지하고 있다.) 그리고 해리스는 '금융수학'의 갑작스러운 인기를 근엄하게 조롱한다. 파생금융상품에 의한 부의 길을 월스트리트에 제공했기 때문이라나. "한 동료가 자랑스레 떠벌린 말에 의하면 컬럼비아 대학의 수학 금융 프로그램 덕분에 신선한 과일, 치즈, 초콜릿 브라우니가 매일 풍부히 공급된다고 하는데, 파리에 있는 내 학과를 포함한 다른 여러 학과에서는 운이 좋아야 티백 몇 개와 소량의 과자를 칼로리에 굶주리는 대학원생들에게 나눠줄 뿐이다"라고 그는 개탄한다. 심지어 프랑스의 엘리트 교육기관인 에콜 폴리테크니크에서조차 오늘날 수학과 학생들 중 70퍼센트가 금융 분야로 진출하기를 갈망한다.

해리스는 하디를 포함한 여러 수학자의 주장, 즉 순수수학의 본질은 아름다움이라는 주장에도 시큰둥하다. 수학자들은 아름다움을 들먹이지만, 진짜로 의미하는 것은 기쁨이라고 해리스는 설파한다. 그는 이렇게 적고 있다. "이 느슨한 분야 바깥에서는 우리가 기쁨을 얻고자 무언가를 추구한다고 시인하면 안 좋게 본다. 미학은 이런 동기를 '마음의 숭고한 습관'과 얼버무리기 위한 방법이다."

소규모의 사람들이 자신이 좋아하는 어떤 일에 창조적인 능력을 발휘하는 것에 왜 사회가 나서서 돈을 대야 하는가? "만약 정부의 장관이 내게 그런 질문을 했다면 내 대답은 이렇다. 수학자들은 다른 학자들과 마찬가지로 특정한 학생 집단에 기술 중시 사회의 발전에 필요한 능력을 가르치기 위해, 그리고 조금 더 넓은 학생 집단이 특별히 촉망받는 전문 직종에 몰려드는 흘러넘치는 지원자들의 꿈을 짓뭉개는 데 이바지하는 강좌들을 차지하도록 만들기 위해 대학에서 필요하다고 말이다(가령 신입생용 미적분은 미국의 의과대학원에 들어가기 위한 필수 요건이었다)." 의사들에게 미적분이 꼭 필요하지는 않지만, 해리스도 인정하듯이 공학자, 경제학자 및 재고관리자가 상당한 수준의 수학을 모르고는 잘해나갈 수 없다. 비록 그의 기준에서 보면 사소한 수준이겠지만.

마지막으로 수학적 진리라는 추정상의 가치가 있다. 고대 그리스 이후 수학은 지식의 한 패러다임으로 여겨졌다. 확실하고 시간을 초월하며 필요한 지식이라는 것이다. 그런데 무엇에 관한 지식인가? 수학자들이 발견해낸 진리는 그것을 고찰한 수학자들의 세계와 무관하게 존재하는, 대상들의 영원하고 초현실적 영역을 기술하는가? 아니면 수학적 대상들은 실제로는 우리 마음에만 존재하는 인공적 구성물인가? 아니면 더욱 급진적으로 말해서, 순수수학은 아무런 대상도 실제로 기술할 수 없고 단지 연필과 종이로 하는 형식적 기호들의 정교한 놀이일 뿐인가?

수학이 진짜로 무엇이냐는 질문은 철학자들을 늘 당혹스럽게 만들지만, 해리스는 그다지 아랑곳하지 않는다. 수학적 존재와 진리의 문제를 고심하는 철학자들은, 그의 주장에 의하면 수학자들이 실제로 하는 일에 보통 별 관심이 없다. 그는 자칭 '수학의 철학philosophy of Mathematics(대문자 M)'–철학자들이 발명해낸 순전히 가상적인 주제–을 'philosophy of mathematics(소문자 m)'와 극명하게 대비시키는데, 이 때 인식론과 존재론에 관한 선험적 질문들이 아니라 현직 수학자들의 활동을 논의의 출발점으로 삼는다.

여기서 해리스는 살짝 불공평하다. 수학의 철학에서 서로 경쟁하는 표준적인 입장들이 철학자가 아니라 수학자 – 정말이지 지난 세기의 가장 위대한 수학자들 중 일부 – 에 의해서 처음 제기되었다는 사실을 언급하지 않고 넘어간다. 데이비드 힐베르트 – 해리스의 평가에 의하면 '초거인' – 가 고등수학을 형식적 기호들로 하는 놀이라고 여긴 '형식주의'를 처음 제시했다. 앙리 푸앵카레(또 한 명의 '초거인'), 헤르만 바일, 그리고 L. E. J. 브라우어르는 '직관주의'를 주창했는데, 이에 따르면 수 및 다른 수학적 대상들은 마음에 의존하는 구성물이다. 버트런드 러셀과 알프레드 노스 화이트헤드는 '논리주의'라는 입장을 취했는데, 둘의 방대한 저작인 『수학 원리』에서 수학은 결국 논리학임을 보여주려고 애썼다. 그리고 '플라톤주의' – 수학은 플라톤의 이데아 세계의 존재들처럼 마음과 무관한 대상들의 완벽하고 영원한 영역을 기술한다는 생각 – 가 쿠르트 괴델에 의해 주창되었다.

이 수학계 인물들은 전부 해리스가 (대문자 M인) 수학의 철학이라고 얕보는 활동에 열정적으로 관여했다. 이 인물들과 그 추종자들이 벌인 논쟁은 1920년대에 특히 뜨거웠는데, 종종 사적인 적대감을 불러일으켰다. 분명 당시의 수학은 '위기'를 맞고 있었다. 그 위기는 비유클리드 기하학의 출현과 집합론에서 모순이 발견되는 등 기존의 확신을 흔드는 일련의 발전에서 비롯되었다. 만약 확실성이라는 오래된 이상을 지켜내려면, 수학이 새로운 안전한 토대 위에 다시 놓여야 한다고들 느꼈다. 수학이 행해지는 방식 자체가 논의 사안이 되었다. 가령 어떤 종류의 증명이 타당하다고 인정될지, 그리고 무한을 어떤 식으로 이용하는 방식이 허용될지 등이 문제였다.

기술적이기도 하고 철학적이기도 한 이유들로 인해 20세기 초반의 경쟁적인 여러 주의는 죄다 만족스럽지 못했다. (특히 괴델의 '불완전성 정리'는 힐베르트의 형식주의와 러셀·화이트헤드의 논리주의에 치명적인 타격을 가했다. 불완전성 정리에 의하면 – 대략 말해서 – 힐베르트의 수학적 '놀이'의 규칙들은 무모순이 결코 입증될 수 없으며 러셀·화이트헤드가 내놓은 것과 같은 논리체계는 모든 수학적 진리를 결코 담아낼 수 없다.) 수학적 존재와 진리의 사안들은 아직도 미해결 상태이며, 철학자들은 결론을 내리지 못한 채 그런 사안들과 씨름해오고 있다. 힐러리 퍼트넘이 쓴 1979년 논문의 제목 '수학의 철학 : 왜 아무런 성과도 없는가Philosophy of Mathematics: Why Nothing Works'는 그런 상황을 잘 짚어낸다.

해리스가 보기에는 약간 구시대적인 상황 인식이다. 1세기 남짓 전에는 매우 첨예했던 수학의 위기라는 인식은 퇴조했다. 오래된 난제들이 그 자리를 메웠다. 현대의 수학자들에게 어느 철학당에 가입되어 있느냐고 물어보면 평일에는 '플라톤주의당', 일요일에는 '형식주의당'이라는 답이 나온다는 농담이 있다. 즉 수학을 일로 대할 때에는 마음과 무관한 실재에 관한 것이라고 간주하다가, 사색적인 분위기에 빠져 있을 때는 단지 형식적 기호들로 하는 무의미한 놀이라고 많이들 믿게 된다는 뜻이다.

오늘날 수학의 패러다임 전환은 '위기'와 별다른 관련이 없고 우월한 방법을 찾는 일과 많이 관련되어 있다. 가령 수학은 집합으로부터 구성될 수 있다는 생각이 있곤 했다. 하나가 다른 하나의 원소라는 단순한 생각에서 시작하여 집합론은 어떻게 겉보기에 무한한 복잡성을 지닌 구조 – 수 체계, 기하 공간, 무한대의 끝없는 위계 – 가 가장 평범한 재료로부터 자라날 수 있는지를 보여준다. 가령 수 0은 '공집합', 즉 원소가 전혀 없는 집합으로 정의할 수 있다. 수 1은 한 원소 – 오직 0 –

를 갖는 집합으로 정의할 수 있다. 이어서 2는 0과 1을 원소로 갖는 집합으로 정의할 수 있다. 이런 식으로 그다음에 나오는 각각의 수는 이전의 모든 원소를 갖는 집합으로 정의할 수 있다. 따라서 수는 기본적인 어떤 것이라기보다 점점 더 복잡해지는 구조의 순수한 집합들이라고 볼 수 있다.

1930년대에 앙드레 베유를 포함한 파리의 명석한 신예 수학자 집단이 수학을 집합론의 논리적 토대 위에서 다시 세워 수학이라는 집을 더 안전하게 만들기로 결심했다. 부르바키Bourbaki라는 집단 가명 아래서 이 프로젝트는 수십 년 동안 진행되었으며, 두툼한 논문을 차례차례 내놓았다. 그 결과물들 중에서는 희한하게도 1960년대에 '새로운 수학'이라는 교육개혁이 등장했는데, 이는 미국의 학생들과 학부모들을 어리둥절하게 만들었다. 수에 관한 직관적인 내용을 집합론의 알쏭달쏭한 전문용어로 대체해버렸기 때문이다.

물리학자들은 '만물의 이론'의 발견을 거론한다. 그런데 집합론은 보편성 면에서 매우 포괄적이기에 '만물의 이론의 이론'인 것처럼 보일지 모른다. 부르바키 구성원들에게는 분명 그렇게 보였다. 하지만 프로젝트가 진행된 후 몇십 년이 지났을 때, 특출한 수학자 알렉산더 그로텐디크가 참여하여 프로젝트에 일대 혁신을 일으켰다. 아찔할 정도로 추상적인 만큼이나 결실이 풍부한, 순수수학의 새로운 스타일을 그가 창조해냈던 것이다. 2014년 피레네 산맥 기슭의 외딴 마을에서 86세의 나이로 죽기 한참 전부터 그로텐디크는 지난 세기 후반부의 가장 위대한 수학자로 칭송받았다. 또한 '소설의 소재가 되고도 남을 일생을 보낸 사람'이라는 해리스의 표현대로, 그로텐디크는 '대단히 파란만장'했다.

드러난 사실만으로도 충분히 놀랍다. 그는 1928년 베를린에서 태어났는데, 그의 부모는 아나키스트로 활동하고 있었다. 아버지는 러시아의 유대인으로, 차르 체제에 맞선 1905년 봉기와 1917년 혁명에 가담했다. 이후 볼셰비키 정권하의 감옥에서 탈출했다. 베를린의 거리에서는 나치 폭력배들과 맞붙었다. 스페인 내전에서는 공화당 편에서 싸웠다(어머니도 마찬가지였다). 그리고 프랑스가 나치에 함락된 후 파리에서 아우슈비츠로 보내져 살해당했다.

어머니는 함부르크 출신의 비유대인으로, 아들을 프랑스 남부에서 키웠다. 당시 그로텐디크는 수와 권투에 재능을 보였다. 전쟁이 끝나자 그는 파리로 돌아와 위대한 수학자 앙리 카르탕 밑에서 수학을 공부했고 상파울로와 캔자스, 그리고 하버드에서 강의를 하다가 1958년에 프랑스 고등과학연구소에 와달라는 초청을 받았다. 한 개인 사업가가 파리 외곽의 부아 마리Bois-Marie 숲에 새로 설립한 연구소였다. 그곳에서 그로텐디크는 20년 동안 동료 엘리트들과 젊은 추종자들을 충격에 빠뜨리면서 고등수학의 풍경을 재창조해나갔다.

그로텐디크는 외모부터 남달랐다. 빡빡 깎은 머리에 미남이었고 준엄하고 카리스마가 넘쳤다. 치열한 미니멀리즘의 옹호자였던지라, 돈을 경멸했고 옷도 승려같이 입고 다녔다. 확고한 평화주의자이자 반전주의자답게 1966년에 수학계 최고의 상인 필즈상을 받으러 모스크바(그해의 국제수학자회의 개최지)에 가는 것을 거부했다. 하지만 이듬해 북베트남에 가서는, 미군의 폭격을 피해 하노이에서 도망쳐 나온 학생들에게 정글 속에서 순수수학을 강의했다. (스스로의 결정으로) 거의 평생 무국적자로 지냈고, 한 여성과 결혼하여 세 명의 자녀를, 그리고 혼외로 두 명을 더 얻었으며, 급진적 생태 조직인 쉬르비브르 에 비브르Survivre et Vivre('생존하고 살아라'는 뜻)라는 단체를 설립했으며, 한때 아비뇽의 한 정치 집회에서 경찰 두 명을 때려눕혀서 체포된 적이 있다.

진실성에 대한 불굴의, 그리고 때로는 편집증적인 태도 때문에 그로텐디크는 프랑스 수학계로부터 결국 멀어졌다. 1990년대 초에는 피레네 산맥으로 사라져버렸다. 용케도 소재를 찾아낸 소수의 추종자들이 전하는 말에 의하면, 거기서 그는 민들레 수프로 연명하면서 어떻게 한 사악한 형이상학적 힘이 아마도 빛의 속력을 조금 바꿈으로써 세계의 신성한 조화를 파괴하는지에 관해 궁리했고 마을 사람들이 그를 돌봐주었다고 한다.

그로텐디크는 독특한 수학적 전망을 통해 이전까지는 상상할 수도 없던 개념들을 표현할 수 있는 새로운 수학 언어 – 일종의 이데올로기라고도 할 수 있을지 모를 언어 – 를 개발해냈다. 그가 사상 최초로 역설한 원리에 의하면 한 수학적 대상을 안다는 것은 그 대상이 동일한 종류의 다른 모든 대상과 맺는 관계를 안다는 의미다. 달리 말해서, 한 수학적 대상의 진정한 본질을 알고 싶다면 그것의 내부를 들여다보지 말고 그것이 이웃 대상들과 어떻게 노는지 보아야 한다.

수학적 대상들의 그런 이웃 집단은 아리스토텔레스와 칸트의 철학에서 가져온 개념으로, 범주라고 일컫는다. 한 범주는 추상적 곡면들로 구성될지 모른다. 이런 곡면들은 자신들의 일반적인 형태를 유지하면서 서로 오가는 자연스러운 방식이 존재한다는 점에서 함께 논다고 할 수 있다. 가령 두 곡면이 구멍의 개수가 – 도넛과 커피 머그잔처럼 – 서로 같으면 한 곡면은 수학적으로 다른 곡면으로 매끄럽게 변환될 수 있다.

또 하나의 범주는 곱셈과 비슷한 연산을 갖는 상이한 모든 대수체계로 구성될지 모른다. 이 대수체계들 또한 함께 노는데, 이 역시 그 체계들이 자신들의 공통적인 곱셈 구조를 유지하면서 서로 오가는 자연스러운 방식이 존재한다는 점에서 그렇다. 이처럼 동일한 범주 내의 대상들이 구조를 유지하면서 서로 오가는 관계를 가리켜 사상寫像, morphism이라고 하는데, 때로는 – 추상적 속성을 강조하기 위해 – 화살이라고도 한다. 사상은 한 범주 내에서 벌어지는 놀이의 전반적인 형태를 결정한다.

그런데 여기서 흥미로운 점은 이렇다. 즉 한 범주 – 가령 곡면들의 범주 – 에서의 놀이가 다른 범주 – 가령 대수체계들의 범주 – 에서의 놀이에 의해 미묘하게 모방될지 모른다. 두 범주가 함께 노는 것으로 보일 수 있다. 범주들 사이에 오가는 자연스러운 방식이 존재하는데, 이를 가리켜 함자函子, functor라고 한다. 그런 함자를 이용하면, 각 범주의 특정한 세부 사항에 신경 쓰지 않고도 두 범주에 대해 매우 일반적으로 추론할 수 있다. 이처럼 범주들은 서로 놀기 때문에 하나의 범주, 즉 범주들의 범주를 형성한다고 볼 수 있다.

범주론은 1940년대에 시카고 대학의 손더스 맥클레인Saunders MacLane과 컬럼비아 대학의 사무엘 에일렌베르크Samuel Eilenberg가 고안했다. 처음에는 많은 수학자들이 탐탁지 않게 여겼던지라 '추상적인 헛소리'라는 별명을 얻었다. 수학의 고전적인 내용이 모조리 빠져나간 듯한, 극소수만 이해할 수 있는 그런 고상한 접근법이 뭔가 의미 있는 결실을 맺을 수 있기나 할까? 하지만 그로텐디크 덕분에 그 이론은 아름답게 울려 퍼졌다. 1958년과 1970년 사이에 그는 범주론을 이용하여 전례 없이 풍부한 참신한 구조들을 창조해냈다. 이후로 범주론의 의기양양한 추상적 개념들은 이론물리학, 컴퓨터과학, 논리학, 그리고 철학에서도 유용하게 쓰였다. 가령 프랑스 철학자 알랭 바디우는 1980년대부터 범주론을 이용하여 존재와 초월의 개념들을 탐구해왔다.

그로텐디크가 착수한 프로젝트는 원래 데카르트가 시작했던 것, 즉 기하와 대수의 통합이었다. 이 둘은 수학의 음과 양에 비유된다. 기하는 공간이고 대수는 시간이며, 기하는 그림과 같고 대수는 음악과 같다. 조금 덜 멋지게 말하자면, 기하는 형태에 관한 것이고 대수는 구조 - 특히 방정식 내에 숨어 있는 구조 - 에 관한 것이다. 그리고 데카르트가 '직교좌표Cartesian coordinate'라는 발명으로 보여주었듯이, 방정식은 형태를 기술할 수 있다. 가령 $x^2+y^2=1$은 반지름이 1인 원을 기술한다. 따라서 대수와 기하는, 알고 보니 앙드레 베유의 표현인 '미묘한 포옹'을 교환하면서 긴밀하게 연관되어 있었다.

1940년대에 베유의 통찰력 덕분에 명확히 드러난 바에 의하면 기하와 대수 사이의 변증법은 수학에서 가장 끈질기게 풀리지 않은 불가사의들 중 일부를 풀 열쇠였다. 그리고 이 변증법을 높은 추상성의 수준 - 심지어 위대한 베유조차도 기죽게 만든 수준 - 으로 끌어올려 그런 불가사의들을 새롭게 이해할 수 있도록 해준 것은 바로 그로텐디크의 공로였다. 그로텐디크는 근래 수십 년 동안 가장 위대한 여러 수학적 발전에 토대를 쌓았다. 그런 발전의 한 예로 1994년에 있었던 페르마의 마지막 정리의 증명 - 현실적 또는 상업적 이익과 전혀 무관한 장쾌한 지적 성취 - 을 들 수 있다.

그로텐디크는 현대 수학을 변모시켰다. 하지만 이러한 탈바꿈의 공로 중 상당 부분은 덜 알려진 선배 수학자인 에미 뇌터에게 돌아가야 마땅하다. 1882년에 바바리아에서 태어난 뇌터가 범주론에 영감을 준 추상적 접근법을 대부분 창조해냈기 때문이다.* 하지만 뇌터는 여성이다 보니, 남성이 주도하는 학계의 규칙상 괴팅겐 대학에서 교수직을 얻을 수 없었다. 더군다나 고전학자들과 역사학자들은 그녀가 무급 강의를 하는 것조차 막으려 했다. 이에 독일 수학계의 거두 다비트 힐베르트는 이렇게 일갈했다고 한다. "성별이 직책에 방해가 될 이유가 없다고 본다. 어쨌거나 우리는 대중목욕탕이 아니라 대학에 속해 있지

---

* 이는 그녀의 찬란한 업적 중 하나일 뿐이다. 이 책 378쪽의 「에미 뇌터의 아름다운 정리」를 보기 바란다.

않은가." 뇌터는 유대인이었기에 나치가 권력을 잡자 미국으로 탈출해, 1935년 갑작스러운 감염으로 세상을 떠나기 전까지 브린모어 칼리지Bryn Mawr College에서 강의했다.

어떤 문제를 더욱더 높은 일반성의 수준으로 끌어올려서 공략하는 지적인 습관은 자연스레 에미 뇌터를 떠올리게 하는데, 이런 습관을 지녔던 그로텐디크는 자신이 '망치와 끌의 방법'이 아니라 추상성의 바다가 솟구쳐 올라 그 문제를 '가라앉히고 용해시키도록 함으로써' 풀기를 좋아한다고 말했다. 그가 바라보는 수학의 세계에서는 수학자들이 다루는 친숙한 것들, 가령 방정식, 함수, 심지어 기하학적인 점들조차 더욱 복잡하고 다채로운 구조로 재탄생했다. 알고 보니 오래된 것들은 새로운 것들의 그림자 – 또는 그로텐디크가 즐겨 쓴 표현대로 '아바타' – 였다. (아바타는 원래 힌두 신의 현현이다. 아마도 산스크리트어 전문가인 앙드레 베유의 영향 때문에 많은 프랑스 수학자들이 힌두 형이상학의 용어를 각별히 좋아했던 듯하다.)

그런 재탄생은 단 한 번에 끝나는 과정이 아니다. 각각의 새로운 추상은, 알고 보니 결국 더 높은 추상의 아바타일 뿐이었다. 마이클 해리스의 말마따나 "접근 가능한 개념들은 우리가 파악하려고 시도하고 있는 접근 불가능한 개념들의 아바타인 것으로 해석된다". 이 새로운 개념들을 파악함으로써 수학자들은 일종의 점증하는 추상의 '사다리'를 오른다. 해리스의 주장에 의하면 바로 이것을 철학자들이 주목해야 한다. "철학적 분석을 필요로 하는 현대 수학의 단 한 가지 특징을 들라고 한다면, 나는 굳건한 토대를 찾으라고 하기보다는 범주론적인 아바타 사다리를 올라가서 의미를 찾으라고 조언하겠다."

그런데 이 사다리의 꼭대기엔 무엇이 있을까? 아마도 해리스가 장난스러운 듯 진지한 듯 제안한 대로, 수학의 모든 내용이 궁극적으로 흘러나오는 원천인 '하나의 거대한 정리One Big Theorem' – '윤회=열반의 경지의 어떤 것' – 가 있을지 모른다. 하지만 올라야 할 사다리의 칸이 무한히 많기에 그곳에는 결코 도달할 수 없다.

여기에 수학의 비애가 있다. 우주의 모든 힘과 입자를 설명할 '최종 이론'을 갈망할 수 있는 이론물리학과 달리, 순수수학은 궁극의 진리를 향한 탐구의 무용함을 인정해야만 한다. 해리스가 말했듯이, "모든 베일을 걷어도 다만 그다음의 베일이 나타날 뿐이다". 수학자는 앙드레 베유가 말한 '지식과 무관심'의 영원한 사이클을 돌고 도는 운명일지니.

하지만 더 나쁠 수도 있다. 괴델의 두 번째 불완전성 정리 – 대략 말해서, 수학은 자신의 무모순성을 결코 증명할 수 없다는 정리 – 덕분에 수학자는 자신의 사업에 바탕이 되는 공리들이 아직 미발견 상태인 논리적 모순을 품고 있지 않다고 완전하게 확신할 수 없다. 이 가능성은 "어떤 합리적인 지성에게도 대단히 불편하다"고 러시아 출신 수학자 (그리고 필즈상 수상자) 블라디미르 보예보츠키Vladimir Voevodsky는 프린스턴 고등과학연구소 80주년 기념 강연에서 선언했다. 정말이지 그러한 모순의 발견은 적어도 오늘날 우리가 알고 있는 순수수학에는 치명적일 것이다. 그렇다면 진리와 거짓 사이의 구별은 허물어지고, 아바타의 사다리는 무너져 내리며, 하나의 거대한 정리는 정말로 끔찍한 형태, 가령 0=1과 같은 형태를 취할 것이다.

어쨌든 희한하게도 전자상거래와 파생금융상품은 꿈쩍도 하지 않겠지만.

브누아 망델브로와 프랙털의 발견

브누아 망델브로라는 이 뛰어난 수학자는 폴란드인과 프랑스인, 그리고 미국인의 삶을 두루 거치는 일생 동안 복잡함과 기이함을 추구하는 시인의 취향을 지녔다. 동떨어진 현상들 사이의 심오한 관련성을 파악하는 천재성 덕분에 그는 기하학의 새로운 분야를 창조해냈다. 자연적 형태들은 물론이고 인간 행동의 패턴들까지 우리가 깊이 이해할 수 있도록 해주는 이 기하학의 핵심은 단순하지만 포착하기 어려운 개념, 즉 자기유사성이다.

자기유사성이 무슨 의미인지 알기 위해 집안일의 한 사례를 살펴보자. 콜리플라워(꽃양배추)가 좋겠다. 이 채소의 머리 모양을, 즉 그것이 작은 꽃들로 이루어진 방식을 관찰해보라. 이 작은 꽃들 중 하나를 떼어내보라. 어떤 모습처럼 보이는가? 그것은 콜리플라워의 작은 머리처럼 보이며, 역시 자신의 작은 꽃들로 이루어져 있다. 이제 다시 이 작은 꽃들 중 하나를 떼어내보라. 어떤 모습처럼 보이는가? 여전히 더 작은 콜리플라워다. 이 과정을 계속한다면 – 곧 확대경이 필요해질 테지만 – 더욱더 작은 조각들이 전부 제일 처음 나왔던 머리 모양을 닮아 있을 것이다. 따라서 콜리플라워는 자기유사적이라고 할 수 있다. 각 부분이 전체를 닮았기 때문이다.

저마다 독특한 형태를 띠는 다른 자기유사적 현상으로는 구름, 해안선, 번개, 은하단, 인체 속의 혈관계, 그리고 어쩌면 금융시장의 상승과 하강 패턴 등이 있다. 해안선을 자세히 들여다볼수록 매끄럽지 않고 더욱 꼬불꼬불한 형태로 보이는데, 각각의 꼬불꼬불한 구간은 더 작은 비슷하게 꼬불꼬불한 구간들로 이루어져 있다. 이런 것들을 기술해주는 도구가 바로 망델브로의 방법이다. 자기유사적 형태는 본디 삐뚤삐뚤한 까닭에 고전적인 수학은 이런 형태를 다루기에 부적절하다. 고대 그리스부터 지난 세기까지 수학의 방법들은 원과 같은 매끄러운 형태에 더 잘 맞았다. (원은 자기유사적이지 않음에 유의하라. 만약 원을 더 작은 구간들로 나누면, 각각의 구간은 거의 직선이 된다.)

겨우 지난 몇십 년 전에야 삐뚤삐뚤한 것에 관한 수학이 등장했는데, 덕분에 자기유사성과 더불어 이와 비슷한 문제인 난기류, 잡음, 군집, 카오스와 같은 현상을 파악할 수 있게 되었다. 망델브로는 그런 수학을 개척한 선구자였다. 그는 이런저런 직업을 전전했지만, 많은 시간을 뉴욕 주 북부의 IBM에서 연구자로 보냈다. 1970년대 후반에 자기유사성 개념을 대중화시키고 자기유사적 형태를 지칭하기 위해 '프랙털fractal'('부러진'이라는 뜻의 라틴어 *fractus*'에서 온 단어)이라는 용어를 새로 만든 사람으로 유명해졌다. 1980년에는 '망델브로 집합'을 발견했는데, 이 집합의 형태 – 혹이 오돌토돌 난 눈사람이나 딱정벌레처럼 생긴 모양 – 는 당시 새로 유행하게 된 카오스 과학을 기술하는 데 도움이 되었다. 아마도 망델브로의 덜 알려진 면은 경제학 분야에서 했던 체제 전복적인 연구일 것이다. 자신의 프랙털 개념을 바탕으로 제작한 금융 모형은, 주식 및 통화 시장이 경영대학원과 투자은행이 한목소리로 말하는 내용보다 훨씬 더 위험하며 거친 선회 – 2008년 9월 29일 다우지수의 777포인트 급락과 같은 사태 – 가 불가피하다는 것을 시사했다.

나는 망델브로의 연구 경력 중 그런 측면에 이미 익숙했기에, 그의 사후인 2012년에 『프랙털리스트 : 과학계 독불장군의 회고록 The Fractalist: Memoir of a Scientific Maverick』이 나오자 구입해서 읽었다. 85세의 나이로 세상을 떠나기 직전에 원고를 완성했다가 사후에 나온 책이다. '독불장군'이자 '말썽쟁이' – IBM에서의 연구원 시절에도 불구하고 썩 잘 어울리는 꼬리표 – 로 자자했던 명성은 나도 익히 알고 있었다. 내가 미처 몰랐던 것은 그가 연구 인생 내내 만나온 사람들의 놀라운 범위였다. 회고록에 등장하는 인물 목록 중 일부만 보아도 이렇다. 마가릿 미드, 발레리 지스카르 데스탱(프랑스의 제20대 대통령), 클로드 레비스트로스, 노엄 촘스키, 로버트 오펜하이머, 장 피아제, 페르낭 브로델, 클라우디오 아바도, 로만 야콥슨, 조지 슐츠, 리게티 죄르지, 스티븐 제이 굴드, 필립 존슨, 그리고 일본 천황.

게다가 나는 다음 사실도 몰랐다. 망델브로가 IBM에서 무심코 했던 무정부적인 행동이 현대 생활의 골칫거리, 즉 컴퓨터 패스워드를 등장시키는 데 일조했다는 사실을 말이다. 하지만 내가 가장 놀란 것은 망델브로가 보인 직관의 특이성이었다. 다른 이들은 도저히 어쩔 수 없는 혼란이라고만 여기는 것에서 번번이 망델브로는 단순성과, 심지어 아름다움을 찾아냈다. 비결이 뭘까? 그림을 갖고 놀기를 좋아하는 성향, 시각적 통찰을 중시하는 기질의 소유자였기 때문이다. 그는 이렇게 썼다. "뭔가를 찾을 때 나는 보고, 보고, 보고……."

망델브로는 바르샤바에 살던 한 유대인 가정에서 1924년에 태어났다. 부모는 둘 다 수학과 무관했다. 아버지는 여성용 양말을 파는 사람이었고, 어머니는 치과 의사였다. '강한 오른손과 힘센 이두박근' 덕분에 이를 뽑는 데 능했다고 한다. 하지만 외삼촌 숄렘Szolem 망델브로는 파리에서 공부했고 나중에 콜레주 드 프랑스의 교수가 된 세계적 수준의 수학자였다. "외삼촌만큼 나의 과학자 인생에 영향을 준 사람은 없었다"고 망델브로는 밝혔다. 비록 외삼촌이 끼친 영향은 꽤 특이한 성격의 것으로 나중에 드러났지만 말이다.

바르샤바에서 지내던 어린 시절을 얘기하면서 그는 가령 퇴비 냄새 같은 악취를 생생하게 기억한다. 어머니의 치과에 오는 한 환자에게서 나는 냄새였는데, 이 환자는 썩은 이를 치료하는 비용으로 자기가 일하는 도살장의 신선한 고기를 내놓았다고 한다. 세계적인 경제공황이 닥치면서 아버지의 사업은 파산했고, 결국 가족은 폴란드를 떠나 파리로 향했는데, 이때 객실에 자물쇠가 채워진 기차를 타고 나치 독일을 횡단했다. "아는 사람들 중에서 우리 가족만 프랑스로 건너가 살아남았다"고 망델브로는 적고 있다. 덧붙이기를, 바르샤바 게토에 있던 이웃들 중 다수는 "값비싼 도자기 때문에, 또는 뵈젠도르퍼 콘서트용 그랜드피아노를 팔지 못해서 발이 묶였다".

파리는 어린 망델브로에게 꿈만 같았다. 가족은 뷔트 쇼몽 근처의 벨레빌이라는, 당시로서는 빈민가 동네에서 온수 설비가 없는 아파트에 입주했다. 하지만 소년 망델브로는 도시 여기저기를 신나게 탐험했다. 루브르, 생마르탱 거리에 있는 오래된 과학박물관, 카르티에라탱(라틴 구역) 등지를 휘젓고 다녔다. 어느 날 아버지가 집에 무언가를 한 무더기 들고 왔다. "한물간 라루스 백과사전 전집과 그것의 몇십 년 동안의 개정판이었다. 다짜고짜 나는 처음부터 끝까지 읽어나갔다." 그가 다니는 고등학교에서는 표준 프랑스어를 썼지만, 벨레빌 동네에서는 일종의 런던식 프랑스어가 쓰였다. 그 말에서는 *마랑marrant*(즐거운)이 마롱*marron*(갈색)처럼 들렸다. 이로 인해 "내가 말하는 프랑스어는 제대로 정착되지 못했고, 시시각각 달라지고 좀체 쉽게 알아들을 수 없는 억양을 지니게 되었다"고 그는 말했다.

학교에서 망델브로는 유명했는데, 영어식으로 크랙crack – '높은 성취를 한 사람'이라는 뜻의 속어 – 으로 통하기도 하고, 심지어 토팽taupin으로까지 불렸다. 그의 말에 의하면 '언어학적으로 미국식 괴짜nerd의 한 극단적인 형태'라고 한다('두더지'를 뜻하는 프랑스어 *'taupe'*에서 나온 단어). 망델브로를 특별하게 만든 요인은 문제를 '기하학적으로 다루는' 능력이었다. 다른 학생들처럼 공식을 주무르는 대신에 천재적인 시각적 기억을 이용하여 복잡한 방정식이 어떤 단순한 형태를 숨기고 있는지를 간파해냈다. 전국수학경시대회에서는 특별히 까다로운 한 문제를 용케 풀어낸 유일한 학생이었다고 한다. "어떻게 풀었나?" 믿기지 않는다는 표정으로 감독 교사인 퐁스 씨Monsieur Pons가 물었다. "그 시간 안에 저 삼중 적분 문제를 풀 사람은 아무도 없을 텐데!" 망델브로가 교사에게 밝히기를, 자신은 해당 문제의 좌표계를 바꾸어서 문제의 기하학적 본질, 즉 구의 문제로 바꾸었을 뿐이라고 했다. 그러자 퐁스 씨는 "물론, 그렇긴 하지만, 물론 그렇긴 하지!"라고 중얼거리며 가버렸다.

망델브로의 기하학적 '내면의 목소리'는 어디에서 왔을까? 자신의 짐작대로, 어렸을 때 체스와 지도에 흠뻑 빠진 것과 관련되어 있는지 모른다. 또한 10대 이민자인 자신의 손에 우연히 들어온 '구식' 수학책 때문이었는지 모른다고도 한다. 그런 책은 당시에(그리고 오늘날에도) 쓰이는 수학책보다 그림이 더 많았다나. "그런 책으로 수학을 배워선지, 수세기에 걸쳐 모인 온갖 종류의 아주 특별한 형태들에 매우 익숙해졌다. 설령 그런 형태들이 자신들의 기본적 속성과 달라 보이는 '이국적인'

수학의 옷을 차려입고 있을 때라도 나는 즉시 알아볼 수 있었다."

망델브로가 열네 살 때 제2차 세계대전이 발발했다. 파리가 함락되자 가족과 함께 비시Vichy 정권하의 프랑스에서 피난처를 찾았는데, 외국 출신의 유대인으로서 그의 가족은 줄곧 고발의 두려움 속에서 지내다가 뿔뿔이 흩어져야 했다. 가명을 쓰고 위조 신분증을 이용해 망델브로는 리무진에 있는 궁핍한 마을에서 공구 제작자의 도제인 척하며 지냈다(거기서 시골 억양의 흔적이 슬럼가 프랑스어와 표준 프랑스어가 뒤섞인 기존의 억양에 더해졌다). 그러다가 거의 체포될 뻔한 위기를 넘긴 후 리옹으로 달아났다. 악명 높은 게슈타포 클라우스 바르비Klaus Barbie 치하의 그곳에서도 망델브로는 지역 고등학교의 훌륭한 교사의 도움으로 기하학적 재능을 갈고닦았다.

이 시기 동안 망델브로는 자칭 '케플러적 탐구'를 구상했다. 3세기 전에 요하네스 케플러는 단 한 가지의 기하학적인 통찰을 통해 행성들의 일견 불규칙한 운동을 파악했다. 고대로부터 짐작되었듯이, 행성들의 궤도를 원형이 아닌 타원 형태로 보았던 것이다. 10대인 망델브로는 케플러의 업적을 숭배하게 되었고 자신도 비슷한 업적을 세워야겠다는 꿈을 품었다. 대담한 기하학적 통찰로 과학의 혼란스러운 영역에 질서를 부여하겠다는 꿈을.

망델브로가 이 탐구를 진지하게 시작한 것은 전후의 파리에서였다. 외삼촌 숄렘의 권유로 스무 살에 프랑스의 가장 권위 있는 고등교육기관인 에콜 노르말 쉬페리외르에 입학했다(그 나이에 입학한 사람은 고작 스무 명뿐이었다). 하지만 거기서 추구하는 무미건조한 추상적인 수학이 잘 맞지 않았다. 당시 에콜 노르말의 수학과는 부르바키라는 반쯤 베일에 싸인 집단이 장악하고 있었다. (부르바키라는 이름은 자기 머리에 총을 쏘려다가 실패한 19세기의 어느 불운한 프랑스 장군에게서 농담조로

따온 것이다.) 이 집단의 지도자는 앙드레 베유라는 20세기 수학의 대가(그리고 철학자 시몬 베유의 오빠)였다.

부르바키의 목적은 수학을 순수하게 만드는 것이었다. 이를 위해 물리적 또는 기하학적 직관으로 더럽혀지지 않은 완벽하게 논리적인 토대 위에 수학을 올려두고자 했다. 망델브로가 보기에 부르바키는 컬트 집단이었고, 특히 베유는 '매우 혐오스러웠다'. 부르바키는 수학을 자연과학에서 떼어내어 일종의 논리적 신학으로 만들려는 것 같았다. 케플러적 탐구를 위한 망델브로의 꿈에 필수적인 기하학을 부르바키는 마치 수학의 죽은 분야이며 기껏해야 아이들한테나 어울린다고 여겼다. 이런 사정 때문에 에콜 노르말을 다닌 지 이틀 만에 망델브로는 학교를 그만두었다. 외삼촌이 이를 알고서 역정을 냈지만 그의 신념은 더 굳건해졌다. 외삼촌 숄렘은 '곧 강력해지는 부르바키에 즉시 동참한 신중한 순응주의자'였던 반면에 망델브로는 – 스스로도 과대망상적으로 시인하듯이 – 자신이 수학의 정통 학설을 뒤집을 '반체제 세력'이라고 여겼다.

이 목적을 향해 더듬어나가고자 망델브로는 또 하나의 프랑스 엘리트 교육기관인 에콜 폴리테크니크에 입학했다. 국가의 공학 인재를 양성하는 곳이었다. 당시 데카르트 거리 5번지에 있는 한 장엄한 정문 뒤의 라틴 구역에 위치해 있던 에콜 폴리테크니크는 군사학교처럼 운영되었다. 망델브로가 받은 제복에는 '약간 나폴레옹식'의 모자와 한 세기 전에 나온 장갑이 포함되어 있었다. 칼을 차고 여러 고위 인사에게 예우를 갖추는 행진 의례에 나가기도 했는데, 고위 인사들 중에는 호치민도 있었다. 또한 그는 공무원의 첫 호봉에 달하는 금액을 용돈으로 받았다. "덕분에 나는 미국 부모나 교사들이 종종 묻는 다음 질문에 답할 수 있었다. '프랑스에서는 스무 살의 학생이 어떻게 그렇게나 수학을 잘하나요?' 그 이유 중 하나로 이런 답이 가능하다. '사실상 뇌물을 받으니까요.'"

폴리테크니크에서 석사학위에 해당하는 학력을 인정받고 졸업하자마자 망델브로는 또다시 (적어도 외삼촌 숄렘이 보기에는) 당혹스러운 행동에 나섰다. 캘리포니아로 향했던 것이다. 거기서 패서디나에 있는 칼텍에서 유체역학을 공부할 작정이었다. 유체역학은 물이나 공기 같은 유체가 다양한 힘의 영향을 받으면서 장애물 주위로 흐르는 현상을 연구하는 학문이다. 어렵기로 악명 높은 수학 분야다. 그리고 유체역학에서 가장 이해하기 어려운 문제로 난류를 들 수 있다. 바람이 불규칙한 돌풍으로 바뀌는 경향이나 강이 휘휘 도는 소용돌이를 일으키는 메커니즘을 다루는 분야다. 어떻게 매끄러운 흐름이 갑자기 일견 예측 불가능한 난류로 바뀌는지 설명해줄 기하학적 원리가 있을까? 분명 그런 질문은 망델브로가 숭배하는 케플러적 느낌이 어려 있었다. 안타깝게도 패서디나에서 함께 연구하려 했던 유체역학의 권위자 테어도어 폰 카르만Theodore von Kármán은, 와서 보니 휴가 중이었다. 그것도 파리에서.

프랑스로 돌아온 망델브로 – 그 무렵 폴란드 국적과 폴리테크니크에서 준군인처럼 복무한 경험으로 인해 수학에서만큼이나 시민의 지위 면에서도 소속을 구분하기 어려운 사람이 되었다 – 는 프랑스 공군의 열렬한 환영을 받았다. 낭테르에 있는 공군기지(그의 말에 의하면 '미치광이 기지')에서 일종의 징집자로서 맡은 임무는 관료주의적 코미디로 가득했다. "나는 대위에게 자기소개를 했다. 대위는 키가 채 152센티미터가 안 되었는데 약 183센티미터인 자들, 특히 계급이 낮은 그런 자들을 아주 싫어했다. 대위는 내 서류를 보여달라고 했다. '이 편지를 보니 자네가 임명될 거라고 되어 있군. 오직 프랑스 대통령만이 이런 서류에 서명할 수 있겠지.'"

혼란스러운 상황이 정리된 후 망델브로는 기지 사령관에게 발탁되어 학계와 과학적인 면에서 연락하는 직책을 맡게 되었다. "나는 아무렇게나 연락했고 모두들 좋아했다." 이때부터 클래식 음악에 열정적으로 탐닉하기 시작해서 제오르제 에네스쿠와 장 피에르 랑팔이라는 젊고 빼빼 마른(!) 플루티스트의 파리 연주회에 갔다. 망델브로는 유명해지고 나자 이런 열정 덕분에 솔티와 아바도 같은 지휘자, 그리고 리게티와 찰스 우리넨Charles Wuorinen 같은 작곡가들과 친분을 맺었다. 이들의 음악은 프랙털적 자기유사성이라는 망델브로의 개념에 영향을 받게된다.

공군에서 나왔을 때 여전히 박사학위가 없던 망델브로는 이제 스물여섯의 나이에 파리 대학에서 '그리 젊지 않은' 대학원생이 되었다. "당시는 종종 찬란하기도 했던 내 긴 역사의 저점이었다." 박사 논문의 주제를 찾아다닐 때, 그가 추구하는 케플러적 탐구에 처음으로 한 줄기 빛이 비쳤다. 어느 날 외삼촌 숄렘 - 그 무렵 망델브로를 수학의 실패자로 치부했던 - 이 쓰레기통을 뒤져서 지프의 법칙Zipf's law이라는 내용이 담긴 인쇄물을 건네주었다. 조지 킹슬리 지프라는 괴짜 하버드 언어학자의 소산인 이 법칙은 텍스트 - 신문 기사, 책 등 - 에서 상이한 단어들이 출현하는 빈도에 관한 것이다. 영어 텍스트에서 가장 자주 등장하는 단어는 'the'이고, 다음이 'of'이며 그다음이 'and'이다. 지프는 다양한 종류의 텍스트에서 모든 단어를 그런 식으로 등급을 매겨서 사용 빈도를 그래프로 나타냈다. 최종적으로 나온 곡선은 모양이 특이했다. 우리가 예상하듯이 가장 흔한 단어로부터 가장 덜 흔한 단어로 차츰차츰 떨어지는 대신에 첫 단어에서 가파르게 떨어진 다음에 오랫동안 천천히 꼬리를 끌며 평평해져나갔다. 마치 스키 점프를 할 때의 궤적 같았다.

이 모양은 극단적인 불평등을 가리킨다. 즉 상위에 속하는 몇백 개의 단어가 거의 모든 일을 하고 대다수의 단어들은 불용 상태에 시달린다. (정작 지프는 이 언어적 불평등을 과소평가했다. 특이한 단어가 풍부한 제임스 조이스의 『율리시스』를 주요 분석 대상으로 사용했기 때문이다.) 지프가 내놓은 '법칙'은 한 단어의 등급과 사용 빈도 사이의 단순하지만 정확한 수치적 관계였다.

모든 언어에서 통한다고 알려진 지프의 법칙은 시시한 것처럼 보일지 모른다. 하지만 이와 동일한 기본적 원리가, 알고 보니 매우 다양한 현상에서도 통했다. 섬의 크기, 도시의 인구, 한 책이 베스트셀러 목록에 올라가 있는 시간, 어느 특정 웹사이트에 연결되는 링크의 개수, 그리고 – 이탈리아 경제학자 빌프레도 파레토가 1980년대에 발견한 – 한 나라의 소득과 부의 분포 등. 이 모두는 '멱법칙power law' 분포의 사례들이다. [여기서 'power'라는 단어는 정치적 또는 전기적인 힘이 아니라 한 특정 분포의 정확한 형태를 결정하는 (수학에 나오는) 지수를 가리킨다.] 멱법칙은 자연에서든 사회에서든 극단적인 불평등 또는 불균일성이 존재하는 영역에 적용된다. 높은 정점(가령 소수의 거대 도시 또는 빈번하게 쓰이는 단어들이나 매우 부유한 사람들)에 뒤이어 낮은 '긴 꼬리'(가령 다수의 작은 소도시 또는 드물게 쓰이는 단어들이나 임금노예들)가 나온다. 그런 경우에 '평균'의 개념은 무의미하다.

외삼촌의 집에서 자기 집으로 돌아가는 지하철에서 망델브로는 지프의 법칙에 푹 빠졌다. 그는 당시 상황을 이렇게 전한다. "인생에서 몇 안 되는 선명한 유레카의 순간이었다. 그 법칙이 정보이론과, 따라서 통계열역학과 깊은 관련이 있을 듯했다. 나는 평생 멱법칙 분포에 사로잡혔다." 곧이어 지프의 법칙에 관한 박사학위 논문을 썼다. 외삼촌 숄렘도, (양자물리학의 창립자들 중 한 명인 루이 드 브로이가 이끈) 논문

심사위원들도 먹법칙의 중요성을 설명하기 위한 망델브로의 노력에 별달리 주목하지 않았으며, 이후 오랫동안 그런 법칙들 및 이 법칙들에 따른 긴 꼬리를 진지하게 여긴 수학자는 망델브로뿐이었다. 덕분에 그 중요성이 반세기 후에 마침내 인정받았을 때 망델브로는 '긴 꼬리의 아버지'라고 불렸다.

별난 박사 논문을 내놓아 '솔로 과학자'의 길로 나선 망델브로는 비슷한 다른 혁신적인 수학자들을 찾아나섰다. '사이버네틱스'의 아버지인(그리고 이 용어의 창시자인) 노버트 위너가 알맞은 후보였다. 사이버네틱스는 전화교환기에서부터 인간의 뇌에 이르는 여러 시스템이 어떻게 피드백 고리에 의해 제어될 수 있을지를 연구하는 학문이다. 게임이론(그리고 기타 여러 이론)의 창시자인 존 폰 노이만도 빠질 수 없다. 망델브로가 보기에 이 두 사람은 '별 먼지로 이루어져' 있었다. 두 사람 밑에서 박사후 과정을 밟았는데 처음에는 MIT에서 위너한테서, 그다음엔 프린스턴 고등과학연구소에서 폰 노이만한테서였다. 그런데 이 연구소에서 망델브로는 끔찍한 경험을 했다. 물리학과 언어학 사이의 심오한 관련성을 발표하고 있는데, 청중석의 유명한 인물들이 한 명씩 한 명씩 졸다가 코까지 골았다. 그의 발표가 끝나자 저명한 수학사가인 오토 노이게바우어Otto Neugebauer는 이렇게 외쳐서 자는 사람들을 깨웠다. "참을 수가 없군! 이제껏 들은 것들 중에서 최악의 강연이네." 이에 망델브로는 두려움에 얼어붙어 있었지만, 다행히도 대단한 인물 두 명이 나서서 구해주었다. 첫 번째 인물은 로버트 오펜하이머였다. 오펜하이머는 세미나의 핵심 내용을 완벽하게 자신의 전설적인 '오피 강연' 중 하나로 청중들에게 전했다. 두 번째 인물은 폰 노이만이었다. 그도 마찬가지로 유명한 자신의 '조니 강연' 중 하나로 오펜하이머와 똑같이 했다. 덕분에 청중들은 정신이 번쩍 들었고 행사는 성공적으로 끝났다.

유럽으로 돌아와 결혼을 한 망델브로는 제네바에서 아내와 함께 행복한 두 해를 보냈다. 거기서 심리학자 장 피아제가 망델브로의 언어학에 관한 연구에 깊은 인상을 받아서, 공동연구를 하자고 제안했다. 위대한 학자에 대한 (타당한) 존경심과는 별개로 망델브로는 제안을 거부했다. "피아제는 애매하거나 틀릴 수는 있지만, 사기꾼은 아니다." 페르낭 브로델도 파리의 뤽상부르 공원 근처에 연구센터를 설립하는 데 참여해달라고 제안했다. 아날학파가 선호한 정량적인 역사 연구를 촉진하기 위한 연구센터였다. 하지만 망델브로는 이번에도 프랑스의 순수주의 수학 분위기에 압박감을 느꼈다. "나는 프랑스의 대학 자리와 내 안에서 여전히 불타고 있는 야성적인 야망 사이에 호환성을 찾을 수 없다"고 그는 적었다. 결국 1958년에 (아마도 망델브로가 특히 싫어했던) 샤를 드골이 재집권하자 뉴욕 시 북부의 요크타운 하이츠Yorktown Heights에 있는 IBM에서 온 여름 일자리 제안을 수락했다. 이후 그곳은 망델브로의 과학적 고향이 되었다.

약간 관료주의적인 대기업이다 보니 IBM은 주관이 강한 독불장군에게 적절한 놀이터가 되기 어려웠다. 하지만 1950년대는 IBM에서 순수한 연구의 황금시대가 시작되는 때였다. "우리는 몇몇 위대한 과학자가 자율적인 연구를 하도록 지원해줄 수 있다"고 연구소장은 막 도착한 망델브로에게 말했다. 무엇보다도 IBM의 컴퓨터를 이용해서 기하학적인 그림들을 만들어낼 수 있었다. 당시의 프로그래밍은 고생스러운 일이었는데, 가령 한 설비에서 다른 설비로 천공카드를 짐차에 실어서 날라야 했다. 아들의 고등학교 교사가 컴퓨터 교실을 열 수 있게 해달라고 부탁해서 망델브로가 마지못해 들어주었더니, 곧 웨스트체스터 카운티 전역의 학생들이 그의 이름으로 IBM 컴퓨터를 이용하고 있었다. 망델브로는 이렇게 말한다. "이제 컴퓨터 센터 직원이 패스워드를 일일이 할당해주어야 했다. 나는 그런 변화를 촉발하여 경찰을 출동시킨 원인이라고 우쭐댈 – 이게 적절한 단어라면 – 수 있다."

그다음 업적을 낳을 또 한 번의 기회가 찾아왔다. 멱법칙과 부의 분포에 관한 강연을 하려고 하버드 대학에 갔다가, 한 경제학과 교수의 연구실에 있는 칠판에서 우연히 어떤 다이어그램을 보고 깜짝 놀랐다. 그 다이어그램이 망델브로가 강연에서 발표하려고 한 것과 거의 동일했는데, 다만 부의 분포가 아니라 뉴욕 면화거래소의 가격 변동에 관한 것이었다. 왜 면화시장의 가격 상승과 하락 패턴이 부가 사회에 퍼지는 매우 불평등한 방식과 놀랍도록 닮아 있단 말인가? 분명 이것은 1900년에 프랑스의 수학자 루이 바슐리에Louis Bachelier가 처음 내놓은 전통적인 금융시장의 모형과 일치하지 않았다(이 모형은 평형상태의 기체에 관한 물리학을 원용한 것이었다). 바슐리에 모형에 따르면 주식이나 상품시장의 가격 변동은 매끄럽고 부드러워야 했다. 가격 변동은 크기 조정을 거치면 고전적인 종형곡선의 형태를 띠어야 했다. 이른바 효율적 시장 가설의 기본 내용이다.

하지만, IBM에 와서 컴퓨터의 도움으로 뉴욕 면화거래소의 한 세기에 걸친 데이터를 살펴본 망델브로는 소수의 극단적인 오르내림이 지배하는 훨씬 더 변동성이 큰 패턴을 발견했다. 멱법칙이 작용하고 있는 듯했다. 게다가 금융시장은 모든 시간척도에서 대략 동일하게 움직였다. 망델브로가 가격 차트 하나를 택해서 연 단위에서 월 단위로, 이어서 일 단위로 좁혀보았더니 곡선의 꼬불꼬불한 정도가 달라지지 않았다. 달리 말해서, 가격의 역사는 콜리플라워처럼 자기유사적이었다. 망델브로는 "금융의 핵심은 프랙털적이다"라고 결론 내렸다.

망델브로가 뒤이어 개발한 금융시장의 프랙털 모형은 경제학 교수들의 주목을 받지 못했다. 그들은 여전히 효율적 시장 가설에 대체로 집착하고 있었다. 만약 망델브로의 분석이 옳다면, 정통 모형에 의존하다가는 큰코다친다. 이는 실제로 여러 번에 걸쳐 입증되었다. 가령 1998년 여름에 뜻밖의 러시아 금융위기가 그 모형을 망가뜨렸을 때 롱텀캐피털매니지먼트 – 포트폴리오 이론으로 노벨상을 받은 두 명의 경제학자와 스물다섯 명의 박사학위 직원을 거느린 헤지펀드 – 가 파산하여 전 세계의 은행 시스템을 거의 마비시켰다.

망델브로는 '경제학계의 주류에서 밀려난' 것에 분개했다. 쓰라린 회고에 의하면 효율적 시장 가설의 보루인 시카고 대학 경영대학원에서 교수직을 제안 받았는데 학과장(그리고 훗날 레이건 정부의 국무장관) 조지 슐츠가 퇴짜를 놓았다고 한다. 또한 하버드 대학도 객원교수인 망델브로에게 처음에 관심을 보였다가 결국에는 종신 교수직을 내주지 않았다. 이런 모욕을 그는 짐짓 태연히 넘겼다. 어쩔 수 없이 IBM으로 돌아가, '고향으로 돌아와서 하버드보다 더 개방적이고 학구적인 공동체의 막역한 동료애가 주는 기쁨을' 느꼈다. 정말이지 망델브로는 회사에서 순수 목적 연구에 대한 지원을 종료하는 게 적절하다고 판단한 1987년까지 IBM에서 활동했다. 이후 예일 대학에서 강의를 맡다가, 1999년에 75세의 나이로 마침내 '아슬아슬하게 늦지 않고' 종신 교수직에 올랐다.

망델브로가 가장 기념비적인 발견을 한 때는 하버드에 있던 1980년이었다. 친구인 스티븐 제이 굴드 – 그와 마찬가지로 불연속성이라는 개념의 주창자 – 가 소개해준 덕분에 망델브로는 프랙털 개념이 고전적인 수학에 어떻게 빛을 비춰줄 수 있는지를 주제로 강좌를 맡게 되었다. 이를 계기로 카오스 현상에 대한 추상적 접근법인 '복소역학complex dynamics'을 연구하기 시작했다. 복소역학은 20세기 초반의 파리 수학계에서 번성했다가, 곧 너무 복잡해서 시각화하기 어려운 기하학적 형태로 변하는 바람에 이윽고 그 분야는 얼어붙고 말았다.

망델브로는 컴퓨터의 힘을 이용해 복소역학을 해동할 수 있으리라고 생각했다. 당시 수학자들은 컴퓨터를 무시했는데, 수학자들은 "기계가 수학의 지고지순한 '순수성'을 더럽힐지 모른다는 생각 자체만으로도 진저리를 쳤다". 하지만 망델브로는 순수주의자와는 거리가 멀었기에 하버드 대학의 과학센터 지하실에서 신형 VAX 슈퍼미니컴퓨터를 작동시켰다. 컴퓨터의 그래픽 기능을 일종의 현미경처럼 이용하여 아주 단순한 어떤 공식(한편으로는 그의 회고록에 등장하는 유일한 공식)이 생성하는 기하학적인 형태를 조사하기 시작했다. 컴퓨터가 그 형태를 점점 더 자세히 나타내자, 그의 눈에 들어온 것은 전혀 예상 밖이었다. 폭발하는 싹으로 둘러싸인 딱정벌레 모양의 방울, 덩굴손, 소용돌이, 전형적인 해마, 용 같은 생물들의 경이로운 세계였고, 모두가 보풀 같은 선으로 이어져 있었다. 처음에는 그러한 기하학적인 난리법석이 장비 결함 때문인 줄 알았다. 하지만 컴퓨터가 모양을 더 확대할수록 그 패턴이 더욱 정밀해졌다(아울러 더 환상적이었다). 정말이지 그 패턴은 더욱더 작은 스케일에서 자신의 복사본을 무한히 많이 담고 있었고, 각각의 복사본은 또다시 자신의 로코코 장식들을 달고 있었다. 이것이 바로 '망델브로 집합'이라고 명명된 세계다.

망델브로는 타당하게도, 자기 이름을 따라 명명된 그 집합이 '무한한 아름다움'의 존재라고 여긴다. 결코 완전하게 이해할 수 없는 그것의 자세한 기하구조는 복잡한 과정으로 이루어진 무한한 동물우화집을 표현한다. 무한히 복잡한 대상 – 수학을 통틀어 가장 복잡하다는 대상 – 이 어떻게 아주 단순한 공식 하나에서 생길 수 있을까? 수리물리학자 로저 펜로즈 경에게 이 자유분방한 풍요로움은 수학의, 시간을 초월한 플라톤적 실재의 두드러진 사례다. 펜로즈는 이렇게 적고 있다.

"망델브로 집합은 인간 마음의 발명품이 아니라 발견물이다. 에베레스트 산처럼 망델브로 집합은 그냥 거기에 있다!"

『프랙털리스트』는 매끈하게 읽히는 회고록이 아니다. 정말이지 이 책에는 프랙털적인 꼬불꼬불함이 담겨 있다. 저자가 더 오래 살았다면 분명히 책이 더 가다듬어졌을 것이다. 엉성한 초고를 수정하고 개선해나가는 망델브로의 열정은 발자크에 비견된다. 가끔씩 책 속에는 거만하게 비치는 거슬리는 표현("……을 선언할 때 나는 교만함을 넘어서 있었다")도 있고 상처받은 비애("나는 권력을 얻으려고도, 호의를 구하러 돌아다니지도 않는다. …… 학계는 나랑 맞지 않는다")도 엿보인다. 일반 독자에게 저자의 혁신적 수학 개념, 가령 프랙털의 꼬불꼬불한 정도를 측정하기 위해 도입한 새로운 차원의 개념을 설명하기 위한 시도가 거의 없다. (가령 영국의 해안선은 매우 꼬불꼬불해서 1.25의 프랙털 차원을 갖는데, 따라서 이 해안선은 차원 1인 매끄러운 곡선과 차원 2인 매끄러운 곡면 사이의 어딘가에 해당한다.)

그런 전문적인 내용을 애써 다루지 않았다고 망델브로를 나무랄 건 없다. 회고록 저자로서 그의 어조는 꽤 철학적이다. 회고록 내용에 의하면 우리가 사는 세계는 '복잡성의 무한한 바다'이다. 하지만 이 세계는 '단순성의 섬' 두 곳도 품고 있다. 하나는 고대인들이 발견해낸 매끄러운 형태의 유클리드적 단순성이다. 다른 하나는 자기유사적 꼬불꼬불함의 프랙털적 단순성인데, 이는 대체로 망델브로 자신이 발견해냈다. 기하학적 직관 덕분에 그는 새로운 플라톤적 정수精髓, 즉 평범한 콜리플라워에서부터 장엄한 망델브로 집합에 이르는 독특한 대상들이 공유하는 본질을 찾아냈다. 이전의 수학자들이 '끔찍하다'거나 '병적이다'고 여겼던 형태들에서 꼬불꼬불함, 삐뚤삐뚤함, 그리고 복잡성을 바라보며 그가 느낀 기쁨은 분명 현대적인 취향이다. 정말이지 스케일이 더 작아질수록 끊임없이 다시 등장하는 복잡미묘한 패턴을 지닌 망델브로의 프랙털 형태들은 보들레르가 제시한 미의 정의를 떠올리게 한다. "그것은 유한 속의 무한이다."

제4부

더 높은 차원들, 추상적인 지도들

9

기하학적 창조물

사람들이 별로 골머리를 썩이며 궁금해하지 않는 이 세계의 한 특성은 차원이 몇 개냐는 것이다. 차원이 무엇인지 말하기는 약간 어렵긴 하지만, 꽤 분명한 사실 하나는 우리 주위의 물체들, 그리고 우리가 움직여 다니는 공간이 관례적으로 높이, 너비, 그리고 깊이라고 부르는 세 개의 차원으로 구성되어 있다는 것이다. 철학자들도 이것을 당연하게 여기는 편이었다. 아리스토텔레스는 『하늘에 관하여』의 서두에서 "세 개의 차원이 있을 뿐이다"라고 선언했다. 왜일까? 왜냐하면 약간 신비주의적으로 수 3이 시작, 중간, 그리고 끝을 구성하기 때문이다. 그러므로 3은 완벽하고 완전한 수라고 한다. 자연의 3차원성에 관해 덜 신비주의적인 증명은 알렉산드리아의 천문학자 프톨레마이오스가 내놓았다. 세 개의 막대기를 서로 수직으로 한 점에서 만나게 정렬했을 때, 프톨레마이오스에 의하면 네 번째 막대를 추가해서 그런 성질을 유지하기는 불가능하다. 따라서 추가적인 차원들은 "전적으로 측정할 수 없고 정의할 수는 없다". 프톨레마이오스의 추론은 나중에 갈릴레오와 라이프니츠에 의해 공고해졌는데, 이들은 공간의 3차원성은 기하학이 성립하기 위한 필수 요건이라고 선언했다.

그런데 '네 번째 차원'에 관해 말하는 철학자들이 처음으로 등장했다. 17세기 케임브리지의 플라톤주의자인 이들은 공간적인 것보다는 영적인 것을 염두에 두었던 듯하다. 한 예로 헨리 무어가 1671년에 내놓은 견해에 의하면 네 번째 차원에는 플라톤적 이데아들과 더불어 어쩌면 유령들이 살고 있었다. 그 무렵 데카르트는 자신의 좌표기하학에 여분의 변수를 추가하는 별로 대수롭지 않아 보이는 조치를 취했는데, 덕분에 4차원 초입체*를 정의할 수는 있었다. 우둔한 동시대인들은 그런 개념을 받아들일 수 없었다. 1685년 수학자 존 월리스는 초입체를 가리켜 '자연의 괴물이며 키메라나 켄타우로스보다 더 비현실적인 존재'라고 치부했다.

칸트는 적어도 초기 저작에서는 3차원 공간이 절대적이지 않을지 모른다는 생각을 드러냈다. 그의 추측에 의하면 하느님은 다른 차원의 수를 가진 다른 세계를 창조했을지 모른다. 하지만 『순수이성비판』을 쓸 무렵 칸트는 공간은 실재의 객관적 특징이 아니라 경험에 질서를 부여하기 위해 마음이 만들어낸 것이라고 결론 내렸다. 더군다나 그의 주장에 의하면 공간의 특성은 필연적으로 유클리드적이고 3차원이며, 이것을 우리는 '명백한 확실성'으로 알고 있다. 1817년 헤겔은 증명을 제시하고 말 것도 없이 단언했다. 3차원의 필요성은 공간 개념의 본질에 토대를 두고 있노라고.

한편 수학 분야에서는 혁명이 진행 중이었다. 19세기의 첫 10년 동안 가우스, 로바체프스키, 그리고 보여이가 따로따로 '휘어진' 기하학을 탐구하고 있었는데, 이 기하학에서는 두 점 사이의 최단 거리가 더 이상 직선이 아니었다. 1840년대에 아서 케일리와 헤르만 그라스만도 서로 독립적으로 연구하여 유클리드 체계를 세 차원보다 많은 차원의 공간으로까지 확장시켰다. 이런 기존의 성과들을 종합하여 엄청난 진전을 이룬 사람이 바로 베른하르트 리만이다. 1854년 6월 10일 '기하학의 기초에 놓인 가설에 관하여'라는 제목으로 괴팅겐 대학의 교수진 앞에서 한 강연에서 리만은 2,000년 동안 수학을 - 그리고 정말이지 서구 사상을 - 지배해온 유클리드적 통설을 무너뜨렸다. 유클리드에 의하면 점은 0차원이고, 직선은 1차원, 평면은 2차원, 입체는 3차원이다. 어떤 것도 네 개의 차원을 가질 수 없다. 게다가 유클리드 공간은 '평평하다'. 즉 평행선들은 결코 만나지 않는다. 리만은 이런 가정들을 전부 초월하여 공간이 임의의 차원을, 그리고 임의의 종류의 곡률을 가질 수 있도록 기하학의 방정식들을 새로 썼다. 그러면서 리만은 텐서라는 수들의 모음을 정의했는데, 이것은 각각의 점에서 고차원 공간의 곡률을 알려주는 양이다.

리만의 n차원 비유클리드 기하학은 순수한 지적 발명품으로서, 동시대 과학의 필요성과는 무관하게 도입되었다. 60년 후에야 그의 텐서 미적분학은 아인슈타인이 일반상대성이론을 정립하는 데 꼭 필요한 도구가 되었다. 하지만 리만 혁명의 직접적인 효과는 물리적 공간의 과학으로서 군림해온 오래된 기하학의 개념을 파괴한 것이었다. 분명, 형이상학적으로 볼 때 세 차원만 있을 필요는 없었다. 무한히 많은 다른 공간 세계들도 가능했다. 그런 세계들이 논리적으로 일관된 어떤 이론에 의해 기술되어 수학의 관점에서 현실적이면 그만인 것이다. 이런 발상에서 다음과 같은 흥미로운 질문들이 나왔다. 그런 세계를 인간의 상상력으로 시각화할 수 있기나 할까? 그런 가능한 모든 공간적 구조 중에서 우리는 하필 우연히 3차원 세계에서 살고 있을까? 또 어쩌면 - 휠

썬 더 급진적인 생각인데 – 우리가 정말로 더 많은 차원의 세계에 살고 있으면서도, 플라톤의 동굴에 나오는 죄수처럼 너무 무지몽매해서 그런 사실을 알아차리지 못하고 있는 것일까?

"평생에 걸쳐 노력한 사람은 *어쩌면* 결국에는 4차원을 시각적으로 떠올릴 수 있을지 모른다"고 19세기 후반에 앙리 푸앵카레가 썼다. 꽤 벅찬 과제라는 인상을 세간에 심어준 셈인데, 아마도 자신이 걸출한 공간적 직관력의 소유자이다 보니 기준이 매우 높았기 때문인 듯하다. 다른 이들은 4차원에 관한 직관이 시간을 훨씬 덜 쓰고도 달성할 수 있을지 모른다고 느꼈다. 1869년 영국과학협회에서 했던 '수학자에게 부탁하는 말씀'이라는 강연에서 영국의 수학자 제임스 J. 실베스터는 이제 고차원 기하학이 옷장에서 나와야 할 때라고 주장했다. 또한 조금만 노력하면 4차원의 시각화가 완전히 가능하다고 역설했다. 과학계 바깥의 일부 돌팔이들은 한술 더 떴다. 1877년에 헨리 슬레이드Henry Slade라는 미국인 심령술사가 사기 혐의로 런던의 법정에 서게 되면서 '4차원'이 난상 토론의 주제로 등극했다. 런던협회의 저명한 회원들이 참석한 몇 차례의 교령회交靈會*에서 슬레이드는 4차원에서 영령들을 불러내고자 했다. 장래에 노벨상을 받게 되는 두 명의 탁월한 물리학자가 발 벗고 나서서 슬레이드를 옹호했다. 모두들 (마법을 부려 봉인된 3차원 상자에서 물체를 빼내는 것처럼) 그 보이지 않는 여분 공간을 이용하겠다는 슬레이드의 간교한 술책에 넘어갔던 것이다. 슬레이드가 유죄판결을 받긴 했지만, 불가사의한 4차원은 계속 대중의 상상력을 사로잡았다. 바로 그런 분위기에서 빅토리아 시대의 교사인 에드윈 A. 애벗이 그 주제를 다룬 최초이자 가장 오랫동안 사랑받은 소설을 썼다. 바로 지

---

* 산 사람들이 죽은 이의 혼령과 교류를 시도하는 모임 - 옮긴이

금은 고전이 된『플랫랜드 : 다차원 세계의 이야기Flatland: A Romance of Many Dimensions』다.

1884년에 처음 출간된 이래로『플랫랜드』는 수많은 개정판을 냈는데, 레이 브래드버리와 아이작 아시모프 등 많은 사람들이 개정판에 서문을 실었다. 그중 내가 보기에 가장 뜻깊은 것은 이언 스튜어트가 주석을 단 2002년 판,『주석 달린 플랫랜드The Annotated Flatland』이다. 왜 주석을 달았을까? 왜냐하면 부제에서 드러나듯이『플랫랜드』자체가 여러 차원을 담고 있기 때문이다. 그것은 독자들이 보이지 않는 공간 영역을 상상하도록 이끄는 공상과학물일 뿐만 아니라 빅토리아 시대 영국인들의 태도, 특히 여성과 사회적 지위에 관한 태도를 풍자하고 영적 여정의 우화이기도 하다.

에드윈 애벗은 시대에 걸맞은 성실한 사람이어서, 2단으로 편집된『영국인명사전』에서 두 쪽에 걸쳐 소개되어 있다. 그는 시티 오브 런던 스쿨City of London School에서 장기간 교사로 근무했는데, 제자들 중에는 훗날 총리가 된 H. H. 애스퀴스Asquith도 있었다. 광교회파Broad Church 개혁자인 그는 옥스퍼드와 케임브리지에서 관련 설교를 한 것으로도 유명하다. 한편 열렬한 셰익스피어 학자이기도 해서『셰익스피어 문법』(1870년)을 출간하기도 했다. 표준 참고용 도서가 된 이 책과 더불어 묵직한 신학적 문제를 주로 다룬 50여 권의 책도 썼다.『플랫랜드』와 같은 의식 계몽용 수학 풍자물 – 지금도 출간되고 있는 그의 유일한 책 – 을 쓴 까닭은 알 길이 없다. 진보적 교육자답게, 유클리드가 내놓은 긴 증명 과정을 따분하게 암기하는 데 치중하는 영국의 수학 교과를 뒤흔들고 싶었는지 모른다. 그리고 현대적 성향의 교인답게 영적인 세계관과 과학적 세계관을 조화시키는 도전적인 과제에 분명 매력을 느꼈을 것이다.

애벗이 고차원 세계로 들어간 출입구는 비유의 방법이었다. 우리는 3차원보다 하나 더 높은 차원의 공간을 쉽게 시각적으로 떠올릴 수 없다. 하지만 하나 더 낮은 차원의 공간, 즉 평면을 상상할 수는 있다. 평면 세계에 갇혀 사는 2차원 생명체들의 사회가 있다고 하자. 우리가 보기에 그들은 어떤 모습일까? 더 흥미로운 질문은 이것이다. 우리와 같은 3차원 존재들은, 만약 어떤 식으로든 우리가 그 세계 속을 통과하거나 그들을 우리 세계로 끌어올릴 수 있다고 가정한다면, 그들에게 어떻게 보일까?

애벗의 플랫랜드는 무한히 넓은 평면 위에 기하학적 생명체들이 엄격한 위계질서에 따라 사는 세상이다. 사회적 지위는 구성원이 갖는 변의 개수에 따라 결정된다. 낮은 지위의 여성은 선분만 갖는 반면에 남성은 노동계급이면 삼각형, 부르주아면 사각형, 귀족이면 다섯 변 이상의 다각형이다. 사제 계급은 변의 개수가 너무 많아 거의 원에 가깝게 보일 정도인 다각형들로 구성된다. 상위 계층으로의 이동도 일부 있다. 발전적인 진화라는 빅토리아 시대의 개념을 희화하는데, 플랫랜드의 하위 계급에서 행실이 좋은 구성원은 자신보다 변의 개수가 더 많은 아이를 가끔씩 낳는다. 그리고 형태의 불규칙성은 삐뚤어진 도덕성, 범죄성과 동일시되었으며 우생학적 유아 살해가 '올바른 각도에서 0.5도 벗어난 각도를 지닌' 갓난아기에게 실시된다.

책의 화자는 A. 스퀘어Square(정사각형이라는 뜻)라는 딱 어울리는 이름의 보수적인 변호사다. 점잖은 어조로 그는 독자(아마도 우리와 같은 3차원의 '스페이스랜더Spacelander')에게 자기 세계의 구조와 역사와 정치 및 습속을 설명해준다. 플랫랜드에는 스퀘어 씨가 종종 제대로 인식하지 못하는 터무니없는 일이 많다. 가령 '사고력이 없는' 여성은 바늘 같은 직선적 형태 때문에 지극히 위험한 존재다. 한바탕의 분노 표현(또는 재채기)만으로

이 '연약한 성'은 다각형 남성을 관통하여 순식간에 죽일 수 있다.

2차원 세계의 생활에는 또한 많은 현실적 문제가 뒤따른다. 그곳의 거주민인 플랫랜더flatlander들은 어떻게 다른 이를 시각적으로 인식할수 있을까? 여러분이 탁자 위의 동전 하나를 바라본다고 하자. 위에서보면 동전의 둥근 모양은 명백하게 드러난다. 하지만 탁자를 정확히 수평으로 바라보면, 동전의 모서리는 직선으로 보인다. 플랫랜드에서는사람이든 물체든 전부 직선으로 보인다. 플랫랜더들은 각도를 '볼' 수없다. 이런 인식상의 문제점을 극복하려고 여성과 상인들은 사회적 교류 시 서로를 더듬는다. ("당신이 내 친구 아무개 씨를 더듬거나 그 친구가 당신을 더듬도록 내가 부탁하게 허용해주십시오.") 상류층은 이런 짓을 대단히 천하다고 본다. '원을 더듬는 행동은 가장 뻔뻔스러운무례로 여겨질 것'이라고 스퀘어 씨는 알려준다. 대신에 그들은 서로의각도, 즉 사회적 등급을 알아내기 위해 깊이에 대한 인식을 함양하고기하학적 구조에 의존한다.

플랫랜드 역사의 어느 시점에 개혁가들이 더듬는 계급과 더듬지 않는 계급 간의 부당한 구별을 없애기 위해 '보편적 색깔 법'을 도입하려고 시도했다. 이 법이 시행된다면 플랫랜더들은 자신들의 선형 윤곽을자신들이 선택한 색깔로 장식할 권리를 얻어서 결과적으로 인식의 평등을 달성하고 부수적으로 또한 그 세계의 미학적 단조로움을 해소할 수있을 터였다. 하지만 이 개혁을 지지하는 대중 봉기는 잔인하게 진압되었고, 후속 조치로서 색깔이 플랫랜드에서 완전히 사라지고 만다.

플랫랜드에서 보이는 사회풍자는 도식적이고 조금 억지스러운 편이다. 애벗이 2차원 생활을 표현할 일관된 체계를 마련하는 데 완전히성공했다고 볼 수는 없다. 가령 소리와 듣기가 플랫랜드에서 어떻게 작동하는가라는 문제를 예로 들어보자. 우리의 3차원 세계처럼 홀수 개의 차원을 갖는 공간에서 음파는 선명한 단일 파면을 이루며 이동한다. 만약 일정 거리 이상 떨어진 곳에서 총이 발사된다면, 여러분은 처음엔 소리가 들리지 않다가 이어서 탕 소리가 나고 다시 소리가 들리지 않는다. 하지만 2차원 평면처럼 짝수 개의 차원을 갖는 공간에서는 잡음 같은 방해가 영원히 울리는 파동계를 발생시킬 것이다.*

애벗이 간과한 또 하나의 문제는 어떻게 플랫랜더의 뇌가 작동하느냐다. 2차원 종잇조각 위에 신경회로를 구성해야 하는 악몽 같은 상황을 상상해보자. 그 회로도에는 전선들을 서로 교차시키지 않고 연결할 방법이 없다.『플랫랜드』의 주석본에서 이언 스튜어트는 '세포자동자' 이론을 도입하여 원래 책에 있던 이 문제를 영리하게 해결한다. 세포자동자는 세포들의 2차원 배열인데, 여기서 세포들은 단순한 규칙에 따라 이웃 세포들과 의사소통을 하면서 컴퓨터로 할 수 있는 일이면 무엇이든 수행할 수 있다. 뇌를 위한 세포자동자를 이용해 플랫랜더들은 지적인 행동을 할 수 있다는 것이다(비록 존 설John Searle 같은 철학자들은 그들이 아마도 의식을 갖는 수준에는 못 미친다고 주장하지만). 플랫랜더들의 자세한 생활 방식 – 가령 성생활 – 에 대해서는 저자도 빅토리아 시대의 분위기에 맞게 입을 다문다.

하지만 애벗에게 2차원 세계의 세세한 작동 방식은 주된 관심사가 아니었다. 진짜 관심사는 고차원이었는데, 이 주제는 (더 흥미로운) 책의 후반부에 나온다.『플랫랜드』의 1부가 빅토리아 사회를 비판한 내용이라면, 2부는 보이지 않는 세계의 가능성을 인정하지 않는 사람들을 비판하는 내용이다.

어느 날 밤 스퀘어 씨가 아내와 함께 집에 있을 때 유령 같은 '스

---

* 파면이 2차원이므로 2차원 세계 전체를 가득 채우는 까닭에 영원히 파동이 울리게 되기 때문인 듯하다 - 옮긴이

트레인저Stranger'가 찾아오는데, 스페이스랜드에서 온 구형의 존재였다. 3차원 구가 어떻게 플랫랜드와 같은 2차원 세계에 들어올 수 있을까? 저자는 플랫랜드가 연못의 표면과 같은 것이라고 독자들에게 귀띔한다. 연못 아래에서 올라와 표면을 뚫고 지나가면서 그 구는 연못 표면에 둥둥 떠 있는 2차원 존재들에게 자신을 드러낼 수 있다. 처음에 그들은 아무것도 보지 못한다. 조금 후에 구가 표면에 처음으로 접촉하는 순간에 점 하나를 보게 될 것이다. 구가 계속 솟아오르면 이 점은 원으로 확장되는데, 원의 반지름은 계속 커지다가 구의 절반이 표면을 통과할 때 최댓값에 도달한다. 이어서 플랫랜더들이 보기에 원은 차츰 줄어들다가, 다시 점이 되었다가, 구가 표면 위로 완전히 솟아오르면 완전히 사라질 것이다.

스퀘어 씨는 이 유령에 깜짝 놀란다. 어떻게 스트레인저 – 원형인 모습으로 판단하건대 틀림없이 사제 계급 – 는 무에서 출현하여 자기 마음대로 커졌다 작아졌다 하다가 마법처럼 사라질 수 있을까? 스트레인저는 자신이 '실제로 하나의 원이 아니라 무한한 개수의 원이 모인 존재'이며, 각각의 원은 크기가 전부 다르다고 설명한다. 스퀘어 씨는 자신의 상상력으로는 3차원 입체라는 개념을 이해할 수 없는지라, 믿지 않는다. 그래서 스트레인저는 자기 말을 증명하기 위해 여러 트릭을 시도하는데, 가령 플랫랜드 밖으로 솟아올라 스퀘어 씨 위에서 보이지 않게 떠 있다가 그의 배 한가운데를 슬쩍 만진다. 마침내 스트레인저는 격분한 스퀘어 씨를 플랫랜드 밖으로 들어올려 공간의 세계로 데려간다. 거기서 바람에 나부끼는 종이처럼 간당간당 뜬 채로 스퀘어 씨는 자기가 사는 2차원 세계를 내려다보고서 전체 형태와 더불어 모든 사람과 건물의 내부를 보게 된다. (탁자 위의 동전 사례로 돌아가서, 탁자 옆에서 동전 모서리를 본 다음에 시선을 올려 위에서 동전을 내려다본다고 상상해보자. 갑자기 원형인 전체 모습과 더불어 그 '내부의' 링컨 대통령의 머리가 보일 것이다.) 훨씬 더 충격적인 것은 스퀘어 씨에게 보이는 스트레인저의 모습이다. 이제 그는 완전한 3차원 존재로 나타난다. "스트레인저의 중심부인 듯한 것이 내 시야에 드러났다. 하지만 심장도 폐도 혈관도 보이지 않고 단지 아름답고 조화로운 어떤 것만 보였다. 그걸 나는 뭐라고 불러야 할지 몰랐다. 하지만 스페이스랜드의 내 독자들은 구의 표면이라고 부를 것이다."

이제 이 모든 내용을 더 높은 차원에 비유하면서 마음껏 상상해보자. 만약 4차원 스트레인저 – '초구hypersphere' – 가 3차원 스페이스랜드를 통과한다면 어떻게 보일까? 처음에는 아무것도 안 보이다가 점 같은 공이 나타날 텐데, 점점 커져서 구가 되었다가 다시 점으로 축소되어 사라질 것이다. 우리가 본 다양한 크기의 구들은 초구의 3D 단면일 테다. 스퀘어 씨가 본 원들이 구의 2D 단면이었듯이 말이다. 아주 간단하다. 어려운 대목은 이처럼 크기가 계속 변하며 3차원으로 출현하는 것들을 하나의 4차원 실체가 차츰차츰 자신을 드러낸다고 상상하는 일이다. 만약 스퀘어 씨처럼 우리가 우리의 세계에서 실제로 들어올려져 여분의 차원을 갖는 '더 넓은 공간'으로 들어간다면, 어떤 모습이 펼쳐질까? 분명 우리도 스퀘어 씨가 구의 모습을 볼 때처럼 초구의 모습에 말문이 막힐 것이다. 또한 충격적이게도 우리의 3D 세계를 바라보면 모든 물체가 투명하고 모든 시점에서 동시에 보일 것이다. 누군가의 몸 내부에 손을 뻗어 피부를 뚫지 않고도 창자를 꺼낼 수 있을 것이다(외과의사에게는 아주 요긴한 재주). 게다가 왼쪽 구두를 집어 4차원에서 회전시킨 후 3차원 세계에 다시 놓으면 오른쪽 구두로 바뀔 것이다.

스페이스랜드에 익숙해지자 스퀘어 씨는 금세 더 높은 차원에 대한 유사성을 간파했다. 만약 자기에게 익숙한 2D 세계가 3D 공간의 무한히 작은 조각이라면, 아마도 3D 공간은 4D 공간의 한 조각일 뿐이라고 그는 추론한다. 이 4D 공간은 스트레인저가 플랫랜드의 원형 사제들을 능가하는 방식대로 구형의 스트레인저를 능가하는 초구를 품은 공간일 것이다. 여기서 멈출 이유가 뭐란 말인가? "4차원의 축복받은 영역에서 우리는 5차원의 문턱 너머로 들어가지 않고 그 안에서만 머물러야 합니까?" 스트레인저에게 그는 수사적으로 묻는다. "아, 그렇지 않겠죠! 신체의 상승과 함께 우리의 야망도 솟아오르게 합시다. 그러면 우리의 지성이 피어나면서 6차원의 문이 활짝 열릴 것이고, 다음에는 7차원, 그다음에는 8차원이……."

하지만 스트레인저는 스퀘어 씨의 황홀한 열망에 찬물을 끼얹는다. 역설적이게도 스트레인저는 3차원의 복음을 설파하러 왔는데도 4차원으로 상상력을 도약시키지 못한다. 그는 어이없다는 듯 쏘아붙인다. "유추일 뿐! 말도 안 되는 소리. 무슨 그런 유추가 다 있어?" 분노를 폭발시키면서 그가 스퀘어 씨를 다시 플랫랜드로 홱 집어 던지자 그곳의 당국자들은 이 화자를 즉시 감옥에 가둔다. 고차원 세계를 떠벌리고 다닌 체제 전복 세력이라는 죄목으로.

플랫랜드의 영적인 측면은 명백하다. 우리를 둘러싼 보이지 않는 세계가 존재할 가능성을 독자에게 전하자는 의도다. 그 세계는 전혀 새로운 방향으로 놓여 있으며 - 스퀘어 씨가 애써 표현하기를, "위쪽으로, 하지만 북쪽으로는 아니고!" - 그 속의 기적과도 같은 존재들은 우리 자신의 공간을 실제로 차지하지 않은 채로 우리 주위를 떠돌 수 있다. 이내 영국 성직자들은 4차원을 하느님과 천사들의 처소라고 이야기하고 있었다. 플랫랜드가 출간된 해에 「4차원이란 무엇인가?」라는 팸플릿이 영국에서 등장했는데, '유령이 해명되었다'라는 부제가 달렸다. 저자인 찰스 힌턴 Charles Hinton은 열렬한 4차원 옹호자이자 자칭 바람

등이였다. 가령 이런 소릴 떠벌리고 다녔다. "그리스도는 우리의 구원자이지만, 나는 여성의 구원자이니 주님이 조금도 부럽지 않다!" 메리 불(불대수의 고안자인 조지 불의 딸)과 결혼하고 나서도 힌턴은 자기 정부情婦 중 한 명과 결혼했다. 중혼으로 낙인이 찍히자 영국을 떠나 결국 미국에 정착했고 프린스턴의 수학 강사가 되었다. (스튜어트는 주석본에서 이렇게 적고 있다. "여기서 그는 화약의 폭발력으로 공을 날리는 야구 피칭 기계를 발명했다. 잠시 동안 팀 연습에 쓰였지만, 너무 흉포하다는 점이 드러나서 몇 번의 사고 끝에 사용이 금지되었다.")

1907년 힌턴은 애벗 책의 후속편을 썼는데, 제목을 '플랫랜드의 한 에피소드An Episode of Flatland'라고 지었다. 『플랫랜드』만큼 성공하지는 못했지만, 힌턴은 분명 4차원 물체를 시각화하는 방법을 찾는 면에서는 애벗을 능가했다. 앞서 보았듯이 애벗은 단면 방법을 이용했다. 즉 4D 물체를 상상할 때, 그것이 3D 공간을 횡단할 때 생기는 3D 단면을 살펴보았다. 힌턴은 여기에다 '그림자 방법'을 더하여 4D 물체가 다양한 각도에서 드리우는 3D 그림자, 즉 투영을 살펴서 4D 물체를 파악하려고 했다. 가령 초정육면체의 투영은 큰 3D 정육면체 내부의 작은 3D 정육면체처럼 보인다. 힌턴은 그런 물체를 '테서랙트tesseract'라고 명명했다. 마지막으로 '펼침의 방법'이 있다. 3D 마분지상자를 펼쳐서 여섯 개의 정사각형으로 이루어진 평면 십자가를 만들 수 있듯이, 4D 초정육면체를 '펼쳐서' 여덟 개의 정육면체로 이루어진 3D 십자가를 만들 수 있다. 살바도르 달리는 그런 펼친 4D 정육면체를 「십자가에 못박힌 예수/초정육면체crucifixion/Corpus Hypercubus」라는 그림에서 표현했다. 이 그림은 뉴욕 메트로폴리탄 미술관에 전시되어 있다.

애벗과 힌턴의 노력과 더불어 앙리 푸앵카레의 대중 저술 덕분에 '4차원'은 20세기 초반에 이르러 일상적인 용어로 자리 잡았다. 알프레드 자리Alfred Jarry, 프루스트, 오스카 와일드, 거트루드 스타인Gertrude Stein 같은 작가들의 작품에도 등장했다. (1901년 조지프 콘라드와 포드 매덕스 포드Ford Madox Ford가 함께 쓴 소설 『상속자The Inheritors』에는 4차원에서 온 종족이 세계를 지배하는 내용이 나온다.) 아방가르드 미술가들도 이에 매료되었는데, 그들은 3차원적인 르네상스 관점을 타파하기 위해 4차원 개념을 끌어들였다. 입체파가 특히 그런 발상에 사로잡혔다. 어쨌거나 4차원에서 보면, 3차원 물체나 사람은 모든 관점이 한꺼번에 보일 수 있다. (앞서 보았듯이, 스퀘어 씨는 플랫랜드 위로 올라가자 2차원 세계 물체들의 모든 변을 최초로 볼 수 있게 되었다.) 아폴리네르는 『입체파 화가Les Peintres Cubistes』(1913년)라는 책에서 4차원은 공간 그 자체이며 "물체에 유연성을 부여한다"고 썼다.

보이지 않는 고차원이라는 개념은 신지론자神智論者들도 받아들였다. 이들은 그 개념이 과학적 실증주의라는 악마에 대항할 무기라고 여겼으며, 아울러 그 개념을 더 잘 이해하기 위해 '영적인 안목'을 길러야 한다고 주장했다. 신비주의자 P. D. 우스펜스키Ouspensky는 4차원을 차르 체제의 러시아에 소개하면서, 4차원이야말로 '세계의 수수께끼'를 전부 풀어줄 해법이라고 역설했다. 블라디미르 레닌은 4차원의 영적 의미에 놀라서 자신의 『유물론과 경험비판론』(1909년)에서 그 개념을 공격했다. 레닌에 의하면 수학자들이야 4차원의 가능성을 탐구할 수 있겠지만 차르 체제는 오직 3차원 세계에서만 전복될 수 있다.

흥미롭게도 고차원에 대한 열광에 대체로 무덤덤한 문화의 한 분야는 과학이었다. 일단 신비주의자, 사기꾼과 연루된 개념이어서 무시된 측면이 있었고 과학적으로도 검증이 불가능해 보였다. 그러다가 제1차 세계대전 중에 아인슈타인이 일반상대성이론을 내놓았다. 공간의 3차원과 시간의 1차원을 결합하여 4차원 다양체, 즉 '시공간'을 제시하면서, 중력을 이 다양체 내의 곡률이라고 설명함으로써 아인슈타인의 이론은 이제껏 불가사의했던 네 번째 차원이 단지 시간이라는 인상을 주었다. (이 인상은 잘못된 것인데, 왜냐하면 4차원 시공간 다양체를 오롯한 공간적 차원과 오롯한 시간적 차원으로 분리할 특별한 방법은 없기 때문이다.) 1919년 신문 표제 기사들이 일반상대성이론이 마침내 당당히 입증되었음을 알리자 시간이 네 번째 차원이라는 발상은 문화 전반으로 스며들었고, 더 높은 공간 차원에 대한 관심은 수그러들기 시작했다. 나중에 보게 되겠지만, 이는 꽤 섣부른 판단이었다.

물론 우리가 사는 물리적 공간이 몇 차원이냐는 것은 수학자에게 별로 의미가 없는 질문이다. 19세기 중반의 비유클리드 기하학 혁명 덕분에 수학자들은 현실 세계의 공간구조만이 아니라 상상 가능한 모든 세계의 구조를 탐구할 수 있게 되었다. 수학자들은 심지어 4차원에 대한 유행이 지난 후에도 훨씬 더 희한한 공간을 계속 고안해냈다. 가령 무한한 개수의 차원이 있는 '힐베르트 공간', 가령 1.2차원, 2.5차원 등의 차원을 갖는 '프랙털 공간', 고무와 같은 위상기하학 공간 등이 쏟아져 나왔다. 『플랫랜드』 이후로 기하학은 기나긴 발전의 과정을 거쳐왔다.

우리가 실제로 사는 공간은 고등수학의 화려한 공간들에 비하면 따분할지 모른다. 하지만 40년 전쯤 물리학자들은, 차원의 관점에서 말할 때 우리 눈에 보이는 공간적 세계보다 더 큰 세계가 존재할 가능성을 고려할 수밖에 없었다. 왜 그랬는지 이해하기 위해, 당시의 물리학에 두 갈래의 법칙이 있었다는 점을 고찰해보자. 하나는 일반상대성이론으로, 물체들이 매우 육중한 규모(별들의 세계)에서 어떻게 행동하는지를 기술한다. 다른 하나는 양자론으로, 매우 작은 규모(아원자 세계)에서 물체들이 어떻게 행동하는지를 기술한다. 어쩌면 깔끔한 분업처럼 보일지 모른다. 하지만 매우 육중하면서도 매우 작은 것 – 가령 빅뱅 직후의 우주 – 을 기술하고 싶을 때는 어떻게 될까? 어떤 식으로든 일반상대성이론과 양자론을 잘 조화시켜 만물의 이론이 나와야만 그런 대상을 기술할 수 있다. 하지만 단지 세 개의 공간 차원을 갖는 세계에서는 그런 일이 불가능한 듯했다. 상대성이론을 양자론과 조화시킬 수 있으려면, 우리의 우주를 구성하는 기본적 재료가 1차원 입자가 아니라 2차원 끈이나 더 고차원의 '막'이라고 가정하는 방법뿐이었다. 게다가 만약 이 통일이론 – 끈이론, 때로는 M이론 – 이 수학적으로 일관성이 있으려면, 반드시 그 끈과 막은 9차원 이상의 공간에서 진동하고 있어야만 한다.

따라서 끈이론에서는 우리가 익숙한 세 차원을 넘어서 최소한 여섯 개의 차원이 더 있어야 한다. 그런데 왜 우리 눈에 보이지 않을까? 두 가지 가설이 있다. 하나는 끈이론가들이 오랫동안 좋아한 이유인데, 여분의 여섯 차원이 '압축'되어 있다는 것이다. 즉 엄청나게 작은 반지름의 원 속에 말려 있다는 말이다. (정원용 호스를 생각해보자. 멀리서 보면 1차원의 선으로 보이지만, 가까이서 살펴보면 매우 작은 원형의 차원을 또한 갖는다.) 하지만 더욱 최근의 물리학자들은 여분의 차원들이 거시적 규모, 또는 심지어 무한히 큰 규모일지도 모른다고 추측한다. 그런데 우리가 알아차리지 못하는 까닭은 우리에게 익숙한 세계를 구성하는 모든 입자가 고차원 세계에서 표류하는 3차원 막에 들러붙어 있기 때문이라고 한다. 만약 그게 사실이라면 우리는 플랫랜더들과 매우 비슷한 처지다. 하지만 스퀘어 씨는 스트레인저의 방문 덕분에 고차원이 존재함을 알아차렸던 반면에 우리는 이론적 추론으로 이런 가설에 도달했으며, 어쩌면 실험적으로 가설을 확인할 수 있을지 모른다. (실제로 확인하려면, 가령 아원자 입자들끼리 서로 부딪힌 다음, 충돌

과정에서 생긴 새 입자들이 여분의 차원으로 사라지는지 여부를 조사하는 방법이 있다.)

끈이론의 함의대로 우리가 정말로 보이지 않는 차원들에 둘러싸여 있다면, 만물의 존재 방식에서 우리가 차지하는 위치를 이해하는 방식에 또 한 번의 코페르니쿠스적 혁명이 일어날 것이다. 물리학자 니마 아르카니하메드Nima Arkani-Hamed는 이를 다음과 같이 표현하고 있다. "지구는 태양계의 중심이 아니고, 태양은 우리 은하의 중심이 아니고, 우리 은하는 중심이 없는 수십억 개의 은하들 중 하나일 뿐이며, 우리의 3차원 우주 전체는 차원들의 전체 공간 내에 있는 하나의 얇은 막일 뿐이다. 만약 여분의 차원들을 가로지른 조각을 살펴본다면, 우리의 우주는 각 조각의 무한히 작은 단 하나의 점을 차지할 뿐이며 주위는 모조리 빈 공간으로 둘러싸여 있다."

에드윈 애벗이 『플랫랜드』에서 언급하지 않은 중요한 질문 하나가 남아 있다. 아리스토텔레스가 암묵적으로 던진 질문이기도 하다(만족스러운 답은 나오지 않았다). 왜 우리의 일상적 세계는 3차원인가? 19세기 중반 이후, 기하학적으로 꼭 그래야만 하는 것은 아님이 드러났다. 이에 대한 과학적인 설명이 가능할까? 아니면 단지 우주적인 우연일 뿐일까?

끈이론가들은 자신들이 상정한 아홉 개의 공간 차원 중에서 꼭 세 차원만 빅뱅 후 엄청난 크기로 팽창하고 나머지 여섯 차원은 질식하여 지극히 작은 크기로 남아 있는 이유에 대한 지극히 아름답고 미묘한 추측을 내놓았다. 하지만 또 다른 종류의 설명도 있는데, 이게 더 이해하기 쉽다. 이 설명에 의하면 공간 차원의 개수가 셋이 아닌 세계에서는 우리와 같은 존재들은 그냥 존재할 수가 없다. 세 개의 차원보다 많은 차원을 갖는 공간에서는 행성궤도가 안정적일 수 없다고 한다. (한 세기 전에 파울 에렌페스트가 증명했다.) 아울러 원자 내의 전자도 안정적인 궤도를 유지할 수 없다고 한다. 그러므로 세 개의 공간 차원보다 더 많은 차원의 세계에서는 화학반응도 있을 수 없고, 따라서 화학적으로 균형 잡힌 생명체도 존재할 수 없다.

그건 그렇다 치고, 세 개의 공간 차원보다 더 적은 차원의 세계는 어떠할까? 앞서 말했듯이, 음파는 2D 플랫랜드에서 말끔하게 전파하지 못하는데, 정말이지 짝수 차원의 어떠한 세계에서도 마찬가지다. 이러한 문젯거리는 소리뿐만 아니다. 짝수 차원의 공간에서는 어떤 유형의 잘 정의된 신호도 전송하는 것이 불가능하다. 이런 제약 때문에 지적 생명체에 필수적인 온갖 정보처리가 이루어질 수 없게 된다. 따라서 제거 과정에 의해(지적 생명체가 1차원 '라인랜드Lineland'에 존재할 수 없는 이유를 밝히는 과제를 독자에게 연습 문제로 남겨둔다), 화학적으로 균형 잡히고 정보처리를 하는 우리와 같은 존재들에게 알맞은 종류의 세계는 3차원 세계뿐이다. 그러니 우리가 3차원 세계에 살고 있는 것은 전혀 놀랄 일이 아니다. (물리학자들은 이것을 '인류 원리' 추론이라고 부른다.)

우리는 불평해서는 안 된다. 근본적인 의미에서 3차원은 가장 풍부한 공간이다. 분명 3차원은 1차원이나 2차원(라인랜드와 플랫랜드)보다 낫다. 그 세계에서는 아무런 흥미로운 복잡성이 존재하지 않는다. (앞서 보았듯이, 모든 것이 선분 모양으로 보이는 플랫랜드의 삶은 시각적으로 매우 빈약하다.) 4차원 이상의 고차원 공간은 너무 '쉽다'. 자유도가 너무 높아 물체를 회전시키거나 주위로 움직일 방법이 너무 많기에 복잡성이 쉽게 재배열되고 분해되어버린다. 오직 3차원 공간에서만 적절한 창의적인 긴장이 조성된다. 그런 까닭에 수학자들은 3차원이 가장 벅차다고 여길지 모른다.

현대 수학의 가장 위대한(또한 가장 까다로운) 문제들 중에서 푸앵카레 추측을 살펴보자. 기본적으로 그 추측은 어떤 대수적 속성을 지닌 n차원 다양체는 n차원 구면과 위상기하학적으로 동일하다고 주장한다. 푸앵카레는 이 추측을 1904년에 내놓았다. 1961년에는 5차원 이상의 임의의 공간에서 옳은 추측임이 밝혀졌다. 1982년에는 4차원 공간에서 참임이 증명되었다. 하지만 바로 지금 세기에 그리고리 페렐만의 증명을 통해서 푸앵카레 추측의 가장 어려운 경우, 즉 3차원의 경우가 옳음이 증명되었다.

우리의 3차원 세계보다 '더 넓은 공간'을 상상하는 훈련은 우리의 상상력을 키우고 과학의 발전에 이바지할지 모른다. 스퀘어 씨가 4차원 이상의 경이로운 세계로 올라가고자 하는 열망에 우리도 충분히 공감할 수 있다. 하지만 꼭 그런 세계를 따라가지 않아도 된다. 지적인 풍요와 미학적인 다양성으로 보자면, 3차원 세계로 충분하다.

색깔의 코미디

한 세기하고도 반세기 전에, 영국 지도에 색칠을 하던 학생이 단 네 가지 색깔만 있으면 그 일을 할 수 있음을 알아차렸다. 즉 켄트와 서퍽처럼 경계를 접하고 있는 어떠한 주들도 같은 색깔로 칠하지 않으면서 모든 주를 네 가지 색깔만으로 구별해서 색칠할 수 있음을 알았다. 나아가 학생은 실제로 존재하는 것이든 임의로 만든 것이든 모든 지도를 구별해서 색칠하는 데 네 가지 색이면 충분하다고 추측했다. 재미 삼아 해본 이 추측을 자기 동생에게 말했다. 동생은 다시 유명한 수학자에게 말했는데, 수학자는 그 추측이 옳은지 알아보려고 시도해보았지만 결국 옳은지 증명해내지는 못했다.

이후 수십 년 동안 많은 수학자들과 헤아릴 수 없이 많은 아마추어들 – 예를 들면 위대한 프랑스 시인, 미국 실용주의의 창시자, 그리고 적어도 한 명의 런던 주교 – 도 마찬가지로 이 지도 문제에 뛰어들었다가 쩔쩔매는 신세가 되고 말았다. 말하기엔 너무 쉬워서 어린아이도 이해할 정도였지만 '네 가지 색깔 추측'은 페르마의 마지막 정리에 버금가는, 수학을 통틀어 가장 유명한 난제가 되었다. 마침내 1976년 그 추측이 풀렸다는 소식이 온 세상에 전해졌다. 하지만 풀린 경위가 알려지자, 축하하는 분위기는 온데간데없고 실망과 의심, 그리고 노골적인 거부감이 들끓었다. 순수수학의 문제가 철학적 질문 또는 그 둘(수학과 철학)이 뒤섞인 질문으로 진화해버렸다. 즉 다음과 같은 질문이 제기되었다. 수학적 지식에 대한 주장을 우리는 어떻게 정당화하는가? 그리고 기계 지능이 선험적 진리를 파악하는 데 도움을 줄 수 있는가?

수학적으로도 철학적으로도 흥미롭긴 하지만, 이 지도 문제는 명백한 현실적 중요성이 없다. 적어도 지도 제작자한테는 그러한데, 굳이 가장 적은 개수의 색깔을 칠하려 하지 않기 때문이다. 그렇긴 해도 실제 지도를 훑어보아 문제에 접근하면 도움이 된다. 유럽 지도를 펼쳐서 벨기에, 프랑스, 독일, 룩셈부르크로 이루어진 부분을 살펴보자. 이들 나라 각각은 다른 세 나라와 국경을 접하고 있기에, 네 가지 색보다 더 적은 색으로 구별해서 칠할 수 없음은 꽤 명백하다. 여러분은 네 가지 색은 이처럼 서로 이웃하는 나라가 넷인 경우에만 필요하다고 여길지 모른다. 만약 그러하다면, 미국 지도를 펼쳐서 다섯 개의 주(캘리포니아, 오리건, 아이다호, 유타, 애리조나)와 접하고 있는 네바다 주를 살펴보자. 이 주들의 어느 주도, 벨기에와 프랑스와 독일과 룩셈부르크처럼 다른 네 주와 서로 접해 있지 않다. 하지만 이 다섯 주는, 여러분도 쉽게 확인할 수 있듯이 네 가지 색보다 더 적은 색으로는 완전히 구별할 수 없다. 한편 (이번 사례는 직관에 조금 반할지 모르는데) 와이오밍과 그 주위를 감싼 여섯 주는 고작 세 가지 색으로 구별할 수 있다.

어떤 지도는 네 가지 색이 필요하다. 그 개수까지 필요하다는 것은 명백하다. 네 가지 색깔 추측의 내용은 구별하는 데 네 가지보다 더 많은 색이 필요한 지도는 존재할 수 없다는 것이다. 이 추측을 '푼다'는 것은 어떤 의미일까?

두 가지 가능성이 있다. (일부 수학자들이 믿었듯이) 그 추측이 틀리다고 가정하자. 그렇다면 다섯 가지 이상의 색이 필요한 지도를 단 하나만 그려도 문제는 해결된다. (1975년 4월호 〈사이언티픽 아메리칸〉에 마틴 가드너는 110개 영역으로 이루어진 복잡한 지도를 내놓으면서, 다섯 가지 색보다 더 적은 색으로 구별해서 칠할 수 없다고 주장했다. 수백 명의 독자들이 단 네 가지 색으로 힘겹게 칠한 지도를 보내왔는데, 아마도 그들은 가드너가 만우절 농담을 즐기는 줄은 꿈에도 몰랐을 것이다.) 이와 달리 네 가지 색깔 추측이 옳음을 밝힌다는 것은 무한히 많은 모든 상상 가능한 지도가 그 구성 영역이 아무리 많고 복잡하고 임의로 구획되어 있더라도 오직 네 가지 색으로만 칠해질 수 있음을 보인다는 의미다.

따라서 네 가지 색깔 추측의 단순성은 기만적이다. 얼마나 기만적인지는 그 문제를 풀려는 탐구의 긴 역사를 살펴보면 명백해진다. 이것은 오류의 코미디라고 할 만하다. 1852년에 네 가지 색으로 충분하다고 추측했던 학생은 프랜시스 거스리Francis Guthrie인데, 자신이 그 추측을 증명까지 해냈다고 스스로 여겼다. 비록 거스리는 나중에 남아프리카에서 수학 교수가 되었지만, 지도 문제에 관해서는 아무것도 발표하지 않았으며, 식물학에 탐닉했던 듯하다(헤더heather라는 식물의 한 종에 그의 이름이 붙어 있다). 하지만 동생 프레데릭에게 그 문제를 이야기했더니, 동생은 다시 자신의 수학 교수인 아우구스투스 드 모르강에게 알렸다. 드 모르강은 훌륭한 수학자이자 논리학의 발전에서도 중요한 인물이었다. 그는 네 가지 색깔 문제에 흥미를 느껴, 다음과 같은 아이디어에 점점 사로잡혔다. 만약 한 지도가 서로 이웃하는 네 영역을 포함하고 있다면, 그중 하나는 반드시 다른 세 영역으로 완전히 둘러싸여야 한다는 발상이다(앞서 들었던 예로 돌아가자면 룩셈부르크는 벨기에, 프랑스, 독일로 완전히 둘러싸여 있다). 잘못된 생각이지만, 그는 이 '잠재적 공리'가 그 추측을 증명할 열쇠라고 믿었고 1871년 세상을 떠날 때까지 그것을 붙들고 씨름했다.

네 가지 색깔 추측을 글에서 처음 언급한 사람도 드 모르강이었다. 1860년에 그가 대중문학잡지인 〈아테네움The Athenaeum〉에 기고한 미서명의 철학 비평에서였다. 덕분에 그 내용은 대서양을 건너 미국으로 갔고, 철학자 C. S. 퍼스Peirce의 마음을 사로잡았다. 퍼스는 '아주 단순한 명제를 증명해내지 못하는 것은 논리학과 수학에 치욕적인 일'이라고 분개하면서, 1860년대 후반에 하버드의 한 수학학회에 자신의 증명이란 걸 소개했다. 그 증명에 대한 기록이 지금은 남아 있지 않다. 하지만 나중에 퍼스는 다른 사람이 그 명제에 대한 해답을 내놓자 그것을 인정하고 1879년 크리스마스 날 〈네이션〉의 논평란에 발표되도록 도와주었다. 이로 인해 퍼스는 자기도 모르게 수학의 역사에서 가장 유명한 틀린 증명을 옳다고 인정해버리고 말았다.

이쯤에서 수학자들이 어떻게 명제 – 특히 네 가지 색깔 추측처럼 무한한 개수의 사례를 다루어야 하는 명제 – 를 증명하는지 한마디 해야겠다. 한 방법은 수학적 귀납법이다. 수학적 귀납법의 가장 중요한 단계는 어떤 것이 수 n에 대해 참이라면 $n+1$에 대해서도 참임을 보이는 일이다. 도미노에 비유하자면, 쓰러지는 각각의 도미노가 바로 뒤의 물건을 넘어뜨린다면 모든 물건이 결국에는 넘어진다는 뜻이다. 수학적 귀납법을 지도 문제에 적용하려면, 만약 n개 영역을 지닌 임의의 지도가 네 가지 색깔로 칠해질 수 있다면 $n+1$개의 영역을 지닌 임의의 지도도 마찬가지로 칠해질 수 있음을 보이면 된다. 알고 보니 그렇게 하기는 지독하게 어려웠다. 특정한 지도에 $(n+1)$번째 영역을 추가하려면, 새로 추가되는 한 영역이 네 가지 색깔로 칠하기 방안에 맞도록 다른 n개 영역의 전부 또는 일부를 새로 칠해야 할지 모른다. 그런 다시 칠하기를 위한 일반적인 방법을 아무도 찾아낼 수 없었다. 쓰러지는 도미노 방법으로는 무리였다.

다행히도 무한한 범위에 걸치는 명제를 증명할 다른 전략이 있다. 귀류법, 즉 모순에 의한 증명이다. 증명하려는 명제를 부정한 다음에, 그것이 모순으로 이어짐을 보이는 방법이다. 네 가지 색깔 추론의 경우, 이것은 그 추측의 반례 ― 다섯 가지 이상의 색으로 구별해서 칠해야 하는 지도 ― 가 존재한다고 가정하고서, 그 가정에서 모순을 이끌어낸다는 의미다. 그런 반례는 네 가지 색깔 원리를 위반하므로 일종의 범인이라고 할 수 있다. 그런 범행을 저지르는 지도는, 만약 존재한다면 임의의 개수의 영역을 포함할 수 있겠지만, 가급적 영역의 개수가 가장 적은 것에 초점을 맞추는 편이 낫다. 그런 지도를 가리켜 '최소' 범인이라고 한다. (명백히, 구별해서 칠하려면 다섯 색깔을 필요로 하는 적어도 다섯 영역의 지도가 그런 범인의 한 예일 것이다.) 정의상, 최소 범인보다 더 적은 영역을 갖는 지도는 틀림없이 법칙을 따르는, 즉 네 가지 색으로 구별해서 칠할 수 있는 지도이다.

이제 우리는 흥미로운 지점에 도달했다. 최소 범인으로 짐작되는 지도를 하나 택하자. 한 영역을 골라서 그 영역을 한 점으로 축소시키자. 그러면 영역의 개수가 하나 줄어든다. 그러면 줄어든 지도는 범인이 되기에 충분한 영역을 갖고 있지 않다(처음 시작했던 최소 범인보다 영역이 하나 적기 때문이다). 그러므로 이 줄어든 지도는 반드시 법칙을 지켜야, 즉 네 가지 색깔로 칠할 수 있어야 한다. 따라서 그 지도를 칠하자.

이제 과정을 거꾸로 하자. 조금 전에 한 점으로 축소시켰던 영역을 다시 부풀려서 복원하자. 그러면 원래 지도가 다시 나오는데, 여기에는 축소되었다가 복원된 영역을 제외하고 다른 모든 영역은 적절하게 색칠이 되어 있다. 이제 이런 질문을 해보자. 축소된 지도에 적용했던 네 가지 색깔 방안에 맞도록, 복원된 영역을 색칠할 방법이 있는가? 글쎄, 축소 및 복원을 위해 원래 어느 영역을 골랐는지에 따라 답이 달라진다. 가령 골랐던 영역이 오직 다른 세 영역과 접하고 있었다면, 행운이 따른다. 그걸 복원하더라도, 복원된 영역을 주위의 세 영역과 구별할 색깔 하나가 남아 있을 것이다. 하지만 이제 원래 지도를 네 가지 색으로 칠하는 데 성공했다. 따라서 짐작상의 최소 범인은 이제 어쨌거나 범인이 아니게 된다!

따라서 분명히 최소 범인이 되고자 하는 지도는 오직 다른 세 영역과만 접하고 있는 영역을 포함할 수 없다. 만약 그랬다가는 다음 과정이 가능하다. ①그 영역을 한 점으로 축소시켜, 영역의 개수를 하나 줄여서 새 지도가 최소 범인 문턱값 아래로 내려가게 하여 법칙을 지키게 만든다. ②법칙을 지키는 축소된 지도를 네 가지 색으로 칠한다. ③이전에 축소시켰던 영역을 다시 부풀려서 복원한다. ④새로 복원된 영역을 그 영역과 이웃하는 세 영역의 색깔과 일치하지 않는 색으로 칠하여, 복원된 영역을 네 가지 색깔 방안에 맞도록 통합한다. 그러면 원래 지도는 결국 법칙을 지키는 지도임이 드러난다.

이러한 축소-색칠하기-복원 과정을 거칠 수 있는 지도를 가리켜 '환원할 수 있는 구성'을 갖는다고 한다. 방금 보았듯이, 환원할 수 있는 구성의 한 유형은 오직 다른 세 영역과만 접하는 한 영역이다. 불행히도 모든 지도가 그런 영역을 갖지는 않는다. 하지만 다른 유형의 환원할 수 있는 구성이 존재할지 모른다. 그리고 어쩌면 아무리 복잡하더라도 모든 지도는 적어도 하나의 환원할 수 있는 구성을 반드시 가진다고 밝혀질 수도 있다. 만약 그렇다면, 이는 문제의 가정을 무너뜨린다. 환원할 수 있는 구성을 갖는 지도는 어떤 것도 최소 범인일 수 없다. 그런 지도는 축소-색칠하기-복원 과정을 통해 언제나 네 가지 색으로 칠할 수 있기 때문이다. 따라서 만약 모든 지도가 적어도 한 종류의 환원할 수 있는 구성을 갖는다면, 최소 범인이 존재할 수 없다. 그런데 최소 범인이 없다는 것은 아예 범인이 없다는 뜻이다. 사건 종결. (만약 범인 지도가 존재한다면, 일부는 반드시 가장 적은 개수의 영역을 갖게 마련이다.) 그리고 범인이 없다는 것은 모든 지도는 반드시 법칙을 지킨다는, 즉 네 가지 색으로 칠할 수 있다는 뜻이다.

바로 이런 논리로 알프레드 브레이 켐프Alfred Bray Kempe는 네 가지 색깔 추측을 자신이 증명했다고 1879년에 주장했다. 그는 런던의 법정 변호사이자 아마추어 수학자였다. 켐프의 추론은 수학적으로 돌돌 말려 있는 성질의 것이었지만 설득력 있게 보였다. 그런데 퍼스로서는 단지 설득력 있는 정도만이 아니었다. 영국, 유럽 대륙, 그리고 미국의 일급 수학자들은 켐프의 추론이 오랫동안 찾고 있던 지도 문제의 풀이라는 데 동의했다. 켐프는 영국왕립학회의 회원이 되었고 종국에는 기사 작위까지 받았다. 켐프의 '증명'은 10년 동안 버티다가, 마침내 미묘하지만 치명적인 결점이 발견되었다. 이 결점을 찾아낸 사람은 고전학자이자 수학자인 퍼시 히우드였다.

히우드는 켐프의 풀이를 뒤집은 데 대해 미안한 마음까지 느꼈다고 하는데, 그는 이 기이한 영웅담에서도 어김없이 드러나는 성격상의 특이한 점이 있었다. 체형은 마르고 약간 구부정했으며, 평소에 약간 이상한 모양의 인버네스케이프*를 입었고 고풍스러운 핸드백을 들고 다녔다. 습관적으로 개를 데리고 다녔는데, 개를 강의실에도 데려갔다. 학술위원회에서 활동하길 아주 좋아해서, 위원회 회의가 한 건도 없는 날은 '허탕 치는' 날이라고까지 여겼다. 느리게 가는 손목시계를 1년에 딱 하루, 크리스마스 날에 맞추고는 다음해에 시간을 알고 싶을 때마다 머릿속으로 필요한 계산을 했다. 어느 날 그는 동료에게 이렇게 우겼다고 한다. "아니, 두 시간 빠른 게 아니라 열 시간이 느리네!" 그렇다고 현실적인 재능이 없지는 않았다. 11세기에 지어진 절벽 위의 더럼 성Durham Castle이 웨어Wear 강으로 미끄러져 내리려고 하자, 거의 단신으로 모금 운동에 나서서 성을 지켜냈다.

다시 수학 이야기로 돌아가자. 네 가지 색깔 추측이 증명하기 어렵다면 더 쉬운 것을 시도해보자. 이른바 여섯 가지 색깔 추측이다. 이것은 네 가지 색깔 추측과 비슷하지만 확실히 약하다. 여섯 가지 색깔만 있으면, 이웃하는 영역들이 다른 색으로 칠해지도록 어떤 지도든 색칠할 수 있다는 내용이다. 이것을 고려하는 이유는 18세기 중반의 위대한 스위스 수학자 레온하르트 오일러까지 거슬러 올라가는 지도 문제의 수학적 뿌리를 드러내주기 때문이다.

오일러는 아마도 역사상 가장 많은 결실을 거둔 수학자였다. 프러시아의 프리드리히 대왕의 궁정과 러시아의 예카테리나 여제의 궁정을 오가면서 그가 발견한 것 중에 '$V-E+F=2$'라는 공식이 있다. 이 공식은 얼마 전에 있었던 투표에서 가장 아름다운 수학의 정리 중 두 번째로 뽑혔다. (그 미인 대회의 우승자는 〈매스매티컬 인텔리전서The Mathematical Intelligencer〉에서 발표된 1988년의 설문조사에 따르면 $e^{i\pi}=-1$

---

* 덧붙일 수 있는 망토가 달린 외투 - 옮긴이

이다.) 오일러의 공식은 임의의 다각형에서 참이다. 즉 육면체나 피라미드처럼 평면으로 둘러싸인 임의의 입체에서 통한다. 이 공식의 뜻은, 임의의 다면체의 꼭짓점 개수 V에서 모서리의 개수 E를 뺀 다음에 면의 개수 F를 더하면, 결과가 언제나 2라는 것이다. 가령 육면체는 꼭짓점의 개수가 8, 모서리의 개수가 12, 면의 개수가 6이다. 따라서 8-12+6=2.

다면체가 지도와 무슨 관계가 있을까? 다면체를 하나 택해서 (가위로 잘라내어) 펼치면, 각 면은 지도의 한 영역처럼 보인다. 반대로 지도를 택해서 잘라 꿰매면 다면체가 생긴다. 영역들의 크기와 모양은 그 과정에서 달라지겠지만, 지도의 전체 구성이나 지도에서 필요한 색깔의 개수에 영향을 미치지는 않는다. 그러므로 네 가지 색깔 추측은 위상수학의 문제이다. 비틀거나 늘려도 변하지 않는 도형의 속성을 연구하는 수학 분야가 바로 위상수학이기 때문이다.

이제 오일러의 공식을 지도에 적용해보자. F는 영역의 개수가 되고, E는 경계선의 개수, V는 경계선들이 교차하는 점들의 개수가 된다. 그러면 지도 문제에 결정적으로 중요한 다음 결과를 이끌어낼 수 있다. *모든 지도는 다섯 개 이하의 영역과 접하는 영역을 적어도 하나 갖는다.* 다행히 증명은 쉽다. 만약 모든 영역이 여섯 개 이상의 이웃 영역을 갖는 지도가 있다면 영역의 개수와 경계선의 개수, 그리고 교차점의 개수를 세어서 오일러의 공식에 넣으면 0=2라는 터무니없는 결과가 나온다. 이는 모순이다! 따라서 모든 지도에는 다섯 개 이하의 영역과 접하는 영역이 틀림없이 존재한다.

이 결과를 손에 넣었으니, 여섯 가지 색깔 추측은 독 안에 든 쥐다. 여섯 가지 색깔보다 더 많은 색깔이 필요한 범인 지도가 있다고 가정하자. 최소 범인을 하나 택하자. 이제 앞서 나왔던 축소-색칠하기-복원 과정을 실행하자. 추정상의 최소 범인은 모든 지도와 마찬가지로 다섯 개 이하의 영역과 접하는 영역을 틀림없이 적어도 하나 갖는데, 그 영역을 골라서 한 점으로 축소시킨다. 줄어든 지도를 색칠하면 여섯 가지 색깔로 틀림없이 법칙을 지킨다. 이제 줄어든 영역을 복원시키자. 이 복원된 영역은 다섯 개 이하의 이웃 영역을 갖고 있으므로 - 그런 까닭에 우리가 선택한 것이다 - 이용 가능한 여섯 가지 색깔 중에서 그걸 칠할 색깔이 틀림없이 하나 남는다. 이것은 그 지도가 최소 범인이라는 가정과 모순되므로, 여섯 가지 색깔 추측은 참인 정리임이 증명된다.

이 모든 내용의 바탕이 되는 논리는 조금은 순환적이다. 하지만 실제로 시도해보면, 마음속에서 그걸 파악할 수 있고 왜 여섯 가지 색깔 정리가 참이어야 하는지 '볼' 수 있다. 증명은 놀라우면서도 한편으로 필연적이다. 재치 있기까지 하다. 미학적으로 말하자면 지도 문제도 마찬가지다. 1879년에 켐프가 여섯 가지 색깔을 그가 원하던 네 가지로 줄이려고 사용한 방법은 길고 복잡했다. 하지만 진정으로 심오한 수학적 개념에 바탕을 둔 것이 아니었다. 그 방법에는 오류가 있는 단계도 들어 있었다. 하지만 이 오류를 찾아낸 히우드도 여전히 켐프의 논증을 이용하여 모든 지도가 다섯 가지 이하의 색깔로 칠해질 수 있음을 보였다.

네 가지 색깔 추측에 매력을 느낀 또 다른 인물 중에 프레데릭 템플Frederik Temple이 있다. 런던 주교이자 나중에 캔터베리 대주교가 된 이 사람도 오류가 있는 증명을 내놓았다. 프랑스 시인 폴 발레리도 1902년 자신의 일기에서 그 문제에 관한 12쪽 분량의 상당한 연구 결과를 남겼다. 어떤 이들은 진짜로 일급 수학자들이 나서기만 하면 골치 아픈 그 문제가 금방 해결될 거라고 여겼다. 실제로 위대한 수학자 헤르만 민코프스키가 괴팅겐 대학의 한 수업 시간에 증명을 해치우려고 덤벼들었다. 하지만 여러 주에 걸친 수업에서도 허탕을 치자 학생들에게 이렇게 고백했다. "하늘도 나의 오만함에 화가 났을 걸세. 내 증명은 결함투성이군." 다른 선구적인 수학자들은 그 문제를 피해갔는데, 어쩌면 현명한 판단이었다. 어쨌거나 수학의 주류와는 거리가 한참 멀었기 때문이다. 참인지 거짓인지를 가려낼 어떤 중요한 진전도 없었다. 당대 수학계의 최고봉이라고 할 만한 다비트 힐베르트가 1900년 파리 국제수학회의에서 수학의 가장 중요한 스물세 문제를 발표할 때도 네 가지 색깔 추측은 들어 있지 않았다.

그래도 워낙 호락호락하지 않은 문제인지라 대서양 양쪽의 수학자들은 이후로도 지속적으로 그에 매달렸다(일부는 자기가 바친 시간을 후회하기에 이르렀다). 그들이 줄곧 의존한 전략은 본질적으로 켐프가 사용한 것이었다. 네 가지 색깔 추측에 대한 반례를 내놓을지 모를 빈 구멍을 전부 찾아내어, 구멍들을 메우는 것이었다. 물론 그러려면 구멍의 개수가 유한해야 한다. 그렇지 않으면 전부 확인해서 메울 수 있는지를 밝혀낼 수 없기 때문이다. 20세기가 흘러가면서 어떤 수학자들은 빈 구멍들의 완전한 집합을 내놓을 창의적인 방법을 찾아냈고, 또 어떤 수학자들은 구멍들을 메울, 마찬가지로 창의적인 방법을 찾아냈다.

문제는 이 구멍들의 집합(이른바 불가피한 집합)이 터무니없이 많아서, 1만 가지의 지도 구성이나 된다는 것이다. 그중 하나를 메우는 것만 해도(해당 구성이 '환원될 수 있음'을 보임으로써) 무지막지하게 고된 일이어서, 어떤 인간 수학자도 해낼 수가 없었다. 하지만 1960년대가 되자 그 문제를 연구하던 몇몇 사람은 구멍 확인 과정을 기계적 알고리즘으로 처리 가능한 공식을 만들 수 있지 않을까 생각했다. 덕분에 흥미로운 가능성이 제시되었는데, 어쩌면 네 가지 색깔 추측을 컴퓨터의 도움으로 증명할 수 있을지도 몰랐다.

여기서 꼭 짚고 넘어가야 하겠는데, 수학자들은 컴퓨터 시대에 적응하는 데 느렸다. 전통적으로 피타고라스 이후 줄곧 순전히 탄탄한 사고력에 의존하여 새로운 진리에 관한 지식을 쌓아왔다. 수학과는 대학에서 두 번째로 돈이 덜 드는 곳이라는 말이 나돌곤 했다. 필요한 것이라곤 연필과 종이, 그리고 쓰레기통뿐이니까. (돈이 가장 덜 드는 곳은 철학과다. 철학자에게는 쓰레기통이 필요 없기 때문이라나.) 한 예로 1986년에 스탠퍼드 대학의 한 수학자는 그곳 수학과가 프랑스문학과를 포함한 다른 어느 과보다도 컴퓨터를 적게 갖고 있다고 자랑했다.

어쨌든 네 가지 색깔 추측은 처음엔 심지어 컴퓨터로도 도저히 감당할 수 없을 것 같았다. 가장 빠른 기계를 이용해도 모든 사례를 다루려면 족히 한 세기는 걸릴 듯했다. 하지만 1970년대 초에 일리노이 대학의 수학자인 볼프강 하켄Wolfgang Haken이 방법론을 개량했다. 능숙한 프로그래머인 케네스 아펠Kenneth Appel과 함께 그는 일종의 컴퓨터와의 대화를 시작했다. 빈 구멍의 개수를 줄이고 구멍을 더 효과적으로 메우기 위해서였다. 나중에 하켄은 기계에 관해 이렇게 말했다. "기계는 '배웠던' 모든 기술을 바탕으로 복잡한 전략을 펼쳐나갔는데, 종종 그런 접근법은 우리가 시도할 수 있는 전략보다 훨씬 더 영리했다." 아펠과 하켄은 몰랐지만 캐나다 온타리오, 로디지아Rhodesia*, 그리고 하버드 등 전 세계에 흩어진 다른 연구자들도 비슷한 방법으로 해법에 다가가고 있었다. 한편 적어도 한 명의 수학자는 다섯 가지 색깔이 필요한 복잡한 지도를 제작해내려고 여전히 애쓰고 있었다. 1976년 6월, 4년간에 걸친 혼신의 노력, 1,200시간의 컴퓨터 작업과 더불어 프랑스 몽펠리에에 있는 한 문학 교수의 중요한 도움을 거쳐 마침내 하켄과 아펠은 결과를 얻어냈다. 정말로 네 가지 색깔이면 충분했다. (신중한 〈뉴욕 타임스〉는 두 달이나 기다렸다가, 저명한 컬럼비아 대학의 수학자 리프

---

* 아프리카 남부의 옛 영국 식민지. 현재는 잠비아와 짐바브웨라는 독립국으로 분리되었다 – 옮긴이

먼 버스Lipman Bers가 쓴 특집기사에서 그 해법을 인정했다.) 네 가지 색깔 추측은 이제 네 가지 색깔 *정리*가 되었다.

과연 그랬을까? 세상 사람들이 대체로 이 소식을 어떻게 받아들였건 간에, 많은 수학자들은 상세한 내용을 알고 나서 신랄한 반응을 보였다. 한 수학자는 이렇게 쏘아붙였다. "아펠과 하켄의 컴퓨터 장난질을 수학의 등급에 걸맞다고 인정해주었다가는, 우리는 지적으로 미숙해지고 말 것이다." 불만족스러워한 이유는 명확하게 세 가지였다. 첫째는 미학적인 이유였다. 증명은 아름답지 못했다. 무지막지하게 끌어모은 사례들은 지성인들의 마음을 사로잡지 못했다. 언젠가 G. H. 하디가 목청을 높였듯이, "이 세상에 못생긴 수학을 위한 영원한 자리는 없다". 두 번째 이유는 쓸모와 관련되어 있었다. 좋은 증명은 참신한 논증을 포함하고 수학의 다른 어디에서나 적용될 수 있는 숨은 구조를 드러내야 마땅하다. 하켄-아펠 증명은 그런 면에서 빈약해 보였다. 게다가 *왜* 네 가지 색깔 정리가 참인지를 엿보게 해주는 통찰이 전혀 없었다. 한 수학자의 표현대로 그 답은 마치 '끔찍한 우연의 일치'처럼 거기에 앉아 있었다.

세 번째이자 가장 중요한 이유는 인식론적이었다. 하켄과 아펠이 내놓은 증명이 우리가 네 가지 색깔 추측이 참임을 *안다*고 주장할 근거가 되는가? 정말로 증명이기나 한 것일까? 이상적으로 보자면, 증명은 형식언어*로 변환될 수 있고 논리 규칙에 의해 검증될 수 있는 논증이다. 실제로 수학자들은 지극히 번잡한 형식적 증명까지 굳이 추구하지 않는다. 대신에 해당 분야의 전문가들을 확신시키기에 충분한 단계들을 제시함으로써 자신들의 논증을 상당히 엄밀하게 만든다. 한 논증이

---

* 구조, 범위 등이 명확히 규정되어 있는 언어. 자연언어의 문법구조를 수학적 측면에서 형식화한 것 - 옮긴이

확신이 들 정도가 되려면, 반드시 '조사할 수 있는' 것이어야 한다. 즉 인간의 마음으로 파악될 수 있고 오류를 검사할 수 있어야 한다. 하켄과 아펠의 증명은 분명히 그런 경우가 아니었다.

인간이 맡은 논증 부분은 약 700쪽으로 이루어져 있었는데, 그것만으로도 벅찼다. 하지만 컴퓨터 시뮬레이션 부분은 쌓아놓으면 1.2미터 높이의 컴퓨터 출력물로, 설령 전 세계의 모든 수학자가 그 과제에 매달려도 결코 사람이 검증할 수 없었다. 마치 추론의 핵심 단계는 기나긴 '예'들로 이루어진 일종의 신탁이 제공하는 것 같았다. 만약 이 '예'들 중에 단 하나라도 '아니오'가 된다면 전체 증명이 무가치해질 것이다. 컴퓨터 프로그램에 버그가 없다고 어떻게 확신할 수 있을까? 하켄-아펠의 결과를 확인하기 위해 심사위원들은 자신들이 짠 별도의 프로그램을 실행해보았다. 마치 과학자가 다른 실험실에서 행해진 어떤 실험을 재현해내듯이. 1979년 〈저널 오브 필로소피The Journal of Philosophy〉에 실린 영향력 있는 논문 「네 가지 색깔 문제와 철학적 의미」에서 철학자 토머스 티모츠코Thomas Tymoczko는 그런 컴퓨터 실험들이 수학에 실증적 요소를 도입했다고 주장했다. 오늘날 거의 모든 철학자는 네 가지 색깔 정리가 참이라고 믿긴 하지만, 이 믿음은 바뀔 수도 있는 증거에 바탕을 두고 있다. 그 정리는 확실하고 절대적이며 선험적 지식이라는 플라톤적 이상에 확연히 부합하지 못한다. 기껏해야 우리는, 정리의 증명에 도움을 준 기계의 작동에 바탕이 되는 물리 이론들처럼, 정리가 아마도 참이겠거니 여길 수 있을 뿐이다.

네 가지 색깔 정리의 성과는 수학적 관행에 전기를 마련했다. 이후로 여러 추측이 컴퓨터의 도움으로 풀렸다(대표적인 예가 1988년에 있었던, 10차 투영평면의 비존재 문제였다). 한편 수학자들은 컴퓨터 증명 부분이 훨씬 짧아지도록 하켄-아펠 논증을 가다듬었는데, 어떤 수학자들은 지금도 네 가지 색깔 정리의 전통적이고 아름답고 통찰력 가득한 증명이 언젠가 나오리라고 희망한다. 어쨌거나 통찰에 대한 갈망이야말로 많은 수학자들이 그 문제에 오랫동안 관심을 갖고, 심지어 평생을 바치도록 만든 요인이지 않은가. (한 수학자는 신혼여행 도중에 신부에게 지도를 색칠하게 했다고 한다.) 설령 네 가지 색깔 정리가 수학적으로 쓸모없더라도, 증명하려다 실패한 시도들에서 쓸모 있는 수학이 많이 생겨났으며, 지난 수십 년 동안 분명 철학자들의 관심사가 되었다. 앞으로 더 큰 반향이 있을지는 나로서도 잘 모르겠다. 뉴욕의 언론인들을 대상으로 한 어느 철자법 맞히기 대회에서 내가 탔던 큰 사전의 뒤표지에 있는 미국 지도를 보았을 때, 나는 딱 네 가지 색깔로 칠해진 것을 알고서 살짝 놀랐던 적이 있다. 하지만 아쉽게도 아칸소 주와 루이지애나 주는 서로 이웃하고 있는데도 둘 다 파란색이었다.

제5부

무한, 큰 무한과 작은 무한

무한한 비전

게오르크 칸토어와 데이비드 포스터 월리스

무한이라는 개념보다 더 흥미진진한 역사를 지닌 개념은 별로 없다. 그 개념은 고대의 역설에서 생겨난 이후로 2,000년 동안 철학자들을 곤혹스럽게 만들다가, 지성의 대담한 업적에 의해 마침내 19세기 후반에 비밀이 일부 풀렸지만, 다시 새로운 한 묶음의 역설이 등장했다. 그 이야기를 따라가는 데는 어떤 특별한 지식이 없어도 된다. 무한에 관한 중요한 발견들은, 기발하고 독창적인 배경을 지니긴 했지만, 칵테일 냅킨에 펜으로 몇 문장만 적어도 전달될 수 있다. 이 모든 이야기는 과학을 대중화하려는 이들의 입맛을 유혹했기에, 과학 대중화의 관점에서 꽤 많은 책이 이미 등장했다. 이 일에 참여한 가장 비범한 인물은 데이비드 포스터 월리스였다. 『무한한 농담Infinite Jest』을 읽은 사람이라면 눈치챘을지 모르지만, 이 책의 저자는 수학과 형이상학에 대한 심오하고 정교한 안목을 지녔다. 『모든 것과 그 이상 : ∞의 간략한 역사Everything and More: A Compact History of ∞』 – 월리스가 2008년 46세의 나이로 자살하기 5년 전에 쓴 책 – 는 수학 문외한에게 무한의 신비를 소개하는 책이다.

우리와 같은 유한한 존재들이 직접경험이 없는데도 무한에 관해 알 수 있다는 발상은 이상하게 보일지 모른다. 데카르트는 무한의 개념이 선천적이라고 여겼지만, 어린아이의 발달 과정은 다른 이야기를 들려준다. 어느 연구에서 초등학교 1~2학년 정도의 어린아이들은 "마지막 수를 찾기 위해 '세고 또 세다가' 결국에는 그런 건 없다고 결론 내렸다"고 한다. 공교롭게도 이론 속에서 무한을 포착하는 데 몰두했던 어떤 사람은 자신의 통찰이 하느님이 은밀히 주신 것이라고 주장했고 정신병원에서 생을 마쳤다.

넓게 말해서 무한에는 두 종류가 있다. 하나는 형이상학적 무한이라고 부를 수 있는 모호하고 불가사의한 무한으로서 완전, 절대, 그리고 신과 같은 개념과 연관되어 있다. 다른 하나는 좀 더 실질적인 수학적 무한으로서 월리스는 바로 이 무한을 설명하려고 나선다. 그것은 끝없음의 개념으로부터 도출된다. 끝없이 생성될 수 있는 수들, 영원히 지속되는 시간, 무한정 나눠질 수 있는 공간 등의 개념에서 나온 것이다. 형이상학적 무한은 그것을 숙고하는 사람들에게 두려움을 일으키는 반면에 수학적 무한은 대부분의 서양 지성사에서 크나큰 의심, 심지어 조롱의 대상이었다. 기원전 5세기에 엘레아의 제논이 내놓은 역설에서 무한의 개념은 처음 등장했다. 제논이 주장하기를, 만약 공간을 무한히 나눌 수 있다면 빠른 아킬레스가 느린 거북을 결코 따라잡을 수 없다. 거북이 있는 곳에 아킬레스가 도달하려 할 때마다 거북은 조금 더 앞서가 있을 텐데, 이 과정은 무한히 계속되기 때문이다. 너무나 골치가 아팠던지라 아리스토텔레스는 그리스 사상에서 '실'무한completed infinity/real infinity*의 개념을 금지하기에 이르렀고, 이 통설은 이후 2,000년 동안 유지되었다.

마침내 무한이 부활한 것은 1638년에 갈릴레오가 내놓은 또 다른 역설 때문이었다. 모든 정수 '1, 2, 3, 4……'를 살펴보자.** 이제 각 수의 제곱인 '1, 4, 9, 16……'을 살펴보자. 분명 제곱수보다는 정수의 숫자가 더 많다. 왜냐하면 제곱수는 정수의 일부를 차지할 뿐이기 때문이다. 그런데 갈릴레오의 주장에 의하면 제곱수를 정수와 짝을 짓는 방법이 존재한다. 가령 1을 1에, 2를 4에, 3을 9에, 4를 16에 등으로 말이다. 두 무한집합이 이런 식으로 대응할 수 있다면, 첫 번째 집합의 각 항은 두 번째 집합의 각 항과 정확히 짝을 맺고, 그 반대도 마찬가지다. 따라서 두 집합은 지루하게 셀 것도 없이 크기가 같음을 우리는 알게 된다. 이 원리를 무한한 모음에 확장해본 결과 갈릴레오는 정수의 개수와 제곱수의 개수가 같다는 결론에 이르렀다. 사건 종결. 달리 말해서, 부분이 전체와 같았다. 갈릴레오로서도 터무니없다고 여긴 결과였다.

두 세기하고도 반세기가 지나서 게오르크 칸토어는 갈릴레오의 역설을 바탕으로 무한의 수학적 이론을 펼쳐나갔다. 1845년부터 1918년까지 살았던 칸토어는 러시아 태생의 독일 수학자로, 예술적인 기질과 더불어 신학에 관심이 많았다. 칸토어는 '부분은 전체보다 작다'라는 익숙한 논리의 붕괴가 무한에 관한 새로운 정의를 내놓았음을 알아차렸다. 끝없음이라는 모호한 개념에 의존하지 않는 정의였다. 칸토어가 특성을 알아낸 바에 의하면 무한집합은 자신의 부분들 중 일부와 크기가 같은 집합이다. 달리 말해서, 무한집합은 자신의 일부 원소들을 잃어도 크기가 줄어들지 않는 집합이다.

---

* 수학에서 말하는 무한에는 두 종류가 있는데, 끝없는 진행 과정을 가리키는 잠재적 무한potential infinity과 하나의 실체로서 연산의 대상이 되는 실무한이 있다 – 옮긴이
** 이 책에서는 정수 중에서 자연수만 예로 든다 – 옮긴이

이제 칸토어는 혁신적인 질문 하나를 던질 수 있는 위치에 섰다. 모든 무한은 크기가 똑같을까, 아니면 어떤 무한은 다른 무한보다 더 클까?

정수의 무한보다 더 큰 무한을 찾기 위해 칸토어는 우선 분수들의 집합을 살폈다. 승산이 있어 보였는데, 왜냐하면 분수는 수직선에서 조밀하게 정렬해 있기 때문이다. 모든 두 정수 사이에는 무한히 많은 분수가 있으니까. (0과 1 사이에는 가령 1/2, 1/3, 1/4, 1/5 등이 있다.) 하지만 스스로 놀랍게도 칸토어는 정수를 분수와 일대일로 대응시키는 쉬운 방법을 찾아낼 수 있었다. 겉보기와 달리 이 두 무한은 알고 보니 크기가 똑같았다. 어쩌면 모든 무한집합이 무궁무진함이라는 성질 덕분에 크기가 똑같지 않을까 그는 생각했다. 하지만 곧이어 연속선 위에 점들이 표시되는 '실'수를 바라보았다. 실수도 정수와 일대일로 짝지을 수 있을까? 대각선 증명이라는 탁월하게 영리한 추론을 이용하여 칸토어는 답이 아니오임을 밝혀냈다. 달리 말해서, 적어도 두 가지의 상이한 무한집합, 즉 정수의 무한집합과 실수(연속체)의 무한집합이 있는데, 후자가 전자보다 더 크다는 사실을 밝혀낸 것이다.

하지만 여기서 끝일까? 무한의 더 큰 종류를 찾기 위해 칸토어는 고차원으로 눈을 돌렸다. 확실히 1차원 직선보다 2차원 평면에 더 많은 점이 있으리라고 보았다. 2년 동안 평면의 점이 직선의 점과 일대일로 짝지어질 수 없음을 증명하려고 애썼지만, 결국 1878년에 자신의 예상과 달리 그런 대응이 실제로 가능함을 알아냈다. 어떤 단순한 기법에 의해, 1인치 직선상에 포함된 점의 개수가 모든 공간에 포함된 점의 개수와 똑같음이 드러났다. "알지만 믿지는 못하겠네!"라고 칸토어는 한 동료에게 보낸 편지에 썼다.

크기도 차원도 더 높은 무한으로 가는 길이 아님이 밝혀지자, 더 이상의 탐구는 어려울 듯 보였다. 하지만 10년 이상 집중적인 연구를 한 끝에(신경쇠약으로 정신병원에 입원하는 바람에 중단되었지만), 칸토어는 강력한 새 원리를 발견하여 더 높은 무한으로 가는 발걸음을 다시 내디딜 수 있었다. 그 원리란 바로 어떤 무한집합보다 더 큰 무한집합이 무한히 존재한다는 것이다. 유한한 세계에서는 명백한 사실이다. 가령 세 개의 서로 다른 물체가 있으면, 그걸로 (공집합을 포함하여) 여덟 가지의 상이한 집합을 만들 수 있다. 칸토어의 천재성은 그런 원리를 무한의 영역으로 확장시켰다는 데 있다.

문제를 덜 추상적으로 만들도록, 우리가 무한히 많은 사람들로 이루어진 세상에서 산다고 가정하자. 이 세상에 존재할지 모르는 모든 가능한 클럽(사람들의 집합)을 고려하자. 가장 덜 독점적인 클럽 – 만인의 클럽 – 은 절대적으로 모든 이가 구성원인 클럽일 것이다. 가장 독점적인 클럽 – 빈 클럽 – 은 구성원이 한 명도 없는 곳일 테다. 이 두 극단 사이에 다른 클럽이 무한히 많이 존재하는데, 어떤 것은 구성원이 많고 어떤 것은 적다. 이 무한은 얼마나 클까? 클럽과 사람을 일대일로 대응시킬, 따라서 두 무한한 모음이 크기가 똑같음을 보일 방법이 있을까? 각각의 사람을 정확히 한 클럽과 대응시킬 수 있고, 그 반대도 가능하다고 가정하자. 일부 사람들은 공교롭게도 자신들과 짝지어진 클럽의 구성원일 것이다(가령 만인의 클럽과 짝지어진 사람). 또 어떤 이들은 자신과 짝지어진 클럽의 구성원이 아닐 텐데(가령 빈 클럽과 짝지어진 사람), 그런 사람들은 이른바 그루초 클럽Groucho Club이라는 집단을 이룬다. 그루초 클럽은 일종의 살롱 데 레퓨제*salon des refusés*, 즉 낙선자들의 작품 전시 공간인 셈으로서 구성원으로 속해 있지 않은 클럽과 짝지어진 모든 사람으로 구성된다. 따라서 빈 클럽과 짝지어진 사람 – 빈 클럽은 당연히 그 사람을 제외시킨다 – 은 적어도 그루초 클럽의 구성원이 된다는 위안을 얻는다.

이제 흥미로운 지점이 드러난다. 사람과 클럽의 짝짓기가 하나도 빠짐없이 완전히 이루어진다고 가정했으니, 그루초 클럽 자체와 짝지어진 사람이 반드시 있다. 그 사람을 우디라고 하자. 우디는 그루초 클럽의 구성원일까 아닐까? 일단 구성원이라고 하자. 그렇다면 정의상 우디는 자신이 짝지어진 클럽에서 제외되어야 한다. 따라서 우디는 그루초 클럽의 구성원이 *아니다*. 하지만 그가 그루초 클럽의 구성원이 아니라고 하면, 이 사람과 짝지어진 클럽은 그를 구성원으로 삼지 않으니까 결국 그는 그루초 클럽의 구성원*이다*. 이렇든 저렇든 모순이 생긴다. 어쩌다가 이런 막다른 골목에 다다른 것일까? 바로, 애초에 사람을 클럽에 일대일로 모두 대응시킬 수 있다고 가정했기 때문이다. 애초에 가정이 틀렸던 것이다. 즉 사물들의 집합의 무한은 사물들의 무한보다 더 크다.

칸토어의 정리라고 알려진 이 원리의 아름다움은 거듭거듭 적용될 수 있다는 데 있다. 임의의 무한집합에 대해, 그것의 '멱집합' – 그 집합으로 생성할 수 있는 모든 부분집합의 집합 – 을 구성하면 더 큰 무한이 언제나 나온다. 한 단순한 귀류법의 맨 꼭대기에서 칸토어는 무한의 끝없는 탑을 쌓았다. 이는 콜리지의 시 「쿠블라 칸Kubla Khan」처럼 꿈에서 받은 계시 같았다. 하지만 수학자들은 이 새로운 이론에서 그 주제를 확고한 토대 위에 올리는 데 필요한 자원을 찾아냈다. "누구도 칸토어가 창조해준 낙원에서 우리를 쫓아내지 못하리라." 위대한 (그리고 막강한 영향력을 가진) 다비트 힐베르트는 그렇게 선언했다. 하지만 다른 이들은 칸토어가 제시한 무한들의 무한을 '안개 속의 안개' 또는 '수학적 미친 짓'으로 치부했다. 칸토어는 이런 비판 때문에 괴로워하다가 정신 질환이 악화되었다(양극성장애를 앓았던 듯하다). 잦은 발작과 입원 사이에서 그는 무한의 신학적 의미를 궁리했고, 마찬가지의 열정으로 셰익스피어의 작품을 사실은 베이컨이 썼다는 주장을 펼쳐나갔다.

칸토어의 이론은 '실제 무한집합을 인간의 지성으로 이해하고 조작하고 정말로 *다*룰 수 있다는 직접적인 증거'를 구성한다고 월리스는 『모든 것과 그 이상』에서 썼다. 월리스가 보기에 이 업적이 매우 영웅적인 까닭은 무한의 경이로운 추상성 때문이다. '그것은 실제 경험에서 동떨어져 있다는 면에서 궁극의 경지'이자 '구체적 세계의 가장 보편적이고 억압적인 한 특성, 즉 모든 것은 끝나고 유한하며 소멸한다는 특성'의 부정이다. 월리스는 추상적 사고의 '두려움과 위험'에도 살아남았다. 2,000년 동안 무한의 개념은 사람의 정신에 해롭다고 여겨졌다. 비록 나중에 미치긴 했지만, 칸토어는 멀쩡히 무한을 길들이고 추론할 수 있음을 보여준 사람이었다.

추상적인 수학 개념을 쉽게 풀어 쓴다는 것은 그 자체로서 위험을 초래한다. 그런 시도의 한 가지 함정은 쓸데없이 유려한 문장이다. 미적분에 관한 널리 읽힌 어느 책에는 이런 구절이 나온다. "직교좌표계 평면이 이상한 거무스름한 침묵으로 덮여 있다." 영zero에 관한 책에서는 그 수를 '두려움의 비스듬한 빛 속의 그림자'라고 적고 있다. 또 한 가지 함정은 신비주의다. 월리스의 무한에 관한 책보다 몇 년 전에 나온 『무한의 신비The Mystery of the Aleph』에서 저자인 수학자 아미르 D. 악젤은 게오르크 칸토어를 '하느님의 비밀 정원'에 들어간 벌로 정신을 잃어버린 유대교 신비주의자(카발리스트)로 묘사하려고 한다. 루디 러커의 『무한과 마음Infinity and the Mind』은 대단한 수학적 깊이를 지닌 훌륭한 연구서이지만, 뜻밖에도 선불교로 넘어가버렸다. 한편 1977년에 사망한 헝가리의 논리학자 페테르 로자Péter Rózsa가 쓴 『무한과 놀기Playing with Infinity』라는 작은 고전은 실없는 소리는 전혀 없이 매력과 명료성을 둘 다 성취했다. 하지만 과실이 무엇이든 간에 이런 대중 과학서들은 고생스러운 노력을 통해 전부 추상적 개념을 초보자에게도 명확하게, 심지어 아름답게 보이도록 만들었다. 단순화시키고 삭제하여 진정한 이해로 가는 첫 번째 근사近似를 내놓았다.

이와 반대로 월리스의 노력은 대중화라고 보기는 어렵다. 월리스 자신이 독자에게 분명히 밝히기를, 그 책은 '대중적인 전문서'이며 자신의 수학 지식은 고등학교 수준을 그다지 넘지 않는다고 주장했다. 하지만 흔히 하는 타협은 거부했다. 『모든 것과 그 이상』은 때로 수학 교재처럼 내용이 치밀하지만, 오히려 더 혼란스럽다. 무한에 관한 대중서적 – 특히 '간결'하게 쓰고자 한 책 – 중에 전문적인 내용이 그처럼 빽빽한 책을 나는 본 적이 없다. (월리스가 '소책자'라고 부르는 것이 사실은 300쪽 이상이다. 하지만 그의 책은 한계가 있고 닫을 수 있다는 점에서 전문적인 수학자가 보기에 '간결compact'하다.) 월리스의 동기는 존경할 만했다. 그는 '칸토어의 증명을 매우 얇게, 그리고 환원적으로 설명하여…… 수학이 왜곡되고 아름다움이 흐려지는 최근의 일부 대중 서적들'을 뛰어넘고자 결심했다. 하지만 내용에 대한 저자의 이해가 확실함에 미치지 못할 때는, 마술사의 카드처럼 방정식과 전문용어를 휙휙 내보이면서 멋진 모습을 연출하느라 명료성을 희생시키고 있다. 월리스는 독자들 – 아마도 무한의 수학 초심자들 – 로 하여금 단지 '상징학'을 '탐닉'하게 만들었다. 게다가 일부 용어 – 가령 '도달 불가능한 서수'와 '초한귀납' – 가 "뭘 가리키는지 확실히 몰라도 재미있다"고 독자들에게 말했다. 또한 수학 교재의 시각적 표현에 대한 미학적 애착 때문에 머리글자와 축약어['with respect to(~에 관하여)'는 'w/r/t'로, 'Galileo(갈릴레오)'는 'G. G.'로, 'Divine Brotherhood of Pythagoras(피타고라스의 신성한 형제단)'는 'D. B. P.'로 적었다]를 남발했다. 이런 성향은 월리스의 소설 작품에서도 자주 나타나는 특징이다.

그렇긴 해도 무한 이론에 관한 윌리스의 열정은 매 쪽마다 여실히 드러난다(특히 칸토어가 '19세기의 가장 중요한 수학자'라는 확신이 한 예인데, 이 견해에 동의하는 수학자나 역사학자는 별로 없다). 그리고 그가 가끔씩 자신의 능력을 넘어선 듯 버거워한다면, 그것은 그가 가장 깊은 물을 지나가기로 마음먹었기 때문이다. 문제는 독자들이 따라갈 수 있느냐는 것이다.

엄밀함이 아니라 어려움을 찬양하는 책은 아마도 수학적 통찰을 추구하는 독자들을 위한 것이 아니다. 결국 윌리스가 내놓은 것은 순전히 문학적인 경험이다. 그런 경험의 속성에 관해서는, 루트비히 비트겐슈타인이 칸토어의 위대한 업적을 평한 말에서 단서를 찾을 수 있을지 모른다. 어떤 무한이 다른 무한보다 더 크다는 것을 알아내서 얻은 흥분은, 비트겐슈타인에 의하면 그저 '학생들의 기쁨'일 뿐이다. 그 이론에는 경이로운 점이 없다. 좀처럼 떠올릴 수 없는, 시간과 무관한 초월적인 실체들의 세계를 기술하고 있지 못하며, 단지 추론의 (유한한) 기법들의 모음에 지나지 않는다. 비트겐슈타인의 말에 의하면 누군가는 무한집합의 이론이 '수학의 패러디로서 풍자가에 의해 창조되었다'고 상상할지 모른다. 풍자의 재능이 초월적인 수준이었던 윌리스는 어쨌거나 대단한 무언가 – 대중적 전문서에 대한 교활한 조롱 – 를 이루었는지 모른다. '수학의 패러디'라는 표현은 칸토어의 연구에 관한 설명으로는 확실히 불공정하다. 하지만 윌리스의 책에 대한 설명으로는 찬사인지 모른다.

무한 숭배

왜 러시아인에게는 있고 프랑스인에게는 없는가

수학과 신비주의는 함께 간다. 고등수학은 피타고라스학파가 발명했는데, 이 신비주의자의 교리에는 영혼의 환생과 콩 먹기의 죄악성이 들어 있었다. 오늘날에도 수학에는 신비주의가 살짝 깃들어 있다. 많은 수학자들, 심지어 매우 저명한 수학자들도 완벽한 수학적 실체의 영역 – 일종의 플라톤적 하늘나라 – 이 남루한 실증적 세계 위에 떠 있다는 믿음을 공공연히 드러낸다.

그런 플라톤주의자들 중에 알랭 콘이 있다. 콜레주 드 프랑스에서 해석학과 기하학 교수직을 맡고 있는 사람이다. 20여 년 전 신경생물학자 장 피에르 샹죄와의 대화에서 콘은 "인간의 마음과는 무관하게 본연의 불변하는 수학적 실재가 존재한다"고 말하면서 그 수학적 실재는 "우리를 둘러싼 물리적 실재보다 훨씬 더 영원하다"는 확신을 천명했다. 또 한 명의 노골적인 플라톤주의자로 로저 펜로즈 경을 들 수 있다. 옥스퍼드 대학 수학과의 라우스 볼Rouse Ball 석좌교수인 펜로즈는 자연계는 영원한 수학적 형태의 플라톤적 영역의 '그림자'일 뿐이라고 주장한다.

수학에 대한 이런 별세계적 견해의 근거는 플라톤 자신이 『국가』에서 처음 제시했다. 그의 말에 따르면 기하학자들은 완벽하게 둥근 원과 완벽하게 곧은 직선을 이야기하는데, 그런 것들은 감각 세계에서 찾을 수 없다. 수 또한 마찬가지인데, 왜냐하면 수는 완전하게 동일한 단위로 구성되어야 하기 때문이다. 플라톤이 내린 결론에 따르면 수학자들이 연구하는 대상은 다른 세계, 즉 변하지 않고 초월적인 세계에 존재해야 한다.

수학에 관한 플라톤적 관점은 그럴듯하지만, 한 가지 의문이 든다. 어떻게 수학자들은 그런 초월적 영역과 소통한단 말인가? 수학적 대상이 공간과 시간의 세계를 훌쩍 뛰어넘어 존재한다면, 어떻게 그들은 수학적 대상의 지식을 얻는단 말인가? 현시대의 플라톤주의자들은 이런 질문을 대할 때면 손을 내저으며 얼버무리려는 경향이 있다. 하지만 콘은 '특수한 감각', 즉 '시각, 청각 또는 촉각으로 환원될 수 없는' 감각 덕분에 수학적 실재를 지각할 수 있다고 맞선다. 펜로즈는 인간의 의식이 어떻게든 플라톤적 세계로 "뚫고 넘어간다"고 단언한다. 20세기 플라톤주의자들 중 가장 독실한 편인 쿠르트 괴델은 "감각 경험과 동떨어져 있음에도 불구하고 우리는 수학적 대상에 관한 지각 비슷한 것을 한다"고 쓴 뒤 "감각 지각보다 이런 종류의 지각, 즉 수학적 직관을 덜 확신해야 할 이유를 모르겠다"고 덧붙였다.

하지만 수학자들도 나머지 사람들과 마찬가지로 뇌로 사고한다. 뇌와 같은 신체기관이 어떻게 비물질적 실재와 접촉할 수 있는지는 아리송하다. 철학자 힐러리 퍼트넘은 이렇게 주장했다. "우리는 '수학적 대상의 지각'에 대응할 수 있는 어떠한 신경전달 과정도 떠올려볼 수 없다."

이 난제에서 벗어나는 한 가지 방법은 플라톤을 버리고 아리스토텔레스에게로 귀의하는 것이다. 우리 세계에서 완벽한 수학적 실체는 없을지 모르지만 불완전한 근사는 흘러넘친다. 조잡한 원과 직선을 칠판에 그릴 수 있다. 똑같은 사과가 아닌데도 두 사과에다 세 사과를 더하면 다섯 개의 사과가 나온다. 일상적으로 지각할 수 있는 것들을 경험한 데서부터 추상화하여 우리는 기본적인 수학적 직관에 도달한다. 이어서 논리적 연역이 나머지 일을 한다.

아리스토텔레스가 수학을 보는 관점인데, 상식에 꽤 부합한다. 하지만 이런 관점이 다룰 수 없는 한 가지 추정상의 수학적 대상이 있다. 바로 무한이다. 우리는 무한을 경험하지 못한다. 무한과 *비슷한* 것조차 경험하지 못한다. 사실 우리는 수가 무한정으로 이어진다는 것을 안다. 아무리 큰 수를 생각하더라도, 거기에 1을 더하면 더 큰 수가 언제나 나오기 때문이다. 그리고 우리는 공간이나 시간을 한정 없이 늘일 수 있다고 생각한다. 하지만 이런 단지 '잠재적인' 무한과 반대되는 '실'무한은 자연계에서 우리가 결코 만난 적이 없는 어떤 것이다.

무한이라는 개념은 오랫동안 공포까지는 아니더라도 의심의 눈길을 받아왔다. 제논의 역설은 만약 공간이 무한소의 구간으로 무한정 나누어질 수 있다면 운동은 아예 불가능하다는 점을 밝혀낸 것처럼 보였다. 아퀴나스는 무한한 수가 본질적으로 모순이라고 주장하면서, 수는 세어서 생기는데 무제한의 모음은 셀 수 없다는 근거를 들었다. 갈릴레오는 무한은 부분이 전체보다 작아야 한다는 원리에 어긋나는 듯하다고 주장했다. 무한에 대한 사색은 신학자들에게 맡겨졌는데, 그들은 무한을 신성과 동일시했다. 파스칼에게 무한은 '이해할 것이 아니라 감탄해야 할 것'이었다. 그가 쓴 『팡세』 72번째 글은 무한에 바치는 산문시다. 한참 지나서 1831년에 가우스는 이렇게 못박았다. "무한한 양을 실제의 실체로 사용하는 것은…… 수학에서 허용되지 않는다."

하지만 수학자들은 무한 없이 지낼 수 없다는 것이 이윽고 명백해졌다. 심지어 수학의 '응용' 부분 – 뉴턴과 라이프니츠의 미적분 발견으로 인해 생겨난 수리물리학 – 조차도 그 토대에 영구적인 결함이 있었는데, 무한집합이 포함되어 있는 엄밀한 집합론만이 그 결함을 해결할 수 있었다. 그러던 중에 19세기 후반이 되어서야 러시아 출신의 독일 수학자 게오르크 칸토어가 필요한 이론을 내놓았다. 칸토어는 스스로 무한을 규명하겠다고 나선 게 아니었다. 오히려 칸토어가 느끼기에 그 개념은 "거의 내 의지에 반해서 논리적으로 나에게 강요된 것이었다".

칸토어가 무한집합 이론을 개발하게 된 계기는 '진동하는 현'이라는 아늑한 느낌의 문제 때문이었다. 20년간의 지적인 노력을 기울인 후 내놓은 결과는 아늑함과 거리가 멀었다. 더 높은 무한들의 연쇄, 즉 무한들의 무한한 위계가 그가 절대라고 명명한 미지의 종착지를 향해 올라가는 구도였다. 칸토어에게 이것은 신이 알려준 계시처럼 보였고, 이 계시를 세상에 전하는 자신을 (칸토어의 전기 작가 조지프 다우벤Joseph Dauben의 표현에 의하면) '하느님의 친선 대사'라고 여겼다. 칸토어의 새 이론이 발표되자 엇갈린 반응들이 나왔다. 한때 은사였던 레오폴드 크로네커는 '눈속임'이네, '수학적인 미친 짓'이네 하면서 매도한 반면 다비트 힐베르트는 "누구도 칸토어가 창조해준 낙원에서 우리를 쫓아내지 못하리라"고 치켜세웠다. 버트런드 러셀은 자서전에서 자신이 '(칸토어의) 모든 주장이 틀렸다고 잘못 짐작했다가', 나중에야 '그 오류들이 전부 내 것'임을 깨달았다고 회상했다.

어떤 경우에는 칸토어의 이론에 대한 반응이 민족적 색채를 띠었다. 프랑스 수학자들은 전반적으로 그 이론의 형이상학적 분위기를 경계했다. 앙리 푸앵카레(당시 가장 위대한 수학자가 누구인가에 대한 국가 간의 경쟁에서 독일 수학자 힐베르트의 맞수였던 프랑스 수학자)는 더 높은 무한이라는 개념은 "물질 없는 형태의 낌새가 있으며 프랑스 정신에 반한다"고 주장했다. 반면에 러시아 수학자들은 새로 드러난 무한의 위계질서를 격정적으로 껴안았다.

프랑스인과 러시아인의 반응은 왜 대조적일까? 일부 논자들은 프랑스의 합리주의와 러시아인의 신비주의 사이의 차이 때문이라고 본다. 이런 설명은 가령 로렌 그레이엄Loren Graham과 장 미셸 칸토르Jean-Michel Kantor의 공저『무한에 이름 붙이기Naming Infinity』(2009년)에 나온다. 로렌은 MIT에서 은퇴한 미국의 과학사가이고, 장 미셸은 파리에 있는 쥐시외 수학연구소Institut de Mathématiques de Jussieu의 수학자다. 두 사람의 주장에 따르면 프랑스 수학계의 지적인 분위기는 명료성과 구별성이 진리를 보증한다고 여긴 데카르트, 그리고 과학에서 형이상학적 추측이 배제되어야 한다고 주장한 오귀스트 콩트가 지배해왔다. 끝없는 무한의 위계질서라는 칸토어의 구도는 둘 다에 어긋나는 듯했다.

반대로 러시아인들은 칸토어 이론의 영적인 기운에 달아올랐다. 사실 20세기 러시아 수학계의 가장 영향력 있는 학파의 시조들이 '이름 숭배자들Name Worshippers'이라는 이단 종파의 신봉자였다. 이 교단의 신도들은 하느님의 이름을 거듭 찬송하면 신과의 합일을 이룰 수 있다고 믿었다. 팔레스타인 사막에 살던 4세기의 기독교 은둔자들로 거슬러 올라가는 '이름 숭배'는 일라리온Ilarion이라는 러시아 승려에 의해 부활했다. 1907년 일라리온은『카프카스 산맥에서』라는 책을 냈다. 이 책에는 그가 그리스도와 하느님의 이름을 거듭거듭 찬송하여 마침내 심장 박동과 호흡이 그 단어들과 리듬이 맞아졌을 때 느낀 황홀한 경험이 소개되어 있다.

러시아정교회의 주교단이 보기에, 이름 숭배자들은 하느님을 그 이름과 동일시하는 이단이었기에 차르 정권은 이름 숭배자들을 짓밟았다(한번은 러시아 해병대를 보내어 반체제적인 이름 숭배 승려가 가득한 에게 해의 아토스 산 정상에 있는 수도원을 초토화시켰다). 하지만 그 종파의 수학적 추종자들에게 이름 숭배는 무한, 그리고 무한이 거주하는 플라톤적 천상계로 가는 특별한 길을 열어주는 듯했다. 그래서 러시아 수학자들은 대담하게도 수학을 연구할 때 무한을 마음껏 이용했다. "프랑스인들이 합리주의에 속박되어 있던 반면에 러시아인들은 신비주의적 신앙에 의해 고무되었다"고 그레이엄과 칸토르는 선언한다.

여기서 두 가지 질문이 제기된다. 첫째, 이름 숭배 신비주의가 정말로 러시아인들을 수학적으로 북돋워주었는가? 그레이엄과 칸토르는 그렇다고 확신하면서 "종교적 이단성이 현대 수학의 새 분야의 탄생에 산파 역할을 톡톡히 했다"고 주장했다. 여기서 두 번째 질문이 뒤따른다. 신비주의가 수학적 지식의 획득, 특히 무한에 관한 지식의 획득에 참된 역할을 할 수 있는가? 여기서 저자들은 세속주의자답게 그다지 확신하지 않는다. "우리는 신비적 영감보다 합리적 사고를 더 신뢰한다"고 그들은 말한다. 하지만 러시아인에게 아마도 뒤처졌던 프랑스 수학자들에게도 똑같은 말을 할 수 있다. 수학에서 신비주의가 적어도 일말의 실용적 진리를 갖고 있다는 – 즉 신비주의가 통한다는 – 인상이 프랑스에 남아 있기 때문이다.

19세기가 끝나갈 무렵 수학자들이 끌어안고 있던 개념적인 문제들을 살펴보자. 칸토어가 무한을 연구하기 시작했을 때, 미적분 – 오랫동안 물리계를 이해하기 위해 활용된 가장 중요한 수학 분야 – 의 근본적인 개념들은 여전히 수렁에 빠져 있었다. 본질적으로 미적분은 곡선을 다룬다. 미적분의 두 가지 기본적인 역할은 특정한 점에서 곡선의 방향('도함수')을 찾는 일과, 곡선으로 둘러싸인 면적('적분')을 찾는 일이다. 곡선은 수학적으로 '함수'에 의해 표현된다. 사인파와 같은 어떤 함수들은 매끈하기에, 연속적인 함수이다. 하지만 끊김과 도약, 즉 불연속이 가득한 함수들도 있다. 함수가 얼마만큼 불연속적이어야 미적분으로 다룰 수 있을까? 칸토어와 동시대에 살았던 수학자들은 이 중대한 질문을 붙들고 씨름하고 있었다.

이 질문을 풀 열쇠는 집합이라는 개념임이 입증되었다. 함수가 불연속적인 도약을 하는 모든 점의 집합을 살펴보자. 이 불연속점의 집합이 더 크고 더 복잡할수록 함수는 더 심하게 '병적'이다. 따라서 칸토어의 관심은 점의 집합에 쏠렸다. 그런 집합의 크기를 어떻게 해야 잴 수 있을까? 이 질문의 답을 찾는 과정에서 칸토어는 각각의 크기로 구별되는 무한들의 전체 위계를 정의할 이론을 개발하게 되었다.*

칸토어의 집합론, 그리고 '작은' 무한과 '큰' 무한의 구별은 미적분을 떠받치고 미적분의 기본 개념들을 확장하는 데 필요한 내용을 마련해주었다. 프랑스 수학자 3인조가 그 작업에 앞장섰다. 수학자 에밀 보렐은 에콜 노르말 쉬페리외르의 교수였는데, 언론인(《레뷰 뒤 무아》의 발행인)이기도 했고 내각의 장관도 맡았으며 파리 사교계의 붙박이 인물이었고 결국에는 레지스탕스로 활약하다가 게슈타포에 체포되기도 했다. 그는 두 제자 앙리 르베그Henri Lebesgue, 르네 베르René Baire와 함께 미적분의 기초에 관한 가장 당혹스러운 몇 가지 문제를 해결했다. 보렐은 척도 이론이라는 것을 개발하기 시작했는데, 이는 훗날 확률 연구의 기반이 되었다. 베르는 연속성 및 이 성질과 도함수의 관계를 깊이 파헤쳤다. 그리고 르베그는 적분에서 가장 성가신 결점들을 제거하여, 적분

---

* 칸토어 이론의 자세한 내용은 이 책의 187~191쪽을 참조하기 바란다.

에 관한 멋진 새 이론을 내놓았다.

이 굉장한 성과들은 전부 칸토어의 연구를 토대로 나왔는데도 프랑스 3인조는 그것에 대해 의구심을 품었다. 이와 관련하여 버트런드 러셀 등의 수학자들이 역설을 발견했던지라, 그들은 새로운 집합론이 논리적으로 오류가 있을지 모른다고 우려했다. 특히 선택공리라는 새로운 가정이 의심스러웠다. 그 공리는 1904년에 독일 수학자 에른스트 체르멜로가 칸토어 이론을 확장시키려고 도입한 것이었다. 선택공리에 의하면 어떤 집합은 설령 그걸 내놓을 방법이 없는데도 존재한다. 가령 무한한 개수의 양말 켤레로 이루어진 한 집합에서부터 시작하자. 이제 각각의 켤레에서 하나의 양말만으로 구성된 새 집합을 정의하고 싶다고 하자. 켤레의 두 양말은 동일하기 때문에, 그렇게 할 규칙은 없다. 그런데도 선택공리는 그런 집합이 (설령 무한한 개수의 임의적인 선택들을 표현하더라도) 존재함을 보증해준다.

결국 프랑스 3인조는 선택공리를 거부했으며 – "그런 추론은 수학이라고 할 수 없다"고 보렐은 일축했다 – 더불어 더 높은 무한들을 이용하는 것도 거부했다. 지적인 소심함에서 나온 짓일까? 『무한에 이름 붙이기』의 저자들은 그렇다고 여긴다. 프랑스 3인조는 '겁에 질렸고', '지적인 심연에 맞닥뜨리자 더 나아가지 않고 멈춰버렸다'. 거리낌 때문에 멈춰버린 부작용 탓인지, 그들은 수학뿐만 아니라 내면에도 피해를 입었다. 보렐은 집합론의 추상성에서 발을 빼고 더 확실한 근거가 있는 확률론으로 눈을 돌렸다. 보렐은 프랑스어로 "Je vais pantoufler dans les probabilités(확률론을 데리고 놀 테야)"라고 앙증맞게 말했다. 'pantoufler'는 직역하면 '슬리퍼를 신고 놀러 다니다'라는 뜻이다. 르베그는 '좌절'한 나머지 '약간 삐딱해'졌다. 베르는 몸도 마음도 늘 예민했던 터라 결국 고독 속에서 자살로 생을 마감했다.

한편 이들의 맞수인 러시아 3인조는 집합론의 형이상학적 측면을 환영했다. 러시아 3인조의 연장자인 드미트리 예고로프는 매우 종교적인 사람이었다. 제자인 파벨 플로렌스키 또한 사제 교육을 받은 수학자였다. (볼셰비키 혁명이 일어난 지 몇 년 후, 과학 회의에서 사제 복장으로 강연하는 플로렌스키의 모습을 보고서 한 트로츠키당원은 못 믿겠다는 표정을 지으며 "저 사람 누구야?"라고 외쳤다.) 플로렌스키는 예고로프의 또 다른 제자 니콜라이 루진Nikolai Luzin의 영적 스승이 되었다. 예고로프와 플로렌스키 모두 이름 숭배 교단의 지하 세포조직의 일원이었다. 그 교단은 시골의 수도원에서 모스크바의 지식인들에게로 퍼져나갔으며, 루진은 실제 신도까진 아니었더라도 그 교리에 영향을 받았다.

이 러시아 3인조는 모두 이름 숭배를 수학에 들여왔다. 이름을 부름으로써 보통의 수학적 수단으로 정의할 수 없는 무한집합과 소통할 수 있다고 믿는 듯했다. "정의를 내리지도 않고서 한 수학적 대상의 존재를 확신할 수 있는가?"라고 르베그는 못 미덥다는 듯이 물었다. 플로렌스키에게 그건 이런 질문과 비슷했다. "정의도 내리지 않고서 하느님의 존재를 확신한다는 것이 가능한가?" 당연히 가능하다고 그 러시아인들은 여겼다. 하느님의 이름 자체가, 거듭해서 부르게 되면, 하느님의 존재를 확신하게 해주었다. (정말이지 이름 숭배자들의 비공식 슬로건은 '하느님의 이름이 바로 하느님이다'였다.) 러시아 3인조는 이름 부르기만으로 새로운 수학적 실체들을 존재하게 만들 수 있다고 확신했다.

이름이 어떻게 그런 마법과도 같은 힘을 갖는지는 상상하기 어렵다. 현대철학에서는 이름의 작동 방식을 둘러싸고 두 가지 이론이 경쟁하고 있다. '기술주의descriptivism' 이론(독일의 논리학자 고틀로프 프레게Gottlob Frege

가 처음 내놓은 이론)에 따르면 이름은 연관된 내용을 기술하는 것이다. 가령 우리가 호메로스라는 이름을 사용한다면, 우리는 '『일리아드』와 『오디세이』의 저자'라는 기술을 만족하는 사람은 누구든 가리키는 셈이다. 더욱 최근에 나온, 이름에 관한 '인과적causal' 이론(특히 미국의 철학자 솔 크립키Saul Kripke가 지지하는 이론)에 따르면 이름은 자신과 연관된 기술적 의미를 갖는다. 대신에 이름은 최초의 세례 행위로까지 시간과 공간을 거슬러 오르는 의사소통의 연쇄적 고리에 의해 그 소유자에게 결부되어 있다. 이름은, 한 이론에 의하면 의미론적 접착제에 의해 소유자에게 붙어 있고, 다른 이론에 의하면 인과적 접착제에 의해 소유자에게 붙어 있다고 하겠다.

두 이론 중 어느 것이 '수학적 대상에 이름 붙이기'에 통할까? 인과적 이론이 아님은 명백하다. 수학자가 무한과 인과적으로 접촉할 방법은 없다. 여러분은 한 무한집합에 손가락을 대고서 '그대를 A라고 명하노라'라고 말할 수 없다. 왜냐하면 그런 집합은 설령 존재하더라도 시공간적 세계의 일부가 아니기 때문이다. 무한집합에 이름을 붙일 유일한 방법은, 이름에 관한 기술주의 이론이 상정하듯이, 이름을 고유하게 만족시키는 수학적 기술을 내놓는 것뿐이다. 따라서 어떤 무한집합을 다음과 같이 명명할 수 있다. 'A를 제곱했을 때 2보다 적은 모든 유리수의 집합이라고 하자.' 여기서 물론 이름은 단지 편의를 위한 축약어일 뿐이다. 실제로 지칭하는 일을 하는 것은 정의다. 정의가 없으면 그 정의가 기술하는 집합의 존재를 주장할 방법이 없다.

프랑스 3인조가 바로 그 점을 깨달았다. "정의하기란 언제나 정의되는 대상의 특징에 이름을 붙이는 일이다"라고 르베그는 썼다. 무언가를 *정의하기*란 그 무언가를 다른 것과 구별하는 특징을 든다는 뜻이다. 그리고 바로 이런 종류의 정의를 따르지 않아도 된다고 선택공리가 - 프랑스 3인조가 보기에는 위험하게도 - 허용해버렸다.

정말로 신비주의적인 러시아인들이 무한을 남발하는 바람에 신중한 프랑스인들은 무한에 관한 연구 성과를 거부하게 되었을까? 『무한에 이름 붙이기』의 저자들은 그렇다고 주장하는데, 하지만 조금은 과장이다. 어쨌거나 미적분의 논리적 발전에서 화려한 마지막 장을 쓴 이들은 프랑스 3인조였다. 현직 수학자라면 누구든 '보렐 대수', '베르의 범주 정리', 그리고 무엇보다도 '르베그 적분'에 대단히 친숙하다. 책의 마지막 장에 러시아인들은 고작 주석 몇 가지를 달았을 뿐이다. (함수의 무한수열에 관한 예고로프의 가장 유명한 정리조차도 본질적으로 보렐과 르베그가 내놓은 결과의 재발견일 뿐이다.) 루진이 실수 직선의 복잡한 부분집합들을 기술하기 위해 칸토어의 더 높은 무한들을 이용하는 집합론의 한 분야인 '기술적 집합론descriptive set theory'을 내놓는 데 일조한 것은 사실이다. 하지만 그런 성과를 '현대 수학의 새로운 한 분야'라고 부르는 것은, 『무한에 이름 붙이기』의 저자들이 말하듯이, 중요성을 대단히 부풀리는 짓이다.

예고로프와 루진의 진정한 업적은 모스크바를 수학의 지도 위에 올려둔 것이다. 이들을 중심으로 1920년대 초반에 결성된 모스크바 대학의 젊은 수학자 집단은 루진을 기려서 그 모임을 루시타니아Lusitania라고 명명했다. 한 루시타니아 회원은 "주 - 루진 교수 - 께서 / 연구의 길을 보여주시도다!"라고 시를 지어 읊었다. 수학적 창의성이 기근과 내란의 한가운데서 꽃피었다. 세미나가 연료 부족으로 살을 에는 추위 속에서 열렸지만, 학생들은 수학과 건물 내부에 아이스링크를 만들어 추위에 맞섰다. 학생들은 '천장의 채광창 아래 중앙 계단 주위로 얼음을 지치면서 노래를 불렀다'고 한다.

소련 초기 시대에 당국은 수학자들을 대체로 내버려두었다고 한다. 수학 연구가 대체로 추상적인 성격이기 때문이었다. 예고로프와 루진은 강의에 종교를 언급하지 않았고, 다만 수학적 세계의 '불가사의한 아름다움', 그리고 수학적 대상에 이름 부여하기의 중요성만 넌지시 알렸다고 한다. 하지만 비교적 너그러웠던 분위기는 스탈린이 권력을 잡으면서 끝이 났다. 예고로프는 '종교적 믿음을 신봉하고 학생들에게 위험한 영향력을 행사하는 반동분자이자 수학을 신비주의와 뒤섞은 인물'이라고 고발을 당했다. 고발한 사람은 에른스트 콜만Ernst Kol'man이었다. 짓궂고 사악한 마르크스주의 수학자로, '검은 천사'라는 별명을 가진 인물이었다. 예고로프와 플로렌스키는 다른 이름 숭배자들과 함께 마침내 체포되었다. 예고로프는 1931년 감옥에서 굶어 죽었는데, 마지막 말은 이랬다고 한다. "저를 구원하소서, 오 하느님, 당신의 이름으로!" 플로렌스키는 고문을 당한 뒤 북극지방의 수용소로 이송되어 아마도 1937년에 처형되었던 듯하다. 루진도 콜만의 표적이 되었는데, 콜만은 평소에 이상한 방식으로 루진과 어긋나는 난해한 수학적 주장들을 펼쳤다. 하지만 루진은 든든한 조력자들이 있었는데, 그중 한 명이 스탈린에게 탄원하면서 뉴턴도 '종교적인 미치광이'였노라고 설득했다. 굴욕적인 재판을 치른 후 – 여러 죄목 중에서 특히 연구 결과를 외국 학술지에 실었다는 죄목으로 기소되었다 – 루진은 겨우 목숨을 건졌다.

루진의 이전 학생 여럿도 스승에게 반기를 들었는데, 그들 중에 파벨 알렉산드로프와 안드레이 콜모고로프가 있었다. 이 두 학생은 나중에 스승보다 더 빛나는 인물이 되었는데, 특히 오늘날 콜모고로프는 20세기의 가장 위대한 수학자 여섯 명 중 한 명으로 평가된다. 콜모고로프와 알렉산드로프는 오랫동안 게이 연인이었다. 둘이 제일 좋아한 일은 먼 거리를 헤엄친 후에 발가벗고 함께 수학을 논하는 것이었다.

둘이 스승 루진에게 보인 적대감은 이데올로기보다는 직업적 경쟁의
식과 사적인 마찰 때문이었던 듯하다. 한번은 루진이 러시아 과학아카
데미에서 남색과 고등수학에 관한 교묘한(그리고 번역이 불가능한) 언어유희
를 해서 콜모고로프에게 모욕감을 주었고, 이에 콜모고로프는 스승의
얼굴을 주먹으로 갈겼다.

모스크바 수학파는 신비주의에 기운 창립자들이 쇠퇴한 후에도 오
랫동안 번영을 누렸다. 전후 시대에도 오직 파리만 수학 인재들의 중심
지인 러시아 수도에 맞설 수 있었다. 하지만 이름 숭배자들이 우러른
더 높은 무한들은 더 이상 중요하게 취급되지 않았으며, 루진이 좋아했
던 정교한 집합론도 콜모고로프와 알렉산드로프의 더욱 주류에 가까
운 방법이 등장하면서 밀려났다. 한때 논쟁을 몰고 온 선택공리에 대해
서도, 쿠르트 괴델이 1938년에 그 공리가 일반적으로 인정된 집합론의
다른 공리들과 논리적으로 일치함을 증명하자 신비주의적 근거를 끌
어댈 필요가 없어졌다. 그 공리를 사용한다고 해서 해로운 모순이 생기
지 않게 되었으므로 수학자들은 이제 그걸 마음껏 도입해도 무방했다.
그 공리가 무한집합의 플라톤적 세계를 정말로 기술하느냐의 여부를
수학자들은 신경 쓰지 않아도 되었던 것이다.

수학의 탈신비주의화에 대한 단서가 여기서 나온다. 그 분야가 신
비주의적 기미를 띤 까닭은 다루는 대상들의 속성 때문이다. 식물학이
나 화학의 연구 대상이 물리계의 일부인 데 반해 수학의 대상은 일반적
인 지식의 종류로는 접근할 수 없는 초월적 세계에 속한다고 여겨진다.
하지만 그런 초월적 대상이 존재하지 않는다고 가정하자. 그렇다면 수
학은 신 없는 신학처럼 되지 않을까? (철학적 명목주의자들이 주장하
듯이) 꾸민 이야기, 즉 굉장히 복잡한 동화가 되지 않을까?

어떤 면에서 보자면, 맞는 말이다. 기술할 실제의 수학적 실재가 존

재하지 않는다면, 수학자들은 마음껏 이야기를 지어내도 된다. 그러니까, 상상할 수 있는 무슨 가상적 실재든 마음껏 탐구할 수 있다. 칸토어도 이렇게 선언했다. "수학의 본질은 자유다." 이런 구도에서 보자면, 수학자들의 연구는 만약-그렇다면if-then 형식의 주장들로 구성된다. 가령 이런 식이다. 만약 이러이러한 구조가 어떤 공리들을 만족한다면, 그렇다면 그 구조는 반드시 어떤 추가적인 조건들을 만족해야 한다. (이러한 만약-그렇다면 수학관은 특히 버트런드 러셀과 힐러리 퍼트넘이 한때 고수했다.) 이런 공리들 중 일부는 물리계에서 유사성을 갖는 가상적인 구조들을 기술할지 모르며, 이때에는 유용한 '응용'수학의 역할을 한다. 다른 공리들은 물리계를 이해하는 것과 무관할지 모르지만, 그래도 수학 내부에서는 유용하다. 가령 선택공리는 응용수학에서 필요하지 않지만, 대다수의 수학자는 위상수학 같은 더욱 꾸민 이야기인 듯한 수학 영역을 간소화해주기 때문에 선택공리를 채택한다.

수학자의 스토리텔링에는 (종신 교수직을 얻을 필요성 외에) 오직 한 가지 제약만 있는데, 바로 일관성이다. 공리들의 모음이 일관성을 유지하기만 하면, 그 모음은 어떤 구조를 기술한다. 하지만 공리들이 일관성이 없다고 밝혀지면, 즉 모순을 내놓으면 아무런 구조도 기술할 수 없으며, 따라서 수학자의 시간만 낭비하게 된다.

수학을 초월적 대상에 관한 과학이라기보다는 추론의 한 양식이라고 보는 관점도 있다. 이 관점은 현직 수학자가 연구를 지속하기에는 너무 냉철한 구도일까? "피타고라스부터 지금까지 수학의 역사에서 합리주의와 신비주의의 요소들이 부침하는 기간이 있었다"고 『무한에 이름 붙이기』의 저자들은 주장한다. 오늘날 플라톤적 수학적 실재라는 낭만은 여전히 생생하게 살아 있는데, 이는 앞서 언급한 알랭 콘과 로저 펜로즈의 발언에서도 여실히 드러난다.

그런데 알렉산더 그로텐디크라는 더욱 고전적인 인물도 있다. 1960년대 파리에서 연구하면서 (아우슈비츠에서 죽은 러시아 무정부주의자의 아들인) 그로텐디크는 수학에 혁명을 일으킨 새로운 추상적 체계를 창조하여 수학자들이 이전에는 표현할 수 없던 개념을 표현할 수 있게 해주었다. 그로텐디크의 접근법은 신비주의적 경향이 강했다. 방대한 자전적 저술에서 그는 '환영'과 '전령의 꿈'이 관여하는 창조적인 과정을 설명했다. 『무한에 이름 붙이기』 저자들의 말에 의하면 러시아의 이름 숭배자들처럼 그도 이름 부르기를 '이해하기도 전에 대상을 파악하는 방법'이라고 여겼다.

그로텐디크는 수학에서 신비주의의 실용적 기능을 대변해주는 인물로 칭송받을지 모른다. 2014년 피레네 산맥에서 은둔자로 살다가 죽었는데, 몇 안 되는 방문객에 따르면 생의 마지막 몇십 년을 "악마가 신성한 조화를 파괴하며 전 세계 어디에서나 활약한다는 생각에 사로잡혀 있었다"고 한다.

무한소라는 위험한 발상

사람들이 '무한'을 이야기할 때, 보통은 무한하게 큰 것을 의미한다. 가늠할 수 없는 광대함, 끝없는 세계, 제약이 없는 힘, 절대 등을 뜻한다. 하지만 이런 것들과 매우 다른 또 한 종류의 무한이 있는데, 이 또한 굉장하기는 마찬가지다. 바로 무한히 작은 것, 즉 무한소다.

일상적 용어로서 '무한소infinitesimal'는 인간의 기준으로는 지극히 작은 것, 너무 작아서 측정할 가치가 없는 것을 느슨하게 가리킨다. 경멸의 느낌을 띠기도 한다. 칼라일이 쓴 프리드리히 대왕의 전기를 보면, 라이프니츠가 프러시아의 소피아 샤를로테 왕비에게 무한소를 설명했더니, 왕비는 그런 가르침은 자신에게 필요 없노라고 대답했다고 한다. 신하들의 행동거지 덕분에 그런 개념에 너무나 익숙하다면서. 내가 접한 '무한소'의 부정적이지 않은 용례는 트루먼 커포티의 미완성 소설『응답받은 기도Answered Prayers』에 나온다. 화자가 대단한 부자의 식탁에 오르는 엄선된 채소들을 이야기하는 대목에서 이런 표현이 나온다. "가장 짙은 초록빛의 어린 완두콩, 무한소의 당근." 그리고 익살스러운 오용 사례는 아주 많다. 몇 년 전에 〈뉴요커〉는 어느 할리우드 신인 여배우와 인터뷰한 내용을 조금 실었는데, 그 여배우는 무대에서 촬영이 연기될 때면 자신의 재정 상태를 확인하고 밀린 메일을 보내는 등 어떻게 빈 시간을 활용하는지 설명하면서 이렇게 말했다. "정말로 시간을 체계적으로 쓴다면, 이룰 수 있는 일이 거의 무한소예요." (이 말에 〈뉴요커〉의 인터뷰 진행자는 안타깝다는 듯 이렇게 덧붙였다. "우리도 알죠.")*

적절히 말하자면, 무한소는 무한히 큰 것이 우리에게 먼 것만큼이나 대단히 멀다. 파스칼의 『팡세』를 보면, 자연의 '이중 무한'은 유한한 인간이 그 사이에 놓이는 한 쌍의 심연이다. 무한대는 모든 것의 테두리 바깥에 놓이고, 무한소는 모든 것의 중심 내부에 놓인다. 이 두 극단은 "반대 방향으로 향하면서 접촉하고 결합하며, 둘은 하느님에서, 그리고 오로지 하느님에서 만난다". 무한소는 무한대보다 훨씬 더 이해하기 어렵다고 파스칼은 보았다. "철학자들은 그것에 도달했노라고 걸핏하면 이야기해왔지만 전부 실패했다."

게다가 시적인 상상력도 별로 도움이 되지 못했다. 문학에서 무한대를 묘사하려는 시도는 많았다. 가령 제임스 조이스의 소설 『젊은 예술가의 초상』에서 아놀 신부가 영원에 관해 설교하는 대목이나, 준무한을 다룬 보르헤스의 「바벨의 도서관」 같은 작품이 있다. 하지만 무한소를 다룬 작품은 아주 적다. 기껏해야 '당신의 손바닥에' 쥘 수 있는 무한이라는 블레이크의 모호한 표현, 또는 아마도 조금 더 도움이 될 수 있는 스위프트의 다음 시구 정도다. "그리하여 박물학자가 벼룩 한 마리

---

* 여배우는 'infinitesimal'의 뜻이 'infinite'와 비슷하다고 잘못 알고 있다 - 옮긴이

를 보니 / 더 작은 벼룩이 붙어 있고 / 다시 그 벼룩을 더욱더 작은 벼룩이 물고 있고 / 이렇게 무한히 이어지더라."

애초부터 무한소의 개념은 무한대의 개념에 비해 훨씬 더 큰 의혹을 불러일으켰다. 임의의 유한한 것보다 작으면서도 그냥 아무것도 아니진 않으려면 어느 정도로 작아야 한단 말인가? 아리스토텔레스는 그런 개념은 터무니없다는 이유로 무한소의 개념을 금지하려 했다. 데이비드 흄은 그런 개념이 종교적 독단보다 더 상식에 반한다고 선언했다. 버트런드 러셀도 '불필요하고 그릇되고 자기모순적'이라고 보았다.

하지만 온갖 수모에도 불구하고 무한소는 물리적 진리를 발견하는 데 가장 위력적인 도구임이 입증되었다. 계몽의 시대를 열어젖힌 과학혁명의 열쇠가 바로 무한소였다. 그리고 (19세기 후반에 지하 감옥에 아마도 영원히 처박혀 잊히는 듯하다가) 사상의 역사에서 더욱 기이한 반전을 겪으면서 무한소는 결정적으로 1960년대에 부활했다. 지금 그 개념은 완전하게 해결된 철학적 난제의 전형으로 통한다. 지금도 풀리지 않은 질문은 단지 이것뿐이다. 무한소는 과연 실재하는가?

역설적이게도, 무한소 개념이 애초에 제기된 까닭은 비실재로부터 자연계를 구해내기 위해서였다. 그 개념은 기원전 5세기에 그리스 사상에서 등장했던 것 같은데, 존재의 본질을 둘러싼 위대한 형이상학 논쟁에서 대두되었다. 이 논쟁의 한쪽 편인 일원론자―元論者들―파르메니데스와 추종자들―은 존재는 불가분적이며 모든 변화는 환영이라고 주장했다. 다른 쪽 편에 선 다원론자多元論者들―데모크리토스로 대표되는 원자론자들 및 피타고라스학파―은 변화의 실재성을 주장했으며,

변화가 실재의 부분들의 재배열이라고 보았다.

하지만 하나를 여럿으로 나누어 실재를 분석하기 시작한다면, 어디에서 멈추어야 하는가? 데모크리토스는 물질을 더 이상 쪼갤 수 없는 유한한 크기의 매우 작은 단위 – '원자' – 로 분해할 수 있다고 주장했다. 하지만 변화의 무대인 공간은 또 다른 문제였다. 공간을 자꾸만 더 작은 단위로 영원히 나누지 못할 이유는 없을 것 같았다. 그러므로 공간의 궁극적인 부분들은 임의의 유한한 크기보다 틀림없이 더 작아야 했다.

이 결론은, 파르메니데스의 가장 뛰어난 제자인 엘레아의 제논 때문에, 다원론자들을 끔찍한 곤경에 빠뜨렸다. (플라톤에 따르면) 스승을 조롱한 이들에게 분노하여 제논은 존재의 일원성과 무변화성에 관한 변론식 증명을 마흔 개 이상 내놓았다. 그중 가장 유명한 것이 운동에 관한 네 가지 역설인데, 넷 중 두 가지 – '이분법'과 '아킬레스와 거북' – 가 공간의 영원한 가분성을 공격했다. 이분법의 역설을 살펴보자. 임의의 이동을 완료하려면, 우선 거리의 절반을 가야 한다. 하지만 그러기 전에 거리의 4분의 1을 가야 하고, 그 전에 8분의 1을 가야 하고, 계속 이런 식이다. 달리 말해서, 역순으로 무한한 개수의 분절 이동을 완료해야 한다. 따라서 애초에 시작이 불가능하다.

전해 오는 이야기에 의하면 제논이 이 역설을 냉소적 가르침으로 유명한 디오게네스에게 말했더니, 디오게네스는 벌떡 일어나 자리를 떠나는 행위를 통해 '반박'했다고 한다. 하지만 제논의 역설들은 결코 하찮은 문제가 아니다. 버트런드 러셀은 '굉장히 미묘하고 심오한' 문제라고 불렀으며, 오늘날까지도 제논의 역설들이 완전히 해결되었는지를 의심하는 철학자들이 있다. 아리스토텔레스는 그것을 오류라고 치부했지만, 틀렸음을 증명할 수는 없었다. 대신에 자연에는 실무한이 존재할 수 없다고 부정함으로써 그런 역설을 차단하고자 했다. 공간을 원하는 만큼 미세하게 나눌 수는 있지만, 무한한 개수의 부분으로 결코 축소할 수는 없다고 아리스토텔레스는 말했다.

실무한을 혐오하는 아리스토텔레스의 관점은 이후 그리스 사상을 지배하게 되었고, 1세기 후 유클리드의 『원론』은 무한소 개념을 이용한 추론을 기하학에서 금지했다. 그리스 과학으로서는 재앙이었다. 무한히 작음이라는 발상은 수와 형태 사이의, 그리고 정역학靜力學과 동역학動力學 사이의 개념적인 간극을 이어줄 수 있었기 때문이다. 원의 넓이를 찾는 문제를 고려해보자. 사각형이나 삼각형과 같은 직선으로 둘러싸인 도형의 넓이를 구하는 일은 단순하다. 하지만 도형의 경계가 원과 같은 곡선형인 경우에는 어떻게 해야 하는가? 영리한 방법을 들자면, 원이란 각각 무한소의 길이를 갖는 무한히 많은 선분으로 이루어진 다각형이라고 취급하면 된다. 바로 그런 접근법을 이용하여 기원전 3세기에 아르키메데스는 π가 포함된 원 넓이 공식을 내놓을 수 있었다. 하지만 유클리드가 표명한 제약 때문에 아르키메데스는 자신이 무한 개념을 사용했음을 부인해야 했다. 어쩔 수 없이 귀류법 형식 – 일종의 이중부정 – 의 증명법을 쓸 수밖에 없었는데, 거기에서 원은 더욱더 많은 개수의 변을 갖는 유한한 다각형들에 의해 근사近似되었다. 이 번거로운 증명 방식은 착출법搾出法이라고 알려지게 되었는데, 왜냐하면 곡선도형의 넓이를 점점 더 많은 직선화된 도형을 그 안에 끼워 넣어서 '뽑아내기' 때문이다.

정적인 기하학의 경우, 착출법은 금지된 무한소의 대안으로 거뜬히 작동했다. 하지만 공간과 시간이 둘 다 무한히 나누어져야 하는 동역학의 문제를 다룰 때는 무용지물이었다. 가령 땅으로 떨어지는 물체는 중력에 의해 계속 가속되고 있다. 임의의 유한한 시간 간격 동안 고정된 속도를 갖지 않기에, 매 '순간' 속력이 변하고 있다. 아리스토텔레스는 순간속력의 유의미성을 부정했으며, 유클리드 공리 체계는 그것을 파악할 수 없었다. 오직 전력을 다하는 무한소 추론만이 연속적으로 가속되는 운동을 이해할 수 있었다. 하지만 제논의 유산인 무한에 대한 두려움 때문에 그리스인들은 무한소 추론을 꺼렸다. 이로 인해 그리스 과학에서는 물질의 운동 현상을 수학적으로 공략하기가 원천적으로 불가능했다. 아리스토텔레스의 영향 때문에 물리학은 정량적인 연구에만 머물렀고, 수로써 세계를 이해하려 한 피타고라스학파의 목표는 좌절되었다. 고대 그리스인들은 자연에 대한 구체적인 지식은 많이 모았을지 모르지만, 엄밀성에 발목이 잡힌 나머지 단 하나의 과학 법칙도 발견해내지 못했다.

아리스토텔레스와 유클리드한테서 외면당하긴 했지만, 무한소는 서양 사상에서 완전히 사라지지 않았다. 플라톤 – 아리스토텔레스와 달리, 감각 세계에서 찾을 수 있는 것에만 존재를 한정 짓지 않은 철학자 – 의 줄기찬 영향력 덕분에 무한소는 초월적 사색의 대상으로서 명맥을 이어왔다. 플로티노스와 같은 신플라톤주의자들, 그리고 성 아우구스투스와 같은 초기 기독교 신학자들이 하느님과 동일시함으로써 무한을 되살려내어 가치 있는 개념으로 삼았다. 중세 철학자들은 무한대보다 무한소에 관한 논쟁에 훨씬 더 많은 시간을 들였다.

르네상스 시대에 플라톤주의가 부활하면서 무한소는, 조금 신비주의적인 방식이긴 했지만, 다시 수학으로 복귀했다. 요하네스 케플러가 보기에 무한소는 곡선과 직선을 잇는 신성한 '연속성의 가교'로서 존재했다. 논리적인 세부 사항에 구애받지 않고서 – "자연은 추론이 아니더라도 직관만으로 기하학을 가르친다"고 썼던 – 케플러는 1612년에 무한소를 도입하여 포도주 통에 맞는 이상적인 비율을 계산해냈다. 실제로 계산은 옳았다.

케플러처럼 무한소를 친숙하게 여기기는 갈릴레오와 페르마도 마찬가지였다. 셋은 모두 유클리드 기하학의 황폐한 구조에서 벗어나, 설령 마구잡이고 덜 엄밀하더라도 결실이 많은 운동의 과학으로 향해 가고 있었다. 그 과학에서는 물체가 무한히 구분 가능한 공간과 시간 속을 움직인다고 상정되었다. 하지만 이 자연철학자들이 포착해낸 신학적인 난제 하나가 도사리고 있었다. 어떻게 오직 하느님의 속성이라고 할 수 있는 실무한이 그분이 창조한 유한한 세계에서 표현될 수 있단 말인가?

이 질문을 가장 진지하게 고민한 사람은 블레즈 파스칼이었다. 당시에 파스칼보다 무한의 개념을 더 열정적으로 받아들인 이는 없었다. 그리고 어느 누구도 자연의 무한한 방대함과 미세함이 불러일으키는 경외감에 관해 파스칼보다 더 확신에 찬 글을 남긴 이는 없었다. 자연은 두 종류의 무한을 우리에게 불가사의로서 제시하는데, 이는 '이해를 위해서가 아니라 경외를 위해서'라고 파스칼은 적었다. (파스칼은 어쩌면 단지 논리적 추론에 이용하기 위해서라고 여겼는지도 모른다.) 파스칼은 수학자이기도 했는데, 곡선도형의 넓이 계산에 무한히 작은 양을 마음껏 활용했다. 그의 기법은 바라던 유한한 값을 얻고 나면 그런 양을 무시해도 좋다고 여기고 버리는 것이었다. 이런 방법은 데카르트와 같은 당시 수학자들의 논리적 감수성에 맞지 않았지만, 파스칼은 본질적으로 이성이 파악할 수 없는 것을 마음이 꿰뚫을 수 있다고 반박했다.

파스칼의 연구 업적은 새로운 자연과학을 예견했지만, (페르마, 갈릴레오와 마찬가지로) 그는 유클리드적 전통과 완전히 결별하지 않았다. 하지만 기하학만으로 무한을 이해하는 과제에 나설 수는 없었다. 운동을 정량적으로 이해하려면 무한을 다루어야만 했다. 이 과업은 최종적으로 뉴턴과 라이프니츠가 1660년대와 1670년대에 거의 동시에 '무한소의 미적분' – 오늘날 우리가 단순하게 미적분이라고 부르는 수학 분야 – 을 발명함으로써 달성되었다. 전통적으로 내려오던 자연의 '기하학적 연구'는 근대의 – 그리고 굉장히 성공적인 – 미적분 형태의 '수학적 연구'에 자리를 내주었다. 무한소라면 으레 뒤따르던 오래된 수학적 당혹감은 사라지고 그 개념의 과학적 풍요로움을 경이롭게 여기는 감정이 대신 들어섰다.

그리고 뉴턴 덕분에 풍요로움은 최고조에 달할 수 있었다. 비록 맞수인 라이프니츠가 무한소의 미적분에 관한 더 아름다운 형식론 – 사실 오늘날 우리가 사용하는 형식 – 을 내놓았지만, 이 새로운 도구를 이용하여 우주를 조화롭게 해석한 사람은 단연코 뉴턴이었다. 운동 법칙과 중력 법칙을 체계화한 다음 뉴턴은 그 법칙들로부터 태양 주위를 도는 행성의 궤도에 관한 정확한 속성을 추정하는 작업에 착수했다. 실로 벅찬 과제였는데, 왜냐하면 공전속도 및 태양까지의 거리가 연속적으로 변하기 때문이었다. 궤도의 형태를 한꺼번에 알아내려고 하는 대신에, 뉴턴은 궤도를 무한한 개수의 선분으로 나눈 뒤 태양의 중력이 각각의 무한소 선분에서 행성의 속도에 미치는 효과를 전부 더한다는 독창적인 발상을 떠올렸다.

순간속도 – 뉴턴의 선배 과학자들을 난감하게 만든 개념 – 는 0에 가까울 정도로 작은 두 양의 비로 정의되었다. 이동한 무한소 거리를 무한소 시간으로 나눈 값이다. 뉴턴은 이처럼 매우 작은 양들의 비를 '유율fluxion'이라고 불렀다. 뉴턴이 무한소를 어떻게 이용했는지를 알려주는 간단한 예시를 들어보자. 돌이 건물 꼭대기에서 떨어진다고 가정하자. 땅을 향해 하강할 때 돌은 지구의 중력에 의해 연속적으로 가속된다. t초 동안 낙하한 거리는 $16t^2$피트이기에, 1초가 지난 후 물체는 16피트$(=16\times1^2)$만큼 떨어진다. 2초 후에는 64피트$(=16\times2^2)$만큼 떨어지고, 3초 후에는 144피트$(=16\times3^2)$만큼 떨어진다. 분명 돌의 속도는 연속적으로 증가한다. 이제 하강하고 있는 어느 특정한 순간 ─ 시간 t ─ 에 돌의 순간속도를 알고 싶다고 하자. 뉴턴의 추론에 따르면 이 순간속도는 두 무한소 양의 비, 즉 t초 직후에 이동한 무한소 거리를 무한소 지속 시간으로 나눈 값이다. 따라서 무한소 시간을 ε이라고 표시하고 이 비를 계산해보자. t초 후에 돌은 이미 $16t^2$피트 떨어졌을 것이다. 무한소 시간 후인 $t+\varepsilon$에는 $16(t+\varepsilon)^2$피트 떨어졌을 것이다. 따라서 이 무한소 시간 동안 이동한 거리는 이 두 거리 사이의 차이, 즉 $16(t+\varepsilon)^2-16t^2$피트이다. 전개하면 $16t^2+32t\varepsilon+16\varepsilon^2-16t^2=32t\varepsilon+16\varepsilon^2$피트가 된다. 돌의 순간속도를 구하려면 이 무한소 거리를 무한소 시간 간격, 즉 ε으로 나누면 된다. 따라서 두 무한소의 비는 $(32t\varepsilon+16\varepsilon^2)/\varepsilon$이며, 약분하면 $32t+16\varepsilon$이 남는다. 하지만 이 최종 답 속의 16ε 항은 무한소이기에(무한소에 유한한 수를 곱한 값 역시 무한소이기에), 결과적으로 0과 같다. 그렇게 뉴턴은 추론했다. 그러므로 낙하하는 돌의 시간 t에서의 순간속도는 초속 $32t$피트이다. 가령 3초 후에 돌은 초속 $32\times3=96$피트로 떨어지고 있다.

이런 유형의 더욱 정교한 계산을 통해 뉴턴은 행성들이 태양을 한 초점에 둔 타원궤도로 움직인다는 것을 알아낼 수 있었다. 16세기에 튀코 브라헤가 행한 천문 관측 자료를 바탕으로 케플러가 이미 정식화한 실증적 법칙과 정확히 일치하는 결과였다. 무한소 적분 덕분에 뉴턴은 천체의 운동과 지상의 운동을 통합하는 데 성공했다.

행성의 타원궤도를 뉴턴이 증명해낸 것은 과학혁명의 가장 위대한 단일 업적이었다. 이 업적에 깃든 의미 ─ 자연은 법칙을 따른다 ─ 덕분에 발견자인 뉴턴은 계몽시대의 수호성인이 되었다. 볼테르는 1727년 뉴턴의 국가장에 참석한 후 이렇게 썼다. "얼마 전에 저명한 이들의 모임에서 진부하고 시시한 질문을 내놓고 갑론을박하고 있었다. '누가 가장 위대한가? 카이사르인가, 알렉산더 대왕인가, 티무르인가, 아니면 크롬웰인가? 누군가가 대답하길, 묻고 자시고 할 것도 없이 아이작 뉴턴이라고 했다. 과연 옳은 말이다. 우리가 존경을 보내야 할 이는 우리의 마음을 폭력에 의해 노예로 삼은 이들이 아니라 진리의 힘으로 다스린 뉴턴이기 때문이다." 단 한 방에 뉴턴은 아리스토텔레스의 목적론적인 우주를 질서정연하고 합리적인 일종의 기계로 변모시켰고, 이 기계론적 우주는 당시의 계몽사상가들에게 인간 사회를 탈바꿈시킬 하나의 모형으로 인식되었다. 자연법칙을 객관적 사실의 지위로 격상시킴으로써 뉴턴적 세계관은 토머스 제퍼슨에게도 영향을 끼쳤다. 덕분에 제퍼슨은 이전의 영국 통치에서 벗어나 자연법칙에 따라 미국인이 조지 3세에 맞서 봉기를 일으킬 수 있다고 여겼다.

하지만 인간 이성의 이러한 승리는 여전히 많은 사람들이 보기에 기이하고 믿음직스럽지 않았다. 뉴턴 자신도 내심 꽤나 불편했다. 『프린키피아』에서 타원 법칙에 대한 증명을 소개하면서, 그 증명이 무한소 미적분을 이용하는 한에서만 가능하다고 못박았다. 그런 개념의 전개는 유클리드 체계에서 결코 따라올 수 없는 것이었다. (심지어 노벨상 수상자인 리처드 파인만도 칼텍 학생들에게 수업을 할 때 뉴턴의 논증 한가운데서 길을 잃었다.) 나중의 저술에서 뉴턴은 무한소를 독자적으로 고려하지 않고 언제나 유한한 값인 비율로서만 다루도록 무척 조심했다. 생의 마지막 무렵에는 무한소의 개념을 완전히 부정했다.

라이프니츠 역시 무한소를 대단히 미심쩍게 여겼다. 한편으로 무한소 개념은 '*자연은 도약하지 않는다 Natura non facit saltum*'는 자신의 형이상학적 원리에 필요한 듯했다. 존재와 비존재 사이를 오가는 이 이중적 개념이 없다면, 가능성으로부터 실제성 사이의 전환은 불가능할 것 같았다. 하지만 다른 한편으로 그 개념은 아무리 애를 써도 엄밀한 정의를 내릴 수 없었다. 라이프니츠가 할 수 있는 최상의 시도는 곱셈 비유뿐이었다. 가령 한 알의 모래를 지구에, 지구를 별에 비유하는 식이었다. 제자 요한 베르누이가 당시 (레이우엔훅이 처음 발명한) 현미경을 통해 최초로 관찰된 미세한 생명체들을 끌어들였지만, 라이프니츠는 미소생명체 역시 무한한 크기가 아니라 유한한 크기라고 반박했다. 마침내 라이프니츠는 무한히 작은 양이 다만 '잘 *꾸며낸 허구*fictiones *bene fundatae*'라고 결론 내렸다. 발견의 기법에 유용하고 오류를 일으키지 않지만, 실제로 존재를 향유하지는 않는다고 본 것이다.

하지만 버클리 주교에게 그런 설명만으로는 만족스럽지 못했다. 1734년 이 철학자는 『분석가, 또는 한 신앙 없는 수학자에게 전하는 논의The Analyst; or, A Discourse Addressed to an Infidel Mathematician』라는 책에서 무한소 미적분을 신랄하게 비판했다. 그가 이처럼 발 벗고 나선 까닭은 기계론적 과학의 위세가 커지면서 정통 기독교에 위협이 되었기 때문이다. ('신앙 없는 수학자'란 뉴턴의 친구 에드먼드 핼리라고 대체로 보는 편이다.) 기독교 신학에 부합하기는커녕 버클리의 주장에 의하면 새로운 과학의 핵심 요소인 무한소만큼 희한하고 비논리적인 것은 어디에도 없다. 미적분의 옹호자들은 다음과 같은 난제에 봉착할 수밖에 없었다. 무한소가 정확히 0이라면 그 값으로 나누는 계산은 타당하지 않으며, 0이 아니라면 그것을 0이라고 보고서 나온 답은 분명 틀렸다. 아마도, 버클리가 조롱하는 어조로 내린 결론에 의하면 무한소는 '타계한 양量의 유령'이라고 보는 편이 제일 낫다.

유럽 대륙의 경우, 볼테르는 무한소의 의혹에 구애받지 않았다. 그는 미적분을 '존재한다고 상정할 수 없는 것에 수를 부여하고 정확히 측정하는 기법'이라고 칭찬을 늘어놓았다. 탐구의 한 수단으로서 무한소 미적분은 의심하기에는 너무나 성공적이었다. 18세기 후반에 라그랑주, 라플라스와 같은 수학자들은 그 개념을 이용하여 뉴턴도 골머리를 썩이던 천체역학의 난제들을 깔끔하게 풀었다. 미적분은 위력적일 뿐만 아니라 다재다능하기까지 했다. 온갖 종류의 연속적인 변화를 정량적으로 다룰 수 있게 해주었다. 미분은 변화율을 무한소들의 비율로 표현하는 방법을 알려주었다. 적분은 무한한 개수의 그런 변화들을 합쳐서 해당 현상의 전반적인 진행 상태를 기술할 수 있게 해주었다. 그리고 '미적분의 근본 정리'는, 미분과 적분이 논리적으로 말해서 서로 거울 영상임을 밝혀냄으로써 이 두 연산을 꽤 아름다운 방식으로 결합시켰다.

이러한 발견의 황금시대 동안 과학자들은, 0이라고 설정하여 계산상 편리해질 때까지, 무한소를 마치 하나의 수처럼 다루었다(앞서 돌의 낙하에서 뉴턴은 약간 편의적으로 그렇게 했다). 무한소를 대하는 이런 무신경한 태도는 프랑스 수학자 장 르 롱 달랑베르의 조언에서도 엿보인다. "나아가라, 그러면 믿음이 뒤따를 것이다."

그렇긴 해도 근대 수학의 전당이 그처럼 형이상학적으로 불안정한 토대에 서 있다는 것이 못마땅한 사람들은 여전히 있었다. 18세기 내내 버클리 같은 비판자들이 무한소에 던진 의문에 답을 찾고 그 개념을 사용하기 위한 논리적 규칙을 찾으려는 시도가 많았다. 하지만 어느 것도 성공하지 못했고 일부는 얼빠진 짓이었다. (다음 세기로 훌쩍 넘어가서 카를 마르크스가 이 문제에 손을 대어 거의 1,000쪽에 달하는 미발표 연구 자료를 남겼다.) 철학적으로 더 흥미로운 시도를 한 사람들 중에 베르나르 드 퐁트넬이 있는데, 그는 무한소를 무한대의 역수로 설명하려 했다. 결국 실패했지만 퐁트넬은 무한소와 같은 대상의 실재성은 자연계에 실재하느냐의 여부가 아니라 궁극적으로 논리적 일관성에 달린 문제임을 역설했다는 점에서 선구적이었다.

19세기가 되자 — 이 무렵 헤겔과 추종자들은 수학이 자기모순적이라는 자신들의 주장을 뒷받침하려고 무한소를 둘러싼 논란에 뛰어들었다 — 경이로운 미적분을 희생시키지 않고도 이 곤란한 개념을 제거하는 방법이 마침내 발견되었다. 1821년 위대한 프랑스 수학자 오귀스탱 코시가 첫 번째 단계로서 '극한'이라는 수학 개념을 활용했다. 일찍이 뉴턴의 사고에서 성급하게 제시되었던 그 발상은 순간속도를 무한소들의 비가 아니라 통상적인 유한한 비들의 수열의 극한으로 정의하자는 것이었다. 이 수열의 항들은 결코 극한에 도달하지 않지만, 극한에 '우리가 원하는 만큼 가까이' 간다. 1858년 독일 수학자 카를 바이어슈트라스는 '우리가 원하는 만큼 가까이'라는 개념에 논리적으로 정확한 의미를 부여했다. 이후 1872년 또 한 명의 독일 수학자 리하르트 데데킨트가 이전에는 무한소라는 접착제에 의해 서로 붙어 있다고 여겼던 매끄럽고 연속적인 수직선이 무한개의 유리수와 무리수로 깔끔하게 서로 분리될 수 있음을 보였다.

이 모든 발전은 매우 전문적이어서 이해하기가 꽤나 힘들다. (대학 1학년 미적분 수업에서 난해한 '델타-입실론' 극한 증명 때문에 끙끙대는 학생들이 산증인이듯이, 위의 내용은 지금도 어렵다.) 어쨌든 전체적으로 보아 그런 발전은 세 가지의 중요한 결과를 낳았다. 첫째, 정통적인 과학적 사고에서 무한소를 마침내 배제시켰다. "그런 것이 존재한다고 가정할 필요가 더 이상 없다"고 버트런드 러셀은 확실히 안도하면서 말했다. 둘째, 수학에 대한 유클리드적 엄밀성으로 되돌아갔으며, 아울러 수학과 물리학을 사실상 분리할 수 없다고 보았던 시기가 끝나고 둘이 공식적으로 분리되었다. 셋째, 세계에 관한 지배적인 철학적 관점을 변화시키는 데 이바지했다. 만약 무한소와 같은 것이 없다면, 러셀이 주장했듯이, '다음 순간'이라든가 '변화의 상태'와 같은 개념들도 무의미해진다. 자연은 정적이고 불연속적인 상태가 되는데, 왜냐하면 한 사건을 다음 사건과 이어주는 매끄러운 전환의 요소가 존재하지 않기 때문이다. 조금 추상적인 면에서 보자면, 사물들은 더 이상 '어울려 지내지' 않는다. 이로 인한 존재론적 불연속성은 모더니즘 성향의 문화에서도 엿보인다. 가령 조르주 쇠라의 점묘법, 에드워드 마이브리지의 정지 영상, 랭보와 라포르그의 시, 쇤베르크의 12음렬音列, 그리고 제임스 조이스의 소설 등에서 나타난다.

무한소에 대한 어떤 향수는 몇몇 괴짜 철학자에게로 이어져 계속되었다. 20세기로 넘어오면서 프랑스 철학자 앙리 베르그송은 변화에 관한 새로운 '영화적' 인식 때문에 우리의 전 성찰적pre-reflective 경험 – 무한소의 순간들이 매끄럽게 앞뒤로 계속 맞물리면서 얻어지는 경험 – 이 마치 틀린 것처럼 여겨지게 되었노라고 주장했다. 미국에서 실용주의의 창시자들 중 한 명인 C. S. 퍼스도 마찬가지로 연속성에 대한 우리의 직관적 이해가 갖는 중요성을 역설했다. 퍼스는 '무한소 양을 꺼리는 뿌리 깊은 편견'에 격분하면서, 주관적인 지금은 오직 무한소로 해석될 때에만 타당하다고 주장했다. 한편 수학계에서 무한소는 '고상한' 수학에서는 외면 받았을지 모르지만, '범속한' 실행자들에게서는 계속 인기를 끌었다. 물리학자와 공학자는 여전히 평상시 계산에서 그 개념을 귀중한 휴리스틱heuristic 도구로 활용했다. 개념적인 혼란에도 불구하고 무한소 덕분에 그들은, 뉴턴이 그랬듯이, 정답을 거뜬히 내놓을 수 있었다.

어쨌거나 아리스토텔레스, 버클리, 그리고 러셀의 비판에도 불구하고 무한소는 모순임이 결코 공식적으로 밝혀진 적이 없었다. 그리고 20세기 초반 논리학의 발전과 더불어 무모순성에 대한 새로운 이해, 그리고 무모순성이 진리와 존재에 대해서 갖는 관계가 등장하기 시작했다. 선봉에 선 사람이 오스트리아 출신의 논리학자 쿠르트 괴델이었다. 오늘날 괴델은 1930년에 발표한 '불완전성 정리'로 가장 유명한데, 대강 말해서 이 정리에 의하면 어떤 공리 체계도 수학의 모든 진리를 내놓을 수는 없다. 그러나 한 해 전 자신의 박사학위 논문에서 괴델은 마찬가지로 중요한 결과를 증명했는데, 이는 조금은 혼란스럽게 '완전성 정리'라고 알려져 있다. 이 정리로부터 아주 흥미로운 결과 하나가 필연적으로 도출된다. 논리의 언어로 쓰인 진술들의 임의의 집합을, 뭐든 원하는 대로, 택하자. 이 진술들이 서로 일관적(무모순)이기만 하다면 – 즉 그 진술들로부터 모순이 도출되지만 않는다면 – 완전성 정리는 그런 진술들이 전부 참이 되는 하나의 해석이 존재함을 보장한다. 이 해석을 가리켜 그런 진술들에 대한 한 '모형'이라고 한다. 가령 진술 '모든 a는 b이다'와 '어떤 a는 c이다'를 고려해보자. a를 '인간들'로, b를 '반드시 죽는'으로, c를 '머리카락이 붉은'으로 해석한다면, 인간들의 집합은 위 진술 쌍에 대한 한 모형이다. 괴델은 모형이 추상적인 수학적 요소들로부터 어떻게 구성될 수 있는지를 밝혀냈다. 그러면서 괴델은 모형 이론이라는 논리학 분야를 태동시키는 데 일조했는데, 이것은 형식언어와 그것의 해석 사이의 관계를 연구하는 학문이다.

　모형 이론이 해낸 가장 극적인 발견은 의미론에 – 언어와 실재 사이의 관계에 – 근본적인 불확정성이 존재한다는 것이다. 한 형식언어 내의 이론은, 알고 보니 그것이 기술하고자 하는 고유한 실재성을 정확히 포착해낼 수가 없다. 그 이론은 의미가 왜곡되는 '의도하지 않은 해석'을 갖게 된다. 사례 하나를 꾸며내어 '모든 인간은 반드시 죽는다'라는 단 하나의 진술로 구성된 이론을 살펴보자. 의도한 해석하에서, 모든 인간의 집합은 이 이론에 대한 한 모형이다. 하지만 만약 '인간들'을 고양이들을 지칭하는 것이라고 삼고, '반드시 죽는'을 호기심이 많은 속성을 가리키는 것이라고 삼는다면, 고양이들의 집합 또한 이 이론에 대한 한 모형 – 의도하지 않은 모형 – 이다. 더 흥미로운 사례는 집합론에서 나온다. 의도한 해석에서 볼 때, 집합론의 공리들은 집합들의 추상적 우주를 기술하고 그 우주에는 더 높은 무한들이 존재한다는 결론을 내놓는다. 하지만 알고 보니 그런 공리들은 마찬가지로 오래전부터 있어온 평범한 셈하기 수에 관한 것으로도 해석될 수 있고, 이런 해석에서는 더 높은 무한이 존재하지 않는다. 따라서 집합론의 공리들은 자신들이 기술하기로 되어 있던 실재를 고유하게 포착해내지 못한다. 한 해석에서는 그 공리들이 집합들의 무한에 관한 것이지만, 비틀렸지만 그래도 타당한 다른 해석에서는 수열 '1, 2, 3……'에 관한 것이다. 비유하자면 우리가 더 높은 무한들에 관한 참된 내용을 말한다고 생각할 때, 우리가 만드는 잡음 때문에 보통의 수에 관한 진리가 표현되는 결과가 초래될 수도 있다는 말이다.

이 매력적인 불확정성을 에이브러햄 로빈슨Abraham Robinson(1918~1974) 보다 더 많이 활용한 사람은 없었다. 논리학자로서 로빈슨은 파란만장하면서도 세련되고, 심지어 찬란하기까지 한 일생을 살았다. 발덴부르크(지금은 폴란드의 바우브지흐)라는 독일의 탄광촌 출신인 그는 10대 때 가족과 함께 나치 독일을 탈출했다. 팔레스타인에서 난민 생활을 하면서 로빈슨은 하가나Haganah라는 유대인 민병대에서 활동하는 동시에 헤브루 대학에서 수학과 철학을 공부했다. 그러다가 소르본 대학에 장학생으로 선발되어 파리에 갔지만, 곧이어 파리는 독일군에 점령당했다. 간신히 탈출하여, 용케도 독일의 대공습에 처해 있는 런던에 도착했다. 그곳의 프랑스 망명정부 '자유프랑스'에서 하사관으로, 뒤이어 영국 공군에서 기술 전문가로 복무했다. 전쟁이라는 혼란의 시기에 군을 위해 항

공역학과 '날개이론' 분야에서 빛나는 업적을 남겼으면서도, 한편으로는 순수수학과 논리학을 탐구했다.

전쟁이 끝난 후 로빈슨은 빈 출신의 재능 있는 여배우이자 패션 사진작가인 아내와 함께 파리의 고급 양장점에 종종 모습을 드러냈다. 토론토 대학과 헤브루 대학에서 얼마 동안 강의를 맡다가, 1960년대 초에 UCLA의 철학 및 수학과의 루돌프 카르납Rudolf Carnap 석좌교수를 맡았다. 할리우드의 매력에 이끌려 로빈슨 내외는 맨더빌 캐넌Mandeville Canyon에 있는 프랑스 건축가 르 코르뷔지에풍의 저택에 살면서 배우 오스카 베르너Oskar Werner와도 친하게 지냈다. 수리논리학의 세계 정상급 인물로 활동한 로빈슨은 또한 인생을 즐기는 낙천가이면서 베트남 전쟁 반대에 일찌감치 목소리를 높인 실천가였다. 1960년대 후반에는 예일 대학으로 자리를 옮겨 그곳을 논리학의 세계적 중심지로 변모시키는 데 일조했다. 그러다가 1974년 55세의 나이에 췌장암으로 세상을 떠났다.

로빈슨이 천재성을 보인 가장 위대한 업적은 혈혈단신으로 무한소를 되살려낸 것이었다. 그럴 수 있었던 계기는 수학의 언어를 일종의 형식적 대상이라고 생각했기 때문이다. 즉 논리를 이용하여 조사하고 조작할 수 있는 대상이라고 여긴 덕분이다. 그가 전개한 핵심 요지는 이렇다. 우선 일반적인 산수 – 통상적인 분수, 분수의 덧셈과 곱셈 등 – 가 작동하는 방식을 기술하는 수학 이론에서 시작하자. 간결하게 설명하기 위해, 산수에 관한 이 이론을 T라고 부르자. 우리는 T가 무모순의 이론이라고, 즉 그 이론 내에서 가령 '0=1'과 같은 모순을 도출해낼 수 없다고 가정한다. (만약 통상적인 산수가 모순을 품게 되면, 우리는 대단히 곤란해질 것이다. 다리들이 무너져 내리기 시작할 것이다.)

이제 산수의 이론 T에 어떤 내용을 추가하자. 먼저 새로운 기호를 추가할 텐데, 이것을 나는 '무한소'를 뜻하는 *INF*라고 부르겠다. 또한 *INF*가 어떻게 행동할지를 기술하는 새로운 몇 가지 공리를 추가하자. 우리는 *INF*가 무한소처럼 행동하기를 원한다. 즉 임의의 유한한 수보다 작으면서도 0보다는 크기를 바란다. 그렇게 되려면 새로운 공리가 많이 필요할 것이다. 사실은 그런 것들의 무한한 목록이 필요할 것이다. 목록은 아래와 같다.

(새 공리 No. 1) *INF*는 1보다 작지만 0보다 크다.

(새 공리 No. 2) *INF*는 1/2보다 작지만 0보다 크다.

(새 공리 No. 3) *INF*는 1/3보다 작지만 0보다 크다.

......

(새 공리 No. 1,000,000) *INF*는 1/1,000,000보다 작지만 0보다 크다.

(새 공리 No. 1,000,001) *INF*는 1/1,000,001보다 작지만 0보다 크다.

이런 식으로 끝없이 이어진다.

이제 *T*에 이 새로운 내용을 전부 더해서 풍성해진 이론을 가리키기 위해 *T**라는 기호를 사용하자. *T**는 무한소의 개념이 의미하는 바를 포착할 것처럼 보인다. 여기에도 새로운 공리들에 따라 임의의 유한한 수보다 작고 0보다는 큰 수를 가리키는 기호 *INF*가 들어 있다. 하지만 *T**가 무모순임을 어떻게 알 수 있는가? 앞서 보았듯이, 무한소가 불러일으키는 큰 두려움 – 고대 그리스인들, 버클리 주교, 심지어 뉴턴도 느꼈던 두려움 – 은 역설, 비일관성, 모순을 내놓을지 모른다는 것이다. 하지만 로빈슨은 이 두려움이 근거가 없음을 밝히는 데 성공했다. 만약 통상적인 산수의 이론인 *T*가 무모순이라면, 무한소를 포함해서 풍성해진 이론인 *T**도 반드시 무모순이다. 그것을 로빈슨은 증명해냈다.

어떻게 증명해냈을까? 일단 T^*가 모순이 있다고 가정하자. 즉 이 이론의 공리들로부터 모순을 증명해낼 수 있다고 가정하자. 이 증명은 가령 '0=1'과 같은 터무니없는 결론이 나오는 유한한 개수의 행들 – 그중 일부는 공리이고, 일부는 앞의 행들로부터 연역해낸 내용 – 로 이루어질 것이다. 이제, 이 유한한 개수의 행에서 오직 유한한 개수의 INF에 관한 새로운 공리들이 등장할 수 있다(많아봐야 한 행당 하나의 공리). 구체적으로 설명하기 위해, 이 증명에서 사용된 T^*의 가장 큰 수의 새 공리가 아래와 같다고 하자.

(새 공리 No. 147) INF는 1/147보다 작지만 0보다 크다.

따라서 우리는 새 공리 No. 147을 넘는 어떠한 새로운 공리도 모순의 증명에서 출현하지 않는다고 가정하고 있다.

이제 결정적으로 중요한 내용이 나온다. INF를 하필 1/147보다 작은 평범한 어떤 분수라고 재해석하자. 구체적으로 말해, INF가 단지 1/148이라는 분수를 가리키는 이름이라고 하자. 이렇게 재해석하고 나면, 증명 속의 어떤 행들도 무한소에 관한 내용을 말하고 있지 않다. 모든 행은 다만 통상적인 분수에 관한 주장들일 뿐이어서, 완전히 참인 진술들이다. 그렇기에 이제 우리는 산수에 관한 일상적인 이론에서 타당한 한 증명을 손에 넣었다. 하지만 이 증명의 마지막 행은 여전히 '0=1'이다. 이는 우리가 통상적인 산수, 즉 T가 모순이라는 증명을 얻게 되었다는 뜻이다! 그러므로 만약 풍성한 이론 T^*가 모순이 있다면, 통상적인 이론 T도 반드시 모순이 있어야 한다. 반대로, 문제를 뒤집어서 만약 통상적인 이론 T가 무모순이면 풍성한 이론 T^*도 반드시 무모순이어야 한다. 따라서 무한소에 관한 내용을 추가하여 통상적인 산수를 보강한다고 해서 모순을 불러올 위험은 전혀 없다. 무한소와 결부되는 흔한 역설들도 배제되는데, 왜냐하면 새로운 공리들의 어떤 것도 개별적으로 보자면 *INF*가 모든 양수보다 작다고 말하지는 않기 때문이다. 다만 집합적으로는 그렇게 하는 새로운 공리들의 끝없는 전체 목록을 가질 뿐이다. 하지만 전체 목록을 한 유한한 증명 속에 넣을 수는 없다.

따라서 로빈슨이 밝혀낸 바에 의하면 우리는 안전하게 T^*가 무모순이라고 가정할 수 있다. 이뿐만이 아니다. 무모순성을 확보했으니, 우리는 괴델의 완전성 정리를 불러올 수 있다. 그 정리는 결과적으로 *무모순이기만 하다면 실재*라고 말한다. 무모순인 이론은 모형, 즉 그 이론이 옳게 기술하는 추상적 우주를 가짐을 보장받는다. 그리고 풍성한 이론 T^*의 경우, 그 모형은 '비표준적'일 것이다. 즉 통상적인 유한한 개수의 산수와 더불어 온갖 종류의 특이한 실체를 포함하고 있다. 이 비표준적 우주에 사는 실체들 중에는 무한히 작은 수들이 있다. 그 수들은 로빈슨이 라이프니츠를 기려서 '단자單子, monad'라고 명명한, 작고 빽빽한 구름 속의 유한한 수 각각을 둘러싸고 있다.

1961년 어느 날 로빈슨은 프린스턴의 파인 홀Fine Hall로 걸어 들어가다가 무한소에 관한 계시를 들었다. 안식년 동안 객원교수로 그곳에서 지내고 있을 때였다. 5년 후에는 『비표준 해석Non-standard Analysis』이라는 책을 냈는데, 여기에는 자신이 발견한 내용의 수학적 잠재력이 자세히 설명되어 있다. 로빈슨은 재치 있게 책의 명구銘句를 볼테르의 소설 「미크로메가스Micromégas」에서 골랐다. 그 소설은 외계의 땅을 여행하는 한 거인이 놀랍게도 그 땅에 사는 매우 작은 인간들과 마주친다는 이야기다. "외관상의 크기로 무언가를 판단해서는 안 됨을 새삼 알았다. 오, 하느님! 그처럼 하찮아 보이는 존재에게 지능을 주셨다니, 당신에게는 무한히 작은 것이든 무한히 큰 것이든 하찮기는 매한가지겠지만."

흥미롭게도 로빈슨이 했듯이 무한소를 수학의 우주에 추가하더라도 통상적인 유한한 수들의 속성은 결코 달라지지 않는다. 무한소 추론을 이용하여 그런 우주에 대해 증명할 수 있는 모든 내용은, 순수한 논리의 문제로 볼 때 또한 통상적인 방법에 의해서도 증명될 수 있다. 하지만 그렇다고 로빈슨의 접근법이 무익하다는 뜻은 아니다. 뉴턴과 라이프니츠가 선구적으로 시도한 직관적 방법을 회복함으로써 로빈슨의 '비표준 해석'은 표준 해석보다 더 짧고 더 통찰력이 풍부하고 덜 임시변통적인 증명을 내놓았다. 정말이지 로빈슨은 일찌감치 그 증명을 이용하여, 다른 수학자들을 좌절시켰던 선형공간의 이론에 나오는 주요한 미해결 문제 하나를 풀었다. 비표준 해석은 이후로 국제 수학계에서, 특히 프랑스에서 많은 추종자를 낳았다. 그리고 확률론, 물리학 및 경제학에 적용되어 풍성한 결실을 이루었는데, 거기서 비표준 해석은 단일 거래자가 가격에 미치는 무한소 영향을 모형화하는 데 아주 잘 들어맞았다.

수리논리학자로서 거둔 업적을 훌쩍 뛰어넘어 로빈슨은 사상의 역사에서 가장 위대한 전환을 불러일으킨 사람임이 분명하다. 무한소의 개념이 의심받기 시작한 지 2,000년도 더 지나서, 그리고 아마도 영원히 폐기된 듯 보인 지 거의 1세기 후에 그는 무한소 개념의 모든 오점을 용케도 제거해냈다. 하지만 그러는 바람에 무한소의 존재론적 지위는 완전히 열린 문제가 되고 말았다. 물론 모순이 없는 어떠한 수학적 대상이라도 우리의 감각 세계를 초월하는 실재를 가진다고 믿는 이들이 있다. 로빈슨도 연구 경력 초기에는 그런 플라톤주의 철학에 따랐지만,

나중에는 무한소는 단지 '잘 꾸며낸 허구'라는 라이프니츠의 관점으로 기울어 그런 철학을 거부했다.

무한소가 어떤 실재성을 갖든지 간에 통상적인 수들 – 양수, 음수, 유리수, 무리수, 실수와 복소수 등 – 만큼의 실재성은 갖는다. 수에 관해 논할 때, 현대논리학에 의하면 우리의 언어는 무한소가 들어 있는 비표준 우주와 무한소가 없는 표준 우주를 구별할 수 없다. 하지만 무한소가 물리적 실재성을 갖는지의 여부 – 무한소가 자연의 구조에서 나름의 역할을 하는지 여부 – 는 여전히 의미 있는 질문이다.

물질, 공간 및 시간은 무한히 나누어질 수 있을까? 이것은 (소문에 의하면) 버트런드 러셀이 참신한 은유적 형태로 제기한, 시간을 초월한 형이상학적 질문과 관련되어 있다. 실재는 한 통의 시럽인가, 아니면 한 무더기의 모래인가? 20세기에 물질은 원자들로 분해되었고, 다시 원자는 양성자와 중성자로 구성되었음이 드러났으며, 다시 양성자와 중성자는 쿼크라는 더 작은 입자로 이루어져 있는 듯했다. 여기서 끝일까? 쿼크가 모래 무더기의 재료일까? 쿼크 역시 내부 구조를 갖는다는 어떤 증거가 있긴 하지만, 그 구조를 밝혀내려면 물리학자들이 도저히 만들어낼 수 없는 막대한 에너지가 들지 모른다. 공간과 시간도, 현재의 추정상의 이론에 의하면 지극히 작은 스케일에서 불연속적인 모래 알갱이 같은 구조를 가질 수 있다. 지극히 작은 스케일이란, 공간의 경우 최소치가 10^{-33}센티미터의 플랑크 길이, 그리고 10^{-43}초의 플랑크 시간(일설에 의하면 신호등이 초록불로 바뀌고 나서 뉴욕의 택시 운전사가 경적을 울리기까지 걸리는 바로 그 시간)을 말한다. 하지만 이번에도 무한한 가분성의 지지자들은 더 큰 에너지를 투입하면 훨씬 더 작은 시공간 스케일이, 그리고 세계 속의 더 깊은 세계가 발견될 수 있다고 언제나 주장할 수 있다. 물리학자들은 또한 에너지의 무한히 작은 점인 빅뱅에서 우리의 우주가 탄생했던 '특이점'을 거론할지도 모른다. 존재와 비존재 사이의 존재론적 매개 역할을 하기에 무한소보다 더 나은 것이 과연 있을까?

하지만 무한소에 관한 가장 생생한 인식은 영원 앞에 선 우리의 유한함에서 생겨날지 모르는데, 그것을 생각하면 우리는 초라해지면서 동시에 고귀해질 수 있다. 이 발상이 무한소와 어떤 관계가 있는지는 1950년대 영화 「놀랍도록 줄어든 사나이The Incredible Shrinking Man」의 주인공 스콧 캐리Scott Carey가 신랄하게 표현했다. 어떤 기이한 방사능 효과 때문에 영화의 마지막에서 스콧은 비존재로 축소되어간다. "나는 자꾸만 줄어들다가, 마침내 ─ 그 뭐지? ─ 무한소가 될 것이다"라고 그는 별빛 찬란한 하늘 아래에서 파스칼 식으로 다음과 같이 곰곰이 생각한다.

아주 가깝다, 무한소와 무한대는. 하지만 문득 나는 그것들이 사실은 동일한 개념의 두 극단임을 알았다. 믿을 수 없을 만큼 작은 것과 믿을 수 없을 만큼 큰 것은, 마치 거대한 원이 닫히듯이, 결국에는 만난다. 나는 하늘을 어떻게든 파악할 수 있기라도 한 듯이 올려다보았다. 그 순간 나는 무한이라는 수수께끼의 답을 알아냈다. 이전에 나는 인간의 제한된 차원의 관점에서 생각했다. 나는 자연을 단지 넘겨짚었다. 존재가 시작과 끝이 있다는 것은 자연의 관점이 아니라 인간의 관점이다. 그리고 나는 내 몸이 줄어들고 녹고 무無로 향해 감을 느꼈다. 내 두려움은 녹아내렸다. 대신에 수용의 마음이 들어섰다. 창조의 이 모든 광대한 위험은 나름의 의미가 있어야 했다. 나 역시 나름의 의미가 있다. 그리고 가장 작은 것보다 더 작아진 지금의 나도 역시 의미가 있다. 하느님이 보시기에 0은 없다. 나는 여전히 존재한다.

마찬가지로 무한도 그러하리라.

제6부

영웅주의, 비극, 그리고 컴퓨터 시대

14

에이다를 둘러싼 논란

바이런의 딸이 최초의 프로그래머였나?

미 국방부에서 군사 시스템을 제어하기 위해 사용하는 프로그래밍 언어의 명칭은 '에이다Ada'이다. 조지 고든 바이런 경의 딸인 에이다 바이런의 이름을 땄다. 이 명명 행위는 제멋대로 갖다 붙인 것이 아니었다. 오거스타 에이다 바이런Augusta Ada Byron－결혼 후에는 러브레이스 백작 부인이 되는 인물－은 나중에 컴퓨터 프로그래밍이라고 불리는 작업을 처음 했다고 널리 알려져 있다. 평생 그녀는 수학 천재, 일명 '수의 여자 마법사'로 통했다. 1852년에－아버지와 똑같이 36세의 나이에－세상을 떠난 후, 대중 전기 작가들은 그녀의 지성과 바이런 혈통을 찬양했다. 컴퓨터 시대가 도래하면서 에이다의 사후 명성은 더욱더 높아졌다. 기술의 선지자로 칭송받게 되었으며, 이진 수학의 창시자이자 사이버 페미니즘의 컬트 여신으로 숭배를 받게 되었다. 거장 과학자의 면모도 띠었기에, 영국의 극작가 톰 스토파드Tom Stoppard는 희곡 「아카디아Arcadia」에서 에이다를 바탕으로 삼은 등장인물을 출현시켜 페르마의 마지막 정리는 말할 것도 없이 엔트로피 법칙과 카오스 이론을 펼쳐나가는 모습을 그려냈다.

에이다 러브레이스를 컴퓨터 프로그래밍의 발명가라고 보는 시각이 상상력을 사로잡는 까닭은 그러한 시각에 두 가지 불가능성과 한 가지 역설이 깃들어 있기 때문이다. 첫 번째 불가능성은 남성들의 전유물로 보이는 컴퓨터 프로그램을 여성이 발명할 수는 없었지 않겠냐는 것이다. 두 번째 불가능성은 최초의 프로그램이 실제 컴퓨터가 출현하기한 세기도 더 전에 작성될 수는 없었지 않겠냐는 것이다. 그리고 역설은 이 최초의 프로그래머가 컴퓨터와 관련된 것이라면 뭐든 싫어했을법한 바이런 경의 아랫도리에서 솟아났다는 사실이다.

돌이켜보면, 그 역설에는 조금 다른 면이 있기도 하다. 에이다가 시보다는 알고리즘을 선택했을지도 모르지만, 그녀가 보인 행동은 바이런 식의 거창한 자기과시였다. 자신의 천재성을 대단히 뽐내려 했던 태도에서 보이는 면이다. 아버지처럼 그녀도 '광기와 사악'에 빠졌을 수있다. 히스테리를 부리거나 종종 아편에 빠지고 충동적으로 도박과 육욕에 탐닉했을 수 있다. 정신이 맑을 때는 자신에 관해 이렇게 말했다. "나는 이—이상한 동물이다." 전부 흥미로운 이야기들이다. 하지만 이와 별개로 또 한 가지의 질문도 흥미롭기는 마찬가지다. 정말로 에이다가 컴퓨터의 역사에서 중대한 역할을 했을까?

1815년 12월 10일 에이다의 출생을 둘러싼 상황은 멜로드라마에무척 가까웠다. 에이다 어머니의 산통이 시작되기 전날 바이런은 아래층 방에서 밤새도록 천장에 소다수 병을 던지고 있었다. "아, 무슨 운명의 장난으로 너를 얻었단 말인가!"라고 그는 갓 태어난 딸아이를 바라보며 탄식했다고 한다. 결혼한 지 고작 열한 달째였는데, 다시 열한 달이 지난 후에 레이디 바이런 Lady Byron은 남편을 영원히 떠나면서 에이다도 데려가버렸다. 남편의 정신이상을 의심하게 되었을 뿐만 아니라 남편이 이복누이 오거스타 리Augusta Leigh와 근친상간 관계라는 증거도 얻었고, 게다가 – 남색이 사형에 처해질 죄이던 시대인지라 훨씬 더 심각하게도 – 동성애 행위에도 관여했다는 사실을 알고 난 후였다. 신문들이 환호했던 이 대단한 결별 드라마는 현대의 유명 인사 스캔들의 원형이 되었다. 4월에 바이런은 영국을 버리고 유럽 대륙으로 건너갔는데, 마지막 반항의 표시로 나폴레옹의 마차를 복제한 객실에 타고 도버 해협을 건넜다. 이후로 다시는 에이다를 만나지 않았다.

결별 후 레이디 바이런은 남은 생을 두 가지 목적에 바쳤다. 남편과 결별한 자신의 선택이 옳았음을 소명하는 것과, 악명 높은 바이런의 기질이 딸에게 나타나지 않도록 하는 일이었다. 어렸을 때 레이디 바이런은 수학을 공부한 적이 있었는데, 그걸 갖고서 남편은 '평행사변형의 공주'라고 짓궂게 놀리곤 했다. 이제 그녀는 수학이야말로 에이다가 부계에서 물려받았을지 모르는 타락한 기질을 억눌러줄 것이라고 생각했다. 어린 에이다는 덧셈과 곱셈은 마음껏 했지만 아버지와 관련된 것에는 일체 얼씬도 할 수 없었다. 여덟 살 때 아버지 바이런은 세상을 떠났다. 시신이 영국으로 되돌아왔을 때 전 국민이 애도하는 분위기는 에이다에게 별다른 영향을 주지 않았다.

에이다는 어머니의 훈육 아래서 제대로 자라지 못했다. 열세 살 때 히스테리성 시각장애와 마비를 겪었다. 열여섯 살 때에는 어머니의 노처녀 친구들(에이다가 '복수의 여신들'이라 부른)이 늘 감시를 하는데도 줄행랑을 쳐서 가정교사와 정분을 맺었다. 그녀의 열정을 식히고자 더 많은 수학 공부 과제가 내려왔는데, 여섯 권으로 된 유클리드의 『원론』입문서였다. 한편 추파를 잘 던지는 그 어여쁜 여인은 구애자들에게 둘러싸였는데, 그들이 에이다에게 끌린 것은 바이런 가문의 유명 인사라는 점

뿐만 아니라 부유한 어머니 가문에서 물려받을 막대한 재산 때문이기도 했다.

1833년, 처음으로 런던에 머물 때 참석한 파티에서 에이다는 마흔한 살의 홀아비 찰스 배비지Charles Babbage를 소개받았다. 교양 있는 수학자인 배비지는 온갖 새로운 물건을 만들어내는 발명가이기도 했다. 당시 그는 런던의 자기 집에서 여러 차례 파티를 열어 자신이 차분기관Difference Engine이라 명명한 것을 자랑하고 있었다. 이것은 휴대용 트렁크 크기의 기계적 계산기로, 약 2,000개의 번쩍이는 놋쇠 및 강철 부품ㅡ축, 원반, 톱니ㅡ으로 제작되었고 손으로 돌려서 작동시켰다. 에이다는 어머니와 함께 그 '생각하는 기계'(당시 사람들이 부른 이름)를 구경하러 가서는 홀딱 반하고 말았다. 배비지에게 설계도와 도해 사본을 달라고 부탁하자, 그는 기꺼이 내주었다.

배비지는 현실적 동기에서 차분기관을 제작했다. 산업혁명이 도래하면서 공학자와 항해사는 정확한 수치 도표가 필요했다. 자신들이 갖고 있던 수치 도표에는 수천 가지의 오류가 있었기에, 배의 좌초라든지 여러 공학적 재앙이 초래될 수 있었다. 프랑스 국립고등교량도로학교École Nationale des Ponts et Chaussées의 총장인 가스파르 드 프로니Gaspard de Prony 남작이 1799년 프랑스가 십진법을 사용하게 되었을 때 그런 수치 도표를 계산하는 독창적인 방법을 내놓았다. 드 프로니는 애덤 스미스의 『국부론』에서 영감을 얻었는데, 특히 핀 공장의 노동 분업에 대한 애덤 스미스의 설명이 큰 계기가 되었다. 드 프로니는 공포정치 기간 동안 고객들이 단두대로 끌려가 목이 잘리는 바람에 일거리가 없어진 파리의 미용사를 100명쯤 고용하여 일종의 산수 조립라인을 구성했다. 그의 말에 따르면 '핀을 제작하듯이 로그를 제작하기' 위해서였다. 각각의 미용사는 특별한 수학 실력이 없었다. 할 수 있는 것이라곤 더하기와 빼기, 그리고 머리 깎기뿐이었다. 계산 능력은 그들을 조직화하는 방식에서 나왔다. 배비지는 파리에 들렀을 때 드 프로니의 계산 시스템을 알게 되었고, 그런 비숙련 미용사들을 톱니바퀴로 대체할 수 있음을 깨달았다. 달리 말해서, 증기 엔진이 신체 활동을 자동화했듯이 기계도 정신적 활동을 자동화함으로써 똑같은 계산을 할 수 있음을 알아차렸던 것이다.

기계적 계산기를 고안한 이는 배비지가 처음은 아니었다. 덧셈 기계가 1642년 파스칼에 의해 발명되었고('파스칼라인'이라는 제품명으로 상업화되었다), 1673년에 라이프니츠는 사칙연산을 전부 할 수 있는 기계를 고안했지만 제대로 작동하지는 않았다. 하지만 이전의 어떤 계산기도 적어도 도면상으로 볼 때 차분기관처럼 정교하게 설계되지는 않았다. 에이다 바이런이 보았던 실제로 작동하는 모델은 영국 정부로부터 1만 7,000파운드의 보조금(전함 두 척을 거뜬히 건조할 금액)을 지원받아 제작되었으며, 배비지의 전체 설계 중 일부분만 실현한 것이었다. 그런데 배비지는 차분기관에 10년 동안 노력을 기울이더니 포기하고, 훨씬 더 야심찬 기계를 설계하기 시작했다. 그는 이 기계를 해석기관Analytical Engine이라고 불렀다.

해석기관은 여러 면에서 현대 컴퓨터의 원형이었다. 특정한 종류의 계산에만 국한된 구조였던 차분기관과 달리, 해석기관은 프로그래밍이 가능했다. 입력받는 명령에 따라, 동일한 물리적 메커니즘이 어떠한 수학적 기능도 실행할 수 있었다. (현대적 용어로 말하자면, 그것의 '소프트웨어'는 '하드웨어'와 독립적이었다.) 게다가 중간 계산 결과에 따라 계산 실행 도중에 경로를 바꿀 수 있었다. 결과적으로 '만약 그렇다면if-then'의 논리를 이용한 판단 행위를 수행할 수 있었다. (오늘날 이 행위를 가리켜 조건분기라고 한다.) 최종적으로 해석기관의 구조는 현대 컴퓨터의 구조와 꽤 비슷해졌다. 해석기관에는 '저장고'(메모리), '처리기'(프로세서), 그리고 프로그램을 집어넣는 입력장치와 결과를 인쇄하는 출력장치가 있었다. 입력장치는 천공카드에서 프로그래밍 명령어를 읽어들였는데, 이는 1970년대 후반까지 현대 컴퓨터에서 한 것과 똑같은 방식이다. 배비지는 프랑스의 직조 기술에서 천공카드 아이디어를 빌려왔다. 1804년 조지프 마리 자카드Joseph Marie Jacquard가 완전히 자동화된 베틀을 발명했는데, 이것은 투입하는 천공카드의 열에 따라 상이한 패턴들을 자동으로 짜는 기계였다.

배비지는 1836~1840년에 해석기관을 설계했는데, 그동안 내내 해석기관을 구현하기 위한 정부 지원을 얻으려고 헛되이 애썼다. 그 기간에 에이다는 신경쇠약에 시달렸고, 명문가 출신이지만 조금 둔감한 지주(나중에 러브레이스 백작이 되는 인물)와 결혼했고, 세 아이를 낳은 뒤 다시 신경쇠약에 걸렸고, 최면술과 골상학에 깊이 빠졌고, 열정적인 하프 연주자가 되었고, 수학을 연구했다. 마침내 악명 높았던 아버지의 초상화를 보고 아버지의 시를 읽어도 좋다는 허락을 받았고, 또한 아버지가 아마도 근친상간을 했고 다른 금지된 시도들을 했다는 말을 어머니에게서 듣고 나서 에이다는 바이런 핏줄을 과학을 통해 정화해야겠다는 생각을 굳혔다. 그녀는 이렇게 선언했다. "아버지가 천재성을 남용한 것을 속죄해야겠다는 야망이 내게 생겼다. 만약 아버지의 천재성을 내가 조금이라도 물려받았다면, 그걸 이용하여 위대한 진리와 원리들을 내놓고 싶다. 아버지가 당신의 과업을 내게 물려주신 것 같다!" 자신이 천재성을 타고났다는 생각에 깊이 빠져 있었던 것이다.

하지만 그런 천재성을 어떻게 표현한담? 수학에 오랫동안 몰두했지만, 서신교환 내용을 보면 에이다는 여전히 가장 기본적인 삼각법도 터득하지 못했다. (반면에 절친한 친구인 마리 서머빌Mary Somerville은 벌써 수학에 독창적인 기여를 했다.) 속죄 임무를 수행하려면 여전히 가르침이 더 필요함을 깨달았다. 그래서 '바라 마지않는 수학의 사람, 위대한 미지의 인물'을 찾기 시작했다. 마침내 유니버시티 칼리지 런던의 최초의 수학 교수인 아우구스투스 드 모르강의 가르침을 받게 되었다. 2년 동안 서신을 통해 개인교습을 받았는데도(드 모르강은 초급 미적분을 가르치려 했다) 에이다는 공부에 별다른 진전이 없었다. 1842년 11월 27일자로 드 모르강에게 보낸 편지에서 고백한 내용을 보면, 그녀는 단순한 수식을 방정식으로 대체하는 게 고작인 문제를 열하루 내내 끙끙댔다고 한다. 연습 문제에 나오는 대수식이 '도깨비와 요정'만큼이나 이해하기 어려웠다.

스물일곱의 나이로 들어서는 바로 이 시기에 에이다는 마침내 위대한 과제와 마주쳤다. 그때로서는 자신의 산만한 야심을 한곳에 집중시키게 해주었고 나중에는 사후의 명성을 안겨다줄 일이었다. 2년 전에 배비지는 해석기관의 청사진을 최초로 대중에게 소개했다. 외국 귀빈으로 초대를 받아서 토리노의 과학 학술회의에서 했던 일이다. 회의 참석자들 중에는 루이지 메나브레Luigi Menabrea 대위가 포함되어 있었다. 젊은 군인 엔지니어로서 훗날 새로 통일된 이탈리아의 총리가 되는 인물이다. 메나브레는 배비지의 발표 내용을 공책에 적었고, 1842년에 프랑스어로 논문 한 편을 발표했다. 제목은 '해석기관 개요'. 우연히 그 논문을 읽은 에이다의 친구가 영국의 과학 학술지에 신도록 번역을 해보지 않겠냐고 말했다. 에이다는 그 일에 열심히 매달렸다. 자신이 한 일을 배비지에게 알렸더니, 그는 번역문에 주석을 직접 달아보라고 격려해주었다.

이는 두 가지 면에서 대담한 제안이었다. 첫째, 당시에 여성은 과학 논문을 거의 발표하지 못했다. 둘째, 에이다는 전문 과학자가 아니었다. 백작 부인이자 유명 인사였고 당대의 가장 유명한 문학계 인물의 딸이었다. 그 기관을 혼자 홍보하느라 살짝 지쳐 있던 배비지로서는, 여전히 지원금을 받지 못해서 해석기관을 제작하지 못하는 상황에서 에이다가 '번역자'로 나서준 것은 가슴 설레는 일임에 분명했다. 그녀는 상류사회에 속한 인물이었기 때문이다. 아마도 배비지는 에이다의 주석 사본을 앨버트 공(빅토리아 여왕의 남편)에게 보내자고 제안했던 듯하다.

배비지는 에이다를 적극적으로 지원했다. 자기 발명품의 작동 원리를 설명해주었을 뿐만 아니라 자신의 도표들과 공식들도 건네주었다. 시적인 자긍심은 에이다의 몫이었다. 해석기관이 프랑스의 자동 베틀처럼 천공카드로 프로그래밍하게 되어 있음을 강조하면서 그녀는 이렇게 적었다. "자카드 베틀이 꽃과 이파리를 짜듯이, 해석기관은 *대수적 패턴을 짠다.*" 에이다는 그 기계가 실행할 수 있을 법한 프로그램의 여러 사례를 내놓았다. 한 가지를 제외하고 이들 사례는 오래전에 배비지가 알아냈지만, 그는 나중에 '전부 그녀가 내놓은 사례'라고 우겼다.

에이다의 주석에 있는 참신한 사례 하나는 베르누이 수라는 것을 계산하는 과정이었다. 그 수들은 이전 세기에 스위스 수학자 야코프 베르누이가 처음 내놓았는데, 항해 도표들의 구식 계산에 등장한다. 그 수에 대한 방정식을 배비지가 알려주자, 에이다는 그 공식을 더 단순한 공식들로 분해하여 어떻게 하면 배비지 기계를 위한 명령어로 베르누이 수들을 부호화할 수 있을지를 알아내는 연구에 뛰어들었다. 하지만 기초 대수에 대한 실력이 부족했기에 노력은 별 성과가 없었다. "이 수들로 인해 대단히 깊은 수렁과 짜증에 빠져 나는 무척 괴롭습니다"라고 그녀는 배비지에게 보낸 편지에서 털어놓았다. 그러자 배비지는 결국 '레이디 러브레이스를 곤경에서 구해내기 위해' 대수를 자신이 직접

했다(그녀가 세상을 떠난 후 배비지가 자신의 자서전에서 밝힌 내용이다). 에이다는 배비지의 공식들을 '도표 & 도해'에서 재배열했다. 이는 그가 직접 만든 것과 비슷한 형태로서 각각의 공식을 기계에 어떻게 입력하는지 알려주었다. 남편인 러브레이스 경Lord Lovelace이 각고의 노력을 기울여 적은 결과물이 1843년 8월에 발간되었다. 바로 이 프로토타입 프로그램(최초답게 두 가지 버그가 들어 있었던 프로그램)이 이후 에이다를 컴퓨터 프로그래밍의 시조로 만들어주었다.

그것이 완성되었을 무렵 에이다의 주석은 약 40쪽까지 늘어났는데, 원래 계획했던 번역문 분량의 두 배를 넘었다. 해석기관의 전반적인 구조를 기술하긴 했지만, 그녀는 기계적 세부 사항에는 별 관심이 없었다. 대신에 여러 철학적 견해를 제시했다. 배비지의 기계가 단지 수뿐 아니라 모든 종류의 기호를 다룰 수 있기 때문에 수치계산 기계를 능가한다고 그녀는 보았다. '아무리 복잡하든 길이가 얼마나 길든, 정교한 과학적 음악 작품'을 작곡할 수 있을지 모른다고도 썼다. 또한 그 기계를 통해 물질과 정신적 과정 사이의 관련성을 밝혀낼 것이라고 말했다. 하지만 인간의 마음과 달리 진정으로 영리할 수는 없으리라고 그녀는 주장했다. "해석기관이 뭐든 독창적으로 해낼 수는 없다. 어떻게 명령을 내려 실행할지 우리가 아는 것만 할 수 있다." 한 세기가 지난 후 앨런 튜링은 인공지능에 관한 선구적인 강연에서 에이다의 진부한 태도를 '레이디 러브레이스의 반대'라고 명명했다. 그 반대가 간과했던 것은 배비지의 해석기관과 같은 기계가 자신에게 입력된 명령을 변경하여 – 사실상 경험을 통해 학습함으로써 – 지적이고 예측 불가능한 어떤 것을 실행할 수 있을 가능성이다. 가령 세계 체스 챔피언을 이길 가능성을 내다보지 못했던 것이다.

그런데 주석에 담긴 내용 중에서 어느 것이라도 그녀가 '독창적으로' 알아낸 것이 있는지는 의심스럽다. 조금 장황하게 추정하는 일부 내용을 빼고는 말이다. 얼마나 사소한지 여부와는 무관하게 모든 기술적이고 과학적인 내용에 관해서 그녀는 배비지에게 공을 돌렸다. 배비지로서는 그 업적에 에이다의 공이 제일 컸다고 짐짓 꾸며낼 이유가 충분했다. 해석기관을 선전하는 데 그녀의 주석이 더욱 효과적이었을 뿐만 아니라 그녀의 다소 과장된 주장에 대한 책임을 – 자신과 상의하지 않았다는 구실을 들어 – 배비지가 회피하는 효과도 있었다. 에이다 프로젝트의 다른 부분 – 메나브레 논문의 번역 – 은 아주 곤란한 오류로 망쳐진 까닭에, 그녀의 수학 실력에 대한 세간의 평판이 거짓임이 드러나고 말았다. 원래 프랑스어 판의 오자 때문에 'le cas $n=\infty$'($n=\infty$인 경우)로 인쇄되었어야 할 구절이 'le cos. $n=\infty$'로 찍혔다. 에이다는 이 인쇄기의 실수를 문자 그대로 'n의 코사인이 ∞일 때'로 번역했다. 이것은 명백히 틀렸다. 왜냐하면 코사인 함수는 언제나 +1과 -1 사이의 값을 갖기 때문이다.

어쨌거나 에이다는 자신의 프로젝트에 만족하여 그것을 '내가 낳은 첫 작품'이라고 부르기 시작했다. 첫 작품을 발표한 이후에는 자신의 비범한 지적 능력이라고 여긴 것에 대한 확신이 더욱 커졌다. 배비지에게 쓴 편지에서 그녀는 이렇게 밝혔다. "저는 기분이 좋아요. 다음 해에는 제가 정말로 해석가가 될 것 같거든요. 연구를 할수록 저의 창의성을 새삼 느끼게 됩니다. 제가 해석가(겸 형이상학자)가 되어 도달할 수준만큼 아버지가 대단한 시인이었다고(또는 될 수 있었다고) 저는 보지 않아요. 왜냐하면 제게는 그 두 가지가 분해되지 않고 함께이니까요." 요정과 도깨비 – 중기 빅토리아 시대 사람들이 주로 상상했던 대상 – 에 사로잡혀 있는 사람답게 그녀는 배비지에게 자신의 '요정을 통한 운세 내다보기Fairy-Guidance'를 믿어보라고 권했다. 배비지는 그러지 않았다. 에이다 주석의 출간은 그가 기대했던 대단한 업적이 아니었다. 과학계도 주목해주지 않았다. 해석기관 제작을 위해 오랫동안 기다렸던 의회의 자금 지원은 이루어지지 못했다. 비록 배비지가 남은 28년을 자신의 프로토타입 컴퓨터의 개선과 홍보에 쏟았지만, 결국 제도판 위를 벗어나지 못했다.

주석 발표를 통해 가장 큰 혜택을 본 것은 에이다 자신의 명성이었다. 배우, 극작가, 예술사가 등이 포함된 그녀의 사교계 친구들에게 주석 사본이 배포되자 (어리둥절한) 감탄의 표현이 쏟아졌다. 안 그래도 바이런의 딸이라는 유명세를 타고 있는데, 그처럼 명백한 과학적 성취까지 더해지자 대중에게 굉장한 호기심의 대상이 되었다. 1844년 런던 협회는 당시의 대담한 신간 『창조의 자연사의 흔적 Vestiges of the Natural History of Creation』의 익명 저자가 그녀라는 소문을 흘렸다. 그 책은 인간을 자연법칙의 지배를 받는 우주의 진화 산물로 묘사했다는 점에서 다윈의 전조가 되었다. 에이다는 그 책을 쓰지 않았다. 사실 동물 자기장을 다룬 논문에 관해 쓰다 만 검토서를 빼고는 여생 동안 아무런 중요한 저술을 남기지 않았다. 미약한 결실은 야심의 크기와 뚜렷한 대조를 이룬다. 그녀가 가까이 다가갔다고 여긴 업적 중에서 가장 환상적인 것은 '신경계의 미적분'에 관한 연구, 즉 어떻게 뇌가 생각을 일으키는지에 관한 수학적 모형이었다.

친한 이들에게 그런 주장들은 허황된 광적인 망상처럼 보였다. 딸의 지나친 자기중심적 허세를 어머니는 이렇게 꼬집었다. "자신감이 그 소유자를 정신병원으로 인도하지 않기를 바란다. 조금 그렇게 될 것처럼 보이긴 하지만." 아버지처럼 에이다도 감정이 급변하는 성향이었기에 하나의 관심사에 오래 집중하기가 어려웠다. 신경쇠약이 계속 재발했을 뿐 아니라 여러 가지 신체적인 질병으로 고통받았다. 가령 위장

장애, 가슴 두근거림, 천식, 그리고 일종의 신경질환 등을 앓았다. 이런 골칫거리들에 대한 다목적용 치료 수단이 아편이었는데, 아편제(포도주 주정에 아편을 섞은 용액) 또는 새로 발견된 모르핀의 형태로 복용했다. 에이다는 마음의 평정을 얻기 위해 '아편 시스템'에 의존했다. 한번은 분명 아편 기운에 취해서, 자신이 태양이고 다른 행성들이 자신을 중심으로 도는 이미지가 펼쳐졌다고 한다.

에이다의 '신경계의 미적분'은 아무런 성과가 없었다. 하지만 전기가 신경 에너지의 원천이라는 생각에 사로잡힌 덕분에 앤드루 크로스Andrew Crosse와 인연이 닿았다. 괴짜 아마추어 과학자인 그는 마리 셸리의 프랑켄슈타인 박사의 모델이 된 인물이었는데, 나중에는 자기 아들 존과 음란한 짓을 한 것으로도 유명하다. 하지 말라는 것이면 더 사족을 못 쓰는 아버지의 핏줄답게 그녀는 경마에도 빠졌다. 무성한 소문에 의하면 일단의 경마 도박꾼들의 우두머리였던 에이다는 돈 걸기를 위한 일종의 수학적 시스템을 고안했다고 한다. 만약 그랬다면 수학을 잘하지 못했음이 다시 한 번 증명되는 셈이다. 경마로 잃은 손실이 천문학적인 액수였으니 말이다. 집안의 다이아몬드를 전당 잡혀 도박 빚에 충당했고, 그러면 어머니가 몰래 다이아몬드를 되찾아왔고, 다시 에이다는 그걸 전당 잡혔다. 충동적인 도박 습관은 자궁암 진단을 받고 난 후에도 계속되었다. 다량의 출혈로 인해 침대를 벗어나지 못하게 되었을 때, 찰스 디킨스가 찾아와 그녀가 제일 좋아하는 책인『돔비와 아들Dombey and Son』을 읽어주었다. 오랜 고통을 겪은 후 그녀는 36세의 나이에 세상을 떠났다.

언젠가 나는 에이다를 칭송하는 숱한 웹사이트 중 하나에 들렀다가 이런 문구를 만났다. "에이다의 무덤이 이제는 바이런의 무덤보다 방문객 수가 더 많다." 확인하기는 어려운 주장인데, 왜냐하면 죽기 직전에 남긴 유언에 따라 에이다는 노팅엄에 있는 바이런의 지하 납골당 안, 아버지 바로 옆에 묻혔기 때문이다. 그 웹사이트에서는 에이다를 '최초의 해커'라고 칭했는데, 이것은 오늘날 아주 매력 없는 취미 활동을 조금이라도 멋지게 보이려는 필사적인 시도인 듯하다. 에이다의 전기를 처음 쓴 전기 작가 도리스 랭글리 무어Doris Langley Moore는 바이런 전문가였지 수학을 특별히 잘 알지는 못했다. 이 작가는 에이다가 아우구스투스 드 모르강에게 보낸 '흥미로운 편지들'을 보면, "호기심 많고 사변적이고 설득력 있으며 내용이 풍부한 편지에는 방정식과 문제와 해법과 대수 공식들이 마치 마법사의 신비로운 기호처럼 가득했다"고 적고 있다. 하지만 사실 에이다는 미적분의 초급 과정을 배우는 학생이었을 뿐이다. (이와 달리 두 번째 전기 작가인 도로시 스타인Dorothy Stein은 에이다가 품었던 야망의 광대함을 재능의 평범함 및 업적의 미약함과 재치 있게 대비시켰다.) 영국 철학자 사디 플랜트Sadie Plant는 자신의 사이버 페미니즘 선언서 『영과 일Zeros+Ones』(1997년)에서 '에이다의 해석기관'이라고 무심코 말함으로써 최초의 컴퓨터의 진정한 창조자인 배비지를 배제시키고 있다. 물론 플랜트는 "배비지의 미래지향적 사고는 에이다의 예지력과 별개이다"라고 밝히긴 했다.

더 이후의 전기인 벤저민 울리Benjamin Woolley의 『과학의 신부Bride of Science』(1999년)는 에이다를 더 냉정하게 평가한다. 저자는 "에이다가 대단한 수학자는 아니었으며", 게다가 "수학 지식이 부족해서 배비지의 도움 없이는 메나브레 주석을 쓸 수 없었으리라"고 시인한다. 하지만 ― 아마도 울리 자신이 과학자라기보다 작가이자 방송인이었기에 ― 그는 에이다의 기술적 재능은 별로 문제삼지 않는다. 대신에 바이런 핏줄의 영감을 부각시키며 그녀를 '시적인 과학'의 실천가로 치켜세운다. 서정적인 비유를 통해 ― 가장 유명한 대목을 들자면, "자카드 베틀이 꽃과 이파리를 짜듯이, 해석기관은 *대수적 패턴을 짠다*" - 에이다는 "배비지의 비범한 발명품이 지닌 기술적인 세부 사항을 뛰어넘어 그것의 진정한 위대함을 드러냈다".

만약 에이다 러브레이스가 컴퓨터 프로그래밍을 발명하지 않았더라도, 찰스 배비지가 컴퓨터를 발명했다고 말하는 것은 적어도 정당할까? 울리가 쓴 에이다의 전기에서는 배비지가 해석기관을 실제로 제작하지 못했다는 사실을 중시한다. 울리가 보기에, 그 이유는 배비지가 괴짜스러운 완벽주의자라거나 당시의 공학 수준의 한계 때문이 아니라 빅토리아 시대가 아직 컴퓨터를 받아들일 준비가 되지 않았기 때문이다. 울리는 이렇게 적고 있다. "이후 컴퓨터가 혁명을 불러온 일상생활, 정부 및 산업의 모든 영역 - 통신, 행정, 자동화 - 은 에이다가 메나브레 논문을 번역하고 주석을 단 시기에는 거의 존재하지 않았다. 100년 후에 등장한 전자식 컴퓨터의 발명자들도 배비지와 에이다에 대해 거의 몰랐다."

울리의 말은 절반만 옳다. 분명, 19세기의 삶에서 컴퓨터는 대단한 실제적 역할이 없었다. 컴퓨터가 정말로 필요하다는 인식은 제2차 세계대전 때 적의 암호 해독에 컴퓨터가 필수적으로 중요함이 입증되기 전까지는 생기지 않았다. 그 시기에 결정적인 아이디어를 내놓은 사람은 앨런 튜링이었다. 하지만 튜링은 배비지의 작품을 분명히 알았다. 사실 그가 구상한 보편 계산 기계는 배비지의 것과 매우 가까웠다. 1940년대 초반에 선보인 최초의 디지털 컴퓨터들 - 튜링의 천재성이 발휘되어 나치 암호 해독에 성공한 영국 블레츨리 파크의 콜로서스Colossus, 펜실베이니아 대학의 ENIACElectronic Numerical Integrator and Computer(전자식 수치 적분기 겸 계산기), 그리고 IBM이 제작한 하버드 마크 I - 은 본질적으로 배비지 기계였다.

한 가지 질문이 남는다. 최초의 프로그래머는 누구였을까? 에이다 러브레이스를 논쟁에서 배제한다면, 배비지가 후보에 오를지 모른다. 왜냐하면 그도 구현되지 않은 자신의 컴퓨터에 쓰일 다수의 프로그램을 작성했기 때문이다. 하지만 프로그래밍을 할 수 있는 것은 컴퓨터만이 아니다. 만약 '프로그래밍'이 자동화된 장치가 사람의 지시를 따르게 해주는 한 벌의 부호화된 명령어를 고안한다는 의미라면, 최초의 위대한 프로그래머는 조지프 마리 자카드였다. 19세기 초반의 이 프랑스인은 최초로 천공카드를 이용하여 자동 베틀이 비단옷에 복잡한 패턴을 짜도록 만들었다. 배비지도 그 점에서 자카드가 앞섰음을 인정했다. 토리노 회의에서 자신의 해석기관에 대한 개념을 소개했을 때, 그는 2만 4,000장 이상의 천공카드로 프로그래밍된 자동 베틀이 생산한 자카드의 비단 초상화를 가져갔다. 오늘날의 기준으로 보아도 큰 분량의 프로그램이다.

맨 처음의 프로그램이 수치계산이나 정보처리가 아니라 아름다운 비단옷을 짜는 용도였다는 것이 놀랍지 않은가? 또는 최초의 계산용 컴퓨터가 기계 부품이나 진공관이 아니라 실직한 미용사들로 구성되었다는 게 놀랍지 않은가? 그런 일들이 먼저 화사한 길을 연 다음에 컴퓨터 시대가 왔다. 그리고 최초로 컴퓨터 시대의 도래를 알린 이가 바로 신경이 예민한 젊은 여인이자 시인의 딸이자 자신을 요정으로 여긴 에이다 러브레이스다.

15

앨런 튜링의 삶, 논리, 그리고 죽음

1954년 6월 8일, 맨체스터 대학의 과학자 앨런 튜링이 41세의 나이로 죽은 채 가정부에게 발견되었다. 전날 밤 잠자리에 들기 전 그는 청산가리가 든 사과를 몇 입 깨물었다. 며칠 후 검시 결과 자살로 판명되었다. 튜링은 성향 때문이라기보다 상황 때문에 비밀에 감싸인 인물이었다. 비밀 중 하나가 죽기 2년 전에 벗겨졌는데, 동성애 행위를 했다는 '음란행위' 혐의로 유죄판결을 받았기 때문이다. 하지만 또 하나의 비밀은 그때까지도 밝혀지지 않았다. 제2차 세계대전 중에 독일의 에니그마 암호 해독 임무의 책임자가 바로 튜링이었다. 그 임무 덕분에 영국은 1941년 이래로 지속된 전쟁의 참상에서 벗어날 수 있었다. 만약 그런 사실이 공개되었다면 튜링은 국가의 영웅으로 칭송받았을 것이다. 하지만 영국이 암호를 해독하기 위해 노력했다는 사실은 전쟁이 끝난 후에도 비밀에 부쳐졌다. 관련 문서들은 1970년대 이전까지 비밀이 해제되지 않았다. 그리고 1980년대가 되어서야 튜링은 첫 번째 업적과 마찬가지로 가공할 만한 두 번째 업적을 이룬 사람으로 알려지게 되었다. 바로 현대 컴퓨터의 청사진을 제작한 것이었다.

인류에 위대한 공헌을 했음에도 섹슈얼리티 때문에 죽을 수밖에 없었던 게이 순교자로 튜링을 바라보는 시각은 자연스럽다. 하지만 그가 정말로 자살을 했는지 의심이 들기도 한다. 1951년에 도널드 맥린Donald Maclean과 가이 버지스Guy Burgess라는 두 영국 외교관이 모스크바로 망명했다. 두 사람은 연인 사이라는 소문이 있었고 소련 스파이로 은밀히 활동했는데, 런던에 있는 한 신문사에 영국이 '성적·정치적 변태자를 솎아내라는' 미국의 정책을 채택했다는 사실을 기사로 싣도록 부추겼다. 전시에 암호 해독 임무를 맡았던지라 튜링은 영국의 정보활동 동향을 잘 알게 되었다. 동성애로 유죄판결을 받고 나자 그는 통제불능 상태로 보였을지 모른다. 섹스 상대를 찾아 동구권 접경 국가들을 들락거리기 시작했다. 사인을 조사한 검시관은 그런 사실을 전혀 몰랐다. 아무도 튜링의 침대 옆에서 발견된 사과에 청산가리가 든 까닭을 조사하지 않았다.

튜링이 은밀한 암살의 목표물이었을 수 있을까? 사후에 그런 가능성이 여러 차례 제기되었는데, 히치콕 감독의 스릴러에서 제목을 빌려온 『너무 많이 알았던 사람The Man Who Knew Too Much』이라는 짧은 전기에서도 그런 점이 엿보인다. 데이비드 리비트David Leavitt가 2006년에 쓴 튜링에 관한 전기다. 게이 주인공이 등장하는 여러 편의 장편소설과 단편소설의 저자인 리비트는 고전영화 「흰 양복의 사나이」를 끌어와 게이 순교자 주제를 풀어낸다. 리비트가 게이 우화로 풀이하는 이 1951년의 코미디영화에서는, 한 과학자가 굉장한 발명품을 만들고 나서 추격자들에게 쫓긴다. 리비트는 명백히 튜링을 연상시키는 세 번째 영화도 언급한다. 바로 1937년의 디즈니 애니메이션 「백설공주와 일곱 난쟁이」다.

튜링의 지인들은 그가 특히 마녀의 다음 2행시를 즐겨 암송했다고 한다. "사과를 맥주에 담가라, / 잠자는 죽음이 우러나게 하라."

앨런 매티슨 튜링Alan Mathison Turing은 아버지가 공직자로 일한 인도에서 잉태되어 1912년 부모가 머물던 런던에서 태어났다. 아이를 다시 동양으로 데려가는 대신에, 부모는 영국의 어느 해변 마을에 사는 퇴역 군인 부부에게 보내 그곳에서 살게 했다. 앨런은 잘생기긴 했지만 몽상적이고, 매사에 조금 서투르고, 형편없을 정도로 단정치 못했기에 급우들에게 별로 인기가 없었다. 어린 시절의 외로움은 10대 초반에 과학에 대한 열정을 함께 나누는 친구를 만나면서 마침내 물러갔다. 둘은 단짝이 되어 아인슈타인의 상대성이론 같은 심오한 주제를 함께 탐구했다. 1년 후 그 아이가 결핵으로 죽었을 때, 튜링은 나머지 일생 동안 다시 맞이하고픈 낭만적 사랑의 이상을 간직하게 되었다.

1931년 튜링은 케임브리지 대학에 입학했다. 그가 다닌 킹스 칼리지는 (리비트도 언급했듯이) 상당히 '게이스러운' 곳인데다 블룸즈버리 그룹과도 연관되어 있었다. 순진한 튜링은 그런 예술적 취향의 모임에 섞이기 어려웠다. 대신 그는 카누와 장거리 달리기를 통해 스파르타적인 기쁨을 얻기를 더 좋아했다. 하지만 케임브리지는 과학 문화의 요람으로도 유명했기에, 튜링의 재능은 그 분야에서 꽃필 수 있었다. 존 메이너드 케인스의 지지를 등에 업고 튜링은 1935년 스물두 살에 킹스 칼리지의 특별 연구원으로 선발되었다. 이 소식이 튜링의 어릴 적 학교에 전해지자, 학생들은 4행시를 지어 축하해주었다. "튜링 / 매력 만점의 사나이 / 교수님이 되셨네 / 아주 일찌감치." 의무는 없고 봉급과 고급 식당을 이용하는 특권까지 누리면서 그는 좋아하는 연구를 마음껏 할 수 있었다.

그해 봄, 수학의 토대에 관한 강의를 들으면서 튜링은 결정 문제라는 심오한 미해결 문제를 알게 되었다. 몇 달 후, 그는 평소처럼 달리기를 하다가 잔디밭에 누워 그 문제를 기상천외한 방법으로 해결할 일종의 추상적 기계를 구상했다.

결정 문제는 본질적으로 추론이 계산 과정으로 환원될 수 있는지를 묻는다. 이는 17세기 철학자 고트프리트 폰 라이프니츠의 꿈이었다. 그는 손에 펜을 쥐고서 '계산하자'라고 말하면 어떤 다툼도 해소할 수 있는 추론의 미적분을 상상했다. 예를 들어 여러분에게 몇 가지 전제가 있고 추정상의 결론 하나가 있다고 하자. 전자가 후자를 내놓을지, 즉 그런 전제들로부터 결론이 논리적으로 도출될지 여부를 결정할 어떤 자동화된 절차가 존재할까? 어떤 추측이 참 또는 거짓인지 여부를 원리적으로 결정할 수 있을까? 결정 문제는 그런 추론이 타당한지를 결정할 기계적인 규칙 집합을 요구하는데, 그런 집합은 반드시 유한한 시간에 '예/아니오'의 답을 내놓을 수 있어야 한다. 그런 방법이 수학에 특히 유용한 까닭은 수학 분야의 많은 난제―가령 '페르마의 마지막 정리' 또는 '골드바흐 추측'―를 무차별 대입 기법을 통해 해결해줄 것이기 때문이다. 그런 까닭에 다비트 힐베르트는 1928년에 수학계를 향해 결정 문제에 도전해보라는 과제를 내놓으면서 '수리논리학의 으뜸가는 문제'라고 불렀다.

튜링은 인간이 연필, 메모장, 그리고 명령어로 계산을 수행할 때 어떤 일이 벌어질지를 생각하기 시작했다. 하찮은 세부 사항을 가차 없이 삭제해나감으로써 튜링은 그 과정의 핵심을 포착한, 그랬다고 확신한, 이상화된 기계에 도달했다. 그 기계는 개념 면에서 보자면 조금 평범했다. (한 칸씩 무한정 떼어 쓸 수 있는 화장실 휴지처럼) 한 장씩 구분되는 무한히 긴 테이프로 이루어진 기계였다. 이 테이프 위를 작은 스캐너가 앞뒤로 오가면서, 한 번에 한 장씩 0과 1을 썼다 지운다(한 장에 숫자 하나씩). 임의의 순간에 스캐너의 움직임은 그 아래에 있는 장에 쓰인 기호가 무엇인지, 그리고 스캐너가 어떤 상태 – 말하자면 '마음의 상태' – 에 있는지에 따라 달라진다. 상태의 개수는 유한하며, 어떤 상태인지에 따라 스캐너가 보는 것을 스캐너가 하게 될 일과 연결시키는 방식이 기계의 프로그램을 구성한다. (구체적으로 예를 들면, 프로그램 내의 전형적인 한 행은 가령 이렇다. "기계가 상태 A에 있으면서 0을 스캔하면 0을 1로 교체하고, 한 장 왼쪽으로 이동한 다음에 상태 B로 바뀐다.")

튜링은 자신의 추상적인 장치로 놀라운 일들을 해낼 수 있었는데, 이 장치는 곧 '튜링 기계'로 알려지게 되었다. 설계는 단순하지만, 튜링 기계는 모든 종류의 복잡한 수학을 실행할 수 있음을 보여주었다. 게다가 각 기계의 작동은 단일한 수(보통 매우 긴 수)로 요약될 수 있기에, 한 기계는 다른 기계상에서 작동되게 할 수 있었다. 그러기 위해서는 두 번째 기계의 수를 첫 번째 기계의 테이프 위에 0과 1의 수열로서 표현하면 되었다. 만약 한 기계가 자신의 수를 입력받으면 스스로 작동할 수 있었다. 따라서 튜링은 자기 지칭의 역설('나는 거짓말을 하고 있다')과 비슷한 어떤 것을 활용할 수 있었는데, 그 결과 어떤 종류의 튜링 기계는 존재할 수 없음을 보여주었다. 가령 다른 기계의 프로그램 수를 입력받고서 그 기계가 결국에는 계산 과정을 멈출지, 아니면 영원히 계산을 수행할지 여부를 결정하는 튜링 기계는 존재할 수 없었다. (만약 그런 기계가 존재한다면 그걸 조금 수정해서 햄릿 버전을 만들 수 있을 텐데, 이 버전은 결과적으로 '내가 만약 멈추지 못하는 경우, 오직 그러한 경우에 한해서만 나는 멈출 것이다'라고 판단할 것이다.) 하지만 정지 문제는 알고 보니 결정 문제와 다른 것이 아니었다. 튜링은 자기가 상상하는 종류의 계산 기계가 결정 문제를 풀 수 없음을 증명해낼 수 있었다. 추론은 결국 계산으로 환원할 수 없었던 것이다.

하지만 라이프니츠에게는 꿈으로 끝나고 만 것이 컴퓨터 시대의 탄생으로 이어졌다. 튜링의 분석에서 등장한 가장 대담한 발상은 보편적 튜링 기계라는 개념이었다. 임의의 특정한 튜링 기계의 메커니즘을 기술하는 수를 제공하면, 그 기계의 행동을 완벽하게 모방하는 것이 보편적 튜링 기계였다. 결과적으로 한 특수 목적용 컴퓨터의 '하드웨어' 는 '소프트웨어'로 변환되어 데이터처럼 보편 기계에 입력될 수 있었고, 거기서 프로그램으로 작동될 수 있었다. 논리적 전개의 부산물로서 튜링은 프로그램 내장형 컴퓨터를 발명해낸 것이다.

튜링이 결정 문제를 해치웠을 때가 스물세 살이었다. 막 연구를 마무리하고 있을 때, 낙심천만한 소식이 대서양을 건너 케임브리지로 날아들었다. 프린스턴의 논리학자 알론조 처치Alonzo Church가 선수를 쳤다는 소식이었다. 하지만 튜링과 달리 처치는 보편 계산 기계라는 개념에 이르지 못했다. 대신에 처치는 람다 대수lambda calculus라는 훨씬 더 심원한 구성을 이용했다. 어쨌든 튜링은 더 정평 있는 그 논리학자와 함께 연구하면 이득이 있을지 모른다고 판단했다. 그래서 삼등 선실에 몸을 싣고 대서양을 건너 뉴욕에 도착했다. 도착한 후, 어머니에게 보낸 편지에서 튜링은 이렇게 적었다. "저는 미국에 처음 도착한 기념으로 택시 운전사한테 바가지를 써야만 했어요."

프린스턴에서 튜링은 상상 속에 존재하는 컴퓨터의 실제 작동 모델을 제작할 첫 단계를 밟았다. 그 컴퓨터의 논리 설계를 릴레이로 작동하는 스위치들의 망으로 구현할 방법을 찾기 시작했던 것이다. 심지어 물리학과의 기계 부품실에 들어가 릴레이를 직접 제작하기도 했다. 처치와 함께하는 연구 외에도 그는 쟁쟁한 실력자 존 폰 노이만과 교제했다. 나중에 폰 노이만은 튜링이 최초로 내놓은 컴퓨터 구조에 일대 혁신을 일으키게 된다. 사교적인 면에서, 그는 미국인의 솔직한 태도가 마음에 들었지만 예외도 있었다. "무슨 일이든 고맙다고 할 때마다 미국인들은 '천만에요 You're welcome'라고 말한다. 처음엔 그게 좋았다. 환영받는 줄 알았으니까. 하지만 알고 보니 그건 벽에 던진 공이 튀어나오는 것과 같다. 이제 무슨 뜻인지 확실히 알게 되었다. 미국인들한테서 보이는 또 한 가지 습관은 '아' 소리를 곧잘 낸다는 것이다. 특히 무슨 말에 마땅히 대답하기 어려울 때."

1938년에 튜링은 프린스턴에서 수학 박사학위를 받았다. 그리고 독일과의 전쟁이 임박했음을 우려한 아버지가 만류하는데도 영국으로 돌아가기로 결심했다. 다시 케임브리지로 와서는 수학의 기초에 관한 루트비히 비트겐슈타인의 세미나에 정기적으로 참석했다. 튜링과 비트겐슈타인은 굉장히 비슷했다. 고독하고 금욕적이고 동성애자였고 근본적인 질문에 끌렸다. 하지만 둘은 논리가 일상생활과 맺는 관계 같은 철학적 문제에서는 확연히 달랐다. "누구도 논리의 모순 때문에 곤경에 빠진 적은 없다"고 비트겐슈타인은 주장했고, 이에 대해 튜링은 "진짜 피해는 (실제 상황에) 적용되지 않는 한 생기지 않는데, 그 경우 다리가 무너질지 모른다"고 응수했다. 얼마 지나지 않아서 튜링은 모순이 정말로 생사를 가르는 결과를 초래할 수 있음을 직접 증명하게 된다.

1939년 9월 1일, 나치 군대가 폴란드를 침공했다. 사흘 후 튜링은 블레츨리 파크에 출두했다. 런던 북서부에 있는 튜더-고딕 양식의 저택과 영지인 그곳에 영국군의 암호 해독 부서가 비밀리에 자리하고 있었다. 튜링을 포함한 암호 해독자들이 '리들리 대위의 사냥 파티'를 가장하고서 블레츨리에 도착했다(지역민들은 건강한 사내들이 전시에 제 몫을 하지 않는다고 투덜댔다). 그들이 받은 임무는 실로 벅찼다. 제1차 세계대전에서 무선통신이 사용된 이후로 효과적인 암호화 기술 – 비밀 메시지를 대중매체를 통해 보낼 수 있도록 보장해주는 방법 – 은 군대에 결정적으로 중요했다. 나치는 자신들의 암호화 체계 – 에니그마라는 개조한 타자기처럼 생긴 기계를 바탕으로 했다 – 가 앞으로 예상되는 승리에 중추적인 역할을 할 거라고 확신했다.

1918년에 상업용으로 발명되어 곧 독일군이 도입한 에니그마는 알파벳이 적힌 키보드가 있고, 그 옆에 한 글자당 작은 전구가 스물여섯 개 있었다. 키보드의 글자 하나를 누르면, 그것과 다른 글자 하나가 적힌 전구에 불이 들어오게 된다. 만약 'd-o-g'라고 타이핑하면, 전구들이 있는 판에는 가령 'r-l-u'가 빛나게 되는 식이다. 무선 운용자가 'rlu'를 모스부호로 쳐서 송신하면, 수신자는 그걸 받아서 자신의 에니그마 기계의 키보드로 친다. 그러면 – 두 기계의 설정이 동일하기만 하다면 – 전구들이 있는 판에 'd-o-g'가 빛나게 된다. 바로 이 설정이 흥미로운 대목이다. 에니그마 내부에는 다수의 회전 바퀴가 있어서, 입력된 글자와 암호화된 글자 사이의 일치를 결정했다. 한 글자가 입력될 때마다 바퀴들 중 하나가 돌면서 배선을 바꾸었다. (그러므로 'g-g-g'라고 입력하면, 암호화된 글자는 'q-d-a'가 될지 모른다.) 군사용 버전의 에니그마에는 또한 플러그보드plugboard라는 것이 있었는데, 이로 인해 문자들 사이의 연결 관계가 더더욱 뒤죽박죽될 수 있었다. 바퀴들과 플러그보드의 설정은 매일 밤 자정에 바뀌었다. 그리고 추가적으로 더 복잡한 메커니즘이 장착되어, 가능한 암호키의 개수가 약 1만 5,000경까지 늘어났다.

가장 난공불락인 통신은 독일 해군의 것으로, 특수한 기능과 원리를 지닌 에니그마 기계를 사용했다. 1941년 초, 점점 더 강해지고 있는 독일의 U보트가 영국 함선들을 공격하여 한 달에 약 60척을 가라앉혔다. 독일과 달리 영국은 물자 조달을 거의 전적으로 해로에 의지했다. 어떤 대응 전략이 나오지 않으면, 영국은 굶주림으로 인해 항복하고 말

처지였다. 튜링이 블레츨리 파크에 도착했을 때, 독일 해군의 에니그마에 아무도 대처하지 못했다. 많은 이들이 절대 해독할 수 없다고 여겼던 것이다. 정말이지 소문에 의하면 에니그마를 해독할 수 있다고 여긴 사람은 단 두 명뿐이었다. 한 명은 블레츨리의 수장인 해군 정보부 장교 프랭크 버치Frank Birch였는데, 해독되지 않으면 안 되는 입장이었기 때문이다. 두 번째는 앨런 튜링인데, 그 일이 흥미로웠기 때문이다.

독일 해군의 에니그마를 살펴보고 나서 튜링은 곧 약점 하나를 간파했다. 암호화된 해군 메시지에는 'WETTER FUER DIE NACHT(야간 날씨)'와 같은 형식적인 문구가 빈번하게 들어 있어서, 그것을 실마리로 삼을 수 있을지 몰랐다. 튜링이 알아차리기를, 그런 '커닝페이퍼'를 이용해서 논리적 연결고리들을 내놓을 수 있고, 그 고리 각각은 수십억 가지의 가능한 에니그마 설정에 대응할 터였다. 그런 고리들 중 하나가 모순 – 암호 가정의 내적인 불일치 – 에 이르면, 그것에 대응하는 수십억 가지의 설정을 배제할 수 있었다. 이제 문제는 수백만 가지의 논리적 연결고리를 확인하는 일로 축소되었다. 이 역시 벅차긴 하지만, 분명 불가능하지는 않았다. 튜링은 논리적 일관성 검사를 자동화할 기계를 고안하기 시작했다. 정보가 낡아 쓸모없어지기 전에 암호 해독자들이 그날의 에니그마 설정을 알아낼 수 있을 만큼 재빠르게, 그런 모순을 일으키는 고리들을 제외시켜줄 기계였다. 그 결과물이 여러 대의 냉장고 크기에다 수십 개의 회전하는 원통(에니그마 회전 바퀴를 모방한 것)과 엄청나게 긴 색색의 전선 코일로 구성된 기계였다. 작동을 시키면 그 기계는 릴레이 스위치들이 논리적 연결고리를 하나씩 확인해나갔는데, 이때 수천 개의 뜨개질바늘이 달그락거리는 것 같은 소리를 냈다. 불길하게 달그락거리는 소리를 낸 이전의 폴란드 암호 해독 기계를 기려서, 블레츨리 사람들은 그것을 봄Bombe이라고 불렀다.

일진이 좋은 날에는 봄 한 대가 한 시간도 채 안 되어 그날의 에니그마 암호를 해독할 수 있었다. 그리고 1941년 말에는 총 열여덟 대의 봄이 제작되어 가동되고 있었다. 나치의 해군 통신이 뚫리자 영국은 U보트의 위치를 정확히 찾아냈다. 그러면 수송선단이 그곳을 우회하게 만든 후에 공세로 전환하여, 구축함을 보내 잠수함을 침몰시켰다. 심지어 대서양 전투에서 전세가 바뀌기 시작했는데도 독일의 전쟁 지휘부는 에니그마가 해독되었을지 모른다고 여기기보다는 스파이나 밀고자를 의심했다.

에니그마가 진화하자 튜링도 새로운 전략을 계속 고안해냈다. 블레츨리에서 교수님으로 통한 튜링은 악의 없는 괴짜 행동으로 유명했다. 가령 자신의 찻잔을 라디에이터에 줄로 연결해두었고, 출근길에 오토바이를 타고 가면서 방독면을 쓰고 다녔다(건초열 증상을 가라앉히는 데 도움이 되었다). 튜링은 동료들에게 상냥하고 싹싹한 천재로 통했고, 언제나 자기 생각을 기꺼이 설명해주었다. 특히 함께 일하는 한 여성과 가까워졌는데, 야간 암호 해독 작업이 끝나면 둘은 '졸리는 체스'라는 게임을 즐겼다. 사랑에 빠졌다는 확신이 들자 튜링은 프러포즈를 했다. '동성애 성향'을 밝혔는데도 그녀는 기꺼이 결혼을 수락했다. 하지만 나중에 튜링은 도저히 안 되겠다 싶어서 파혼했다. 이성애 관계를 심사숙고한 것은 인생에서 딱 한 번, 그때뿐이었던 듯하다.

1942년 튜링은 에니그마로 제기된 이론적 문제를 대부분 간파해 냈다. 이제 미국이 막대한 자원을 암호 해독 노력에 투입할 준비가 되자, 그는 연락 담당자로 워싱턴에 파견되었다. 그곳에서 미국인들이 자신들의 봄Bombe을 제작하고 에니그마 감시 활동을 도왔다. 그다음에 뉴욕으로 가서 또 다른 일급비밀 프로젝트를 맡았다. 그중에는 당시 그리니치빌리지의 허드슨 강 부두 근처에 있는 벨 연구소에서 수행한 말

(음성언어)의 암호화 임무도 포함되어 있었다. 벨 연구소에서 일하는 동안에는 전후의 연구과제가 된 '인공두뇌를 제작할 수 있는가?'라는 질문에 사로잡혔다. 한번은 그가 벨 연구소의 전 임원을 침묵하게 만들었는데, 평소 그다운 낭랑한 목소리로 이렇게 말했다. "저는 대단한 뇌를 개발하는 데는 관심 없습니다. 그냥 평범한 것이면 만족합니다. 가령 AT&T 회장 정도의 뇌면 됩니다."

튜링의 초기 연구는 환상적인 가능성 하나를 제기했다. 어쩌면 인간의 뇌가 보편 튜링 기계와 같은 것이 아닐까 하는 것이다. 물론 뇌는 기계보다 차가운 죽을 더 닮았다. 하지만 튜링은 뇌가 논리적 사고를 할 수 있는 까닭은 물리적 구현이 아니라 논리적 구조이지 않을까 여겼다. 그러므로 보편 튜링 기계를 제작하는 것은 기계와 지적인 인간 사이의 경계선을 없애는 길인지도 모르는 일이었다.

1945년 튜링은 추상적 구조에서부터 회로도와 1만 1,200파운드의 추정 비용까지 모든 것이 망라된 컴퓨터 제작 계획서를 작성했다. 전후에 일하고 있던 영국의 국립물리학연구소에서는 미국에서와 같은 지원을 받지 못하고 있었지만, 그래도 어려운 상황에 잘 대처했다. 가령 컴퓨터 메모리를 예로 들자면, 가장 확실한 저장장치는 데이터가 액체 수은의 진동 형태를 띠는 것이었다. 하지만 튜링은 증류주가 효과는 비슷하면서 값은 훨씬 더 싸다고 생각했다. 한번은 그가 마당에 나 있는 배수관을 보고서, 그것을 컴퓨터 하드웨어로 쓰려고 동료들의 도움을 받아 연구실로 끌어서 가져왔다. 국립물리학연구소의 서툰 행정에 불만을 느낀 나머지, 튜링은 맨체스터 대학에서 컴퓨터 프로토타입 개발을 지휘하는 업무를 제안하자 수락했다. 서른여섯의 나이에 음울한 북부 산업도시에 도착해보니, '음산한' 도시 분위기는 물론이거니와 맨체스터의 사내들이 영 별로였다.

공학적인 세부 사항에 몰두하긴 했지만, 튜링이 컴퓨터에 매료된 지점은 본질적으로 철학적이었다. "나는 컴퓨팅의 실제적 응용보다 뇌의 활동 모형을 제시할 가능성에 더 관심이 많다"고 그는 친구에게 보낸 편지에 적었다. 튜링이 추측하기에, 적어도 초기에 컴퓨터는 '외부세계와의 접촉'을 상정하지 않은 순전히 기호적인 과제들에 적합할지 몰랐다. 가령 수학이나 암호 해독, 체스 게임 – 그는 최초로 체스 게임의 프로그램을 종이에 작성했다 – 이 그런 예다. 하지만 언젠가 기계가 인간의 정신적 능력을 상당히 모방할 때가 되면, 그것이 실제로 사고할 수 있느냐는 질문이 제기되는 수준에 오를 거라고 예상했다. 철학 학술지 〈마인드Mind〉에 발표한 논문에서 그는 이제는 고전이 된 '튜링 검사'를 제시했다. 컴퓨터가 사람이라고 여기게끔 검사관을 – 아마도 전신을 통해 실시되는 대화 과정에서 – 속일 수 있다면, 컴퓨터가 지능을 가졌다고 말할 수 있다는 것이 이 검사의 요지다. 튜링의 주장에 의하면 다른 사람들이 의식이 있는지를 알아내는 유일한 방법은 자신의 행동을 그들의 행동과 비교하는 것인데, 기계를 다르게 취급할 이유가 없다.

데이비드 리비트가 보기에, 인간을 모방하는 컴퓨터라는 발상은 필연적으로 게이 남성을 이성애 남성과 마찬가지라고 '봐주자는' 생각이 깔려 있다. 리비트는 성 심리학적 의미를 간파해내는 조금 지나치게 발달한 능력을 보여준다. (〈마인드〉에 실은 논문에서 튜링은 기계가 발현하리라고 보기는 어려운 어떤 인간적 능력들을 언급하는데, 가령 '딸기와 크림을 즐기는' 능력 같은 것이다. 리비트는 이것을 '튜링이 직접적으로 거론하길 꺼리는 취향에 대한 암호 표현'이라고 본다.) 하지만 전체적으로 리비트는 튜링의 인간적 면모를 예리하게 묘사하는 데는 성공했다. 리비트가 부족한 점은 기술적 측면이다. 리비트의 설명은, 수학자들이 '털'이라고 부르는 온갖 지나친 세부 사항이 가득한데, 혼동과 오류 때문에 엉망진창이다. 튜링이 결정 문제를 어떻게 해결했는지를 설명할 때, 리비트는 '계산 가능한 수'라는 핵심 개념을 잘못 이해한다. 쿠르트 괴델의 이전의 논리학 연구를 논하면서, 실제로 괴델이 증명하지 않았는데도 리비트는 버트런드 러셀과 알프레드 노스 화이트헤드의 『수학 원리』에 나오는 공리 체계가 '모순'임이 밝혀졌다고 말한다. 게다가 스큐스 수Skewes number라는 개념에 대한 정의도 확실히 뒤떨어져 있다. 비록 리비트가 전기 집필의 준비로서 그런 내용을 통달하려고 야심 찬 시도를 한 듯하지만 그의 설명은 수학 전문가에게는 분노를, 초심자에게는 당혹감을 안겨주고 말았다.

공평하게 말하자면, 리비트는 기준을 너무 높게 설정했다. 1983년에 앤드루 호지스라는 수학자가 『앨런 튜링 : 에니그마Alan Turing: The Enigma』를 썼는데, 매우 수준 높은 과학 전기이자 이후로 튜링의 삶에 관한 모든 이야기를 위한 핵심적인 보고가 된 책이다. 그리고 1987년에 앨런 튜링을 소재로 한 뛰어난 연극 「암호 해독Breaking the Code」이 휴 화이트모어Hugh Whitemore가 극본을 맡고 데릭 재커비Derek Jacobi 주연으로 브로드웨이에서 막을 올렸다. 이 두 작품 모두 튜링이 겪은 삶의 비애를 잘 짚어냈을 뿐만 아니라 기술적 업적도 명쾌하게 설명해냈다. 화이트모어의 연극은 경탄스럽게도 결정 문제와 에니그마 해독을 전혀 왜곡하지 않고 단 두 줄의 문장으로 압축해냈다. (이와 달리, 베네딕트 컴버배치가 튜링 역을 맡은 2014년의 영화 「이미테이션 게임 The Imitation Game」은 튜링의 삶과 암호 해독 업적에 관한 세부 사항을 멋대로 해석하는 바람에, 어느 모로 보나 솔직담백하고 재치 있고 사근사근한 사람을 유머라곤 없고 소심하기까지 한 인물로 그려내고 있다.)

튜링은 맨체스터에서 여생을 보냈다. 교외에 작은 집 한 채를 사서 매일 대학까지 10마일을 자전거로 다녔는데, 비가 올 때면 조금 익살스러운 노란 비옷과 모자를 썼다. 명목상으로는 (세계 최초의 상업용 컴퓨터를 개발한) 컴퓨팅 연구소의 부감독이었지만, 또한 생물학의 근본적인 수수께끼에도 도전했다. 바로 이 질문이다. 생명체는 어떻게 동일한 세포들의 집단에서 시작하여 결국에는 자연에서 보이는 온갖 종류의 상이한 형태로 자라나는가? 형태발생morphogenesis이라는 이 과정을 모형화하기 위한 방정식들을 세워놓은 다음, 해解를 찾기 위해 프로토타입 컴퓨터를 이용했다. 계기판 앞에 앉아 기계의 제어장치를 다룰 때 튜링의 모습은, 동료들의 말에 의하면 '오르간을 연주하는' 것처럼 보였다.

1951년 크리스마스 직후, 튜링은 맨체스터에 있는 옥스퍼드 거리를 걷다가 누군가를 만났다. 아놀드 머리Arnold Murray라는 열아홉 살의 노동자 계층 청년이었다. 그 만남이 정분으로 이어져, 머리는 여러 차례 튜링의 집에 와서 저녁식사를 하고 밤을 함께 보냈다. 한 달 후 튜링은 BBC의 초청으로 한 라디오 토론에 참석했다. 그 주제는 '자동화된 계산 기계가 생각한다고 말할 수 있는가?'였다. (이미 그는 영국 신문사들로부터 인공지능에 관한 소견으로 큰 주목을 받은 적이 있었다.) 그 라디오 프로그램이 방송될 무렵의 어느 날 튜링이 집에 와보니 도둑이 들어 있었다. 그가 짐작한 대로 도둑은 머리의 동료였는데, 동성애자는 경찰에 신고하지 않으리라고 확신해서 저지른 짓이었다.

하지만 튜링은 경찰에 신고했다. 처음에는 범인의 정체를 어떻게 알았는지를 짐짓 꾸며내어 말하다가, 결국 형사에게 내막을 자세히 털어놓았다. 오스카 와일드를 기소한 1885년의 그 법률에 의해 튜링은 '음란행위' 혐의로 기소되었다. 이 범죄는 최고 징역 2년에 처해질 수 있었지만, 판사는 튜링이 뛰어난 지성의 소유자임을 감안하여(하지만 전시 중의 활동은 전혀 모른 채) 보호관찰에 처하면서 이런 조건을 달았다. "정당한 자격이 있는 의사에게 치료를 받은 증거를 제출하라."

선택한 치료법은 호르몬요법이었다. 이전에 미국 과학자들은 게이 남성에게 남성호르몬을 투여하여 이성애자로 바꾸려 했는데, 근거로 삼은 이론은 게이 남성이 남성성 결핍을 앓는다는 것이었다. 놀랍게도, 그렇게 했더니 오히려 동성애 충동이 더 강화되는 것 같았다. 따라서 정반대되는 방법이 시도되었다. 동성애자에게 다량의 여성호르몬을 투여했더니, 성적 충동이 한 달 만에 상당히 약해졌다. 이 화학적 거세에는, 튜링도 수치스럽게 여겼듯이, 일시적인 가슴 확대를 일으키는 부작용이 있었다. 게다가 조깅으로 인해 말랐던 몸이 뚱뚱해지기도 했다.

튜링의 유죄판결 소식이 전국적인 관심을 받지는 못했다. 자식을 끔찍이 여긴 어머니만 가혹한 세상을 원망할 뿐이었다. 연구실 동료들도 '튜링답다'고 넘겨버렸다. '도덕적 타락'이라는 범죄 기록이 생긴 튜링은 미국에서 활동할 수 없게 되었다. 하지만 1953년 4월 보호관찰이 끝나고 호르몬요법의 효과도 사라지자, 애정 행각을 위해 유럽 대륙을 여행하기도 했다. 맨체스터 대학의 자리도 군건했다. 대학은 그를 위해 컴퓨팅 이론의 특별 부교수직을 만들어주었고, 급료도 인상해주었다. 덕분에 마음껏 수리생물학과 인공지능 연구를 계속했으며, 논리학자들 사이에서 '튜링 기계'에 대한 논의가 활발해지는 경향을 반가워했다.

그렇다면 왜 재판 후 2년이 더 지나서, 그리고 호르몬치료가 끝난 지 1년이 더 지나서 자살을 하게 되었을까? 리비트는 체포 이후 튜링의 삶을 '우울과 정신이상으로 향하는 느리고 슬픈 하강'이라고 묘사하고 있다. 과도한 해석이다. 튜링은 융 학파의 정신분석가와 상담을 시작했고 톨스토이 문학에도 관심을 기울였는데, 둘 다 정신이상의 명백한 징조가 전혀 아니었다. 또한 죽기 몇 달 전에는 친구에게 여러 장의 엽서를 보냈는데, 그 속에는 '미지의 세계에서 온 메시지'가 여덟 가지나 들어 있었다. "과학은 미분방정식이다. 종교는 경계조건이다"라는 간결한 경구와 함께. 블레이크풍의 글도 있었다. "경이로운 빛의 쌍곡면들 / 공간과 시간 속을 영원토록 굴러다니다 / 신의 경이로운 무언극을 연기할지 모를 / 파동들을 품는다." 읽으면 운rhyme이 잘 맞는다.

튜링의 죽음은 스파이 혐의와 동성애, 그리고 소련과 관련한 함정 수사에 대한 극심한 불안을 느낀 시기에 일어났다. 그 주에 신문들은 맨해튼 프로젝트의 전직 책임자인 로버트 오펜하이머가 보안상 위험 인물로 조사받았음을 알렸다. 그리고 앤드루 호지스가 적었듯이, "표제 기사가 '핵과학자 변사체로 발견'이라면, 온갖 의문이 곧 들끓게 될 것이다". 하지만 너무 많이 알았던 남자의 죽음이 자살이 아니라는 증거도 없다. 정말이지 자살에 의심을 품은 듯 보이는 유일한 사람은 튜링의 어머니뿐이었다. 어머니는 아들이 집에서 행한 화학 실험에서 생긴 무언가를 우연히 삼킨 게 틀림없다고 주장했다. 튜링은 약간 부주의한 성격이었고, 매일 밤 잠자리에 들기 전에 사과를 먹는 습관이 있다고 알려져 있었다. 한편 그는 친구에게 보낸 편지에서 '사과와 전기 배선이 포함된' 자살 방법을 언급하기도 했다.

튜링의 죽음이 일종의 순교였을까? 완벽한 자살 – 그가 가장 염려했던 어머니를 감쪽같이 속인 – 이었을까, 아니면 (이게 더 개연성이 높을 듯한데) 완벽한 타살이었을까? 리비트를 포함한 많은 이들이 오랫동안 이런 질문을 거듭 제기했지만, 여전히 답이 나오지 않았다. 아마도 리비트는 튜링이 전하려 했던 메시지가 지금까지 외면 받아왔음을 우리더러 생각해보라는 듯하다. "동화 속에서 백설공주가 먹은 사과가 그녀를 죽인 게 아니다. 왕자가 와서 입맞춤으로 깨우기 전까지 그녀를 잠재울 뿐이다." 이런 으스스한 말은 온갖 자기과시용의 난리법석을 멀리한 사람에겐 어울리지 않는다. 당대의 가장 중요한 논리학 문제를 풀었을 때도, 나치 암호를 해독하여 숱한 목숨을 살려냈을 때도, 컴퓨터를 구상했을 때도, 정신이 물질에서 어떻게 생겨나는지를 심사숙고했을 때도 한결같이 자신을 드러내지 않은 그 사람에게는.

16

닥터 스트레인지러브가
‘생각하는 기계’를 만들다

디지털 우주가 출현한 것은, 물리적으로 말해서 1950년 후반에 뉴저지 주 프린스턴의 올든 레인Olden Lane 거리 끝에서였다. 그때 그곳에서 최초의 진정한 컴퓨터 – 프로그램 내장형의 고속 범용 디지털 계산 장치 – 가 가동되었다. 그것은 프린스턴 고등과학연구소가 해당 목적으로 지은 1층짜리 시멘트 건물 안에서 조립되었는데, 재료는 대체로 남는 군사용 부품들이었다. 이 새로운 기계는 ‘Mathematical and Numerical Integrator and Computer(수학 및 수치 적분기 겸 계산기)’의 머리글자를 따서 ‘MANIAC(매니악)’이라고 명명되었다.

제작 후 가동되었을 때 매니악은 어디에 쓰였을까? 첫 번째 용도는 수소폭탄의 프로토타입을 만드는 데 필요한 계산이었다. 계산은 성공적이었다. 1952년 11월 1일 아침, 그 컴퓨터 덕분에 만들어진 폭탄, 일명 ‘아이비 마이크Ivy Mike’가 엘루겔라브Elugelab라는 남태평양의 섬에서 은밀히 폭파되었다. 그 폭발은 8,000만 톤의 산호와 더불어 섬을 통째로 증발시켜버렸다. 버섯구름 – '시뻘겋게 달아오른 용광로의 내부'와 같다고 알려진 상태 – 을 채취하려고 보낸 공군기 중 하나가 제어불능 상태에 빠져 바다로 추락했다. 조종사의 사체는 발견되지 않았다. 현장에 간 해양생물학자의 보고에 의하면 수소폭탄 실험 후 1주일이 지나서도 제비갈매기들의 깃털이 시커멓게 그을려 있었고 물고기들은 "마치 뜨거운 프라이팬에 올라간 듯이 한쪽 측면의 살갗이 벗겨져 있었다"고 한다.

어찌 보면 컴퓨터는 죄 속에서 잉태되었다. 컴퓨터의 탄생으로 냉전 기간 동안 강대국이 사용할 수 있는 파괴력이 엄청난 수준으로 높아졌기 때문이다. 이 최초의 컴퓨터 제작에 가장 깊이 관여한 존 폰 노이만은 냉전의 가장 열렬한 전사에 속했다. 그래서 소련에 대한 선제공격의 지지자였고, 「닥터 스트레인지러브」라는 영화 속 인물의 본보기가 되었다. "디지털 우주와 수소폭탄은 동시에 출현했다"고 과학사가 조지 다이슨George Dyson은 말했다. 폰 노이만은 악마와 거래를 했던 듯하다. '과학자는 컴퓨터를 얻고, 군은 폭탄을 얻으면 그만'이라고 말이다. 프린스턴 고등과학연구소의 과학자들 중 다수는 이 거래를 결코 반기지 않았다. 그들 중 한 명은 폰 노이만이 타고 다니는 자동차의 먼지 낀 유리창에 "폭탄을 중단하라"고 썼다.

연구소에서 반대한 것은 프로젝트의 군사적 동기 때문만은 아니었다. 그런 거대한 고속 계산 장치가 무슨 목적이든지 간에 순수한 플라톤적 개념의 학문 연구에는 설 자리가 없다고 많은 이들은 여겼다. 1930년에 고등과학연구소를 설립한 인물은 에이브러햄 플렉스너와 사이먼 플렉스너Simon Flexner였는데, 둘 다 박애주의자이자 교육개혁가였다. 돈을 댄 사람은 루이스 뱀버거Louis Bamberger와 그의 여동생 캐럴라인 뱀버거 펄드Caroline Bamberger Fuld였는데, 이들은 1929년 주식시장 대폭

락 몇 주 전에 뱀버거 백화점 체인의 주식 지분을 메이시스Macy's 백화점에 팔았다. 둘은 현금으로 받은 주식 판매금 1,100만 달러 중 500만 달러(오늘날 기준으로 6,000만 달러)를 연구소 설립에 바쳤다. 에이브러햄 플렉스너가 구상한 '학자들이 시인과 음악가처럼 마음껏 자기가 하고 싶은 것을 할 수 있는 낙원'을 짓는 데 기부했던 것이다. 장소는 독립전쟁 때 격전지였던 프린스턴의 올든 팜Olden Farm이었다.

새 연구소를 경제학의 중심지로 만들자는 의견도 있었지만, 설립자들은 수학부터 시작했다. 왜냐하면 수학은 어디에나 쓰이고 최소한의 시설만 갖추면 되기 때문이었다. 설립자들 중 한 명이 말했듯이, '연구실 몇 개, 책, 칠판과 분필, 종이와 연필'이면 족했다. 1932년에 처음 연구원으로 선발된 사람은 오즈월드 베블런Oswald Veblen(미국의 경제학자 소스타인 베블런Thorstein Veblen의 조카)이었고, 그다음은 알베르트 아인슈타인이었다. 1933년에 아인슈타인이 도착해보니 그곳은 '예스럽고 엄숙한 느낌의 작은 마을'이었다고 한다(적어도 벨기에 여왕에게 말한 바로는 그렇다). 그해에 연구소는 존 폰 노이만도 불러들였다. 헝가리 출신의 이 수학자는 이제 막 스물아홉 살이었다.

20세기의 천재들 중 폰 노이만은 아인슈타인에 아주 가까운 정도의 수준이었다. 하지만 두 사람의 스타일은 꽤 달랐다. 아인슈타인의 위대함이 새로운 통찰을 내놓고 그것을 아름다운 (그리고 참된) 이론으로 발전시키는 능력에 있었다면, 폰 노이만은 종합하는 능력이 탁월했다. 다른 사람들의 애매한 개념을 간파한 다음, 천재적인 사고력을 발휘하여 몇 발짝 앞서나갔다. "아리송한 것을 말해주면, 그는 '아, 이런 뜻이군요'라면서 그다음 내용을 멋지게 풀어냈다." 한때 후배였던 하버드 대학의 수학자 라울 보트Raoul Bott의 말이다.

폰 노이만은 시골스러운 프린스턴에 살면서 부다페스트의 카페 문화가 그리웠을지 모르지만, 이민 온 나라를 무척이나 편하게 느꼈다. 후기 합스부르크 제국에서 헝가리계 유대인으로 자랐기에, 제1차 세계 대전 후 쿤 벨러Kun Béla의 단명한 공산주의 정권을 체험했다. 이를 계기로 '열렬한 반공주의자'가 되었다고 한다. 1930년대 후반에 유럽으로 돌아가 두 번째 아내 클라리를 얻고 나서는, 나치에 대한 돌이킬 수 없는 적대감과 소련에 대한 더욱 커진 의구심을 안고 유럽 대륙을 영원히 떠났다. 그리고 (조지 다이슨의 말에 의하면) '자유세계가 히틀러와 타협할 수밖에 없었던 약한 군사력의 상태로 다시는 전락하지 않도록 만들겠다는 결심'을 품었다. 미국의 열린 변경 지대를 향한 그의 열정은 크고 빠른 자동차에 대한 취향으로까지 뻗어나갔다. 매년 새로 캐딜락을 샀고(가장 최근의 차가 망가졌건 아니건 간에) 66번 고속도로를 따라 전국 질주를 즐겼다. 또한 은행원 같은 옷차림에 술을 진탕 마셨고 하룻밤에 서너 시간만 잤다. 지적 능력은 천재적이었지만 (클라리에 따르면) "감정 조절 능력은 거의 바닥이었다"고 한다.

폰 노이만이 컴퓨터를 만들겠다는 야심을 품은 것은 제2차 세계대전이 끝나가는 무렵이었다. 그는 전쟁의 후반부에 로스앨러모스에서 진행된 원자폭탄 프로젝트에 매달렸다. 충격파에 관한 수학(끔찍하게 복잡한 분야)의 전문가로 선발되었기 때문이다. 그의 계산 덕분에 원자폭탄의 연쇄반응을 일으키는 '내폭 렌즈implosion lens'를 개발할 수 있었다. 그러는 과정에서 노이만은 IBM에서 징발한 기계식 도표작성기를 활용했다. 천공카드와 플러그보드의 회로 구성에 통달했기 때문에, 한때 순수 수학자였던 폰 노이만은 그런 기계의 잠재력에 흠뻑 빠졌다. "고속의 자동화된 특수 목적용 기계는 이미 나와 있었지만, 그건…… 뮤직박스처럼 한 가지 곡만 연주할 수 있었어요"라고 클라리는 말했다. 남편의 계산을 돕기 위해 로스앨러모스에 와 있을 때였다. 이어서 그녀는 덧붙였다. "반대로, '범용 기계'는 악기와 같아요."

공교롭게도 그런 '범용 기계' 제작 프로젝트는 전시에 이미 비밀리에 시작되었다. 군대에서 대포 사격을 위한 수치표를 계산하는 데 필수적이기 때문이었다. (그런 수치표를 이용해 포수는 포탄이 목표 지점에 떨어지도록 조준할 수 있다.) 그 결과물이 펜실베이니아 대학에서 제작된 에니악이었다. 에니악의 공동 발명가인 존 프리스퍼 에커트John Presper Eckert와 존 모클리John Mauchly는 성능을 신뢰할 수 없는 수만 개의 진공관을 이용해 괴물 같은 장치를 제작해냈고, 적어도 간헐적으로는 해당 계산 작업을 성공적으로 수행했다. 에니악은 공학의 기적이었다. 하지만 제어 논리는 – 폰 노이만이 살펴보고서 금세 알아차렸듯이 – 끔찍할 정도로 번거로웠다. 그 기계를 '프로그래밍'하려면 기술자가 며칠이나 걸려 수동으로 전선을 다시 연결하고 스위치를 재설정해야 했다. 따라서 명령을 암호화된 수, 즉 '소프트웨어' 형태로 저장하는 현대 컴퓨터에 못 미쳤다.

폰 노이만은 진정한 범용 기계를 창조해내기를 갈망했다. (조지 다이슨의 적절한 표현대로) '무언가를 의미하는 수와 무언가를 행하는 수 사이의 구별을 무너뜨리는' 기계를 만들고자 했다. 그런 기계를 위한 구조 – 지금도 사용되는 명칭인 '폰 노이만 구조' – 의 개요를 담은 보고서가 전쟁 말기에 작성되어 회람되었다. 보고서에는 에니악 발명가들한테서 나온 설계 아이디어가 들어 있었지만, 폰 노이만이 유일한 저자로 올라가는 바람에 이름이 올라가지 않은 이들에게서 적잖은 불만이 제기되기도 했다. 그리고 폰 노이만도 잘 알고 있었듯이, 보편 계산 기계의 가능성을 처음으로 연구한 앨런 튜링도 언급하지 않았다.

폰 노이만보다 거의 열 살 아래인 영국인 앨런 튜링은 1936년에 수학 박사학위를 받으러 프린스턴에 왔다. 그해 초(스물세 살)에 튜링은 결정 문제라는 논리학의 심오한 문제를 해결했다. 이 문제의 기원은 17세기 철학자 라이프니츠까지 거슬러 올라가는데, 그는 '추론의 모든 진리가 일종의 계산으로 환원되는 보편적인 기호 체계'를 꿈꾸었다. 라이프니츠가 상상한 대로, 추론은 계산으로 환원될 수 있을까? 더 구체적으로 묻자면, 특정한 전제들의 한 집합으로부터 특정한 결론이 논리적으로 도출되는지 여부를 결정할 자동화된 절차가 존재할까? 그것이 결정 문제다. 그리고 튜링은 부정적으로 답했다. 그런 자동화된 절차가 존재할 수 없음을 수학적으로 증명해낸 것이다. 그러는 과정에서 계산 가능성의 한계를 정의한 이상화된 기계를 구상해냈다. 바로 '튜링 기계'다.

튜링의 가상적인 기계가 지닌 독창성은 놀라운 단순성에 있다. ("어수선하지 않은 마음을 찬양합시다"라고 튜링의 동료들은 환호했다.) 그 기계는 무한한 길이의 테이프 위에서 앞뒤로 오가면서 어떤 명령 집합에 따라 0과 1을 읽고 쓰는 스캐너로 구성되었다. 0과 1은 모든 문자와 숫자를 표현할 수 있다. 어떤 특수한 목적으로 – 가령 두 수를 더하기 위해 – 설계된 튜링 기계는 그 자체가 자신의 행동을 부호화한 단일한 수로 기술될 수 있다. 한 특수 목적용 튜링 기계의 그러한 코드 번호code number는 심지어 다른 튜링 기계의 테이프 위에 하나의 입력으로서 들어갈 수 있다. 이로써 튜링은 보편 기계라는 발상을 떠올리게 되었다. 임의의 특수 목적용 튜링 기계의 코드 번호가 입력되면, 마치 그 특수 목적용 기계인 것처럼 작동하는 기계가 보편 기계다. 가령 보편 튜링 기계에 덧셈을 실행하는 튜링 기계의 코드 번호가 입력되면, 그 보편 기계는 일시적으로 덧셈 기계로 변한다. 튜링의 보편 기계의 물리적 구현인 여러분의 컴퓨터가 워드프로세서를 실행하거나 스마트폰이 앱을 실행할 때, 바로 그런 일이 벌어진다. 그러므로 튜링은 오늘날의 프로그램 내장형 컴퓨터의 틀을 창조한 셈이다.

이러한 튜링이 대학원생으로서 프린스턴에 오자, 폰 노이만은 튜링과 어울려 지냈다. "그는 튜링의 연구를 훤히 알고 있었다"고 컴퓨터 프로젝트의 공동 책임자가 말했다. "직렬컴퓨터, 테이프, 그리고 다른 온갖 것의 전반적인 내용이 매우 명쾌했다. 튜링은 그랬다." 폰 노이만과 튜링은 성격과 외모가 거의 정반대였다. 선배인 폰 노이만은 약간 뚱뚱하고, 옷을 잘 차려입었고, 사교적인 향락가로서 권력과 영향력을 즐겼다. 후배인 튜링은 수줍고, 추레하고, 몽상적인 금욕주의자(그리고 동성애자)로서 어려운 지적 문제, 기계 다루기, 그리고 장거리 달리기를 좋아했다. 그럼에도 둘은 사물의 논리적 본질을 통찰하는 성향 면에서는 일치했다. 튜링이 1938년에 박사학위를 받자 폰 노이만은 프린스턴 연구소의 자신의 조수 자리를 제안했다. 하지만 전쟁이 임박해지자 튜링은 영국으로 돌아가는 쪽을 택했다.

조지 다이슨이 2012년에 출간한 『튜링의 대성당Turing's Cathedral』에 이런 내용이 나온다. "디지털 컴퓨터의 역사는 구약과 신약으로 나눌 수 있다. 라이프니츠가 이끈 구약의 선지자들은 논리를 제공했으며, 폰 노이만이 이끈 신약의 선지자들은 기계를 만들었다. 앨런 튜링은 그 둘 사이에 놓였다." 튜링을 통해서 폰 노이만은 컴퓨터가 본질적으로 논리 기계라는 통찰을 얻었다. 이 통찰 덕분에 폰 노이만은 에니악의 한계를 극복하는 방법을 간파하여 보편 컴퓨터라는 이상을 실현할 수 있었다. 전쟁이 끝나자 폰 노이만은 그런 기계를 마음껏 만들 수 있었다. 그리고 프린스턴 고등과학연구소의 지도부는 폰 노이만을 하버드나 IBM에 뺏길까봐 그에게 권한과 자금 지원을 아끼지 않았다.

그런 기계가 모습을 갖춰나갈 것이라는 소식에 프린스턴 연구소의 연구원들 사이에는 두려움이 만연했다. 순수수학자들은 칠판과 분필 외의 다른 도구에 눈살을 찌푸리는 편이었고, 인문학자들은 그 프로젝트 때문에 자신들이 설 자리를 잃고 수학적 제국주의가 출현하리라고 보았다. "수학자가 우리 편일까요? 내 눈에 흙이 들어가기 전엔 안 됩니다! 그리고 당신들도?" 한 고문서학자는 전보로 연구소 소장에게 그렇게 알렸다. 하나마나한 소리였다. 연구원들은 이미 전시에 연구소에서 은신처를 제공받은 옛 국제연맹의 잔존자들*과 비좁은 공간을 함께 써야 했기 때문이다. 이후 엔지니어들이 유입되자 수학자와 인문학자 두 부류 모두 신경이 곤두섰다. "우리는 손으로 일을 하면서 더러운 구식 장비를 제작하고 있었다. 그건 연구소가 아니었다"고 컴퓨터 프로젝트의 한 엔지니어가 회상했다.

폰 노이만은 컴퓨터를 물리적으로 구현하는 세부 사항에는 별 관심이 없었다. "엔지니어로서는 젬병이었을 것이다"라고 한 동료 연구원은 말했다. 하지만 그는 실력 있는 팀을 꾸려 수석 엔지니어 줄리언 비글로Julian Bigelow에게 책임을 맡기고, 자신은 유능한 관리자로 나섰다. 비글로는 이렇게 회상했다 "폰 노이만이 우리에게 조언을 했는데, 뭐든 독창적인 시도를 하지 말라는 것이었다." 폰 노이만은 자신의 논리 구조를 실현하는 데 꼭 필요한 일에만 엔지니어의 임무를 국한시켰고, 아울러 매니악이 수소폭탄 제작에 중요한 계산을 제때에 하도록 만들기 위해 만전을 기했다.

그런 '초강력 폭탄' – 결과적으로, 내부 물질이 흩어지지 않도록 막아주는 중력 없이도 작은 태양을 탄생시키는 폭탄 – 은 일찌감치 1942년에 예견되었다. 수소폭탄이 터지게 하려면 히로시마와 나가사키를 초토화시킨 폭탄의 수천 배나 되는 파괴력이 필요하다. 그런 폭탄을 만들어낸 로스앨러모스 프로젝트를 이끌었던 로버트 오펜하이머는 처음에

---

* 유럽에서 건너온 학자들을 가리키는 듯하다 – 옮긴이

는 수소폭탄 개발에 반대하면서 '심리적 효과'가 '우리의 이익에 반한다'는 이유를 댔다. 엔리코 페르미Enrico Fermi와 이시도어 라비Isidor Rabi 같은 물리학자들은 더욱 단정적으로 반대하면서, 그 폭탄을 '어느 모로 보나 확실히 사악한 것'이라고 불렀다. 하지만 폰 노이만은 또 한 차례의 세계대전이 임박했다고 두려워하여 수소폭탄 개발에 적극 찬성했다. 1950년에 트루먼 대통령이 수소폭탄 개발을 진행하기로 결정한 후, 그는 이렇게 썼다. "내가 보기엔, 조금도 주저해서는 안 된다."

아마도 수소폭탄 개발의 가장 열렬한 옹호자는 헝가리 태생의 물리학자 에드워드 텔러Edward Teller였는데, 바로 그가 폰 노이만과 군의 지원을 받고서 첫 설계안을 내놓았다. 하지만 텔러의 계산에는 오류가 있었다. 그 설계안에 따라 만들면 불발탄이 나올 터였다. 이것을 처음 알아차린 사람은 폴란드 태생의 걸출한 수학자 스타니슬라프 울람Stanislaw Ulam(소련 전문가 아담 울람Adam Ulam의 형)이었다. 텔러의 설계안이 성공할 가망이 없음을 밝혀낸 뒤 울람은 특유의 두서없는 양식으로, 성공할 수 있는 대안을 내놓았다. 울람의 아내는 이렇게 회고했다. "정오에 집에서 그이는 묘한 표정을 지은 채 창밖을 골똘히 내다보고 있었어요. 정원 어딘가에 시선만 두었지 뭔가 머나먼 다른 곳을 바라보고 있는 듯한 표정이 잊히지가 않네요. 그이는 가는 목소리로 – 지금도 생생하네요 – 이렇게 말했어요. '그걸 성공시키는 방법을 찾아냈어.'"

당시 로스앨러모스를 떠나 프린스턴 고등과학연구소 소장 자리에 있던 오펜하이머도 넘어갔다. 수소폭탄 제작을 위한 일명 '텔러-울람 설계'는, 오펜하이머의 말에 의하면 "기술적으로 너무나 근사해서" "적어도 만들어보기는 해야 할" 것이었다. 그리하여 연구소의 많은 사람들이 인도주의적 입장에서 강력하게 반대하는데도(이들은 오펜하이머 연구실 근처의 한 금고 옆에서 지키고 있는 무장 경비원들을 보고 무슨 일인가 벌어지고 있다고 생각했다) 새로 만든 컴퓨터가 작동되었다. 원자핵융합반응에 관한 계산은 1951년 여름에 하루 24시간씩 60일 내내 실행되었다. 매니악은 그 작업을 완벽하게 해냈다. 이듬해에 '아이비 마이크'가 남태평양에서 폭발했고 엘루겔라브 섬은 지도에서 사라졌다.

그 직후에 폰 노이만은 센트럴파크의 벤치에서 울람을 만났는데, 아마도 이때 울람에게 비밀리에 수소폭탄을 터뜨렸다는 사실을 직접 알렸던 것 같다. 하지만 이후 (두 사람이 주고받은 편지 내용으로 판단할 때) 둘의 대화 주제는 생명 파괴에서 생명 창조로 바뀌었다. 디지털 기술로 제작된 자기복제 기관이라는 형태의 생명을 창조하는 데로 관심을 옮겼던 것이다. 그리고 5개월 후 DNA 구조를 발견했다고 프랜시스 크릭과 제임스 왓슨이 선언하자, 유전의 디지털적 기반이 명백해졌다. 곧 매니악은 수리생물학의 문제와 별의 진화에 관한 문제에 계산력을 투입했다. 원자핵융합반응 관련 계산에 성공한 후, 제작 주체인 프린스턴 고등과학연구소의 목적에 맞게 그 컴퓨터는 순수과학 지식 습득을 위한 도구가 되었다.

하지만 1954년에 아이젠하워 대통령은 폰 노이만을 원자에너지위원회에 임명했고, 그가 떠나고 나자 연구소의 컴퓨터 문화는 쇠퇴하게 되었다. 2년 후 쉰두 살이 된 폰 노이만은 골수암에 걸려 월터리드 육군병원에 누워 있었다. 죽음을 앞둔 이때 그는 가톨릭으로 개종해 가족을 당혹스럽게 만들었다. (딸은 게임이론의 고안자답게 아버지가 파스칼의 도박 – 신이 존재한다는 쪽에 거는 편이 유리하다 – 을 염두에 두었음이 틀림없다고 믿었다.) "슬프게도 폰 노이만이 세상을 떠나자 속물들은 복수하는 뜻에서 컴퓨팅 프로젝트를 완전히 폐기했다"고 물리학자 프리먼 다이슨은 나중에 쏘아붙이면서, 이렇게 덧붙였다. "컴퓨터 연구팀의 몰락은 프린스턴뿐 아니라 과학 전체를 위해서도 재앙이었다." 1958년 7월 15일 자정에 매니악은 영원히 작동을 멈추었다. 이 죽은 컴퓨터는 현재 워싱턴의 스미스소니언 연구소에 보관되어 있다.

정말로 컴퓨터는 죄 속에서 잉태되었을까? 시간이 흐르고 보니, 그 악마를 이용하여 폰 노이만이 꿈꾸었던 이상은 예상보다 덜 악마적이었다. 조지 다이슨의 말대로 "폭발한 것은 폭탄이 아니라 컴퓨터였다". 여기서 디지털 미래를 내다본 폰 노이만의 전망이 어떻게 튜링의 전망에 의해 대체되었는지를 살펴보면 흥미롭다. 폰 노이만의 상상처럼 고속 계산에 대한 수요를 취급하는 몇 개의 거대한 기계 대신에, 휴대전화기 내의 마이크로프로세서 수십억 개를 포함해서 무수히 많은 훨씬 더 작은 장치가 등장했다. 그리고 이런 장치가 모여서 다이슨이 '물리적 발현이 한순간에서 다음 순간으로 변화하는 일종의 집단적인 다세포 유기체'라고 부른 것이 생겨났다. 이 계산하는 가상의 유기체 조상이 바로 튜링의 보편 기계다.

그러므로 디지털 우주의 진정한 새벽은 폰 노이만의 기계가 원자핵융합반응 계산을 실행하기 시작한 1950년대가 아니라 젊은 튜링이 습관적으로 장거리 달리기 도중 풀밭에 드러누워 순수논리학 문제를 푸는 수단으로 추상적 기계를 구상한 1936년이었다. 폰 노이만처럼 튜링은 제2차 세계대전에서 중요한 막후 역할을 했다. 그는 블레츨리 파크에서 국가를 위해 암호 해독가로 활동하면서 자신의 컴퓨팅 개념을 이용하여 나치 암호를 해독했다. 이는 1941년의 패배로부터 영국을 구해내는 데 일조했고, 또한 전쟁의 양상을 뒤바꾼 업적이었다. 하지만 전시의 이런 영웅적 활약은 1954년 그의 자살 이후로도 오랫동안 국가기밀이었다. 영웅을 아무도 몰라주는 세상에서, 튜링은 자살 2년 전의 합의한 동성애 행위 때문에 '음란행위' 혐의로 유죄판결을 받았고 화학적 거세까지 당했다.

2009년 영국 총리 고든 브라운은 '앨런 덕분에 자유롭게 살고 있는 모든 이들'을 대신해서 그가 받았던 '비인간적인' 취급에 대해 공식적으로 사과했다. "죄송합니다, 당신은 훨씬 더 나은 대우를 받아야 마땅했습니다." 정말이지 튜링의 가상 기계는 폰 노이만의 실제 기계보다 세계평화에 더 크게 공헌했다.

17

더 똑똑한, 더 행복한, 더 생산적인

"저는 컴퓨터가 없습니다. 사용법도 모르고요." 우디 앨런은 한 인터뷰에서 그렇게 말했다. 우리들 대다수는 컴퓨터가 없어서는 안 된다고 여기지만, 그는 컴퓨터 없이도 생산적인 삶을 살았다. 컴퓨터가 있는 우리는 과연 더 잘 살고 있을까?

컴퓨터는 두 가지 면에서 우리의 복지에 보탬을 주는지 모른다. 첫째, 상품과 서비스를 생산하는 능력을 향상시켜 간접적으로 우리의 삶을 이롭게 한다. 이 점에서 컴퓨터는 약간 실망스러운 결과를 내놓았다. 1970년대 초에 미국의 기업들은 컴퓨터 하드웨어와 소프트웨어에 대규모로 투자하기 시작했지만, 몇십 년 동안 이 막대한 투자는 별로 수지가 맞지 않은 것 같았다. 경제학자 로버트 솔로Robert Solow가 1987년에 밝혔듯이, "컴퓨터 시대는 생산성 통계를 빼고는 어디에나 와 있다". 아마도 직원들에게 컴퓨터 사용법을 가르치느라 너무 많은 시간이 낭비되었기 때문이거나, 워드프로세싱처럼 컴퓨터로 하면 더 효율적인 종류의 일이 생산성에 별로 기여하지 않거나, 또 어쩌면 정보가 더 널리 이용 가능해지면서 값어치가 떨어졌기 때문인지 모른다. 어쨌거나 1990년대 후반이 오기 전까지 컴퓨터 주도의 '새로운 경제'가 약속했던 생산성 증가는 나타나지 않았다. 적어도 미국에서는 그러했다. 지금까지도 유럽은 그런 기회를 아예 잡지 못한 듯하다.

컴퓨터는 우리에게 더욱 직접적으로 혜택을 줄 수 있다. 컴퓨터 덕분에 우리가 더 똑똑하고 더 행복해질지도 모른다. 컴퓨터는 즐거움, 우정, 섹스, 지식과 같은 으뜸가는 선善을 우리에게 약속한다. 만약 일부 고상한 선지자의 말을 믿는다면, 컴퓨터는 영적인 차원을 가질지도 모른다. 컴퓨터가 더욱 강력해지면 우리의 '정신적 자녀'가 될 잠재력을 지닐지 모른다는 것이다. 그리 머지않은 미래의 어느 시점 – 이른바 '특이점' – 에 인류는 이 실리콘 피조물들과 결합되어, 우리의 생물학적 한계를 초월하여 불멸을 획득할 것이다. 이 모든 전망은 우디 앨런으로선 꿈도 꾸지 못할 일이다.

하지만 컴퓨터가 정반대의 효과를 초래한다고 주장하는 회의론자들도 있다. 컴퓨터로 인해 우리가 덜 행복해지고, 오히려 더 멍청해진다는 관점이다. 이런 가능성을 제시한 초기 인물로 미국의 문학비평가 스벤 버커츠Sven Birkerts가 있었다. 1994년에 출간된 『구텐베르크 비가The Gutenberg Elegies』에서 버커츠는 컴퓨터를 포함한 전자 매체가 '깊은 독서'를 위한 우리의 능력을 무용지물로 만든다고 주장했다. 그의 글쓰기 학생들은 전자장치 덕분에 대충 건너뛰고 휙휙 훑어보는 독자가 되고 말았다. 그들은 버커츠와 달리 소설 읽기에 몰두할 수 없는 상태였다. 버커츠가 보기에, 그런 독서 성향은 '글 읽는 문화'라는 미래에 나쁜 징조였다.

컴퓨터가 어떤 즐거움을 누릴 우리의 능력을 약화시키거나 다른 면에서 우리를 더 나쁘게 만든다고 치자. 왜 우리는 화면 앞에서 보내는 시간을 줄이고 컴퓨터가 나오기 전에 우리가 가끔 했던 일 – 가령 소설 읽기에 몰두하는 일 – 에 시간을 더 쓸 수 없을까? 어쩌면 컴퓨터는 우리가 아는 것보다 더 은밀한 방식으로 우리에게 영향을 끼치고 있는지도 모른다. 우리의 뇌를 – 더 나쁜 쪽으로 – 재구성하고 있는지도 모른다. 〈애틀랜틱〉에 니콜라스 카Nicholas Carr가 쓴 2008년의 표제 기사 「구글이 우리를 멍청이로 만들고 있는가?」의 취지도 바로 그런 관점이었다. 2년 후, 기술 전문가이자 〈하버드 비즈니스 리뷰〉의 전직 편집장이었던 카는 디지털 문화를 고발하는 글을 모아 『생각하지 않는 사람들 : 인터넷이 우리의 뇌 구조를 바꾸고 있다The Shallows: What the Internet Is Doing to Our Brains』라는 책을 냈다.

카는 컴퓨터가 사람의 마음을 바꾸는 능력으로 인해 자신이 부지불식간에 희생자가 되었다고 믿는다. 지금 중년 후반인 그는 자신의 삶을 2막의 연극이라고 설명한다. '아날로그 청년'을 보낸 후 '디지털 어른'이 된 인생이라는 것이다. 1986년, 대학을 졸업한 지 5년 후에는 애플 매킨토시의 초기 버전에 적금을 거의 몽땅 날려버려 아내를 깜짝 놀라게 했다. 컴퓨터를 사용한 지 얼마 후부터는 종이로 편집하고 수정하는 능력을 잃어버렸다고 한다. 1990년경에는 모뎀을 구입하고 AOL에 가입하는 바람에 이메일 보내기, 채팅방 접속하기, 그리고 오래된 신문 기사 읽기로 1주일에 다섯 시간을 썼다. 이 무렵에 프로그래머 팀 버너스리Tim Berners-Lee가 월드와이드웹www을 발명했고, 덕분에 당연히 카는 새로운 넷스케이프 브라우저의 도움으로 사이버 세계를 쉴 새 없이 탐험하게 되었다. 우리에게 그는 이렇게 말한다. "나머지 이야기는 여러분도 알고 있다. 여러분의 이야기이기도 하니까. 칩의 속도가 자꾸 빨라졌고, 모뎀의 전송속도도 자꾸 빨라졌고, DVD와 DVD 굽는 장치도 나왔으며, 기가바이트 하드 드라이브가 나왔고, 야후와 아마존과 이베이가 나왔고, MP3가 나왔고, 스트리밍 비디오가 나왔고, 브로드밴드가 나왔고, 냅스터Napster와 구글이 나왔고, 블랙베리와 아이팟이 나왔고, 와이파이 네트워크가 나왔고, 유튜브와 위키피디아가 나왔고, 블로그와 SNS가 나왔고, 스마트폰이 나왔고, 스마트폰과 USB 메모리와 넷북이 나왔다. 누군들 저항할 수 있었겠는가? 확실히 나는 그러지 못했다."

2007년이 오기 전까지 카는 위대한 통찰, 즉 "나의 뇌가 작동하는 방식이 바뀌고 있는 듯하다"는 자각을 못했다고 한다. 비유적으로 말한다고 우리가 오해하지 못하도록 카는 뇌과학의 짧은 역사를 서술하는데, 그 이야기는 '신경가소성neuroplasticity'에 관한 논의에서 절정에 이른다. 신경가소성은 경험이 뇌의 구조에 영향을 미친다는 개념이다. 과학계의 정설은, 성인의 뇌는 확정되고 변할 수 없다고 주장해왔다. 경험이 뇌의 뉴런들 간의 연결 강도를 변화시킬 수는 있지만, 뇌의 전체 구조를 바꿀 수는 없다고 여겨졌다. 그러나 1960년대 후반이 되자 두뇌 가소성의 놀라운 증거가 출현하기 시작했다. 일련의 실험에서 연구자들은 원숭이 손의 신경을 자른 다음에, 미소전극微小電極 탐침을 이용하여 원숭이의 뇌가 사지 손상을 보완하기 위해 스스로를 재구성한다는 사실을 관찰했다. 나중에 팔이나 다리를 잃은 사람들을 대상으로 한 실험에서도 비슷한 현상이 드러났다. 잃어버린 사지에서 오는 감각 입력을 수신하는 역할을 맡았던 뇌 영역들이 신체의 다른 부위에서 오는 감각을 처리하는 회로에 의해 대체된 것처럼 보였다(이런 이유로 '유령 사지' 현상이 생길지도 모른다). 뇌 가소성의 신호는 건강한 사람들에게서도 관찰되었다. 가령 바이올린 연주자들은 바이올린을 연주하지 않는 사람들보다 손에서 오는 신호 처리를 전담하는 피질 영역들이 더 큰 편이다. 그리고 1990년대에 런던 택시 운전사들의 뇌를 찍은 사진을 보면, 해마 뒷부분posterior hippocampus - 공간적 표현을 저장하는 뇌 부위 구조 - 이 평균보다 더 컸는데, 그 직업에 종사한 햇수에 비례하여 크기가 컸다.

자신의 구조를 바꾸는 뇌의 능력은, 카가 보기에 다름 아니라 '자유로운 사고와 자유의지라는 개념의 허점'을 드러내는 증거였다. 하지만 그는 이렇게 재빨리 보탠다. "나쁜 습관도 좋은 습관만큼이나 쉽게 우리의 뉴런에 새겨질 수 있다." 정말이지 신경가소성이라는 개념을 이용하면 감정 표현, 이명, 포르노 중독, 마조히즘적 자해 등을 설명할 수 있었다(마지막 예는 아마도 통증 신경 경로가 재배열되고 뇌의 쾌락 중추로 연결되어 일어난 결과인 듯하다). 새로운 신경회로가 뇌에 자리 잡고 나면 입력을 받아들일 준비가 되고, 또한 소중한 정신적 능력을 담당하는 뇌 영역을 가로챌 수 있다. 그러므로 카가 적은 대로, "지적인 퇴보의 가능성은 뇌의 가소성에 내재되어 있다". 그리고 인터넷은 "일종의 감각 및 인지 자극 - 반복적이고 강렬하며 상호작용적이고 중독성인 자극 - 을 정확하게 전달하는데, 밝혀진 바에 의하면 이는 뇌 회로와 기능에 강력하고 재빠른 변형을 야기한다". 그는 뇌과학자 마이클 머제니치Michael Merzenich를 끌어들여 뇌가 인터넷 및 구글과 같은 온라인 도구들에 노출되면 '광범위하게 재배열'될 수 있다고 주장한다. 머제니치는 신경가소성 연구의 선구자이자 1960년대에 실시된 원숭이 실험의 배후 인물이다. "컴퓨터를 많이 사용하면 신경학적 결과를 초래한다"고 머제니치는 딱 잘라서 경고한다. 역설적이게도 그 역시 블로그에 올린 글에서 말이다.

신경과학계의 다수는 그런 주장을 비웃는다. 뇌는 '경험에 의해 형태를 갖추는 진흙 덩어리'가 아니라고 스티븐 핑커는 주장했다. 뇌의 배선은 우리가 새로운 사실이나 기술을 배울 때 조금 변할지 모르지만, 기본적인 인지구조는 동일하게 유지된다. 그리고 인터넷을 사용하면 뇌가 '광범위하게 재배열'될 수 있다는 증거가 어디 있는가? 카가 거론할 수 있는 유일한 관련 연구는 2008년에 UCLA의 정신병학 교수인 개리 스몰Gary Small이 했던 것이다. 스몰은 웹 서핑 경험이 풍부한 열두 명과 초심자인 열두 명을 모아, 구글 검색을 할 때의 뇌 사진을 찍었다. 확실히 두 집단은 뉴런 발화의 양상이 달랐다. 경험이 풍부한 집단이 초심자 집단보다 활동 영역이 더 넓었고, 의사 결정과 문제 해결 관련 뇌 부위인 배외측 전전두피질dorsolateral prefrontal cortex의 사용이 더 활발했다. 이와 반대로 초심자들에서는 이 영역이 대체로 조용했다.

'더 넓다'는 것이 '더 나쁘다'는 의미일까? 오히려 그 반대라고 여기는 이들이 있을지 모른다. 카도 시인하듯이, "좋은 소식은, 웹 서핑은 많은 두뇌 활동에 관여하므로 노인들의 정신을 예리하게 유지하는 데 도움이 될지 모른다". 게다가 웹 서핑으로 인한 뇌 변화는 독서에 방해되지 않는 것 같다. 연구자들이 실험 대상자들에게 정연한 문장을 읽게 했더니 컴퓨터 베테랑과 초심자 사이의 뇌 활동에 유의미한 차이가 없었다. 그리고 뇌가 재배열된다는데, 얼마만큼 그렇게 되는 것일까? UCLA 연구자들이 초심자들에게 하루에 한 시간씩 웹 서핑을 시켰더니, 그들의 뇌 패턴이 고작 닷새 만에 베테랑의 패턴과 유사해졌다. "인터넷을 다섯 시간 했더니, 인터넷 초심자인 실험 대상자들은 그새 뇌가 재배열되었다"고 스몰은 결론 내렸다. 하지만 대체로 급작스럽게 일어나는 뇌 변화는 또한 급작스럽게 뒤집어질 수 있다. 가령 정상시력인 사람에게 눈가리개를 씌워서 1주일이 지나면 뇌의 시각중추는 상당한 정도로 감각중추에 의해 대체될 것이다. (이는 점자 학습에 관한 실험에서 드러났다.) 하지만 눈가리개를 벗긴 지 하루만 지나면 뇌기능은 정상으로 되돌아간다.

만약 웹 서핑이 UCLA 연구대로 뇌의 문제 해결 및 의사 결정 영역을 자극한다면, 카에게는 미안한 말이지만, 구글이 우리를 더 똑똑하게 만든다고 결론 내려도 되지 않을까? 그건 우리가 '똑똑한'이 어떤 의미라고 여기는지에 따라 다르다. 심리학자들은 지능의 유형을 두 가지로 폭넓게 구분한다. '유동성' 지능은 논리 퍼즐과 같은 추상적인 문제를 푸는 능력이다. '결정성' 지능은 세계에 관한 정보의 축적과 아울러 그런 정보를 통해 추론해내는 후천적인 능력을 가리킨다. (짐작할 수 있듯이, 유동성 지능은 나이에 따라 감소하는 경향이지만 결정성 지능은 어느 시점까지 증가하는 편이다.)

컴퓨터가 유동성 지능을 북돋울 수 있다는 증거는 많다. 비디오게임을 해본 적이 있는가? 아마도 고개를 끄덕일 것이다. 비디오게임을 하는 사람은 여러 물체에 동시에 주의를 기울이는 데 더 능하며, 해당 문제의 해결과 상관없는 특징들을 무시하는 데 더 능하다. 비디오게임을 자주 하는 아이들은 뛰어난 주의 관리 능력을 개발했음이 드러났는데, 지능지수 검사에서 그렇지 않은 아이들보다 점수가 훨씬 높았다. 실제로 EEG(뇌파검사)를 통해 그런 향상을 직접 볼 수 있다. 비디오게임을 하는 네 살배기는 뇌의 주의 통제 부분에서 활성화 패턴이 드러나는데, 이는 보통 여섯 살배기에게서 나타나는 패턴이다.

카도 비디오게임이 어떤 인지능력을 향상시킬 수 있다는 증거를 인정한다. 하지만 그런 능력이 '저급의, 또는 더욱 원시적인 정신기능에 속하는 편'이라고 주장한다. 비디오게임에 익숙하지 않은 사람들은 그런 주장이 타당하다고 여길지 모르지만, 스티븐 존슨이 2005년에 출간한『나쁜 건 뭐든 좋다Everything Bad Is Good for You』에는 전혀 다른 이야기가 나온다. 존슨에 따르면 (과거의 팩맨 스타일의 단순한 게임과 달리) 정교한 비디오게임은 자신만의 숨은 법칙을 지닌 풍부한 상상의 세계를 담고 있다. 그런 세계를 탐험하려면 그 세계의 바탕이 되는 논리에 관한 가설을 끊임없이 세우고 검증해야 한다. 그것은 나른한 마음을 부추기는 시간 때우기가 아니다. 존슨은 이렇게 주장한다. "평균적인 비디오게임은 약 40시간이 걸리는데, 풀어야 할 문제와 목표물의 복잡성은 게임이 진행되면서 자꾸만 커진다."

설령 컴퓨터가 유동성 지능을 향상시킬 수 있다 해도, 결정성 지능에는 불리한 듯하다. 즉 지식 습득에는 도움이 되지 않는 것 같다. 카는 기본적으로 그렇게 생각한다. 그는 이렇게 썼다. "인터넷은 우리를 더 똑똑하게 만들기는 하는데, 이는 오직 지능을 인터넷의 기준으로 정의할 때만 그렇다. 지능을 좀 더 폭넓고 전통적인 관점에서 바라보면 – 단지 빠르기만이 아니라 사고의 깊이에 주목하면 – 상당히 암울한 결론에 도달할 수밖에 없다." 왜 컴퓨터 사용자의 '어수선한' 뇌가 책 읽는 사람의 '편안한 마음'보다 열등할까? 카가 보기에, 어수선한 뇌는 과부하가 걸려 있기 때문이다. 지식을 습득하는 우리의 능력은 '작업기억working memory' – 마음이 잠시 사용하는 메모장 – 에서 얻은 정보를 장기 기억long-term memory으로 전환하는 데 달려 있다. 작업기억은 특정한 순간에 우리가 의식하는 내용을 담고 있고, 한 번에 최대 네 가지 정보만 저장할 수 있으며, 이 정보들도 환기시켜주지 않으면 아마도 금세 사라진다. 그러므로 작업기억은 학습 과정의 병목인 셈이다. 또는 카의 비유적 설명에 의하면 장기 기억의 '욕조'를 채우는 데 쓰이는 '골무'인 셈이다.* 책은 집중해서 꾸준히 읽으면 정보를 '꾸준히 쌓는' 효과가 있다. 역시 비유로 말하자면, 골무의 물을 별로 흘리지 않고 욕조에 물을 자꾸 채워갈 수 있다. 이와 달리, 카에 따르면 웹상에서는 "우리는 많은 정보의 수도꼭지를 대하는데, 전부 꽉꽉 차 있다. 우리의 작은 골무는

---

* 골무에 담긴 물로 욕조를 가득 채우려면 아주 많은 횟수에 걸쳐 물을 옮겨야 함을 비유하고 있다 – 옮긴이

한 꼭지에서 다음 꼭지로 달려가면서 흘러넘치고 만다". 그래서 결국 '흐름이 연속적이고 일관되지 않은 온갖 꼭지에서 나온 물이 뒤섞인 엉망진창'의 상태가 되고 만다.

솔깃한 설명이긴 하지만, 카의 결론을 뒷받침할 실증적 근거는 빈약하고 또한 애매하다. 우선, 웹 서핑이 작업기억 능력을 향상시킬 수 있다는 증거가 있다. 일부 연구에서 '하이퍼텍스트'가 기억을 방해한다고 주장하지만 – 가령 2001년 캐나다에서 진행한 연구에서 엘리자베스 보웬Elizabeth Bowen의 소설「악마 연인 The Demon Lover」의 웹 버전을 읽은 사람들은 구식의 '직선형' 텍스트를 읽은 사람들보다 시간이 더 걸렸고 줄거리에 대한 혼란을 더 많이 느꼈다고 한다 – 다른 연구들은 이 주장을 뒷받침하지 못했다. 인터넷 사용이 책을 통해 배우는 능력을 퇴보시킨다고 밝혀낸 연구는 어디에도 없지만, 사람들은 여전히 그럴 것 같다고 느낀다. 카가 인용한 의학 블로거는 이렇게 한탄한다. "이젠『전쟁과 평화』를 못 읽겠어."

디지털 지식인들은 그런 볼멘소리를 듣고도 시큰둥하다. 뉴욕 대학의 디지털 미디어 학자인 클레이 셔키Clay Shirky는 이렇게 반응하다. "아무도『전쟁과 평화』를 안 읽는데, 그건 책을 읽는 사람들이 점점 더 톨스토이의 종교적인 작품이 많은 시간을 들여 읽을 만한 가치가 없다고 판단하기 때문이다." (우디 앨런은 속독 배우기 과정을 마치고 나서 단번에『전쟁과 평화』를 읽어서 그 문제를 해결했다. 나중에 그는 이렇게 말했다. "러시아에 관한 내용이었다.") 인터넷이 출현하기 전에 길고 방대한 소설을 읽곤 했던 유일한 이유는 정보 빈곤의 환경에서 살고 있었기 때문이다. 우리의 '즐거움 사이클'은 이제 웹에 묶여 있다고 문학평론가 샘 앤더슨Sam Anderson은 주장했다. 2009년 〈뉴욕〉의 표제 기사인「산만함을 옹호하며」에서였다. 그는 이렇게 선언했다. "더 조용하던 시절로 그냥 되돌아가기엔 너무 늦었다."

지식인들이 보이는 이런 식의 '과장된 진단'은 카를 불편하게 만든다. 왜냐하면 카가 보기에 그런 견해로 인해 보통 사람들은 '웹이 집중해서 하는 독서를 포함한 여러 형태의 평온하고 깊이 있는 사고를 대체할 적절하고, 심지어 우월한 대안이라고 확신하게' 되기 때문이다. 하지만 카의 설명만으로는 그런 결론을 수긍하기 어렵다. 그는 컴퓨터가 우리를 더 멍청하게 만든다는 주장을 설득력 있게 제시하지 못한다. 과연 그는 컴퓨터가 우리를 덜 행복하게 만든다고 우리를 설득할 수 있을까?

아리스토텔레스주의자의 주장대로 행복이 '잘 지내기'와 동의어라고 가정하자. 잘 지내기의 모범 중 하나는 조용한 명상 생활이라는 목가적 이상이다. 카가 말하는 '집중하는 독서의 깊은 고요'가 바로 이 이상을 나타낸다. 그는 활자의 발명에서부터 구텐베르크 혁명까지 독서의 짧은 역사를 소개하고, 아울러 독서의 진화가 어떻게 '지적인 윤리' - 인간의 마음이 어떻게 작동하는지에 관한 규범적인 가정들의 집합 - 를 발생시켰는지를 설명한다. "독서는 자연스럽지 않은 사고 과정 - 단일한 정적인 대상에 지속적이고 꾸준히 집중해야 하는 과정 - 을 훈련시키는 일이다"라고 그는 썼다. 기록 문명이 구전 문명을 대체하면서 사고의 연쇄적 과정은 더 길고 더 복잡해졌지만, 또한 더 명확해졌다. 개인의 은밀한 독서 공간이 방대한 공공 열람실로 대체되면서 도서관 구조도 조용히 책을 읽는 새로운 습관에 알맞도록 설계되었다. 게다가 1501년에 이탈리아의 인쇄업자 알두스 마누티우스Aldus Manutius가 포켓북 크기의 8절판 책을 처음 내놓으면서 시작된 책의 소형화 덕분에 독서는 도서관에서 벗어나 일상생활 속으로 들어왔다. "선조들이 인쇄된 종이를 통해 논증이나 설명을 하는 훈련을 받게 되면서 인류의 마음은 더욱 명상적이고 사색적이고 상상력이 풍부해졌다"고 카는 썼다.

한편 디지털 세계는 전혀 다른 방식의 '잘 살기'를 촉진시킨다. 효율지상주의적인 산업사회에 알맞은 이 방식은 속도가 깊이를 짓밟고, 고요한 사색이 자극의 폭발에 자리를 내준다. "인터넷의 상호작용적인 속성은 우리에게 정보를 찾고 자신을 표현하고 다른 이들과 대화하는 강력한 새 도구를 주는데", 하지만 그것은 "우리를 사소하기 그지없는 사회적 또는 지적 먹잇감을 얻으려고 쉴 새 없이 레버를 당기는 실험실용 쥐로 변신시키고 만다".

그렇다면 여러분이 생각하는 이상적인 행복은 집중하는 독서와 웹서핑 중 어느 쪽에 더 가까운가? 살림을 아늑한 전원 마을에 차려야 하는가, 아니면 정보고속도로 옆에 차려야 하는가? 해답은, 두 가지 모두를 조금씩 취하면 되지 않을까? 하지만 카는 균형을 맞추기란 불가능하다고 여기는 듯하다. 아날로그와 디지털 사이에는 안정적인 균형이 존재하지 않는다는 것이다. "인터넷은 텔레비전이나 라디오 또는 조간신문보다 훨씬 더 집요하게 우리의 관심을 장악한다"고 그는 썼다. 일단 우리의 뇌를 은밀히 재구성하여 마음을 변화시키고 나면, 우리는 끝난 것이나 마찬가지라는 것이다. 또한 소설가 벤저민 쿤켈Benjamin Kunkel을 끌어들여 이런 자율성의 상실을 토로한다. "우리는 온라인 습관을 스스로 선택했다고 여기지 않는다. 대신에…… 우리가 의도하거나, 심지어 좋아하는 대로 관심을 분배하고 있지 못하다고 여긴다."

카는 신경과민의 디지털 세계에서 벗어나 우디 앨런 식의 명상적인 평온으로 되돌아가려고 시도한 이야기를 들려준다. 아내와 함께 그는 '보스턴의 매우 밀집한 교외 지역'을 떠나 휴대전화도 수신되지 않는 콜로라도의 산악 지역으로 이사했다. 트위터 계정도 삭제하고 페이스북 회원 자격도 정지시키고 블로그도 닫고 스카이프와 인스턴트 메시지 사용도 줄였으며, '이것이 가장 중요한데', 이메일이 매분이 아니라 한 시간에 한 번씩만 새 메시지를 확인하도록 설정을 바꾸었다. 하지만 자신은 "이미 타락했다"고 그는 고백한다. 왜냐하면 디지털 세계가 '멋지다'고 시인할 수밖에 없으며, 아울러 '그것 없이는 못 살 테니까'.

어쩌면 그에게는 자기통제를 위해 더 나은 전략이 필요한 듯하다. 가령 일부 디지털 중독자가 했던 대로, 모뎀을 끈 다음 자기 집으로 택배를 발송하여 다음 날 받는 방법을 그는 고려해보았을까? 어쨌거나 스티븐 핑커가 언급했듯이, "산만함은 새로운 현상이 아니다". 핑커는 디지털 기술이 우리의 지능이나 복지에 위협을 가한다는 발상을 비웃는다. 과학이 디지털 시대에 잘해나가고 있지 않은가? 핑커는 묻는다. 철학, 역사, 그리고 문화비평도 번성하고 있지 않은가? 새로운 매체가 유행하는 이유가 있다면서, 그는 이렇게 주장한다. "지식은 기하급수적으로 증가하는데, 인간의 두뇌 능력과 깨어 있는 시간은 그렇지 않다." 인터넷이 없다면 인류의 팽창하는 지적 결과물을 어떻게 따라갈 수 있단 말인가?

그런 점은 많은 디지털 지식층이 열광했던 전망을 내놓는다. 어쩌면 인터넷은 단지 기억의 보충 역할만이 아니라 기억을 대체할 수 있을지 모른다. 〈와이어드〉의 기고가인 클라이브 톰슨Clive Thompson은 이렇게 말한다. "나는 뭐든 기억하려는 노력을 거의 포기했다. 정보를 즉각 온라인에서 꺼낼 수 있기 때문이다." 데이비드 브룩스는 〈뉴욕 타임스〉 칼럼에 이렇게 썼다. "정보 시대가 부리는 마법은 우리가 더 많이 알도록 해주는 것이라고 여긴 적이 있다. 그랬다가 나중에 알고 보니 정보 시대가 부리는 마법은 우리가 더 적게 알아도 괜찮게끔 해준다는 것이었다. 외부의 똑똑한 하인들을 제공해주기 때문이다. 가령 실리콘 메모리 시스템, 공동 온라인 필터, 소비자 취향 분석 알고리즘, 그리고 네트워크화된 지식 등이다. 이 하인들에게 짐을 부리고 우리는 자유로워질 수 있다."

　책도 외부 기억 저장장치로 쓰인다. 그런 까닭에 『파이드로스』에서 소크라테스도 글쓰기의 혁신이 인간의 기억력 감퇴를 초래하리라고 경고했던 것이다. 하지만 책은 정보와 사상의 저장고를 확장시켰고, 집중하는 독서를 통해 기억을 풍성하게 했지 기억을 대체하지 않았다. 인터넷은 다르다. 구글과 같은 알고리즘에 의한 검색엔진 덕분에 온갖 온라인 정보를 즉시 검색할 수 있다. 이젠 사실을 기억하지 않아도 될 뿐만 아니라 어디서 그걸 찾을지 기억하지 않아도 된다. 심지어 언젠가는 컴퓨터 화면이라는 중개자도 불필요할지 모른다. 머릿속에 무선 구글 접속 칩을 심으면 되지 않겠는가? "물론이다"고 구글 창립자 중 한 명인 세르게이 브린Sergey Brin은 말한다. "전 세계의 모든 정보를 여러분의 뇌에, 또는 여러분의 뇌보다 더 똑똑한 인공두뇌에 직접 연결시키면 여러분은 살기가 더 나을 것이다."

　기계가 기억을 대체할지 모른다는 발상은 카로서는 끔찍하다. 따라서 『생각하지 않는 사람들』의 가장 흥미로운 대목을 그런 발상과 싸우는 데 바친다. 기억의 분자 차원의 작동 원리를 명쾌하게 설명하고, 더불어 그런 원리에 따라 뇌가 단기 기억을 장기 기억으로 통합시키는 메커니즘을 설명한다. '재생의 영원한 상태'에 있지 않으면 안 되는 생물학적 기억은 하드 드라이브상의 정적인 위치에 있는 데이터 조각의 모음과 결코 비슷하지 않다고 카는 딱 잘라 말한다. 그러나 우리가 정말로 관심을 갖는 질문에는 답하지 않는다. 왜 머릿속에 정보를 집어넣기가 웹에서 꺼내기보다 더 나은가?

　뇌가 기억을 저장하고 꺼내는 시스템에는 대단히 복잡한 과정이 약간 혼란스럽게 관여한다. 이해할 만한 일이다. 맹목적 진화의 산물이지 합리적 공학의 산물이 아니기 때문이다. 정보의 각 비트에다 데이터 뱅크 내의 정확한 주소를 할당하는 컴퓨터와 달리, 인간의 기억은 맥락에 따라 조직되어 있다. 항목들은 복잡한 연상 그물망 내에서 함께 연결되어 있으며, 위치 찾기보다는 단서에 의해 꺼내진다. 이상적인 경우, 원하는 항목은 머릿속에서 그냥 떠오른다('현상학의 창시자는? 후설!'). 그렇지 않더라도, 여러 단서를 시도해보면 성공할 때도 있고 아닐 때도 있다('현상학의 창시자는? 글쎄, ㅎ으로 시작하는 사람인데…… 아, 후설!'). 인간의 기억은 컴퓨터에 비해 나름의 장점이 있다. 가령 굳이 의식하지 않아도 가장 자주 필요한 항목에 가장 높은 우선순위를 두는 경향이 있다. 하지만 잊어버리기 쉽고 신뢰하기 어렵다. 반복해서 떠올리지 않은 기억은 곧 망각 속으로 가라앉는다. 게다가 연상 그물망 내부의 항목들끼리 서로 충돌하는 바람에 혼동이 일어나고 거짓기억이 생긴다.

컴퓨터의 우편번호 할당식 기억 시스템은 그런 취약점이 없다. 각 항목은 컴퓨터의 데이터뱅크 내의 특정한 주소를 할당받으며, 그 항목을 꺼내는 일은 단지 해당 주소에 간다는 의미일 뿐이다. 게다가 인지심리학자 게리 마커스Gary Marcus가 2008년에 나온 자신의 책 『클루지Kluge』에서 지적했듯이, 비용을 치르지 않고도 맥락적 기억의 혜택을 얻을 수 있다. "구글이 그 증거다"라고 마커스는 적고 있다. "검색엔진은 우편번호 할당식 기억(검색엔진이 활용할 수 있는, 주소가 체계적으로 할당된 정보)이라는 기본 바탕에서 출발하여 그 위에 맥락적 기억을 구축한다. 체계적 주소 할당이라는 토대 덕분에 신뢰성이 보장되고, 아울러 그 위에 구축된 맥락은 특정한 순간에 가장 필요한 기억을 암시해준다." 진화가 컴퓨터와 같은 기억 시스템에서 시작하지 않은 것이 안타깝다고 마커스는 한마디를 보탠다.

이런 이점을 고려할 때, 우리의 기억을 가능한 한 많이 구글에 아웃소싱하지 못할 이유가 없다. 이에 발끈하여 카는 약간 과장된 엄포를 놓는다. "웹을 통한 연결은 *우리의* 연결이 아니다. 우리의 기억을 기계에 아웃소싱하면 우리의 지성, 그리고 심지어 정체성의 매우 중요한 부분도 아웃소싱하게 된다." 이어서 윌리엄 제임스가 1892년에 '기억'을 주제로 했던 강연을 인용한다. "연결한다는 것이야말로 생각하는 것이다." 제임스는 사고와 창의성에서 기억이 어떤 역할을 하는지 심사숙고한 인물이었다.

그런데 과연 우리는 창의성에 대해 무엇을 알고 있는가? 매우 적다. 고작해야 창의적인 천재성이 지능과 다르다는 정도만 알 뿐이다. 실제로 어떤 최소치의 지능지수 문턱값 – 평균, 즉 지능지수 115보다 약 1 표준편차 높은 값 – 지능과 창의성 사이에는 상관관계가 전혀 없다. 또한 우리는 창의성이 실증적으로 볼 때 감정 기복 장애와 상관관계가 있음을 알고 있다. 2년 전에 하버드 대학의 연구자들이 알아내기를, '예외적인 창의성'을 보이는 사람들 – 인구의 1퍼센트 미만 – 은 조울증을 앓거나 조울증 환자의 가까운 친척이 될 가능성이 높았다. 창의적 천재성을 발현시키는 심리학적 메커니즘은 여전히 불가사의로 남아 있다. 일반적으로 의견 일치를 본 단 한 가지는, 핑커의 표현대로, '천재는 몰입형'이라는 것이다. 그들은 열심히 일하고 자기 분야에 무서울 정도로 몰두한다.

이런 몰입이 기억 축적과 무슨 관계가 있을 수 있을까? 창의적 천재성의 모범 사례로, 1912년에 사망한 프랑스의 수학자 앙리 푸앵카레를 살펴보자. 푸앵카레의 천재성은 특별했는데, 순수수학(정수론)부터 응용수학(천체역학)에 이르기까지 수학의 거의 전 분야를 망라했기 때문이다. 독일인 동년배인 다비트 힐베르트와 더불어 푸앵카레는 마지막 만능인이었다. 직관력의 소유자여서 일견 동떨어진 수학 분야 간의 심오한 관련성을 간파해낼 수 있었다. 사실상 그는 현대 위상수학 분야를 개척했으며, '푸앵카레 추측'을 내놓아 미래 세대의 수학자들이 고군분투하게 만들었으며, 특수상대성의 수학 면에서 아인슈타인을 능가했다. 다른 많은 천재와 달리 푸앵카레는 대단한 실제적 재능을 지닌 사람이었다. 젊은 공학도였을 때는 탄광 사고의 현장 원인 조사를 맡기도 했다. 또한 글도 잘 써서 과학철학에 관한 베스트셀러 저서를 내놓았다. 프랑스 학사원의 문학 분과에 들어간 유일한 수학자였다.

푸앵카레가 이처럼 주목받는 사례가 된 까닭은 그의 성취가 갑작스러운 깨달음의 순간에 왔기 때문이다. 가장 두드러진 사례가 그의 논문 「수학적 창조」에 기술되어 있다. 푸앵카레는 광산 조사관으로서 지질 탐사를 떠났을 때 몇 달 동안 순수수학의 심오한 문제들을 붙들고 씨름하고 있었다. 그는 이렇게 회상했다. "탐사 도중의 이런저런 일로 수학 연구는 잊고 있었다. 쿠탕스Coutances에 도착해서 우리는 이곳저곳을 둘러보려고 마차에 올랐다. 계단에 발을 올리는 순간, 아무런 사전 준비도 없었는데 아이디어가 떠올랐다. 내가 푹스Fuchs 함수를 정의하기 위해 사용한 변환이 비유클리드 기하학의 변환과 동일하다는 발상이었다. 그것을 증명하지는 못했다. 마차의 자리에 앉아서 이미 사람들과 대화가 시작된 터라 시간이 없었지만, 확실하다는 느낌이 들었다. 칸Caen으로 돌아오는 길에 다행히 한가한 시간이 나서 그 결과를 증명해냈다."

푸앵카레가 마차 계단에 오르는 순간에 일어난 그 확실한 통찰은 어떻게 가능했을까? 스스로 짐작하기로는, 기억 속의 무의식적인 활동 때문에 생겼다고 한다. 그는 이렇게 썼다. "수학적 착상에서 무의식적 활동이 차지하는 역할은 내게는 반박의 여지가 없는 듯하다. 이 갑작스러운 영감들은…… 아무런 결실이 없었던 여러 날 동안의 의식적 노력을 미리 기울이지 않았을 때는 결코 떠오르지 않는다." 결실이 없는 듯 보였던 노력이, 기억 저장고를 수학적 아이디어로 채우면 아이디어는 무의식 속의 '움직여 다니는 원자들'이 되어 무수한 결합 과정 속에서 배열과 재배열을 반복하다가, 마침내 그중 '가장 아름다운' 것이 '미세한 체'로 걸러져 나와 의식 속으로 들어온다. 그러면 이제 그걸 가다듬어 증명해내면 된다.

푸앵카레는 특히 기억력에 한해서는 겸손했기에, 논문에서 자신의 기억력이 "나쁘지 않다"고만 밝혔다. 하지만 사실은 천재적이었다. "기억력 면에서 그는 심지어 굉장했던 오일러를 능가했다"고 한 전기 작가는 선언했다. (연구 결실이 가장 풍부한 인물인 오일러는—상수 e 는 그의 이름Euler의 첫 글자에서 따왔다—베르길리우스의 서사시 「아이네이스」를 암송했다고 한다.) 푸앵카레는 읽는 속도가 굉장히 빨랐으며, 공간 기억이 뛰어나서 특정 문구가 있는 책의 정확한 쪽과 줄 수를 기억할 수 있었다. 시력이 나빴던 까닭에 청각 기억도 뛰어났다. 학창 시절에는 칠판의 글씨가 잘 안 보이는데도 필기를 하지 않고 강의 내용을 완전히 습득할 수 있었다.

아마도 우리가 인터넷을 경계하는 가장 큰 까닭은 기억과 창의성 사이의 연관성 때문인 듯하다. 카는 이렇게 주장한다. "인터넷을 많이 사용하다 보니 정보를 생물학적 기억에 저장하기가 더 어려워지는 바람에, 우리는 인터넷의 넓고 쉽게 검색 가능한 인공 기억에 의존할 수밖에 없다." 하지만 외부에 저장된 정보의 의식적 조작만으로는 심오한 창조적 성취를 이룰 수 없다. 그런 점을 푸앵카레의 사례가 암시해준다. 인간의 기억은 기계의 기억과 달리 역동적이다. 우리가 겨우 피상적으로만 이해하는 어떤 과정—푸앵카레는 아이디어들의 무의식적인 충돌을 거쳐 의식으로 떠오르는 과정이라고 여겼다—을 통해 참신한 패턴이 무의식적으로 감지되고 참신한 유사성이 발견된다. 바로 이런 과정을 구글은 뒤엎으려 하고 있다. 우리가 구글을 기억 보조 장치로 이용하도록 유혹하는 속셈이 여기에 있는 것이다.

카의 주장과 달리, 우리를 덜 지적으로 만드는 건 인터넷이 아니다. 어쨌거나 증거에 의하면 인터넷은 우리의 인지능력을 무디게 하기보다 더 뾰족하게 한다. 인터넷이 우리를 덜 행복하게 만드는 게 아니다. 비록 카처럼 인터넷의 속도에 구속감을 느끼고 인터넷이 주는 행복에 속는 기분을 느끼는 이들도 분명 있지만 말이다. 인터넷이 창의성의 적인지도 모른다. 그래서 우디 앨런으로서는 인터넷을 완전히 피하는 편이 현명했는지 모른다.

그건 그렇고, 카의 책과 같은 유형의 책에 대해 감상평을 쓰는 독자들은 우스갯소리로 곧잘 이런 말을 한다. 페이스북을 보느라, 문자메시지를 보내느라, 이메일을 확인하느라, 트윗을 날리고 블로그를 하고 재미 삼아 히틀러를 닮은 고양이 사진을 인터넷에서 뒤지느라 글쓰기가 여러 번 중단되었다고 말이다. 글쎄, 나는 페이스북도 안 하고 트위터 사용법도 모른다. AOL에 이메일 계정이 하나 있지만 '받은 메일함'은 거의 텅 비어 있다. 아이팟도 블랙베리도 써본 적이 없다. 스마트폰도 없고, 심지어 어떤 종류의 휴대전화도 없다. 우디 앨런처럼 나는 디지털 시대의 올가미를 피했다. 그런데도 여전히 아무것도 제대로 해내질 못한다.

제7부

다시 살펴보는 우주

18

끈이론 전쟁, 아름다움은 진리인가?

물리학이 최고의 시기를 누리고 있다. 물리학자들은 오랫동안 찾고 있던 만물의 이론을 코앞에 두고 있다. 티셔츠에 새길 정도로 간결한 몇 가지의 아름다운 방정식을 통해 이 이론은 우주가 어떻게 시작했고 어떻게 끝날지를 드러낼 것이다. 핵심적인 통찰은, 세계의 가장 작은 구성 요소가 고대로부터 제시된 입자가 아니라 '끈' – 에너지의 미세한 가닥 – 이라는 것이다. 이 끈이 상이한 방식으로 진동하여 자연의 근본적인 현상들이 벌어진다고 한다. 마치 바이올린 줄을 어떻게 켜느냐에 따라 상이한 음정이 연주되듯이 말이다. 끈이론은 단지 위력적일 뿐만 아니라 수학적으로 아름답기까지 하다. 이제 남은 일은 실제 방정식을 적는 것뿐이다. 예상보다는 시간이 더 걸리고 있다. 하지만 이론물리학계 거의 전부가 – 뉴저지 주 프린스턴의 한 현자의 지휘 아래 – 문제 해결에 나서고 있으니, 수천 년간 내려온 최종 이론의 꿈이 머지않아 분명 현실이 될 것이다.

한편으로 물리학은 최악의 시기를 맞이하고 있다. 한 세대 이상 물리학자들은 끈이론이라는 도깨비불을 쫓고 있다. 이 추적의 시작은 진보의 한 세기에서 4분의 3이 끝났음을 알렸다. 끈이론 회의가 수십 차례 열렸고, 수백 명의 박사학위자가 새로 배출되었고, 수천 편의 논문이 작성되었다. 이런 온갖 활동에도 불구하고 검증 가능한 새로운 예측이 단 한 건도 나오지 않았다. 단 한 건의 이론적 난제도 풀리지 않았다. 사실 지금껏 이론이 전혀 없었다. 이론이 존재할지 모른다고 암시하는 온갖 징후와 계산만 있었다. 그리고 설령 있다고 한들, 이 이론은 어리둥절할 정도로 많은 버전으로 나타나기에 실제적인 쓰임이 없을 것이다. 아무것도 아닌 이론인 셈이다. 그런데도 물리학계는 비이성적인 열정으로 끈이론을 밀고 있다. 반대하는 물리학자들을 무자비하게 학계에서 내쫓으면서. 그러는 사이에 물리학은 불모의 운명을 지닌 패러다임에 갇히고 말았다.

그렇다면 어느 쪽인가? 최고의 시기인가, 최악의 시기인가? 이것은 어쨌거나 이론물리학이지 빅토리아 시대의 소설이 아니다. 만약 신문의 과학 기사를 틈틈이 읽는 독자라면, 낙관적 견해에 아마 더 익숙할 것이다. 하지만 끈이론에는 언제나 목소리를 높이는 회의론자들이 있었다. 거의 30년 전에 리처드 파인만은 그것을 물리학의 '미친', '터무니없는', 그리고 '그릇된 방향'이라고 비난했다. 끈이론 시대가 오기 전에 물리학의 마지막 위대한 발전에 이바지한 공로로 노벨상을 받은 셸던 글래쇼 Sheldon Glashow는 끈이론을 '중세 신학의 새 버전'에 비유했으며, 끈이론가들을 하버드 대학 물리학과에서 내쫓자는 캠페인을 벌였다. (캠페인은 실패로 끝났다.)

2006년에 끈이론 세대의 두 구성원이 이론물리학의 (자신들이 보기에) 엉망진창인 상태를 폭로했다. 리 스몰린 Lee Smolin은 『물리학의 골

첫거리 : 끈이론의 등장, 과학의 몰락, 그리고 다음엔 무엇이 오는가The Trouble with Physics: The Rise of String Theory, the Fall of a Science, and What Comes Next』에서 "내가 하게 될 이야기는 누군가에게는 비극으로 읽힐 것이다"라고 쓰고 있다. 피터 오잇Peter Woit은 『초끈이론의 진실 : 이론 입자물리학의 역사와 현주소Not Even Wrong: The Failure of String Theory and the Search for Unity in Physical Law』에서 '재앙'이라는 단어를 선호한다. 스몰린과 오잇은 1980년대에 끈이론이 유행하기 시작할 때는 신참 물리학자였다. 이제는 둘 다 아웃사이더다. 스몰린은 개혁파 끈이론가로(해당 주제에 관한 논문을 열여덟 편 썼다), 온건파 물리학자들의 성지라고 할 수 있는 캐나다의 페리미터 연구소Perimeter Institute 설립에 일조했다. 오잇은 전업 물리학자를 버리고 수학자의 길로 들어섰는데(컬럼비아 대학 수학과에서 강의한다), 덕분에 학제적 관점을 지니게 되었다.

끈이론 비판자인 두 사람은 각각 과학, 철학, 미학, 그리고 놀랍게도 사회학이 혼합된 고발장을 제출하고 있다. 그들이 보기에, 현재 물리학은 극악한 문화에 점령당했다. 이 문화에서는 공식적으로 허용된 문제를 다루는 기술자들은 보상을 받지만 알베르트 아인슈타인과 같은 선지자들은 박대를 당한다. 그리고 오잇의 주장에 의하면 끈이론은 실증적 근거와 개념적 엄밀성이 부족한지라, 그 이론의 실행가들은 과학을 가장한 거짓말과 진정한 과학적 업적을 구별할 수가 없다고 한다. 스몰린은 고발장에 도덕적 차원을 추가시켜서, 끈이론을 여성과 흑인에 대한 물리학 직업군의 '노골적인 편견'과 관련시킨다. 공허한 수학적 기교를 찬양하는 세태를 깊이 생각하면서 그는 이렇게 묻는다. "얼마나 많은 선구적 이론물리학자들이 한때는, 그것이 가능한 단 한 곳 – 수학 수업 – 에서 (여자들을 차지한) 근육질의 아이들을 압도하여 복수심을 달래는 불안정하고 나약한 여드름투성이의 사내아이였을까?"

그런 지저분한 동기가 물리학처럼 순수하고 객관적인 분야에 영향을 미칠지 모른다는 발상은 기이하다. 하지만 당시는 그 학문 자체가 이상한 시기였다. 역사상 최초로 이론이 실험을 따라잡았다. 새로운 데이터가 없는 상황에서 물리학자들은 굳건한 실증적 증거 이외의 다른 어떤 것에 의지하여 최종 이론을 찾아야 했다. 바로 그 어떤 것을 물리학자들은 '아름다움'이라고 부른다. 하지만 인생의 다른 영역에서와 마찬가지로 물리학에서도 아름다움은 그리 미덥지 못하다.

물리학에서 아름다움의 대표적인 모범은 알베르트 아인슈타인의 일반상대성이론이다. 그건 왜 아름다울까? 첫째, 단순하다. 단 하나의 방정식으로 중력이 질량의 존재로 인해 초래된 시공간 기하구조의 곡률이라고 설명해낸다. 질량이 시공간에게 어떻게 휘어질지 알려주고, 시공간이 질량에게 어떻게 움직일지 알려준다. 둘째, 놀랍다. 누가 이 이론 전체가 모든 기준좌표계는 서로 동일하다는 가정, 즉 물리법칙들은 여러분이 회전목마에서 폴짝폴짝 뛰더라도 지상에 가만히 있을 때와 달라지지 않아야 한다는 자연스러운 가정에서 흘러나오리라고 상상하겠는가? 마지막으로, 필연성의 위엄이 있다. 그 이론은 논리적 구조를 깨뜨리지 않고는 어떤 내용도 수정될 수 없다. 물리학자 스티븐 와인버그는 그것을 화가 라파엘로의 「성가족」에 비유했다. 그림 속의 모든 대상이 완벽한 위치에 자리 잡고 있기에, 화가가 다르게 그렸더라면 싶은 부분이 전혀 없다.

아인슈타인의 일반상대성이론은 물리학의 새 장을 개척한 20세기 초반의 두 가지 위대한 혁명 중 하나였다. 다른 하나는 양자역학이었다. 둘 중에서 양자역학은 예전의 뉴턴 물리학에서 더 급진적으로 벗어났다. (비록 휘어져 있지만) 매끄러운 시공간 기하구조에서 존재하는 잘 정의된 대상들을 다루는 일반상대성이론과 달리 양자역학은 무작위적이고 뚝뚝 끊어지는 미소세계를 기술했는데, 그 세계에서는 변화가 도약을 통해 일어나고 입자들은 파동처럼 행동하며(그 반대도 마찬가지다), 불확정성이 지배한다.

이 두 혁명이 시작된 지 몇십 년이 흐르자 양자역학 쪽이 대세가 되었다. 중력 외에도 자연을 지배하는 세 가지 기본 힘이 존재한다. 바로 전자기력, '강'력(원자핵을 결속시키는 힘), 그리고 '약'력(방사능 붕괴를 일으키는 힘)이다. 마침내 물리학자들은 이 셋을 양자역학의 틀 속으로 통합시키는 데 성공하여, 입자물리학의 '표준모형'을 내놓았다. 표준모형은 얼기설기 엮은 장치 같다. 매우 다른 종류의 상호작용을 대충 한데 모았을 뿐 아니라 방정식들은 약 20가지의 무작위적인 듯한 수 ─ 다양한 입자들의 질량, 그리고 힘의 세기의 비율 등에 대응하는 수 ─ 를 포함하는데, 전부 실험적으로 측정하여 '손으로' 집어넣은 것들이다. 그렇기는 해도 표준모형은 굉장히 유용함이 입증되었다. 이후에 실시된 입자물리학의 실험 결과들을 모조리 굉장한 정확도로, 종종 소수점 이하 열한 번째 자리까지 예측해냈다. 파인만이 말했듯이, 로스앤젤레스에서 뉴욕까지의 거리를 머리카락 너비의 오차범위 내에서 계산해내는 수준이다.

표준모형은 1970년대 중반까지 정교하게 다듬어졌으며, 이후로도 크게 수정할 필요가 없었다. [그 모형이 옳다는 최상의 증거는, 발견되지 않고 있던 마지막 입자인 힉스 보손이 2012년 CERN(유럽입자물리연구소)의 강입자충돌기Large Hadron Collider, LHC 덕분에 발견되었다는 사실이다.] 표준모형은 중력을 무시할 수 있을 정도로 약한 분자, 원자, 전자 및 그 아래 스케일에서 자연이 어떻게 행동하는지를 알려준다. 일반상대성이론은 양자 불확정성을 무시해도 좋은 영역인 사과, 행성, 은하 및 그 위의 스케일에서 자연이 어떻게 행동하는지를 알려준다. 두 이론 덕분에 자연의 모든 현상을 다룰 수 있을 듯하다. 하지만 대다수의 물리학자들은 이런 분업이 마뜩찮다. 어쨌거나 모든 것은 다른 모든 것과 상호 작용한다. 이를 기술하는 규칙이 서로 모순되는 두 벌이 아니라 단 한 벌이어야 하지 않을까? 게다가 두 이론이 맡은 영역이 서로 겹치는 경우에는 어떻게 되는가? 즉 아주 무거운 것이 아주 작기도 하다면 어떻게 되는가? 가령 빅뱅 직후, 지금 관찰 가능한 우주의 전체 질량은 원자 하나 크기의 부피 속에 압축되어 있었다. 이 극미의 스케일에서는 양자 불확정성이 일반상대성의 매끄러운 기하구조를 깨뜨리므로, 중력이 어떻게 작용할지 알 길이 없다. 우주의 탄생을 이해하려면 일반상대성이론과 양자역학을 '통일'한 이론이 필요하다. 이것이 이론물리학자의 꿈이다.

끈이론은 우연히 등장했다. 1960년대 후반에 두 명의 젊은 물리학자가 수학책을 뒤적이다가 한 세기 전에 나온 공식인 오일러 베타 함수를 우연히 알게 되었는데, 이것이 놀랍게도 기본입자에 관한 최신 실험 데이터와 들어맞는 듯했다. 처음에는 누구도 왜 그런지 몰랐다. 하지만 몇 년 내에 그 공식의 숨은 의미가 드러났다. 만약 기본입자들이 꿈틀거리는 아주 작은 끈이라면, 그 공식은 의미가 통했다. 이 끈은 무엇으로 만들어질까? 다른 무언가로부터 만들어지는 끈이 아니다. 한 물리학자의 말대로 이 끈은 '공간의 매끄러운 천에 생긴 1차원의 아주 작은 찢김'이라고 할 수 있다.

새 이론이 기존의 사고와 충돌하는 지점은 그런 방식만이 아니다. 우리는 세 개의 공간 차원(그리고 하나의 시간 차원)의 세계에서 사는 듯하다. 하지만 끈이론이 수학적 의미를 가지려면 세계는 아홉 개의 공간 차원을 가져야만 한다. 나머지 여섯 차원을 우리는 왜 인식하지 못할까? 끈이론에 따르면 그런 차원들은 미세한 기하구조 속에 말려 있어서 보이지 않기 때문이라고 한다. (정원의 호스를 생각해보자. 멀리서는 하나의 선처럼 1차원으로 보인다. 하지만 가까이서는 작은 원 속에 말려 있는 두 번째 차원이 보인다.)* 숨은 차원이라는 가정이 일부 물리학자들에게는 대단한 사치로 보였다. 하지만 다른 물리학자들에게는 치러야 할 대가 정도로 여겨졌다. 스몰린의 표현에 의하면 "끈이론은 이전의 다른 어떤 이론도 못했던 것을 약속했다. 힘과 물질의 진정한 통합인 중력의 양자론을 말이다".

그 약속은 도대체 언제 지켜질 것인가? 가능성이 처음 제시된 지 수십 년이 지나면서 끈이론은 두 번의 '혁명'을 거쳤다. 첫 번째는 1984년이었다. 그해에 끈이론의 잠재적으로 치명적인 몇몇 결함이 해결되었다. 이 성취에 이어서 프린스턴 스트링 쿼텟Princeton String Quartet** 이라는 프린스턴의 네 물리학자가 끈이론이 자연의 모든 힘을 정말로 아우를 수 있음을 밝혀냈다. 그 후 몇 년 안에 전 세계의 물리학자들이 끈이론에 관한 논문을 1,000편 이상 써냈다. 또한 끈이론은 이론물리학계의 선구적 인물인 에드워드 위튼의 관심을 샀다.

현재 프린스턴 고등과학연구소에 있는 위튼은 동료 물리학자들에게 경외의 대상이다. 위튼은 아인슈타인에 비견되는 인물로 알려져 있다. 10대 때는 물리학보다 정치에 관심이 더 많았다. 1968년 열일곱 살 때 〈네이션〉에 기고한 글에서 신좌파가 정치 전략이 없다고 주장했다. 브랜다이스 대학에서 역사학을 전공했고 1972년 대통령 선거에서는 조지 맥거번George McGovern 캠프에서 활동하기도 했다. (맥거번은 그에게 대학원 입학 추천서를 써주었다.) 그리고 물리학으로 진로를 정하자

---

* 원형의 호스 단면이 보인다는 뜻이다 – 옮긴이
** 끈이론이 영어로 'string theory'이기에 끈이론을 연구하는 네 사람을 현악4중주단string quartet에 비유해서 지은 명칭이다 – 옮긴이

일사천리로 길이 트였다. 프린스턴에서 박사, 하버드에서 박사후 과정을 거쳐 스물아홉 살 때 프린스턴에서 정교수가 되더니, 2년 후에는 맥아더 '천재 연구 지원금'까지 받았다. 위튼의 논문은 심오함과 명료함의 전형이다. 다른 물리학자들은 복잡한 계산을 통해 문제를 공략한다. 그는 첫 원리로부터 추론하기를 통해 문제를 해결한다. 언젠가 위튼은 '내 인생에서 지적으로 가장 크게 흥분한' 때는 끈이론이 중력과 양자역학 둘 다를 아우를 수 있음을 알게 되었을 때였다고 말했다. 그의 끈이론 연구는 순수수학, 특히 매듭에 관한 추상적 연구 분야에서 놀라운 발전을 가져왔다. 1990년에는 수학의 노벨상이라 불리는 필즈상을 받은 최초의 물리학자가 되었다.

이 위튼이 두 번째의 끈이론 혁명을 주도했는데, 이 혁명은 모든 여분 차원의 존재로 인해 생기는 난제를 다루었다. 그 차원들은 말려서 보이지 않을 정도로 작아져야 하는데, 알고 보니 그렇게 되는 데에는 여러 가지 방식이 있었다. 물리학자들은 지속적으로 새로운 방식을 찾아내고 있었다. 만약 끈이론의 버전이 두 가지 이상이라면, 어느 버전이 옳은지 어떻게 판단할 수 있을까? 실험으로는 이 질문에 답할 수 없었다. 끈이론은 입자가속기로 얻어낼 수 있는 것보다 훨씬 더 높은 에너지를 다루기 때문이다. 1990년대 초반이 되자 끈이론은 다섯 가지 이상의 버전이 고안되었다. 낙담하는 분위기가 팽배했다. 하지만 분위기는 1995년에 현저히 나아졌다. 바로 그해에 위튼이 로스앤젤레스에서 열린 한 회의에서 이 다섯 가지의 서로 달라 보이는 이론이 'M이론'이라는 더 깊은 이론의 한 측면이라고 선언했기 때문이다. 진동하는 끈 외에도 M이론은 진동하는 막membrane과 방울blobs을 허용했다. 새로운 이론의 이름에 관해 위튼은 애매한 태도를 취했다. "M은 취향에 따라 마법magic, 불가사의mystery 또는 막membrane을 나타낸다"고 그는 말했다.

나중에는 '흐릿한murky'을 하나의 가능성으로 언급했다. 왜냐하면 "그 이론을 우리가 이해하고 있는 수준이 사실 아주 원시적이기 때문이다". 또 어떤 물리학자들이 제안한 바에 따르면 '행렬matrix', ('모든 이론의 어머니'라는 뜻에서) '어머니mother' 또는 '자위masturbation'이다. 회의론자인 셸던 글래쇼는 M이 '위튼Witten'의 첫 글자 'W'를 거꾸로 쓴 게 아닐까라고 여겼다.

두 번째 끈이론 혁명 이후 20년도 더 지난 오늘날, 이전에 끈이론이라고 불리던 이론은 실제 방정식의 집합이라기보다는 솔깃한 추측으로 남아 있으며, 제각각의 해법이 중구난방으로 쏟아지는 바람에 조롱거리가 되었다. 가장 최근에 세어보니 끈이론의 개수는 1 다음에 0이 500개쯤 달리는 수 같은 것으로 추산된다. "이 상황을 일종의 귀류법으로 받아들이면 왜 안 되는가?"라고 스몰린은 묻는다. 하지만 일부 끈이론가들은 굴하지 않는다. 이들에 의하면 이 방대한 대안적 이론들의 집합의 각 구성 원소는 있을 수 있는 상이한 우주, 즉 자신만의 '지역 날씨'와 역사를 지닌 우주를 기술한다고 한다. 이런 우주들이 전부 실재한다면 어떻게 될까? 아마도 그런 우주들 각각은 우리의 우주가 그랬듯이 거품이 생기듯 존재하게 되었을 것이다. (이 '다중우주'를 믿는 물리학자들은 그런 우주를 우주의 거품 방울들이 뽀글거리는 우주적인 샴페인 잔에 비유하곤 한다.) 이런 우주들 대다수는 생명 친화적이지 않을 테지만, 몇몇은 우리와 같은 지적 생명체가 출현하기에 알맞은 조건일 테다. 우리의 우주가 생명체를 출현시키게끔 미세하게 조정된 것처럼 보인다는 사실은 행운의 문제가 아니다. 대신에 '인류 원리'의 결과이다. 즉 우리의 우주가 지금과 같은 방식이 아니었다면, 우주를 관찰할 우리가 여기에 없을 것이라는 말이다. 인류 원리의 추종자들은 이 원리를 이용하면 우리의 생존과 양립할 수 없는 끈이론의 모든 버전을 숨아낼 수 있기에, 제각각의 해법이 쏟아지는 현 상황으로부터 끈이론을 구출해낼 수 있다고 말한다.

코페르니쿠스가 인간을 우주의 중심 자리에서 내려오게 만들었다면, 인류 원리는 다시 인간을 특권적 위치로 복귀시킨 듯하다. 많은 물리학자들은 이를 경멸한다. 누군가는 그 원리가 동료 물리학자들의 마음을 감염시키는 '바이러스'라고 깎아내렸다. 반면에 위튼을 포함한 일부 물리학자들은 인류 원리를 받아들이긴 하지만, 일시적으로 우울한 느낌으로 그렇게 한다. 게다가 이 원리에서 비뚤어진 즐거움을 느끼는 물리학자들도 있다. 이런 분파들 사이의 논쟁을 놓고서 한 참여자는 '고등학교 구내식당에서의 음식 싸움'에 비유하기도 했다.

끈이론에 딴죽을 거는 자신들의 책에서 스몰린과 오잇은 인류 원리적 접근을 과학의 배신이라고 여긴다. 둘 다 칼 포퍼의 금언, 즉 만약 어떤 이론이 과학적이려면 반증 가능성falsification이 있어야만 한다는 금언에 동의한다. 하지만 오잇의 지적대로 끈이론은 앨리스의 식당과 같은데, 거기에선 미국의 포크송 가수 알로 거스리Arlo Guthrie의 노래처럼 "원하는 것은 뭐든 얻을 수 있다". 너무 많은 버전이 나왔기에 뭐든 예상할 수 있다. 그런 의미에서 보자면, 끈이론은 오잇의 책 제목이 암시하듯 "결코 틀릴 수가 없다". 인류 원리의 지지자들은 '포퍼바라기Popperazzi'에 반대하면서 물리학자들이 일부 철학자가 과학은 이러해야 한다는 말을 듣고 와서 끈이론을 거부하는 것은 어리석다고 우긴다. 입자물리학의 '표준모형의 아버지'라고 불러도 마땅한 스티븐 와인버그는 인류 원리적 추론이 신기원을 열지 모른다고 주장했다. 그는 "과학사의 대다수 발전은 자연에 관한 발견을 이끌었다"고 운을 뗀 뒤, "하지만 어떤 전환기에 우리는 과학 자체에 관한 발견을 해냈다"고 말했다.

그렇다면 물리학이 포스트모던postmodern으로 가고 있는가? (스몰린이 언급한 대로, 하버드에서는 끈이론 세미나가 실제로 '포스트모던 물리학'이라는 행사에서 열렸다.) 입자물리학의 현대modern 시대는 실증적이었다. 이론은 실험과 더불어 발전했다. 표준모형은 생김새야 추했을지 모르지만 실제로 통했으며, 적어도 진리의 근사로서 훌륭한 역할을 했다. 하지만 포스트모던 시대*에는 실험이 떠난 자리를 미학이 장악해야 한다는 말이 나돈다. 끈이론은 직접 검증할 수 없기에, 그 이론의 아름다움이 진리를 보증해준다는 것이다.

지난 세기에 실험 데이터 없이 미학적 감각을 따른 물리학자들은 꽤 성과가 좋았던 듯하다. 폴 디랙Paul Dirac이 말했듯이, "자연의 작동 방식과 일반적인 수학적 원리들을 이어주는 근본적인 조화를 이해하는 사람은 누구나 아름다움을 지닌 이론, 그리고 아인슈타인 이론의 아름다움이 실제로 옳다고 여기지 않을 수 없었다".

'아름다움이 곧 진리'라는 개념은 아름다울지는 모르지만, 아름다운 이론이라고 해서 참일 이유가 뭐란 말인가? 어쨌든 진리는 이론과 세계 사이의 관계인 반면에 아름다움은 이론과 마음 사이의 관계이다. 어쩌면 누군가의 추측처럼, 일종의 문화적 다윈주의의 훈련을 받았기에 우리는 참일 가능성이 더 큰 이론에 미학적 즐거움을 느끼는지도 모른다. 또 어쩌면 물리학자들은 어떤 식으로든 어수선한 것보다는 아름다운 해법이 있는 문제를 선택하는 경향이 있는지 모른다. 또 어쩌면, 자연의 추상적 아름다움이 가장 근본적인 수준에서 참된 이론을 통해 드러나는지도 모른다. 그런데 이런 설명이 죄다 미심쩍은 것은 이론적 아름다움의 기준이 일시적인데다 과학적 혁명을 거치면서 번번이 뒤

---

* 'postmodern'의 post는 '후에'라는 뜻이다 – 옮긴이

집어졌기 때문이다. "어느 시기에 미학적으로 매력 있다고 여겼던 이론의 속성들이 다른 시기에는 불쾌하거나 미학적으로 별것 아니라고 판단되었다." 과학철학자 제임스 W. 맥칼리스터James W. McAllister의 일침이다.

아름다움의 오래가는 특징에 가장 가까운 것은 단순성이다. 피타고라스와 유클리드도 이를 칭송했으며, 오늘날의 물리학자들도 단순성에 찬사를 보낸다. 다른 요소들이 전부 동일하다면, 방정식이 더 짧을수록 아름다움은 더 커진다. 그런데 이런 기준으로 볼 때 끈이론은 어떠할까? 추종자들 중 한 명이 농담 삼아 했던 말대로, '에잇, 젠장!'이다. 그도 그럴 것이, 끈이론이 지금까지 내놓은 결정적인 방정식이 하나도 없기 때문이다. 처음에 끈이론은 단순성의 대표 주자처럼 보였다. 알려진 자연의 모든 입자와 힘을 진동하는 끈의 음표로 환원시켰기 때문이다. 끈이론의 선구자들 중 한 명은 이렇게 말했다. "끈이론은 수학적 구조가 너무나도 아름다운지라 자연의 속성과 동떨어진 것일 리가 없다." 하지만 세월이 흐르면서 끈이론은 새로운 난제에 맞닥뜨릴 때마다 얼기설기 땜질을 해댄 나머지, 루브 골드버그 장치Rube Goldberg machine* – 또는 그런 식의 느낌이 물씬 나는 이론 – 가 되고 말았다. 이제 끈이론 지지자들은 '유일무이성과 아름다움이라는 신화'를 비난한다. 자연은 단순하지 않으니 우리의 궁극적인 이론도 당연히 그렇지 않다고 그들은 주장한다. "현실 세계를 솔직하게 제대로 살펴보면 수학적 단순성의 패턴은 어디에도 없다"고 스탠퍼드 대학의 물리학자 레너드 서스킨드Leonard Susskind는 말한다. 끈이론이 '미녀였다가 야수로 변한' 작금의 상황이 그로서는 개탄스럽지 않은 듯하다.

---

* 간단한 과제를 아주 복잡한 방식으로 구현한 장치 – 옮긴이

예측하는 능력도 아름다움도 없다면 끈이론은 도대체 왜 지속되어야 하는가? 18세기 후반부터 어떤 중요한 과학 이론도 인정받든가 배척당하든가 하지 않고서 10년 이상 지속된 적이 없었다. 옳은 이론은 거의 언제나 재빨리 승리한다. 하지만 이런저런 형태의 끈이론은 거의 반세기 동안 결론이 나지 않은 채 이어지고 있다. 아인슈타인이 생애 마지막 30년 동안 물리학의 통일이론을 찾으려고 애쓴 노력은 헛수고의 대표적인 사례연구로 거론된다. 1,000명의 끈이론가는 아인슈타인보다 나을까?

점점 더 실패한 이론처럼 보이는 고착 상태를 놓고서 흔히 내세우는 변명은 아직 누구도 물리학을 통일할 더 나은 아이디어를 내놓지 않았다는 것이다. 하지만 스몰린과 오잇 같은 끈이론 비판자들은 '사회학'이라고 요약할 수 있는 전혀 다른 이유를 내놓는다. 두 사람은 물리학계가 사회구성주의자들이 오랫동안 비난해온 상태에 위험천만하게 가까워졌다고 우려한다. 물리학계가 인간 사회의 다른 집단과 마찬가지로 합리적이고 객관적이지 않다고 개탄하는 셈이다. 오늘날의 초경쟁적 환경에서 젊은 이론물리학자가 가장 선망하는 일은 끈이론의 문제를 풀어서 인기를 끄는 것이다. 끈이론 분야의 한 저명한 인물은 이런 말을 했다. "요즘에는, 만약 여러분이 잘나가는 젊은 끈이론가라면 성공한 셈이다."

어떤 이들은 위튼을 교주로 삼은 끈이론 공동체의 컬트적 측면을 간파해낸다. 스몰린은 끈이론 공동체에서 성행하는, 자신이 보기에 조잡한 과학적 기준을 탄식하는데, 그 기준에 의하면 오랫동안 미증명 상태인 추측은 참인 것으로 가정된다. 왜냐하면 '분별 있는 사람이라면 아무도' – 즉 공동체 내의 어떤 구성원도 – 의심하지 않기 때문이라고 한다. 끈이론이 엄밀성이 부족함을 가장 여실히 드러내는 사례는 이른바 '보다노프 사건'이다. 프랑스인 쌍둥이 형제인 이고르Igor와 그리츠카 보다노프Grichka Bogdanov가 끈이론에 관한 얼토당토않은 논문을 동료 간의 검토를 필요로 하는 다섯 군데의 물리학 저널에 실은 사건이었다. 이것은 '소칼 사건Sokal hoax' 버전일까? (1996년 물리학자 앨런 소칼Alan Sokal은 포스트모던 저널 〈소셜 텍스트Social Text〉의 편집자를 고의로 속여서 '양자 중력의 해석학'에 관한 억지스러운 헛소리를 싣게 만들었다.) 보다노프 형제는 펄쩍 뛰면서 사기가 아니라고 주장했지만, 심지어 하버드 끈이론 연구팀조차도 명백한 사기라며 웃음을 터뜨리기도 했다가 저자가 진실했을지 모른다고 인정해주기도 하면서 오락가락했다고 한다.

이론물리학의 상황이 스몰린과 오잇 같은 비판자들의 말만큼이나 나쁘다고 치자. 물리학자가 아닌 사람이 뭘 할 수 있을까? 물리학의 신성한 땅을 끈이론을 내세운 강탈자들로부터 구해낼 어린이 십자군이라도 결성해야 할까? 설령 성공하더라도 그 사람들 대신에 누구를 취임시켜야 한단 말인가?

지금 물리학의 문제는, 스몰린에 의하면 기본적으로 스타일의 문제다. 한 세기 전에 두 혁명의 창시자들 - 아인슈타인, 보어, 슈뢰딩거, 하이젠베르크 - 은 심오한 사상가, 즉 '선지자'였다. 그들은 공간, 시간, 그리고 물질에 관한 질문에 철학적인 방식으로 대응했다. 그들이 창조한 새 이론들은 본질적으로 옳았다. 하지만 "이 이론들의 개발에는 많은 기술적 작업이 필요했고, 그래서 몇 세대 동안 물리학은 '보통의 과학'이 되었고 숙련공에 의해 지배되었다"고 스몰린은 주장한다. "끈이론의 역설적인 상황 - 거창한 약속, 빈약한 결실 - 은 잘 훈련받은 숙련공들이 선지자의 일을 하려고 할 때 벌어지는 사태다." 오늘날 물리학의 통일이라는 도전 과제에는 또 한 번의 혁명이 요구되는데, 이는 단지 기교적인 계산가들로서는 일으킬 수 없는 혁명이다. 아마도 해법은 새로운 세대의 선지자들을 육성하는 일일 것이다.

"최종 이론이 우리 평생에 발견된다면 얼마나 이상할까!"라고 스티븐 와인버그는 말했다. 와인버그가 덧보탠 말에 의하면, 그런 발견은 17세기에 근대과학이 시작된 이후의 지성사에서 가장 날카로운 단절이 될 것이다. 물론 최종 이론이 결코 발견되지 않아서 끈이론도, 끈이론 반대자들이 주장하는 대안적 이론도 쓸모없어질지 모른다. 어쩌면 자연에 관한 가장 근본적인 진리는 인간의 지능을 훌쩍 뛰어넘는지도 모른다. 양자역학이 개의 지능을 훌쩍 뛰어넘듯이 말이다. 또 어쩌면 칼 포퍼가 믿었듯이, 한 이론 다음에 더 깊은 이론이 나오는 과정이 끝없이 이어질지도 모른다. 그리고 설령 최종 이론이 발견되더라도 우리가 가장 관심 있는 자연에 관한 질문들 – 뇌가 어떻게 의식을 생기게 하는가, 우리가 어떻게 유전자에 의해 구성되는가 – 은 여전히 그대로 남을 것이다. 이론물리학은 끝나겠지만, 나머지 과학은 별달리 주목하지 않을 것이다.

19

아인슈타인, '유령 같은 작용', 그리고 공간의 실재

물리학에서도 정치학에서와 마찬가지로 모든 작용이 궁극적으로 국소적local이라는 유서 깊은 개념이 있다. 물리학자들은 이를 '국소성의 원리'라는 적절한 명칭으로 부른다. 국소성의 원리란 본질적으로 세계가 개별적으로 존재하는 물리적 대상으로 이루어져 있으며, 이 대상들은 접촉을 통해서만 서로에게 직접적인 영향을 미칠 수 있다는 것이다.

바로 이 국소성의 원리에 따라 먼 물체들은 그 사이를 잇는 인과적 매개체를 통해서 간접적으로만 서로에게 영향을 미칠 수 있다. 가령 나는 팔을 뻗어서 여러분의 손을 잡거나 휴대전화기로 전화를 걸어서(전자기파를 매개체로 삼아), 또는 심지어 ─ 아주아주 미미하지만 ─ 내 새끼손가락을 꼼지락거려서(중력파를 매개체로 삼아) 여러분에게 영향을 미칠 수 있다. 하지만 나와 여러분 사이에 무언가를 이동시키지 않고서 ─ 가령 인형에 바늘을 꽂아서 ─ 우리를 분리시키고 있는 공간을 순식간에 건너뛰는 방식으로 여러분에게 영향을 미칠 수는 없다. 그런 작용은 '비국소적인' 영향력 행사이기 때문이다.

국소성이라는 개념은 과학사 초기에 등장했다. 그리스의 원자론자들에게 그 개념은 자연주의적 설명을 마법적 설명과 구분하는 도구였다. 신들은 멀리 떨어진 사건이 순식간에 일어나는 비국소적 행동을 할 수 있다고 여겨지긴 했지만, 원자론자들이 보기에 진정한 인과성이란 언제나 국소적이었다. 아주 작고 단단한 원자들이 서로 부딪혀서 생기는 결과라고 보았던 것이다. 아리스토텔레스는 국소성의 원리를 고수했고 데카르트도 마찬가지였다. 뉴턴은 (스스로도 찜찜하긴 했지만) 그 개념에서 벗어난 듯했다. 왜냐하면 그의 이론에서 중력은 어떤 식으로든 빈 공간을 가로질러 아마도 순식간에 물체들 사이에 작용하는 인력이었기 때문이다. 하지만 19세기에 마이클 패러데이가 장field의 개념을 도입하여 국소성을 복원시켰다. 장은 무한히 퍼져 있는 에너지 전달 매체로서, 이를 통해 중력이나 전자기력과 같은 힘이 한 대상에서 다른 대상으로 전달된다. 이런 전달은 비국소적인 작용의 경우와 달리, 순식간이 아니라 유한한 특정 속력, 즉 빛의 속력으로 일어난다.

국소성의 원리는 자연의 작동을 합리적이고 투명하게 만들어주어, 복잡한 현상을 국소적 상호작용으로 '축소'시킨다. 이와 달리 비국소성은 언제나 '교감', '동시성', 그리고 '전일주의'를 신봉하는 신비주의자와 연금술사의 피난처였다.

알베르트 아인슈타인은 국소성의 원리에 대한 철학적 믿음이 깊었다. 아인슈타인이 보기에, 국소성이 없이 과학은 진보할 수 없었다. 그는 이렇게 말했다. "이런 종류의 가정을 하지 않고는, 우리에게 익숙한 물리적 사고는 불가능할 것이다." 그는 공간의 구별을 부정하는 부두교 식의 비국소적인 영향을 '유령 같은 원거리 작용'(독일어로 *'spukhafte Fernwirkung'*)이라며 배척했다.

하지만 1920년대에 동시대인들 중에서 유일하게 아인슈타인은 곤혹스러운 무언가를 알아차렸다. 그가 보기에 양자역학이라는 새로운 과학이 국소성의 원리와 어긋나는 것 같았다. 양자역학이 '유령 같은 원거리 작용'을 내놓는 듯했다. 따라서 아인슈타인은 양자론에 심각한 결함이 있음이 분명하다고 여기고서, 그것을 직접 찾아나섰다. (아인슈타인이 1921년에 받은 노벨상은 양자 현상인 광전효과 때문이었지, 상대성이론 때문이 아니었다.) 이 과정에서 자신이 알아차린 문제를 생생하게 드러내줄 영리한 사고실험을 고안했다. 양자론의 옹호자들, 특히 수장인 닐스 보어가 그 사고실험을 반박하려고 애썼지만, 아직 그들은 아인슈타인의 논리에 깃든 진정한 힘을 이해하지 못하고 있었다. 그러는 사이에 양자론이 화학결합을 설명하고 새로운 입자들을 예측하는 데 점점 더 많은 성공을 거두자, 아인슈타인이 품었던 꺼림칙함은 그저 '철학적인' – 물리학에서는 모욕적인 단어 – 불만으로 치부되었다.

그런 식의 상황이 아인슈타인의 사후 10년 남짓인 1964년까지 이어졌다. 그런데 바로 그해에 아일랜드의 물리학자 존 스튜어트 벨(1928~1990)이 아무도 가능하리라고 꿈도 못 꾼 일을 해냈다. 아인슈타인의 철학적인 반대를 실험적으로 검증할 수 있음을 밝혀낸 것이다. 벨이 증명해내기를, 만약 양자역학이 옳다면 '유령 같은 작용'이 실제로 실험실에서 관찰될 수 있었다. 그리고 벨이 기술한 실험이 실시되자 – 불완전하게는 1970년대에, 더 정확하게는 1982년에, 그리고 정설이라는 확신이 거의 들 정도로는 2015년 델프트에서(이후 추가적인 실험이 뒤따른다) – 양자역학의 '유령 같은' 예측이 옳음이 입증되었다.

하지만 이 소식에 대한 반응 – 철학에 관심 있는 물리학자들에게서, 그리고 물리학에 관심 있는 철학자들에게서 나온 반응 – 은 희한하게도 애매했다. 어떤 이들은 자연이 국소성의 원리를 무시한다는 계시는 '실로 엄청난 일'(물리학자 브라이언 그린Brian Greene)이며 '20세기 물리학의 가장 놀라운 단일 발견'(철학자 팀 모들린Tim Maudlin)이라고 선언했다. 또 어떤 이들은 비국소성이 비록 표면적으로는 약간 유령 같지만, '여전히 일반 적인 인과법칙을 따르기' 때문에 근본적인 법칙인 양 보아서는 안 된다 고 여긴다(물리학자 로렌스 크라우스Lawrence Krauss). 반면에 – 벨의 이론 및 이후 의 여러 실험 결과가 나왔는데도 – 이 세계에는 비국소적인 연결이 있 음을 부정하는 이들도 여전히 있다. 대표적인 인물이 노벨상 수상자인 머리 겔만Murray Gell-Mann인데, 그는 '원거리 작용에 관한 모든 이야기는 한바탕 쏟아내는 허튼소리'라고 일축한다.

비국소성에 관한 이러한 의견 불일치의 이면에 돈이나 개인적인 감정 같은 건 없다. (과학 작가 조지 머서George Musser의 말을 인용하자 면) '지적으로 순수한' 동기로 인한 것이다. 그리고 이 문제가 좀체 풀 기 어려운 듯 보인다면, 이는 더 깊은 사안, 즉 물리학에서 우리가 무엇 을 기대해야 하는가라는 질문으로 이어지기 때문이다. 달리 말해서, 물 리학이 예측을 하기 위한 수단인가, 아니면 실재를 통합적으로 드러낼 원대한 방안인가에 관한 시각의 문제이다.

바로 이 사안을 놓고서 아인슈타인과 보어는 양자역학의 초기에 갈라섰다. 아인슈타인은 형이상학적으로 말해서 '실재론자'였다. 우리 의 관찰과 독립적으로 존재하는 객관적인 세계를 믿었다. 그리고 물리 학의 임무는 그런 세계를 완전하게 이해하는 것이었다. 그의 표현에 따 르면 '실재는 물리학이 진짜로 할 일 Reality is the real business of physics'이다.

반대로 보어는 형이상학적 헌신 면에서는 대단히 미덥지 못했다. 어떤 때는 (철학적 의미에서) '이상주의자'처럼 보여서, 물리적 속성은 측정될 때에만 확정되므로 실재는 어느 정도 관찰 행위에 의해서 창조 된다고 주장했다. 또 어떤 때는 '도구주의자'처럼 보여서, 양자역학은 관찰을 예측하기 위한 도구일 뿐, 그런 관찰 이면에 숨은 세계에 관한 참된 표현이 아니라고 주장했다. "양자 세계는 없다"고 보어는 도발하듯 선언했다.

보어는 양자론에 흡족해했지만 아인슈타인은 아니었다. 세간에 종종 들리는 말로, 아인슈타인이 양자역학에 반대한 까닭은 그것이 무작위성을 실재의 근본적인 요소로 삼았기 때문이라고 한다. 그런 취지에서 이런 유명한 말을 남겼다. "신은 주사위 놀이를 하지 않는다." 하지만 아인슈타인을 괴롭힌 것은 무작위성 그 자체가 아니었다. 오히려, 양자역학에서 등장한 무작위성은 그 새로운 이론이 물리계에서 벌어지는 이야기를 온전히 전하지 못함을 알리는 신호가 아닐까라고 여겼다. 국소성의 원리가 이 의심에서 중요한 부분을 차지했다.

양자역학에 관한 아인슈타인의 의심에서 고안된 사고실험을 가장 단순히 설명하면 이렇다. 이 실험은 1927년에 아인슈타인이 처음 제시한 이후로(비록 나중에 드 브로이, 슈뢰딩거, 그리고 하이젠베르크가 재구성했지만) '아인슈타인의 상자'라고 알려졌다. 우선 한 상자에 하나의 입자 – 가령 전자 – 가 들어 있다고 하자. 양자역학에 따르면 상자에 갇힌 전자는 우리가 들여다보기 전에는 위치가 확정되지 않는다. 관찰 행위 전에, 전자는 상자 전체에 걸쳐 잠재적인 위치들의 혼합 상태로 흩어져 있다. 이 혼합은 수학적으로는 '파동함수'에 의해 표현되는데, 이것은 만약 관찰자가 들여다본다면 전자를 상자 내부의 다양한 위치에서 발견할 상이한 확률들을 표현한다. [프랑스어로 파동함수는 '*densité de présence*(존재의 밀도)'라는 그럴듯한 이름으로 불린다.] 관찰이 행해질 때에만 잠재성은 현실로 바뀐다. 관찰이 행해지는 순간에 파동함수는 하나의 점으로 '붕괴'되고, 전자의 위치가 결정된다.

이제 그런 관찰 실험이 실시되기 전에, 전자가 든 상자의 한가운데에 칸막이를 설치한다고 하자. 적절한 방식으로 그렇게 하면, 상자 내부에 있는 전자의 파동함수는 둘로 나뉠 것이다. 대략 말해서, 파동함수의 절반은 칸막이의 왼쪽에, 다른 절반은 오른쪽에 있을 것이다. 양자론에서는 이 물리적 상황을 다음과 같이 단언한다. 즉 전자가 칸막이의 어느 쪽에 '실제로' 있는지는 더 이상 논할 필요가 없다고 말이다. 파동함수는 입자가 어디에 있는지 우리가 모른다는 점을 드러내주는 것이 아니라 세계가 본질적으로 비결정적이라는 점을 드러내준다.

그다음에, 칸막이로 나뉜 상자의 두 부분을 떼어놓자. 가령 상자의 왼쪽 절반을 파리로 가는 비행기에, 오른쪽 절반을 도쿄로 가는 비행기에 싣자. 두 상자가 각각의 목적지에 도착한 뒤, 도쿄에 있는 물리학자가 상자의 오른쪽 절반에 전자가 있는지 보기 위해 실험을 실시한다. 양자역학에 의하면 이 실험의 결과는 동전 던지기처럼 순전히 무작위적이다. 파동함수가 절반씩 둘로 균등하게 나뉘었기에, 도쿄의 물리학자가 전자를 발견할 확률은 1/2이다.

실제로 도쿄의 물리학자가 전자를 발견했다고 하자. 그러면 파동함수는 붕괴된다. 도쿄에서 전자를 발견한 행위는 파리 쪽의 파동함수 부분이 즉시 사라지게 만든다. 마치 파리의 상자가 텔레파시라도 받은 듯이 (무작위적인) 도쿄의 실험 결과를 알고서 그에 따라 반응한 것처럼 말이다. 이제 파리의 물리학자가 상자의 왼쪽 절반을 들여다보면, 확실히 전자를 발견하지 못한다. (물론 '붕괴'는 다른 식으로 일어날 수도 있고, 그랬다면 파리의 물리학자는 전자를 찾을 수 있다.)

이것이 보어, 하이젠베르크, 그리고 여러 창시자가 확립한 정통 양자론에 따라 일어나게 되는 상황이다. 이를 가리켜 '양자역학의 코펜하겐 해석'이라고 한다. 양자론의 수장인 보어가 코펜하겐 대학의 물리학 연구소에 있었기 때문에 붙은 명칭이다. 코펜하겐 해석에 따르면 펼쳐져 있던 확률파동을 관찰 행위 자체가 특정 위치에 있는 입자로 축소되도록 붕괴시킨다. 따라서 양자역학을 다섯 단어 이하로 가장 잘 설명하면 이렇다. "파동을 보지 말고 입자를 보라Don't look: waves. Look: particles."

아인슈타인이 보기에 그건 터무니없었다. 상자를 들여다본다고 해서 어떻게 퍼져 있던 잠재성이 순식간에 특정한 현실로 바뀔 수 있는가? 그리고 도쿄에서 상자를 들여다보았다고 해서 어떻게 다른 장소인 파리에서 상자의 물리적 상태가 즉시 달라질 수 있는가? 그야말로 '유령 같은 원거리 작용'으로서, 국소성의 원리에 정면으로 어긋났다. 따라서 코펜하겐 해석은 틀림없이 뭔가 잘못되었다.

이러한 아인슈타인의 직관은 단지 상식에 따른 것이다. 입자는 상자의 어느 한쪽에 줄곧 있어야만 했다. 그러므로 아인슈타인은 양자역학이 불완전한 게 틀림없다고 결론 내렸다. 그 이론은 (코펜하겐 해석의 지지자들이 주장하듯) 흐릿한 실재의 예리한 모습을 보여주는 것이 아니라 예리한 실재의 흐릿한 모습을 보여줄 뿐이다.

보어는 단순한 논리의 이 사고실험 버전을 상대하지 않았다. 대신에, 나중에 나온 더욱 정교한 사고실험 버전에 관한 논쟁에 열정적으로 참여했다. 이 사고실험은 아인슈타인이 독일을 떠나 프린스턴 고등과학연구소에 자리를 잡고 나서 1930년대에 내놓았다. 아인슈타인Einstein과 더불어 두 후배 공동연구자인 보리스 포돌스키Boris Podolsky(러시아 출신)와 네이선 로젠Nathan Rosen(브루클린 출신)의 이름을 따서 'EPR'이라는 머리글자로 불린 사고실험이다.

EPR 사고실험에는 함께 생성되었다가 따로 분리되는 한 쌍의 입자가 등장한다. 아인슈타인이 보기에, 양자역학에 따르면 그런 입자들은 '얽히게' 된다. 즉 서로 아무리 멀리 떨어지더라도 서로 연관된 채로 실험에 반응하게 된다. 예를 들어 한 '들뜬' 원자 – 에너지 수준을 인위적으로 높인 원자 – 가 여분의 에너지를 방출하면서 한 쌍의 광자(빛의 구성 요소인 입자)를 내놓는 경우를 살펴보자. 이 두 광자는 정반대 방향으로 날아갈 것이다. 결국에 둘은 은하의 정반대편, 그리고 그 너머로까지 날아갈 것이다. 하지만 양자역학에 따르면 두 광자 사이의 거리가 아무리 멀어도 둘은 하나의 양자계로서 계속 얽히게 된다. 동일한 실험을 할 때, 각각은 자신의 짝이 하는 그대로 반응할 것이다. 가령 여러분이 가까운 광자가 (선글라스 안에 있는 것과 같은) 분광 필터를 통과하는 것을 감지한다면, 가까운 필터와 먼 필터가 동일한 각도로 설정되어 있는 한, 멀리 있는 짝도 마찬가지로 통과함을 여러분은 자동적으로 안다.

그런 얽힌 입자들은 일란성쌍둥이가 각각 다른 도시로 간 상황과 별반 다르지 않을지 모른다. 가령 뉴욕에 있는 쌍둥이 A가 빨강 머리임을 여러분이 본다면, 시드니에 있는 쌍둥이 B도 빨강 머리임을 여러분은 자동적으로 안다. 하지만 머리카락 색깔과 달리 양자의 속성들은 관찰하기 전까지는 결정되지 않는다. 입자 A가 측정될 때, 그것은 가능성들의 혼합 상태에서 순식간에 벗어나 한 결정적인 상태가 되며, 아마도 이로 인해 그것의 얽힌 짝인 B도 가능성들의 혼합 상태에서 순식간에 벗어나 A와 정확하게 연관된 상태로 바뀐다.

만약 양자역학이 옳다면, 얽힌 입자들은 일란성쌍둥이 두 명과 같지 않다. 오히려, 가끔씩 여러 사고실험에서 상상해본 마법의 동전 두 개와 같다. 즉 결코 조작을 가하거나 무게를 달리하지 않았는데도 던졌을 때 언제나 둘 다 똑같은 면이 나오는 동전과 같다. 얽힌 입자들 사이에는 일종의 텔레파시 연결이 있어서, 아주 멀리 서로 떨어져 있더라도 순식간에 – 비록 모든 통신 방법은 상대성이론에 의해 빛의 속력이라는 한계를 갖는데도 – 둘의 행동을 일치시켜주는 듯하다.

EPR 사고실험에서 아인슈타인의 결론은 '아인슈타인의 상자' 때와 똑같다. 그런 연결은 '유령 같은 원거리 작용'이라는 것이다. 따라서 양자 얽힘은 사실일 리가 없다. 아주 멀리 떨어진 입자들이 완전히 일치하는 행동을 하는 까닭은 (일란성쌍둥이의 경우처럼) 애초에 미리 설정되었기 때문이지, (마법의 동전에서처럼) 상호 연결된 무작위성의 문제가 아니다. 그리고 양자론은 그런 사전 설정 – 물리학자들이 '숨은 변수'라고 부르는 것 – 을 설명하지 못하기 때문에 세계를 불완전하게 기술한다고 아인슈타인은 생각했다.

이 시점까지 EPR 추론은 반박의 여지가 없어 보인다. 하지만 아인슈타인, 포돌스키, 그리고 로젠이 1935년에 발표한 논문이 차츰 널리 읽히면서, 한 입자의 물리적 속성의 어떤 쌍 – 가령 입자의 위치와 운동량 – 이 동시에 둘 다 결정될 수 없다는 이른바 하이젠베르크의 불확정성 원리까지 덩달아 의심받게 되었다. (아인슈타인은 그런 과도한 해석이 EPR 논문의 마지막 부분을 쓴 포돌스키 때문이라고 못마땅해했다.) 이렇게 어수선한 상황이 되자 드디어 보어가 반박을 해야겠다고 직접 나섰는데, 이는 애매모호성의 걸작으로 판명 났다. 10년 후에 보어 스스로도 자신이 내놓은 반박 내용을 이해하기가 어려웠노라고 고백했다. 하지만 대다수의 물리학자들은 이런 '철학적' 논쟁에 지쳤고 원래 하던 양자 계산으로 얼른 되돌아가고 싶은 나머지, 그냥 보어가 한물간 아인슈타인과의 논쟁에서 이겼다고 무턱대고 단정해버렸다. 아인슈타인의 전기를 쓴 에이브러햄 페이스Abraham Pais에 따르면 아인슈타인의 "명성은, 그가 (보어를 상대하는) 대신에 낚시를 하러 갔더라면, 커지지는 않았더라도 줄어들지는 않았을 것이다".

이런 식의 의견 일치와 동떨어져 있다가 나중에 나온 물리학자가 존 스튜어트 벨이었다. 벨파스트의 말馬 거래 상인의 아들로 태어난 벨은 응용물리학에서 경력을 쌓았으며, 제네바 근처에 있는 CERN(유럽입자물리연구소)이 만든 최초의 입자가속기를 설계하는 데 일조했다. 또한 철학자의 눈으로 물리학의 개념적 토대도 들여다보았다. 사고의 명료성과 엄밀성에서 벨은 아인슈타인에 필적했다. 또한 아인슈타인처럼 그도 양자역학이 꺼림칙했기에, 이렇게 말했다. "틀렸을지도 모른다고 하기엔 조심스러웠지만, 분명 뭔가 찜찜했다."

그래서 EPR 사고실험을 곰곰이 들여다보면서, *실제* 실험을 할 수 있도록 그 사고실험을 비튼 독창적인 방법을 알아냈다. 덕분에 양자역학과 국소성 간의 문제를 실험적으로 공략할 수 있게 되었다. 실험이 가능함을 증명한, 유명한 '벨의 정리'는 1964년에 발표되었다. 놀랍게도 그 정리에 필요한 것은 두 쪽 분량의 고등학교 수준의 대수가 고작이었다.

벨이 내놓은 아이디어의 핵심은 얽힌 입자들이 자신들의 비국소적인 연결 – 정말로 그런 연결이 있다면 – 을 드러내게 하자는 것이다. 벨이 알아내기를, 그렇게 하려면 입자들의 스핀을 상이한 각도에서 측정하면 되었다. 양자 스핀의 특이성 때문에 각 측정은 해당 입자한테 '예/아니오' 질문하기와 비슷할 것이다. 떨어져 있지만 얽혀 있는 입자들이 동일한 질문을 받는다면 – 즉 동일한 각도에서 스핀이 측정된다면 – 동일한 답(둘 다 '예' 또는 둘 다 '아니오')을 내놓는다고 확신할 수 있다. 그런 일치에는 마법적인 측면이 없다. 처음에 함께 생성되었을 때, 얽힌 입자들의 쌍에 미리 그렇게 설정되었을 수 있다.

하지만 만약 얽힌 입자들이 *상이한* 질문을 받는다면 – 즉 상이한 각도에서 각각의 스핀이 측정된다면 – 양자역학은 입자들의 '예/아니오' 대답에서 일치와 불일치 사례들의 정확한 통계 패턴을 예측한다. 그리고 질문들을 알맞게 조합하면, 벨의 증명에 따르면 양자역학에 의해 예상된 패턴은 확실히 비국소적일 것이다. 그렇게 사전에 설정되었다거나 아인슈타인이 상상한 '숨은 변수'가 있다거나 하는 식으로는 결과를 설명할 수 없었다. 그런 긴밀한 상호 관련성은, 벨이 증명한 바에 의하면 서로 떨어진 입자들이 지금까지는 이해할 수 없는 방식으로 서로의 행동을 조정한다는 뜻일 수밖에 없었다. 즉 각 입자는 자신의 먼 짝이 어떤 질문을 받는지는 물론이고 어떻게 대답할지를 '안다'고 해석할 수밖에 없다.

그래서 벨이 한 일은 이렇다. 첫째, 한 쌍의 떨어져 있지만 얽힌 입자들로부터 어떤 측정들의 조합이 생기는 실험을 구상했다. 그런 다음에, 견고한 수학적 논증에 의해 밝혀내기를, 만약 그런 측정으로부터 얻은 통계 패턴이 양자역학에 의해 예상되는 것이라면, 그렇다면 논리적으로 말해서 유령 같은 작용이 참이라고 볼 수밖에 없다.

아인슈타인이 양자역학을 놓고서 벌인 다툼을 해결하려면, 벨이 구상한 이 실험을 실시하여 그러한 통계 패턴이 등장하는지 알아보면 되었다. 약간의 기술 발전이 필요한 일이었지만, 1970년대 초반부터 물리학자들은 벨의 아이디어를 실험실에서 검증하기 시작했다. 얽힌 양성자 쌍의 속성을 측정하는 실험에서, 벨이 제시한 통계적 상관관계의 패턴이 어김없이 관찰되었다. 판결 : 유령 같은 작용은 진짜였다.*

그렇다면 아인슈타인이 틀렸을까? 그가 자연에 배신을 당했다고 말하는 편이 더 공정한 (약간 멜로드라마 느낌이 나지만) 판단일 것이다. 알고 보니 자연은 실제로 국소성의 원리에 어긋나므로 그의 예상보다 덜 합리적인 것이었다. 하지만 아인슈타인은 보어를 포함한 양자 정통설의 지지자들보다 양자역학을 더 깊이 들여다보았다. (아인슈타인

---

* 완고한 이들은 '초결정론superdeterminism'이나 '역인과관계backward causation' 같은 빠져나갈 구멍을 끌어들여 계속 국소성을 고집하지만, 아인슈타인조차도 이런 과도한 형이상학적 가설들을 지지했으리라고 상상하기는 어렵다.

은 자신이 상대성이론에 쏟은 시간의 100배를 양자역학에 쏟은 적이 있다고 말했다.) 그는 비국소성이야말로 양자론에 깃든 진실로 곤혹스러운 특징이며, 보어를 포함한 양자론 추종자들의 생각처럼 단지 수학적 허구가 아님을 알아차렸다.

여기서 잠시 숨을 고르면서, 얽힌 입자들 사이의 양자적 연결이 정말로 얼마나 이상한 현상인지 살펴보자. 첫째, 그것은 거리에 따라 세기가 줄어드는 중력과 달리 거리에 영향을 받지 않는다. 둘째, 차별적이다. 가령 얽힌 상태의 두 양성자 중 어느 한쪽에 행한 실험은 오직 (어디에 있든지) 자신의 짝에만 영향을 줄 뿐, 근처에 있든 멀리 있든 다른 양성자에는 아무런 영향이 없다. 얽힘의 이런 차별적 성질 역시 중력과는 대조적이다. 중력의 경우 한 원자의 움직임에 의해 생긴 교란은 물결처럼 퍼져나가 우주의 모든 원자에 영향을 미친다. 셋째, 양자적 연결은 즉시 일어난다. 얽힌 한 입자의 상태 변화는 아무리 멀리 떨어져 있더라도 짝의 상태에 시간 지연 없이 감지된다. 이 역시 영향이 빛의 속력으로 전달되는 중력과 대조적이다.

바로 양자 비국소성의 이 세 번째 특징, 즉 즉시성이 가장 당혹스럽다. 아인슈타인이 일찌감치 알아차렸듯이, 그렇다면 얽힌 입자들은 빛의 속력보다 빠르게 소통하게 되는데, 이는 상대성이론에 의해 불가능하기 때문이다. 가령 입자 A가 지구에 있고, 얽힌 짝인 입자 B가 켄타우로스 자리 알파(태양과 가장 가까운 별)에 있다고 하면, A에 실시된 측정이 B의 상태를 즉시 바꾼다. 빛이 A에서 B까지 가는 데 4.3년이 걸리는데도 말이다.

많은 물리학자들은 상대성이론과 양자역학 사이의 이 명백한 충돌을 짐짓 외면하는 편이다. 양자 얽힘이 (빛보다 빠른) '초광속' 영향을 수반한 듯 보이지만, 이 영향은 통신 – 메시지나, 가령 음악 전송 – 에 사용할 수 없다고 지적한다. (알렉산더 그레이엄 벨이 아니라 존 벨의) '벨 전화'는 불가능하다는 것이다. 그 이유는 양자 무작위성 때문이다. 비록 얽힌 입자들이 자기들끼리는 정보를 교환하지만, 미래의 신호 전달자가 그 입자들의 무작위적 행동을 제어하여 메시지를 부호화할 수는 없다. 통신에 사용될 수 없기에 양자 얽힘은 아인슈타인이 우려했던 일종의 인과적 비정상 상태 – 가령 시간을 거슬러서 메시지 보내기 – 를 초래하지 않는다. 따라서 양자론과 상대성은 개념적으로 서로 충돌하는 듯 보이지만 '평화롭게 공존'할 수 있다.

존 벨에게 그런 설명은 탐탁지 않다. "현시대 이론의 두 근본적인 기둥 사이에는 가장 심오한 수준에서 명백한 양립 불가능성이 존재한다"고 벨은 1984년의 한 강연에서 말했다. 그가 보기에, 물리적 실재를 일관되게 파악하려면 상대성이론과 양자역학 사이의 긴장이 반드시 해소되어야 한다.

2006년, 이런 노선에 따라 로더릭 투물카Roderich Tumulka가 인상적인 돌파구를 마련했다. 독일에서 태어난 그는 럿거스 대학의 수학자다. 벨을 포함한 여러 철학적 성향의 물리학자들의 통찰을 바탕으로 투물카는 아인슈타인의 상대성이론을 충실히 따르는 비국소적 얽힘의 한 모형을 고안하는 데 성공했다. 일반적으로 알려진 것과 달리, 상대성이론은 빛보다 빠른 영향을 완전히 배제하지는 않는다. (정말이지 물리학자들은 빛의 속력보다 빠르게 움직이는 타키온tachyon이라는 가상의 입자를 가끔씩 논하곤 한다.) 상대성이론이 정말로 배제하는 것은 절대시간이다. 모든 관찰자에게 해당되는 보편적인 '지금'이 존재하지 않는다는 것이다. 얽힌 입자들이 먼 거리에 걸쳐 자신들의 행동을 동기화시키려면 그런 보편적인 시계가 필요한 듯 보인다. 하지만 투물카는 (대단히 교묘하긴 하지만) 독창적인 우회로를 찾아냈다. 그는 양자역학의 한 추정상의 확장 버전 – 복잡한 이유에서 '현란한 GRW'라고 알려진 버전 – 이 상대성이론의 절대적 동시성 금지를 위반하지 않고도 얽힌 입자들이 동시에 상호 작용하도록 허용함을 보여주었다. 이 비국소적 '유령 같은 작용'의 메커니즘은 여전히 모호하긴 하지만, 투물카는 적어도 그것이 상대성이론과 논리적으로 상충되지 않음을 증명해냈다. 아인슈타인이 들었다면 깜짝 놀랄 결과였다.

아무리 사실이라 하더라도, 비국소성은 우리의 우주관을 뒤집어 엎는다. 우리가 '전일적' 우주, 즉 멀리 떨어진 듯 보이는 것들이 실재의 더 심오한 수준에서 보면 사실은 전혀 떨어져 있지 않은 세계에서 살고 있을지 모른다는 것을 암시하기 때문이다. 우리가 일상적으로 경험하는 공간은 환영, 그러니까 어떤 더욱 근본적인 인과 체계의 그림자일 뿐인지 모른다. 이런 점을 멋지게 비유하는 것이 (철학자 제넌 이스마엘 Jenann Ismael이 제시한) 만화경이다. 이 비유에서는 얽힌 입자들이 어떤 식으로든 공간을 가로질러 메시지를 교환하는 '마법의 동전'이라고 보지 않는다. 대신에, 만화경 안에서 뒤엉켜 있는 한 유리구슬의 여러 이미지 같은 것이라고 여긴다. 동일한 입자의 여러 상이한 반사 이미지라고 말이다.

그런 급진적인 의미에도 불구하고, (대체로) 물리학계는 비국소성의 증명을 당연한 사실로 받아들였다. 비국소성과 함께 자란 젊은 물리학자들은 그 현상을 전혀 유령 같다고 보지 않는다. "여기 애들은 원래 그런 거라고들 한다." 실험물리학자 니콜라스 지생 Nicolas Gisin의 말이다. 윗세대 사람들 사이에서는, 비국소성의 기이함은 양자역학에 대한 '비실재론적' 관점을 택하면 피해갈 수 있다고 대체로 여기는 듯하다. 즉 닐스 보어가 그랬듯이, 양자역학은 실재를 드러내기 위함이 아니라 단지 예측을 하기 위한 수학적 장치라고 보는 관점을 택한다. 그러한 사고방식의 대표자인 스티븐 호킹은 이렇게 말했다. "나는 이론이 실재에 대응해야 한다고 보지 않는다. 실재가 무엇인지 모르기 때문이다. …… 오로지 나의 관심사는 이론이 측정의 결과를 예측하느냐는 것이다."

하지만 얽힘과 비국소성을 더 깊이 이해하는 일은 양자역학을 어떻게 '해석'하느냐 – 측정을 실시할 때 어째서 파동함수가 불가사의하고 무작위적으로 '붕괴'하는지를 어떻게 참되게 설명하느냐 – 에 대한 100년간의 논쟁을 푸는 데도 결정적으로 중요하다. 바로 이 문제가 아인슈타인을 당혹스럽게 만들었고, 또한 바로 이 문제 때문에 소규모의 논쟁적인 물리학자들(가령 로저 펜로즈 경, 셸던 골드스타인, 그리고 션 캐럴Sean Carroll)과 물리학의 철학자들(가령 데이비드 Z. 앨버트David Z. Albert, 팀 모들린, 데이비드 월리스)은 아인슈타인이 했던 노력을 물리학에 계속 요청하고 있다. 세계가 실제로 어떠한지를 통일적으로 설명하려는 노력을 말이다. 그들이 보기에 양자역학의 개념적 토대 및 그런 토대에서의 '유령 같은' 작용의 역할은 아직도 한참 현재진행형이다.

20

우주는 어떻게 끝나는가?

우디 앨런의 영화 「애니 홀 Annie Hall」에서 내가 가장 좋아하는 장면은 (앨런의 또 다른 자아인) 앨비 싱어 Alvy Singer가 어렸을 적에 실존적인 위기를 겪을 때이다. 앨비의 어머니는 정신과 의사 플리커 박사를 불러 뭐가 문제인지 알아내려 한다.

"왜 우울하니, 앨비야?" 플리커 박사가 묻는다.

"우주가 팽창하고 있어요. 우주는 모든 것인데, 만약 우주가 팽창하고 있다면 언젠가는 부서져서 모든 것이 끝나고 말아요." 앨비가 대답한다.

"그게 너랑 무슨 상관이니?" 어머니가 끼어든다. 그리고 정신과 의사에게로 고개를 돌리더니 "얘가 숙제를 안 해요!"라고 말한다.

"그게 무슨 의미가 있어요?" 앨비가 말한다.

"우주가 숙제랑 무슨 상관이냐고! 넌 여기 브루클린에 있잖니! 브루클린은 팽창하고 있지 않아!" 어머니가 고함친다.

플리커 박사가 불쑥 끼어든다. "앨비야, 앞으로 수십억 년 이내에는 그런 일이 벌어지지 않을 거란다. 그러니 우리가 여기서 사는 동안은 즐겁게 지내야 하지 않겠니? 응? 하하하." (싱어 집 장면이 끝나면, 그 집은 하필 놀이공원 코니아일랜드의 롤러코스터 아래에 있다.)

이 사안에서 나는 플리커 박사 편을 들곤 했다. 만물의 종말 때문에 낙담하다니, 얼마나 바보짓인가! 어쨌거나 우주는 빅뱅에서 시작한 지 겨우 140억 년밖에 되지 않았고, 우주는 설령 전체가 계속 퍼져나가더라도 일부는 앞으로 거뜬히 1,000억 년 동안은 우리 후손들이 살기에 좋은 상태일 것이다.

하지만 20~30년 전, 망원경을 들여다보고 있던 천문학자들이 꽤 놀라운 것을 알아차리기 시작했다. 관찰 결과에 따르면 우주의 팽창은 아인슈타인의 방정식이 예상했던 차분하고 느린 속도로 진행되지 않고 있었다. 대신에 점점 더 가속되고 있었다. 어떤 '암흑 에너지'가 분명 중력을 거슬러 작용하면서 은하들을 걷잡을 수 없는 속도로 서로 멀어지게 하고 있었다. 2000년대로 넘어와서 새로 실시된 측정들이 이 이상한 발견을 확인시켜주었다. 2003년 7월 22일 〈뉴욕 타임스〉는 불길한 표제를 실었다. "천문학자들이 '암흑 에너지'가 우주를 쪼개고 있다는 증거를 내놓다." 방송 진행자 데이비드 레터먼은 아주 당혹스러웠던지 자신의 「레이트 쇼Late Show」에서 여러 날에 걸쳐 연속으로 그 사안을 언급했다. 〈타임스〉가 왜 그 이야기를 A13쪽에 파묻어놓았는지 의아해하면서 말이다.

최근까지 우주의 궁극적인 운명은 조금 희망적으로 – 또는 먼 이야기인 듯 – 보였다. 지난 세기 중반 무렵 우주론자들은 우주가 맞이할 수 있는 운명이 두 가지임을 알아냈다. 하나는 영원히 계속 팽창하는 운명이다. 이 경우 별들이 하나씩 꺼지면서 우주는 매우 차갑고 어두워지며, 블랙홀은 증발하고, 모든 물질적 구조는 차츰 흩어져서 우주는 기본입자들로만 구성된 묽은 바다가 될 것이다. 한마디로 빅칠이다. 두 번째 운명은 언젠가 팽창을 멈추고 다시 줄어들다가 최종적으로는 엄청나게 뜨거운 내폭이 일어나면서 삼라만상이 소멸하는 것이다. 한마디로 빅크런치이다.

이 두 시나리오 중 어느 것이 될지는 결정적인 한 요소에 달려 있다. 우주에 얼마나 많은 재료가 들어차 있는지가 좌우한다. 적어도 아인슈타인의 일반상대성이론은 그렇다고 말했다. 재료 – 물질과 에너지 – 가 중력을 창조한다. 그리고 물리학과 학부생이면 누구나 알 듯이, 중력은 고약하다. 재료가 충분히 많으면 중력도 충분히 크므로, 우주의 팽창은 언젠가 멈추었다가 역전된다. 재료가 너무 적으면, 중력은 팽창을 느리게 할 뿐이어서 팽창은 영원히 지속된다. 따라서 우주가 궁극적으로 어떻게 될지를 결정하기 위해 우주론자들은 우주의 무게를 재기만 하면 된다고 여겼다. 그리고 이제까지의 추산 – 보이는 은하들, 이른바 암흑물질은 물론이고 심지어 암흑물질 속을 헤엄치는 추정상의 작은 뉴트리노들의 질량까지 다 합친 계산 – 에 의하면 우주는 느린 팽창을 지속할 정도의 무게이지 다시 수축으로 돌아서게 만들 무게가 아니라고 한다.

그런데 우주의 운명에 관한 한 빅칠은 빅크런치보다 전혀 나을 게 없어 보인다. 우선 온도가 절대 0도로 내려간다. 둘째, 그 과정이 무한히 지속된다. 불에 의한 종말과 얼음에 의한 종말, 어느 쪽을 선택해야 할까? 하지만 우주의 종말이라는 전망 때문에 우디 앨런처럼 고민에 시달린 몇몇 상상력이 풍부한 과학자는 이런 불쾌한 조건에서도 어떻게 우리의 후손들이 영원히 인생을 즐길 수 있을지 대책을 내놓았다. 빅칠 시나리오의 경우 후손들은 경험이 무한히 느려지고 그 사이에 많은 잠을 잘 수 있다고 한다. 빅크런치 시나리오의 경우 후손들은 경험이 점점 더 빨라지다가 최종 내폭에 이르게 될 수 있다. 어느 쪽이든 문명의 진보는 무제한적이다. 실존적 우울에 빠질 필요가 없다.*

하지만 암흑 에너지 소식은 이 모든 상황을 바꾸어버리는 듯했다. (당연히 데이비드 레터먼이 당혹해할 만했다.) 아득히 먼 미래의 지적 생명체에게 벗어날 수 없는 저주를 내린 셈이다. 여러분이 어디에 있든, 우주의 나머지 부분은 결국 빛의 속력으로 여러분에게서 멀어져 알 수 없는 영역 너머로 영원히 사라질 것이다. 그러는 사이에 여러분이 도달 가능한 공간의 영역은 점점 축소되면서 일종의 해로운 방사능으로 가득 찰 것이며, 이로써 마침내 정보처리도 중단되고 사고 자체도 불가능해질 것이다. 우리는 빅크런치나 빅칠이 아니라 훨씬 더 고약한 어떤 것, 즉 빅크랙업big crack-up(거대한 파탄)으로 향하고 있는 듯하다. 한 저명한 우주론자는 언론에서 '우리의 지식과 문명과 문화는 모조리 잊힐 운명'이라고 밝혔다. 어린 앨비 싱어가 결국 옳았던 것 같다. 우주는 '부서질' 테며, 이는 정말로 모든 것 – 심지어 브루클린도 포함하여 – 의 종말을 의미할 테다.

이 소식을 듣고서 나는 어떤 이가 모든 교회에 새겨놓아야 한다고 말한 문구가 떠올랐다. "사실이라면 중요하다." 우주론 – 우주 전체를 연구하는 학문 – 에 적용하자면 그 문구는 일종의 '거대한 만약big if'이다. 신문에 나오는 우주에 관한 내용은 곧이곧대로 들으면 안 된다. 1990년대에 존스홉킨스 대학의 일부 천문학자들은 우주가 청록색이라는 기사를 냈다가 불과 두 달 후 그렇지 않고 실제로는 *베이지색*이

---

* 경험이 느려진다는 것은 후손들의 정신작용이 느리게 진행된다는 뜻이고, 경험이 빨라진다는 것은 정신작용이 빠르게 진행된다는 뜻이다. 따라서 빅칠의 경우 시간이 무한정 길어지지만 후손들은 정신작용이 느리게 진행되어 그런 빅칠의 효과를 상쇄할 수 있고, 빅크런치의 경우 시간이 무한정 짧아지는 만큼 후손들의 정신작용도 빠르게 진행되어 많은 일을 경험하게 되니 역시 빅크런치의 효과를 상쇄할 수 있다는 뜻이다 – 옮긴이

라고 뒤집었다. 이것은 하찮은 사례인지 모르지만, 더 중대한 문제 - 가령 우주의 최종 운명 - 에서조차도 우주론자들은 약 10년마다 입장을 바꾸곤 한다. 내가 아는 한 우주론자의 말마따나 우주론은 전혀 과학이 아닌데, 왜냐하면 우주를 갖고서 실험을 할 수 없기 때문이다. 오히려 탐정소설에 가깝다. 우주의 종말을 이론화하기 위해 쓰이곤 했던 용어인 '종말론eschatology'('가장 먼'을 뜻하는 그리스어 단어에서 온 말)도 신학에서 빌려왔다.

아주 머나먼 미래에 있을 만물의 종말이 걱정스러워지자, 우선 나는 몇몇 선구적인 우주론자와 이야기를 나눠보면 좋겠다는 생각이 들었다. 우주가 파국적인 팽창을 겪고 있다고 그들은 얼마만큼 확신하고 있을까? 그런 팽창의 결과로 지적 생명체는 정말로 멸망하고 마는 것일까? 과학자들은 '문명'과 '의식'의 궁극적 미래에 관해 어떻게 태연한 듯 이야기할 수 있을까?

프리먼 다이슨부터 시작하면 자연스러울 듯하다. 그는 1940년대 이후로 프린스턴 고등과학연구소에 있었던 영국 출신의 물리학자다. 다이슨은 우주 종말론의 창시자들 중 한 명인데, 스스로도 그것이 '약간 평판이 안 좋은' 분야임을 시인한다. 또한 먼 미래에 관한 격렬한 낙관론자이기도 해서, '풍요로움과 복잡성 면에서 무한히 성장하는 우주, 상상할 수도 없이 광대한 공간과 시간 너머의 이웃과 소통하면서 영원히 생존하는 생명체의 우주'를 상상한다. 1979년에는 「끝없는 시간」이라는 논문을 썼는데, 여기서 물리법칙을 이용하여 어떻게 인류가 느리게 팽창하는 우주에서 설령 별들이 죽고 우주가 절대 0도까지 식더라도 영원히 번성할 수 있을지를 보여주었다. 비결은 여러분의 신진대사를 하락하는 온도와 일치시키는 것이다. 그러면 사고가 느려질 뿐 아니라 외계의 정보가 쓰레기 열의 형태로 허공 속에 내던져질 때 여러분은 더욱더 오랜 기간 동안 동면을 하게 된다. 이런 식으로, 다이슨의 계산에 의하면 복잡한 사회는 여덟 시간의 햇빛에 해당하는 유한한 에너지 자원을 갖고도 지속될 수 있다.

다이슨을 만나러 가는 날, 프린스턴에는 비가 내리고 있었다. 기차역에서 고등과학연구소까지는 반시간이 걸렸다. 그곳은 500에이커의 숲가에 있는 연못 옆에 자리하고 있었다. 연구소는 고요하니 딴 세상 같은 느낌이었다. 저명한 과학자들과 학자들이 지적인 연구를 탐구하는 데 방해가 되는 학생들도 없었다. 다이슨의 연구실은 아인슈타인이 물리학의 통일이론을 찾느라(아무런 결실이 없었지만) 생애 마지막 몇십 년을 보낸 바로 그 건물에 있었다.

여리고 정중한 인상을 풍기는 다이슨은 눈이 깊숙하고 매부리코였다. 종종 그는 침묵에 잠겼다가 또 어느새 콧소리를 내며 즐거워했다. 먼저 나는 우주가 가속 팽창을 한다는 증거 때문에 문명의 미래가 걱정스럽냐고 물었고 그가 대답했다.

"꼭 그렇진 않습니다. 이 가속이 영원히 계속되느냐, 아니면 얼마 후에 시들해지느냐는 완전히 열린 문제입니다. 어떤 종류의 우주 장 cosmic field이 그런 가속을 일으키는지에 관한 이론이 여럿 있지만, 어느 것이 옳은지를 결정할 관찰 증거는 아직 없습니다. 만약 빈 공간의 이른바 암흑 에너지가 원인이라면 팽창은 영원히 계속될 텐데, 이는 생명체에게 나쁜 소식입니다. 하지만 만약 원인이 다른 종류의 역장 force field이라면, (그게 뭔지 몰라서 우리는 '제5원소'라고 부릅니다만) 시간이 흐를수록 팽창은 느려질 겁니다. 어떤 제5원소 이론들은 심지어 우주가 결국에는 완전히 팽창을 멈추고 붕괴할 거라고 말합니다. 물론 그 역시 문명에는 불행일 겁니다. 그런 빅크런치에서는 아무것도 살아남지 못할 테니까요."

그렇긴 한데, 낙관적인 시나리오를 이야기해보자고 나는 말했다. 가속이 일시적이고 미래의 우주가 차분한 팽창 상태를 지속한다고 가정해보자. 지금부터 억겁의 시간 후 별들도 사라지고 우주는 어둡고 차갑고 물질들은 흩어져 사실상 텅 빈 상태가 되었을 때, 우리 후손들은 어떤 모습일까? 그들은 무엇으로 구성되어 있을까?

다이슨이 말을 받았다. "가장 가능성이 높은 답을 내놓자면, 의식적 생명체가 성간 먼지구름 형태를 띠게 될 겁니다." 그는 천문학자 프레드 호일 경이 1957년에 출간된 공상과학소설 『검은 구름The Black Cloud』에서 상상한 일종의 무기물 생명체를 넌지시 제시하고 있었다. "전자기력으로 의사소통하는 대전된 먼지 입자들의 끝없이 팽창하는 네트워크라면 무한히 많은 참신한 사고를 하기에 필요한 복잡성을 거뜬히 갖고 있을 겁니다."

나는 선뜻 수긍되지 않았다. 수십억 광년 거리의 공간에 퍼져 있는 성긴 존재가 의식이 있다고 우리는 과연 상상할 수 있는가?

그가 말했다. "글쎄요, 누군가의 두개골 속에 있는 1~2킬로그램의 원형질이 의식이 있는지 어떻게 아십니까? 우리는 또한 그게 어떻게 작동하는지도 모릅니다."

한편 고등과학연구소에서 다이슨의 옆방은 에드워드 위튼의 연구실이다. 60대 후반의 호리호리한 이 사람은 비록 아인슈타인의 살아 있는 화신까지는 아니더라도 현세대에서 가장 똑똑한 물리학자로 널리 인정받는다. 위튼은 끈이론의 주동자들 중 한 명이다. (끈이론은, 만약 난해한 수학적 내용이 해결된다면 물리학자들이 오랫동안 찾고 있는 만물의 이론이 될 수도 있는 후보이다.) 그는 아무것도 적지 않고도 복잡한 방정식을 머릿속에서 이리저리 만지작거릴 수 있는 대단한 능력을 지녔다. 말씨는 나긋나긋하고 부드러우면서도 약간 고음이다. 위튼은 언론에서 밝히기를, 우주가 가속 팽창한다는 발견이 '지극히 불편한 결과'라고 했다. 왜 그렇게 여길까? 나는 궁금했다. 단지 이론적 이유 때문에 불편한 것일까? 아니면 그런 발견이 우주의 운명에 대해 갖는 의미를 걱정하는 것일까? 직접 물어보니, 잠시 고민하다가 "둘 다"라고 그는 대답했다.

하지만 위튼 역시 가속 팽창은 암흑 에너지 가설이 의미한 대로 영원하기보다는 제5원소 이론들이 예측한 대로 임시적일 뿐일 가능성이 있다고 여겼다. 그는 내게 이렇게 말했다. "제5원소 이론들이 더 낫습니다. 그게 맞으면 좋겠습니다." 만약 가속이 정말로 차분해져서 거대한 파탄을 피할 수 있으면 문명은 영원히 지속될 수 있을까? 위튼은 잘 모르겠다고 했다. 걱정스러운 한 가지 이유는 양성자들이 결국에는 붕괴하여 앞으로 무려 10^{33}년쯤 이내에 모든 물질이 흩어져버릴 가능성 때문이다. 프리먼 다이슨은 이에 코웃음을 치면서, 아무도 양성자 붕괴를 관찰한 적이 없다는 점을 지적했다. 하지만 그는 지적인 존재들은 설령 원자가 산산조각 나더라도 '플라즈마 구름' – 전자와 양전자가 떼로 모여 있는 – 형태로 신체를 재구성하여 지속될 수 있다고 주장했다. 다이슨의 견해를 위튼에게 말했더니, 그는 이렇게 외쳤다. "정말로 그렇게 말했습니까? 좋네요. 저는 양성자가 아마도 붕괴하리라고 생각해서 그런 걱정을 했네요."

에드워드 위튼과 프리먼 다이슨을 만난 후 다시 프린스턴 기차역으로 가서 뉴욕행 기차를 기다렸다. 주차장 건너편의 편의점에서 산 형편없는 '채식' 샌드위치를 우물거리면서 나는 양성자 붕괴, 그리고 영원한 삶에 관한 다이슨의 시나리오를 곰곰이 생각해보았다. 그가 말한 의식 있는 검은 구름들은, 우주의 먼지로 되어 있든 양자-양전자 플라즈마로 되어 있든 간에 완전히 꽁꽁 얼어버린 어두운 우주에서 어떻게 영겁의 세월을 보낼까? 그들의 점점 더 느려지는 무한히 많은 사고는 어떤 열정을 품을까? 어쨌거나 (앨비 싱어의 또 다른 자아가 말했듯이) 영원은 매우 긴 시간이며, 특히 끝을 향해 갈 때 더욱 그렇다. 아마도 그들은 하나의 수를 두는 데 몇조 년이 걸리는 우주적인 체스 게임을 둘 것이다. 하지만 설령 그런 속도라 하더라도 고작 $10^{10^{70}}$ 년이 지나면(깜부기마저 다 타버린 별들의 최종적인 붕괴가 있기 한참 전), 있을 수 있는 어떠한 경우의 수의 체스 게임이라도 다 둘 수 있을 것이다. 그러고 나면 어떻게 될까? 조지 버나드 쇼가 (아흔두 살에) 내린 결론과 비슷하게, 그들은 영원한 삶이란 '상상할 수조차 없이 끔찍한 일'이라고 여기게 될까? 아니면 적어도 주관적으로는 시간이 꽤 빨리 간다고 여길까?

며칠 후 로렌스 크라우스와 이야기를 나눌 때 나는 안도감이 들었다. 현재 애리조나 주립대학의 오리진스 프로젝트Origins Project를 이끌고 있는 그는 60대 초반인데도 아직 소년 같은 모습이다. 이 물리학자는 천문 관측 데이터가 나오기 이전에도 순전히 이론적인 이유에서 우주가 가속 팽창을 하고 있다고 추측했다. "우리는 있을 수 있는 모든 우주 중에서 최악의 우주에 살고 있는 것 같습니다"라고 크라우스는 내게 말했다. 반反라이프니츠풍의 비관주의의 기색을 확연히 드러내면서 말이다. "만약 가속 팽창이 계속된다면, 우리의 지식은 시간이 지날수록 실제로 감소할 겁니다. 우주는 놀라우리만큼 곧 – 100억 년 내지 200억 년 후에 – 우리 눈앞에서 말 그대로 사라질 겁니다. 그리고 생명도 최후를 맞게 되고요. (프리먼 다이슨도 그렇다고 인정했다.) 하지만 기쁜 소식은 우리가 있을 수 있는 모든 우주 중에서 최악의 우주에 살고 있는지 증명할 수 없다는 것입니다. 지금껏 나온 어떤 데이터로도 우주의 운명을 확실하게 예상할 수는 없으니까요. 그리고 사실 그건 전혀 중요하지 않습니다. 왜냐하면 프리먼과 달리 나는 가속 팽창이 일시적인 현상이더라도 우리 문명은 멸망한다고 생각하기 때문입니다."

의식 있는 먼지구름들이 팽창하는 우주에서 영원히 살아가면서 유한한 에너지자원으로 무한한 사고를 즐기는 문명을 전망한 다이슨의 견해를 크라우스는 어떻게 여길까? 크라우스는 말했다. "기본적으로 수학적인 이유에서, 오랫동안 동면을 하지 않으면 무한히 많은 사고를 할 수가 없습니다. 오랜 기간 잠을 자고, 그 사이사이에 깨어 있는 짧은 시기에 생각을 한다는 거죠. 나이 든 물리학자의 생활 방식 같네요. 하지만 무엇이 잠을 깨워줍니까? 10대인 딸이 있는데, 내가 깨워주지 않으면 그 애는 영원히 잡니다. 검은 구름은 자명종이 있어야지만 유한한 자원으로 무한한 횟수만큼 깰 수 있습니다. 내가 동료와 함께 이 점을 지적했더니, 다이슨은 실제로 그렇게 할 수 있는 깜찍한 자명종을 들고 나왔지만, 우리는 이 자명종은 양자역학 때문에 결국에는 부서질 거라고 주장했습니다."

따라서 우주의 운명이 어떠하든, 상황은 지적 생명체한테 장기적으로 암울한 듯하다. 하지만 크라우스가 말하기를, 명심해야 할 것이 있는데 바로 그 장기간이 엄청나게 긴 장기간이라는 사실이다. 우주의 미래를 주제로 바티칸에서 열린 한 회의에 참석한 적이 있다면서, 크라우스는 내게 이렇게 말했다. "대략 열다섯 명의 사람이 있었습니다. 신학자도 있었고 우주론자도 몇 명 있었고 생물학자도 일부 있었습니다. 공통의 근거를 찾자는 모임이었는데, 하지만 사흘 후 우리는 서로에게 할 말이 전혀 없다는 게 분명해졌습니다. 신학자들이 부활이나 그와 비슷한 어떤 것을 질문하면서 '장기간'이라고 말할 때, 사실 그건 단기간이었습니다. 우리는 동일한 평면에 서 있지조차 않았습니다. 내가 10^{50}년이라고 말하자 신학자들은 눈이 휘둥그레졌습니다. 내가 할 말을 새겨듣는 게 중요하다고 나는 그들에게 말했습니다. 즉 신학이 그 문제에 적합한 것이 되려면 과학에 어긋나면 안 된다고 말입니다. 그러면서도 이런 생각이 들더군요. '내가 할 말이 중요할 게 뭐람. 신학이 하는 말은 뭐든 과학에 들어맞지 않는데.'"

적어도 내가 아는 우주론자 중 한 명은, 특히 우주의 종말을 이야기할 때에는 신학을 물리학에 기꺼이 개입시키려 할 것이다. 뉴올리언스에 있는 툴레인 대학의 교수인 프랭크 티플러Frank Tipler다. 1994년 그는 『불멸성의 물리학The Physics of Immortality』을 출간했는데, 그 책에서 빅크런치는 우주에 가장 행복한 결말일 거라고 주장했다. 우주의 완전한 소멸 직전의 순간에 무한대의 에너지가 방출되는데, 티플러의 추론에 의하면 그 에너지 덕분에 무한한 양의 계산을 실행하는 것이 가능해져 무한히 많은 사고가 쏟아질 테고, 그것이 주관적인 영원으로 인식될 거라고 한다. 존재했던 모든 이들이 가상현실의 성대한 축제에서 '부활'할 것인데, 이는 종교적 신봉자들이 천국을 염두에 둘 때의 상황과 근사하게 일치한다고 그는 말한다. 그러므로 물리적 우주가 빅크런치에서 갑작스럽게 끝나는 동안 정신적 우주는 영원히 지속된다는 것이다.

티플러의 축복 가득한 종말론 시나리오 – 그가 붙인 명칭으로, '오메가 포인트Omega Point' – 는 우주가 가속 팽창을 하고 있다고 보는 소식 때문에 엉망이 되었을까? 나와 대화했을 때 그는 결코 그렇게 여기지 않았다. "우주는 최대 크기로 팽창했다가 최종적인 특이점을 향해 수축할 수밖에 없습니다"라고 그는 강한 남부 억양으로 외쳤다. (그는 앨라배마 토박이로, 자칭 '촌뜨기'다.) 그의 말로는, 다른 방식의 우주 종말은 단일성unitarity이라는 양자역학의 법칙을 위반하게 되리라는 것이다. 게다가 "알려진 물리법칙들은 지적 생명체가 시간의 종말까지 지속되어 우주를 통제할 것을 요구합니다"라고 말했다.

(특히) 프리먼 다이슨은 그렇게 보지 않는다고 내가 언급하자, 티플러는 펄쩍 뛰면서 외쳤다. "아, 지난 11월에 프린스턴에 가서 다이슨에게 내 논지를 알려줬습니다! 알려줬지요!"

그는 나에게도 알려주었다. 길고 복잡했지만, 핵심은 지적인 존재들이 종말까지 남아 빅크런치를 어떤 특정한 방식으로 이끌어주어야지만 양자역학의 또 다른 법칙인 베켄스타인 한계Bekenstein bound에 어긋나지 않는다고 한다. 따라서 우리의 영원한 생존은 우주의 논리 자체에 내재되어 있다는 것이다. "물리학 법칙이 우리와 함께인데, 누가 우리한테 맞설 수 있겠습니까?"라고 그는 목청을 높였다.

빅크런치 직전의 무한히 지속되는 축제라는 티플러의 아이디어는 내 귀에 솔깃했다. 적어도, 점점 더 희박해지는 검은 구름들이 영원히 계속되는 냉각기에서 추위를 근근이 버티는 시나리오보다는 더 솔깃했다. 하지만 만약 우주가 가속 팽창 중이라면 둘 다 헛된 몽상일 뿐이다. 장기적으로 생존할 유일한 방법은 줄행랑치기밖에 없다. 하지만 죽어가는 우주에서 어떻게 탈출한단 말인가? 어린 앨비 싱어가 지적했듯이, 우주가 세상 전부인데 말이다.

이 질문의 답을 안다고 주장하는 사람이 바로 미치오 가쿠다. 뉴욕에 있는 시티 칼리지City College의 이론물리학자인 가쿠는 외모며 말투가 「스타트렉」의 미스터 술루Mr. Sulu와 비슷하다. 그는 우주의 운명을 조금도 걱정하지 않는 사람이어서, 내게 이렇게 말했다. "배가 가라앉으면 구명보트를 타고 떠나면 되잖습니까?"

우리 지구인은 아직 그럴 수 없는데, 가쿠가 꺼낸 이유에 의하면 우리가 한 행성의 에너지만 이용할 수 있는 유형 1 문명이기 때문이라고 한다. 하지만 경제성장과 기술 발전을 통해서 마침내 우리는 현상태에서 벗어나 별의 에너지를 모아서 쓸 수 있는 유형 2 문명으로 접어들고, 그다음에는 전체 은하의 에너지를 끌어모아 이용할 수 있는 유형 3 문명에 진입할 것이라고 한다. 그러면 시공간 자체가 우리의 장난감이 될 테니, '웜홀'을 열어서 새로운 우주로 잠입할 수 있을 것이다.

가쿠는 이렇게 덧붙였다. "물론 그런 유형 3 문명이 펼쳐지려면 10만 년은 걸릴지 모르는데, 하지만 다행히도 우주는 몇조 년 동안에는 본격적으로 차가워지지 않을 겁니다."

그런 문명에 사는 존재들에게 필요한 것이 하나 더 있다고 가쿠는 강조했다. 바로 물리학의 통일이론이다. 그런 이론이 있어야지만 탈출하기 전에 웜홀이 사라지지 않도록 안정화시킬 수 있다는 논지다. 현재로서는 통일이론에 가장 근접한 끈이론이 너무 어려워서, 심지어 에드워드 위튼조차도 그것이 통하도록 만드는 방법을 모른다. 가쿠는 우주가 죽어가고 있을지 모른다고 전혀 암울해하지 않았다. 그는 이렇게 말했다. "사실 나는 굉장히 기쁩니다. 왜냐하면 이제 우리는 어쩔 수 없이 끈이론을 완성시켜야만 하기 때문입니다. 사람들은 이런 말을 하곤 합니다. '끈이론이 요즘 나한테 무슨 보탬이 되었지? 케이블 TV 수신이 더 좋아지기라도 했나?' 내가 사람들에게 해주고 싶은 말은, 끈이론 – 또는 무엇이 되었든 물리학의 최종적인 통일이론 – 이야말로 이 우주의 죽음에서 인류 문명을 살아남게 해줄 유일한 희망이라는 겁니다."

다른 우주론자들은 가쿠의 구명보트 시나리오를 대놓고 무시했지만 – '공상과학 이야기의 좋은 소재'라고 말한 사람도 있고, 「스타트렉」보다 더 공상적'이라고 말한 사람도 있었다 – 나는 마음에 들었다. 하지만 조금 지나서 나도 생각을 해보았다. 유형 3 문명, 즉 새로운 우주로 들어가는 안정적인 웜홀을 조작해낼 정도로 막강한 문명이 되려면, 우리 은하 전체를 통제해야 할 것이다. 그러려면 가령 10억 개의 서식 가능한 행성을 식민지화해야 할 테다. 하지만 미래가 그런 모습이라면, 앞으로 존재하게 될 거의 모든 지적 관찰자는 10억 개의 식민지 중 한 곳에서 살 것이다. 그렇다면 어떻게 우리가 그런 과정이 막 시작되려는 때에 지구 행성에 있을 수 있을까? 그런 특이한 상황에 놓일 – 아담과 이브에 해당하는 가장 초기의 사람들 – 확률은 10억 분의 1이다.

가쿠의 구명보트 이론이 비현실적일지 모른다는 나의 두루뭉술한 반론은 프린스턴 대학의 천체물리학자 J. 리처드 고트 3세J. Richard Gott III 와 나눈 이야기 덕분에 상당히 선명해졌다. 고트는 무언가의 수명을 정량적으로 대담하게 예측해내는 것으로 유명하다. 가령 「캣츠Cats」와 같은 브로드웨이 공연에서부터 미국의 우주 프로그램, 나아가 우주에 있는 지적 생명체에 이르기까지 그 수명을 예측해낸다. 그는 이런 예측을 자칭 코페르니쿠스 원리를 바탕으로 해내는데, 이것은 본질적으로 *당신은 특별하지 않다*는 원리다. "만약 우주의 생명체가 엄청나게 오랫동안 지속될 것이라면, 왜 그 시작에서부터 고작 140억 년밖에 지나지 않은 지금 우리는 우리가 존재하고 있음을 알아차리는 걸까요?"라고 고트는 내게 말했다. 별난 테네시 주 억양에다 음역대도 한 옥타브 높은 목소리였다. "한 종으로서 우리 인류가 고작 약 20만 년 동안 존재해왔다는 사실도 당혹스럽습니다. 만약 우리로부터 많은 지적인 종이 유래되어 머나먼 미래에 번영하게 된다면, 왜 우리는 그 최초의 조상이 되는 행운을 누리는 걸까요?" 재빨리 즉석에서 계산하더니, 고트는 우리 인류가 앞으로 5,100년 이상 존속하고 780만 년 전에 사멸할 확률이 95퍼센트라고 했다(이 수명은 우연의 일치인지, 등장한 지 200만 년쯤 지나서 멸종하는 경향이 있는 다른 포유류 종들의 수명과 얼추 비슷하다). 고트는 무엇이 우리를 죽일지 추측하는 데는 관심이 없었다. 생물학적 무기? 유성 충돌? 초신성 폭발? 그냥 사는 게 지겨워서? 뭐든 상관없었다. 다만 그의 말을 들어보니, 우주의 가속 팽창은 결코 우리가 걱정할 거리가 아니었다.

고트는 비관론적인 사고 노선을 취하고 있지만, 대화를 할 때는 매우 쾌활했다. 사실 지금껏 내가 이야기를 나눠본 모든 우주론자는 종말론 사안을 논할 때 유쾌했다. 심지어 있을 수 있는 가장 최악의 우주를 언급한 로렌스 크라우스조차 그러했다. ("'종말론eschatology'은 멋진 용어입니다. 내가 연구하기 전까지는 들어본 적이 없었습니다.") 우주가 무의 상태로 붕괴한다는 전망 때문에 우울해졌거나 울컥한 사람은 없을까? 나는 스티븐 와인버그를 떠올렸다. 노벨 물리학상 수상자인 그는 우주의 탄생에 관한 책 『최초의 3분』(1977년)에서 구슬프게 말했다. "우주를 더 깊이 이해할수록 우주는 또한 더 무의미해지는 듯하다." 그 책에서 와인버그가 내놓은 비관적인 결론 – 문명은 기나긴 냉각 아니면 감당할 수 없는 열기 때문에 우주적 멸종에 맞닥뜨릴 운명이다 – 에 반발하여 프리먼 다이슨은 팽창하는 우주에서 영원한 생명이 지속된다는 시나리오를 내놓았다.

나는 텍사스 대학에 있는 와인버그에게 전화를 걸었다. 묵직한 목소리로 와인버그가 말했다. "나이 든 투덜이가 무슨 말을 하는지 듣고 싶으시군요. 그렇지요?" 그는 난해한 이론적 설명을 펼치더니, 내가 들은 적이 있는 내용을 꺼냈다. 현재의 가속 팽창이 왜 일어나는지, 그게 영원히 지속될지 아무도 모른다는 내용이었다. 이어서 덧붙이기를, 가속 팽창이 계속되리라는 것이 가장 자연스러운 가정이라고 했다. 하지만 실존적 의미는 전혀 걱정스러워하지 않았다. "현재 살고 있는 사람들의 경우 우주는 10^2년도 안 돼서 끝날 겁니다"라고 그는 말했다. 특유의 냉소적인 기색을 띠었지만, 그 역시 다른 모든 우주론자처럼 쾌활해 보였다. 또 이렇게 말했다. "우주는 끝날 겁니다. 그건 비극인지 모르지만, 또한 희극이기도 합니다. 포스트모던주의자들, 사회구성주의자들, 공화당 지지자들, 사회주의자들, 그리고 모든 종교의 성직자들에게 무한한 즐거움의 원천이 될 겁니다."

이쯤에서 종말론적 결과들을 요약해야겠다. 우주는 세 가지 최후를 맞을 수 있다. 빅크런치(최종적인 붕괴), 빅칠(꾸준한 속도로 영원한 팽창), 또는 빅크랙업(점점 더 가속되는 영원한 팽창). 인류도 세 가지 최후를 맞을 수 있다. 영원한 번영, 영원한 정체, 또는 궁극적인 멸종. 그리고 저명한 우주론자들이 내놓은 의견을 종합해볼 때, 모든 경우의 수의 조합이 이론적으로 가능하다. 우리는 빅크런치에서 가상적 실재로 영원히 번영하거나, 아니면 빅칠에서 팽창하는 검은 구름으로 번영할 수 있다. 우리는 웜홀을 통과함으로써 거대한 바스러짐/냉각/파탄을 피해 새로운 우주로 들어갈 수 있다. 우리는 빅칠에서 끝없는 정체 – 동일한 사고 패턴에 따라 반복적으로 계속 사고하거나, 또는 어쩌면 자명종이 고장 나서 영원히 잠자는 삶 – 에 빠질 수도 있다. 내가 만난 또 한 명의 저명한 물리학자인 스탠퍼드 대학의 안드레이 린데Andrei Linde는 심지어 "빅크런치 이후에도 어떤 것이 있을 가능성을 배제할 수 없다"고 말했다. 그들이 아무리 멋진 이론과 시나리오를 내놓든 간에, 우주 종말론 연구자들은 할리우드 영화제작사의 우두머리들과 아주 비슷한 처지다. 즉 누구도 뭐가 뭔지 모른다.

그래도 어린 앨비 싱어가, 아무리 지금으로서는 애매해 보이더라도, 우주의 최후를 놓고서 고민하는 모습은 유별난 일이 아니다. 19세기 말에 스윈번Swinburne(영국의 시인)과 헨리 애덤스Henry Adams(미국의 역사학자) 같은 인물들은 엔트로피로 인해 우주의 열적 죽음이 초래될지 모른다고 마찬가지로 고뇌했다. 1903년 버트런드 러셀은 '시대의 모든 노력, 모든 헌신, 모든 영감, 인간의 창의성이 비추는 모든 밝은 빛이 태양계의 거대한 죽음으로 인해 종말을 맞이하고 인간 성취의 성전 전체가 필연적으로 폐허 속 우주의 잔해 아래에 묻히고 만다'는 생각 때문에 자신이 '끝없는 좌절감'을 겪노라고 밝혔다. 하지만 몇십 년 후에는 그런 우주적 걱정의 표출이 아마도 '소화불량'으로 인한 '헛소리'였다고 말을 뒤집었다.

왜 우리는 어떻게든 우주가 영원히 지속되기를 바랄까? 우주는 목적이 있거나 없거나, 둘 중 하나다. 만약 목적이 없다면, 터무니없다. 만약 있다면, 두 가지 가능성이 있다. 그 목적이 결국 성취되거나 성취되지 않거나. 만약 성취되지 않으면, 우주는 헛되다. 하지만 만약 성취된다면, 더 이상 우주가 존재한다는 것은 무의미하다. 따라서 어떻게 구분하든지 간에 영원한 우주는 ⓐ터무니없거나, ⓑ헛되거나, ⓒ무의미하다.

이 확실한 논리에도 불구하고 어떤 사상가들은 우주가 더 오래갈수록 윤리적으로 말해서 더 나아진다고 믿는다. 캐나다 구엘프 대학의 우주론 철학자인 존 레슬리John Leslie는 내게 이렇게 말했다. "공리주의적 근거에서 그렇습니다. 미래에 지적인 행복한 존재가 많아지면 더 즐거운 세상이 되는 거죠." 쇼펜하우어처럼 좀 더 비관적인 기질의 철학자들은 정반대 입장을 취했다. 인생은 전체적으로 아주 비참하기에 차갑게 죽은 우주야말로 의식적 존재에게 잘 어울린다고 말이다.

만약 현재 진행되고 있는 우주의 가속 팽창이 진정으로 문명의 미약한 깜빡임이 끝나고 이어서 찾아올 황량한 파멸의 전조라면, 그렇다면 인생은 살 가치가 더 작아지는 것이 아닐까? 어쩌면 오늘날 우리가 하고 있는 일들은 태양의 타버린 잉걸불이 최종적으로 수조 년 후에 은하 블랙홀에 집어삼켜질 때 전혀 중요하지 않을 것이다. 하지만 반대로 생각해보면, 수조 년 후에 벌어질 일은 지금 우리에게 전혀 중요하지 않다. 특히 (철학자 토머스 네이글Thomas Nagel이 말했듯이) 수조 년 후에 지금 우리가 하는 일이 전혀 중요하지 않다는 것 역시 지금 중요하지 않다.

그렇다면 우주론은 무슨 소용이 있는가? 결코 암을 치료하거나 에너지 문제를 해결하거나 성생활을 더 즐겁게 해주지 않는다. 그래도 우리는 우주가 어떻게 끝날 것인가라는 질문에 답할 수 있을지 모르는 인류 역사상 최초의 세대에 살고 있다는 사실에 흥분하지 않을 수 없다. 로렌스 크라우스는 이렇게 말했다. "놀랍게도 우리는, 우주의 역사에서 특별히 흥미롭지도 않은 시기에 보잘것없는 어느 한 곳에서, 단순한 물리법칙들을 기반으로 생명과 우주의 미래에 관한 결론을 내릴 수 있습니다. 우리 문명이 오래가든 아니든, 그건 기뻐할 일입니다."

그러니 영국의 코미디 그룹 몬티 파이튼Monty Python의 대표적인 곡인 「갤럭시 송Galaxy Song」에서 나온 조언을 기억하자. 노래 가사처럼, 여러분이 인생사에서 좌절을 맛보고 마음이 초라해지고 불안해질 때면 영원히 팽창하는 우주의 숭고함으로 마음을 돌려라. "왜냐하면 지구에는 빌어먹을 놈들 천지니까."

제8부

짧지만 의미 있는 생각들

인간, 대단히 작은 동시에 대단히 큰 존재

　인생은 하찮은가? 많은 사람들은 그렇게 믿는데, 그 이유는 흔히 공간, 그리고 시간과 관련되어 있다. 이들의 말에 의하면 광대한 우주에 비교할 때 우리는 무한히 작은 점이며, 인간의 수명은 우주의 시간 척도에서 지극히 짧은 찰나일 뿐이다.

　시공간적 차원만으로 어떻게 인생이 하찮아지는지 이해하지 못하는 사람들도 있다. 가령 철학자 토머스 네이글은 인생이 하찮은 까닭은 현재 우리의 크기와 수명 때문이라고 주장한다. 그리고 설령 우리가 수백만 년 동안 살거나 우주를 다 채울 만큼 몸집이 크더라도 하찮기는 마찬가지라고 주장한다.

　인생의 하찮음이라는 사안은 내가 보기엔 고려할 가치가 없지만, 그 배경에는 흥미로운 질문 하나가 숨어 있다. 우주의 관점에서 볼 때, 우리의 작은 크기 또는 짧은 수명 중에서 어느 것이 더 경멸스러운가? 우주적으로 말해서, 우리의 크기에 비해서 우리는 긴 시간을 살까 짧은 시간을 살까? 또는 뒤집어서 말하자면, 우리의 수명에 비해서 우리는 크기가 클까 작을까?

이 질문에 답하는 최상의 방법은 공간과 시간을 비교할 수 있도록 해주는 근본적인 단위를 찾는 것이다. 여기서 현대물리학이 필요해진다. 매우 큰 것을 기술하는 이론(아인슈타인의 일반상대성이론)과 매우 작은 것을 기술하는 이론(양자역학)을 결합하려고 애쓰는 과정에서 물리학자들은 공간과 시간이 극미한 스케일에서 이산적인 양자 – 말하자면, 기하 구조를 지닌 원자 – 로 구성되어 있다고 간주하는 편이 자연스러움을 알아냈다. 유의미한 가장 짧은 공간 거리는 플랑크 길이로, 약 10^{-35}미터(양성자보다 약 스무 자릿수 작은 크기)이다. 가상의 시계(이른바 크로논chronon)가 가장 짧은 한 번 딸깍거림을 플랑크 시간이라고 하는데, 약 10^{-43}초이다. (이 시간은 빛이 플랑크 길이만큼의 거리를 이동하는 데 걸리는 시간이다.)

이제 두 가지 우주적 스케일, 즉 하나는 크기에 대한, 그리고 다른 하나는 수명에 대한 스케일을 구성한다고 해보자. 크기 스케일은 있을 수 있는 가장 작은 크기인 플랑크 길이에서부터 시작하여 있을 수 있는 가장 큰 크기인 관찰 가능한 우주의 반지름까지 확장될 것이다. 수명 스케일은 있을 수 있는 가장 짧은 시간 구간인 플랑크 시간에서부터 시작하여 있을 수 있는 가장 긴 시간 구간인 현재 우주의 나이까지 확장될 것이다.

우리는 이 두 스케일상의 어디에 위치할까? 우주적인 크기 스케일상에서, 1 또는 2미터 길이의 우리 인류는 중간쯤에 위치한다. 대략 말하자면, 우리에 비해 플랑크 길이가 왜소한 만큼, 관찰 가능한 우주에 비해 우리는 왜소하다. 수명 스케일에서 보자면, 반대로 우리는 제일 꼭대기에 가깝다. 인간의 수명을 구성하는 플랑크 시간의 개수는 우주의 나이를 구성하는 인간 수명의 개수보다 엄청나게 더 크다. 물리학자 로저 펜로즈는 이렇게 말했다. "사람들은 존재의 덧없음을 말하지만,

(그런 스케일상에서) 우리는 전혀 덧없지 않다. 우리는 대략 우주 자체 만큼이나 오래 살고 있다!"

그렇다면 확실히 우리 인류는 시간적인 유한성을 탄식할 이유가 별로 없다. 스피노자의 말처럼 '영원의 관점에서' 보면, 우리는 대단히 오랫동안 존속한다. 하지만 우리의 극단적인 왜소함은 우주적인 당혹 감을 분명 우리에게 안겨준다.

그렇지 않은가? 볼테르의 철학적인 소설 「미크로메가스」에는 시리우스의 거인이 지구에 오는데, 거인은 발트 해에 있는 사람들이 가득 탄 배 한 척을 확대경 장치의 도움으로 마침내 찾아낸다. 그는 처음에 깜짝 놀란다. '무한히 작은 심연'에서 창조된 이 '보이지 않는 곤충들' 이 영혼을 지니고 있는 것 같았기 때문이다. 이어서 자신의 거대한 체 구가 꼭 우월함의 표시인지 의아해한다. 그는 사람들에게 이렇게 말한 다. "오 지적인 원자들이여, 당신들의 구班 위에서 아주 순수한 기쁨을 누리고 있음이 분명하군요. 아주 작은 몸에 영혼이 충만한 듯해 보이니 사랑과 사색 속에서 삶을 보내고 있음이 틀림없네요. 그것이 정신적 존 재의 참된 삶이지요." 이에 극미의 인간들은 아리스토텔레스, 데카르 트, 그리고 아퀴나스가 내놓은 철학적 헛소리를 뿜어내기 시작한다. 그 러자 거인은 폭소를 터뜨린다.

더 크다면 우리는 덜 하찮아질까? 그렇지 않겠지만, 분명 덜 건강 해질 것이다. 키가 18미터인 사람이 있다고 하자. (생물학자 J. B. S. 홀 데인Haldane이 1926년에 발표한 멋진 논문 「적절한 크기에 관하여」에 알맞은 사례가 나온다.) 이 거인은 보통 사람보다 키가 열 배인데다 폭 과 두께도 열 배다. 그러므로 총 무게는 1,000배 더 크다. 안타깝게도 뼈 의 단면적은 고작 100배 크므로, 뼈 구조의 단위면적당 가해지는 무게 는 보통 사람의 경우보다 열 배 더 크다. 그런데 인간의 대퇴골은 인간

체중의 약 열 배 아래에서 부서진다. 결과적으로 키가 18미터인 거인은 한 걸음 내디디고 나면 대퇴골이 부서진다.

만약 인간이 우주적 관점에서 볼 때 수명에 비해 엄청나게 크기가 작더라도, 형태가 대단히 복잡하다는 점에서 위로를 얻을 수 있을 것이다. 영국의 시인 존 던이 쓴 『위급한 때의 기도문Devotions upon Emergent Occasions』에 그런 내용이 나온다. 그는 이렇게 말한다. "사람은 세계보다 더 많은 조각과 부분으로 이루어진다. 그런데 만약 그 조각들이 세계 속에 있는 것만큼 사람 속에서 연장되고 확장된다면 인간은 거인이 될 것이고 세계는 난쟁이가 될 것이다."

임박한 종말

밤늦도록 잠들지 못하고 여러분은 왜 바로 지금 살아 있는지 궁금한 적이 있는가? 여러분의 자의식은 가령 로마 시대나 앞으로 1,000만 년 후가 아니라 왜 지난 몇십 년 이내에 출현해야 했단 말인가? 그걸 궁금해한다면, 그리고 여러분의 사색이 상당히 엄밀한 형태를 띤다면, 여러분은 끔찍한 자각을 하게 될지 모른다. 인류가 사멸할, 그것도 빨리 사멸할 것이라는 자각이다.

적어도 일부 우주론자들과 철학자들은 그렇게 결론 내렸다. 그들의 추론을 가리켜 '종말 논증'이라고 한다. 이런 식이다. 인류가 더 행복한 운명을 누려서 앞으로 수천 내지 수백만 년 더 산다고 가정하자. 아닐 이유가 없지 않은가? 태양은 여전히 100억 년 수명의 절반밖에 지나지 않는다. 지구의 인구는 150억쯤에서 안정화될지 모르고, 게다가 우리 후손들이 은하의 다른 부분을 식민지화하기라도 하면 인구는 훨씬 더 증가할 수도 있다.

하지만 그게 어떤 의미인지 생각해보자. 존재하게 되는 거의 모든 인간은 먼 미래에 살게 된다는 뜻이다. 그러면 지금 우리는 아주 특별해진다. 아주 보수적으로 이렇게 가정해보자. 앞으로 태양이 다 타버릴 때까지 매 10년마다 10억 명이 새로 태어난다고 하자. 그러면 총 50만 조 명이 새로 태어난다. 과거에 살았거나 지금 살고 있는 사람은 기껏해야 500억 명이다. 그러므로 우리는 존재하게 되는 모든 인간 중에서 처음 0.00001퍼센트에 속한다. 과연 우리가 그렇게나 특별할 수 있을까?

이번에는 반대로, 종말이 코앞에 다가와서 인류가 곧 절멸하게 된다고 가정하자. 그렇다면 통계적으로 말해서, 우리가 사는 현재가 인류의 대부분의 시간이라고 봄이 꽤 합리적이다. 어쨌거나, 살았던 적이 있는 500억 인간들 중 70억 이상이 요즘 살아 있고 더 이상 미래의 시간이 존재하지 않기에, 지금이야말로 단연코 존재하기에 가장 가능성이 높은 때이다. 결론은 '임박한 종말'이지만 말이다.

초월적이고 선험적인 주장이긴 하지만, 이것은 꽤 놀라운 추론이다. 전제의 간결함과 결론의 풍성함 면에서 완벽함의 개념으로부터 신의 존재를 도출한 성 안셀모의 증명이나, 우리가 믿는 것의 대다수는 참이거나 아니면 우리의 언어가 올바른 것을 가리키지 않거나 둘 중 하나라는 도널드 데이비슨Donald Davidson의 증명에 버금간다.

우리가 아는 한, 종말 논증은 1983년 런던 왕립학회의 한 회의에서 처음으로 제기되었다. 장본인은 블랙홀 연구로 유명한 오스트레일리아의 천체물리학자 브랜든 카터Brandon Carter다. 10년 전에 카터는 아주 논쟁적인 '인류 원리'라는 용어를 처음 사용했다. 물리법칙들이 왜 지금의 모습인지를 설명하려는 원리다. 즉 만약 물리법칙들이 지금 우리가 아는 바와 달랐다면 생명은 출현할 수 없었을 것이기에, 물리법칙들을 관찰할 우리가 지금 존재하지 못하리라는 주장이다. 지금 우리가 이 특정한 우주에 살고 있는 까닭은, 달리 말해서 다른 우주는 지적인 생명체에게 알맞지 않기 때문이라는 것이다. 카터는 시간도 마찬가지라고 왕립학회에서 주장했다. 즉 우리가 지금 이 시기에 살고 있는 까닭은, 이른 시기나 나중 시기는 우리가 완전히 이해할 수 없는 어떤 이유에서 우리에게 알맞지 않다는 것이다. 흥미로운 우주론 개념들이 종종 그렇듯이, 곧 철학자들이 그것을 받아들였다. 대표적인 인물이 캐나다 구엘프 대학의 존 레슬리다.

아마도 여러분은 콧방귀를 뀔 정도는 아니더라도 종말 논증에 회의적일 것이다. 겉만 번지르르한 논리처럼 보이기 때문이다. 추상적 논증이 어떻게 그처럼 경험에 입각한 결론을 내놓을 수 있단 말인가? 하지만 그 논리에서 결점을 찾기는 어렵다. 인류 원리에 필요한 유일한 가정 – 대단히 타당할 듯한 가정 – 은 인류가 지속된다면 누적 인구수가 증가하리라는 것뿐이다. 그리고 인류 원리에서 나온 추론은 '베이즈 정리Bayes' theorem'라는 확률 이론에 의해 정당화된다. 이 정리 덕분에, 하나의 증거(우리가 지금 살고 있다는 사실)가 주어져 있을 때, 경쟁하는 두 가설(이른 종말과 늦은 종말) 중에서 어느 쪽이 더 가능성이 높은지 알 수 있다.

게다가 종말 논증은 종말이 실제로 어떤 형태로 벌어질지 그 모든 유형을 고려해보고 나면 그리 비현실적이지 않게 다가올지 모른다. 에볼라 바이러스나 온실효과 또는 핵전쟁을 생각하지 말고 우주를 생각해보라. 유성이 우리 행성을 강타할지도 모른다(종말 논증이 6,500만 년 전에 공룡한테 일어났는지 궁금해하는 이들이 있다). 스위프트-터틀 혜성 – 언론에서 명명하기로는 '종말의 바위' – 이 2126년 8월 14일쯤 지구에 대단히 가깝게 날아올 것이다. 그건 약과다. 북극성은 언제라도 초신성이 될 수 있다. 실제로 끔찍한 사건이 이미 벌어졌는지도 모르는데, 만약 사실이라면 그 소식은 치명적인 방사능의 형태로 지구에 날아와 소식을 받는 즉시 우리를 절멸시킬 것이다.

무엇보다도 가장 재미있는 시나리오는 온 우주가 순식간에 없어져

버리는 것이다. 대다수의 우주론자들은 우주가 (빅크런치가 되었건 빅
칠이 되었건) 끝보다는 시작 – 빅뱅 – 에 훨씬 더 가깝다고 여긴다. 하
지만 공간이 '준准'안정 상태일 가능성도 배제할 수 없다. 무슨 뜻이냐
면, 언제든 더 낮은 에너지 준위로 순식간에 내려갈 수 있다는 말이다.
만약 그렇게 된다면, '참된 진공'의 작은 거품이 아무런 경고도 없이 순
식간에 나타나 빛의 속력으로 부풀기 시작할 것이다. 그 속에는 엄청난
에너지가 들어 있기에, 마주치는 모든 것을 순식간에 소멸시킨다. 전체
항성계도, 은하도, 은하단도, 결국에는 우주 자체도 소멸된다.

그러니 이 추정상의 거품은 충분히 우려스럽다.

무언가를 '철학적으로' 대한다는 것은, 일상용어로 표현하자면 비합리적인 걱정을 하지 않고 그 무언가를 차분히 마주한다는 뜻이다. 그리고 철학적으로 대해야 할 주제로서 '죽음'을 들 수 있다. 이 사안에서는 소크라테스가 모범으로 간주된다. 불경죄로 아테네 법정에서 사형선고를 받은 후 소크라테스는 차분히 독배를 마셨다. 그는 친구에게 죽음은 소멸일지도 모르지만 그렇더라도 꿈이 없는 기나긴 잠이거나, 아니면 영혼이 한 곳에서 다른 곳으로 옮겨가는 일일지 모른다고 말했다고 전해진다. 어느 쪽이든 전혀 두려워할 일이 아니다.

키케로는 철학하기란 죽는 법을 배우는 일이라고 말했다. 단순명쾌하지만 오해의 소지가 있는 말이다. 철학하기는 그 이상이다. 폭넓게 말해서, 철학에는 세 가지 관심사가 있다. 세계가 어떻게 작동하는가(형이상학), 우리의 믿음을 어떻게 정당화할 수 있는가(인식론), 그리고 어떻게 살 것인가(윤리학). 분명히 죽는 법을 배우는 것은 이 중 세 번째에 속한다. 수사적으로 다르게 표현하고 싶다면, 어떻게 죽어야 할지를 배움으로써 우리는 어떻게 살아야 할지를 배운다고 말할 수도 있겠다.

그런 생각은 사이먼 크리칠리Simon Critchley의 『죽은 철학자들의 서Book of Dead Philosophers』(2008년)에서 다소 엿볼 수 있다. 오늘날 서구 사회에서 부르주아적 삶을 규정짓는 것은 죽음에 대한 만연한 두려움이라고 뉴욕 뉴스쿨New School의 철학 교수 크리칠리는 주장한다. (그는 로스앤젤레스가 내려다보이는 언덕 위에서 그 책을 썼다고 여러 차례 말했는데, 이유는 '절멸의 기이한 두려움'을 자아내는 그 도시야말로 '죽음의 세계 수도가 되기에 안성맞춤'이기 때문이라고 한다.) 죽음을 두려워하는 한 우리는 진정으로 행복할 수 없다고 크리칠리는 여긴다. 그리고 이 두려움을 극복할 수 있는 유일한 방법은 철학자들의 사례를 살펴보는 일이다. "나는 철학적 죽음이라는 이상을 옹호하고 싶었다"고 크리칠리는 썼다.

그래서 철학사를 경쾌하게, 때로는 즐겁게 여행하면서 고대로부터 현재까지 약 190명의 철학자가 어떻게 살았고, 또 죽었는지를 살펴본다. 책에 나오는 모든 죽음이 소크라테스처럼 장엄하지는 않다. 가령 플라톤은 이蝨 감염으로 죽었을지 모른다. 계몽사상가 라 메트리는 송로松露*파이를 먹은 후 세상을 떠난 듯하다. 여러 죽음은 충돌로 인한 것이다. 몽테뉴의 한 형제는 테니스공에 맞아 죽었고, 루소는 몸집이 큰 개인 그레이트데인을 타다가 떨어지는 바람에 뇌출혈로 죽었고, 롤랑 바르트는 정치인 잭 랑Jack Lang과 점심을 먹은 후 세탁 차량에 치여 죽었다. 미국의 실용주의 철학자 존 듀이는 90세까지 살다가 가장 진부한 죽음을 맞았다. 대퇴골이 부러진 후 찾아온 폐렴을 이겨내지 못했다.

크리칠리는 짓궂은 장난기가 있어서 책 속 인물들이 겪은 신체적 장애를 여실히 드러낸다. 가령 콩을 진탕 먹어서(피타고라스와 엠페도클레스는 콩을 멀리했다고 한다) 위장에 가스가 찬 경우를 들추어낸다(메트로클레스는 콩 음

---

* 값비싼 버섯의 일종 - 옮긴이

식을 먹은 뒤 강연 연습을 하는 도중에 분출된 가스 때문에 죽고 싶을 정도로 부끄러워했다고 한다). 마르크스는 생식기에 부스럼이 났고, 니체는 정신병을 앓은 말년에 자기 똥을 먹었으며, 프로이트는 뺨에 큰 종양이 자랐는데 냄새가 심해서 그의 애견조차 얼씬거리지 않았다. 우디 앨런풍의 상황도 나오는데, 목숨이 간당간당하던 데모크리토스는 "뜨거운 빵을 자기 집에 가져다 달라고 시켰다. 그 빵들을 콧구멍에 대자 용케도 죽음을 늦출 수 있었다". 그리고 최후에 남긴 말들도 나오는데, 가장 압권은 하인리히 하이네의 말이다. "하느님은 나를 용서해주실 것이다. 용서가 하느님의 전문 분야니까."

죽음을 대면하기 위한 지혜를 어떻게 기를 수 있을까? 철학자들의 죽음을 통해 일관된 메시지를 뽑아내기는 어렵다. 몽테뉴는 죽음이 '단지 상상 속에서가 아니라 내 입속에서 늘 함께' 한다고 여기면서 최후를 대비했다. 스피노자는 정반대 입장에서 이렇게 선언했다. "자유로운 사람은 죽음을 조금도 생각하지 않는다." 철학적으로 죽기는 그냥 유쾌하게 죽기라는 뜻인지도 모른다. 최고의 모범 인물은 데이비드 흄이다. 죽어 없어진다고 생각하니 무섭지 않느냐는 물음에 그는 차분히 대답했다. "전혀."

죽음이 그렇게 나쁜 게 아니라는 생각은 우리를 홀가분하게 해줄지는 모르지만, 과연 옳은 생각일까? 고대 철학자들은 그렇게 생각하는 편이었는데, 크리칠리도 (흄과 마찬가지로) 그런 태도를 좋게 보았다. 그는 이렇게 적었다. "철학자는 죽음을 정면으로 마주하며 그게 별일 아니라고 말할 배짱이 있다."

죽음에 대한 두려움이 비합리적이라는 세 가지 고전적인 논증이 있는데, 모두 에피쿠로스와 그의 추종자인 루크레티우스에게서 나왔다. 첫째, 만약 죽음이 완전한 소멸이라면, 우려할 만한 사후의 나쁜 경험이란 존재하지 않는다. 에피쿠로스의 표현대로, 죽음이 존재하는 곳에 나는 존재하지 않고, 내가 존재하는 곳에 죽음이 존재하지 않는다. 둘째, 젊어서 죽든 늙어서 죽든 중요하지 않은데, 왜냐하면 어느 쪽이든 영원토록 죽기 때문이다. 셋째, 죽음 이후의 비존재는 단지 출생 전의 비존재의 거울 영상일 뿐이다. 후자보다 전자가 더 나쁠 게 뭐란 말인가?

안타깝게도 이 세 가지 논증 모두 결론을 굳히는 데 실패했다. 미국의 철학자 토머스 네이글은 1970년에 쓴 「죽음」이라는 논문에서 첫 번째 논증이 왜 틀렸는지 보여주었다. 무언가를 나쁘다고 경험하지 않든 경험하든 그 이유만으로는 그것이 나쁘지 않다는 의미가 아니다. 네이글의 주장대로, 멀쩡한 사람이 뇌 손상을 입어서 마냥 즐거운 아기의 정신상태가 되었다고 하자. 분명 그 사람에게는 심각한 불행일 것이다. 손실이 훨씬 더 심각한 죽음도 마찬가지가 아닐까?

두 번째 논증은 마냥 허술하다. 존 키츠가 스물다섯 살에 죽은 것이 톨스토이가 여든두 살에 죽은 것보다 더 불운하지 않은데, 왜냐하면 둘 다 어쨌든 영원히 죽기 때문이라는 말이다. 이 논증의 이상한 점은 (고인이 된) 영국의 철학자 버나드 윌리엄스Bernard Williams가 지적했듯이, 첫 번째 논증과 모순되기 때문이다. 정말이지 인생의 좋은 때를 누리면서 살아 있는 시간의 양이 죽음의 영원한 기간을 수학적으로 줄이지는 않는다. 하지만 죽어 있는 시간의 양은 죽음에 바람직하지 않은 것이 있을 때에만 논할 의미가 있다.*

세 번째 논증, 즉 사후의 비존재는 출생 전의 비존재와 마찬가지로 두려워할 바가 아니라는 주장도 면밀히 살펴보면 무너진다. 네이글이 지적했듯이, 당신 삶의 양 측면에 놓인 두 심연 사이에는 중요한 비대

---

* 따라서 죽음이 바람직하지 않은 것이 아니라고 본 첫 번째 논증과 모순된다는 뜻인 듯하다 - 옮긴이

칭성이 존재한다. 당신이 죽은 이후의 시간은 죽음이 당신에게서 앗아 간 시간이다. 당신은 더 오래 살 수도 있었다. 하지만 출생 이전의 시간에는 당신이 존재할 수 없었다. 당신이 실제로 잉태된 것보다 더 일찍 잉태되었다면 당신은 다른 유전적 정체성을 지녔을 것이다. 달리 말해서, 그건 당신이 아니다.

죽음에 초연해지기는 철학적으로만 부적절한 것이 아니다. 도덕적으로도 위험할 수 있다. 만약 나 자신의 죽음이 아무것도 아니라면, 왜 다른 이의 죽음에 신경 써야 한단 말인가? 향락주의적 태도 – 순간순간 인생을 즐길 뿐 죽음을 걱정하지 않는 태도 – 의 황량함은 크리칠리가 본보기로 든 철학자 조지 산타야나George Santayana가 여실히 보여준다. 하버드 대학을 그만둔 후 그는 로마에서 살다가, 1944년 이탈리아 해방 후에 미군에 의해 다시 세상에 모습을 드러냈다. 〈라이프〉의 기자가 전쟁에 관한 의견을 묻자 산타야나는 멍하니 이렇게 대답했다. "전 아무것도 모릅니다. 영원 속에서 살고 있거든요."

왜 그랬는지 모르지만, 크리칠리가 다루지 않은 20세기의 스페인 작가 미겔 데 우나무노Miguel de Unamuno의 사례는 극명한 대조를 이룬다. 죽음의 공포를 누구보다도 크게 느꼈던 우나무노는 이렇게 썼다. "어린 시절 지옥에 관한 영화를 보았을 때도 나는 무덤덤했다. 왜냐하면 그 당시에도 나로서는 존재의 소멸 그 자체보다 더 끔찍한 것은 없었기 때문이다." 1936년 스페인의 파시스트 정당인 팔랑헤당의 폭도들한테서 린치를 당할 위험을 무릅쓰고서, 우나무노는 친프랑코 앞잡이인 호세 밀란 아스트레이José Millán-Astray를 공개적으로 면박했다. 가택연금에 처해진 우나무노는 10주 후에 세상을 떠났다. 이런 사람답게 우나무노가 가장 싫어한 팔랑헤당원의 구호는 '비바 라 무에르테¡Viva la muerte!'였다. '죽음 만세!'라는 뜻이다.

거울 전쟁

　오래전 어느 날, 나는 뉴욕의 로우어 이스트 사이드Lower East Side의 오래된 주택가를 거닐다가 작고 특이한 가게를 우연히 발견했다. 그 가게에서는 딱 한 가지 물건만 팔았다. 왼쪽과 오른쪽이 뒤바뀌지 않는 거울, 가게에서 부르는 이름으로는 '진실 거울True Mirror'을 파는 가게였다. 진열창에 그 거울이 한 개 있었다. 거울 속에 비친 내 모습을 보고서 내 얼굴이 너무 이상해 보여서 깜짝 놀랐다. 웃는 모습이 반대편인데다 머리의 가르마도 엉뚱한 쪽에 나 있어서 괴상해 보였다. 그래서 문득 깨달았는데, 바로 그 모습이 진짜 나, 즉 세상이 보는 내 모습이었다. 내가 익숙한 내 모습, 그러니까 보통의 거울로 보이는 내 모습은 나와 판박이지만 사실은 왼쪽과 오른쪽이 반대인 나다.

　보통의 거울에서 왼쪽과 오른쪽이 반대로 되는 현상은 이상할 것이 없다. 그렇지 않은가? '왼쪽'과 '오른쪽'은 거울에 평행한 두 수평 방향을 가리키는 표시다. 거울에 평행한 두 수직 방향은 '위'와 '아래'다. 하지만 광학 및 투영의 기하학은 거울에 평행한 모든 차원에 대해 똑같다. 그런데 왜 거울은 수평축과 수직축을 다르게 취급하는가? 왜 왼쪽과 오른쪽은 뒤집으면서 위와 아래는 그러지 않는가?

언뜻 들으면 이 질문은 어리석은 것 같다. 여러분은 이렇게 말할 것이다. "내 오른손을 흔들 때, 거울에 비친 나는 왼손을 흔든다. 하지만 머리를 까딱거릴 때, 나는 거울에 비친 내가 발을 까딱거릴 거라곤 좀체 예상하기 어렵다." 당연한 말이지만, 거울에 비친 모습이 위아래가 거꾸로 되어서 발이 위에 있고 머리가 아래에 있는 모습도 마음만 먹으면 예상할 수 있을지 모른다. 왼손이 오른손과 반대로 나오듯이 말이다.

어리석든 아니든 이 문제는 반세기 이상 철학자들을 당혹스럽게 만들었다. 내가 아는 한, 1950년대 초반에 처음 등장했는데, 임마누엘 칸트의 공간적 관계 이론에 관한 논의의 부수 주제로 제시되었다. 1964년에 출간된 『양손잡이 우주The Ambidextrous Universe』에서 과학 저술가 마틴 가드너가 그 문제는 전제가 틀렸다고 주장하고 나섰다. 거울은 왼쪽과 오른쪽을 반대로 만들지 않고, 대신에 거울에 수직인 축을 따라 앞과 뒤를 반대로 만든다고 그는 주장했다. 여러분이 북쪽을 향하면 거울 영상은 남쪽을 향하는데, 하지만 여러분의 동쪽을 향한 손은 거울 영상의 서쪽을 향한 손 바로 맞은편에 있게 된다. 가드너의 시각에서 보면, 우리는 하필 양쪽으로 대칭이기에 그냥 왼쪽/오른쪽 반대라고 부르는 편이 '편하다'. 1970년에 철학자 조너선 베넷Jonathan Bennett은 당시 그 '살짝 유명한 거울 문제'에 대한 가드너의 해법을 인정해주는 논문을 발표했다.

하지만 문제가 마무리되었다는 느낌은 아직 들지 않았다. 1974년에 철학자 네드 블록Ned Block이 도형이 잔뜩 들어간 긴 논문 한 편을 〈저널 오브 필로소피〉에 실었다. 거기서 그는 '왜 거울은 위/아래가 아니고 왼쪽/오른쪽을 반대로 만드는가?'라는 질문은 적어도 네 가지로 다르게 해석할 수 있다고 주장했다. 블록에 의하면 그 네 가지 해석이 가드너와 베넷 때문에 뭉뚱그려졌다고 한다. 또한 넷 중 두 해석에서는 거울이 정말로 왼쪽과 오른쪽을 반대로 만든다. 3년 후, 〈필로소피컬 리뷰The Philosophical Review〉에 실린 마찬가지로 긴 논문에서 영국의 철학자 던 로크Don Locke가 블록은 '절반'만 옳았다고 선언했다. 거울은 모든 적절한 의미에서 왼쪽과 오른쪽을 실제로 반대로 만든다고 그는 주장했다.

이 논문들과 그 후에 새로 등장했던 논문들을 읽어보면, 거울 문제가 철학적 성찰을 거부한다는 느낌이 든다. 사람들은 가장 기본적인 사실에도 합의할 수 없는 듯하다. 가령 거울에 옆으로 서서 거울 영상과 어깨를 맞대어보라. 이제 왼쪽/오른쪽 축은 거울 면과 수직이다. 가드너와 베넷은 오직 이 경우에만 거울이 왼쪽과 오른쪽을 반대로 만든다고 말한다. 블록과 로크는 이 경우에만 왼쪽과 오른쪽이 여러분에 대해, 그리고 여러분의 거울 영상에 대해 방향이 똑같다고 말한다. (옷장 거울 앞에 서서 나도 그렇게 해보았더니, 블록-로크 진영의 말이 옳은 것 같았다. 내 오른팔과 거울 속 나의 오른팔은 둘 다 동쪽을 향했고, 한편 나는 왼손목에 시계를 차고 있었는데 거울 속 나는 오른손목에 시계를 차고 있었다.)

거울 문제의 핵심은 왼쪽/오른쪽과 위/아래 사이의 미묘한 불일치에 있는 듯하다. 방향의 이 두 쌍은 (가령 동쪽/서쪽과 하늘 쪽/땅 쪽과 달리) 모두 몸의 방향에 상대적이다. 하지만 어린아이를 보면 알 수 있듯이, 왼쪽/오른쪽은 위/아래보다 숙지하기가 훨씬 어렵다. 인체는 양측 사이에 전체적 비대칭성을 드러내지 않는다. (물론 심장이 있긴 하지만, 숨어 있다.) 따라서 '왼쪽'과 '오른쪽'은 '앞'과 '머리'를 기준으로 정의해야 한다. 여러분의 왼손은 여러분이 땅에 서서 북쪽을 바라볼 때 서쪽에 있는 손이다. 이 사실은 설령 외과 의사가 두 손을 잘라서 반대

팔에다 봉합하더라도 여전히 마찬가지다.

그러므로 왼쪽/오른쪽은 논리적으로 앞/뒤에 종속되는 데 반해, 위/아래는 그렇지 않다. 그리고 누구나 동의하듯이 거울은 앞과 뒤를 반대로 만든다. 바로 그런 까닭에 또한 왼쪽과 오른쪽도 반대로 나타내야만 한다. 정말로 거울이 그렇게 하는지는 오늘날까지도 불명확하지만.

거울 이야기를 듣고 있자니 피곤하다? 로우어 이스트 사이드에서 내가 마주친 작은 가게는 오래전에 사라졌지만, 진실 거울은 인터넷에서 여전히 볼 수 있다. 하지만 그 앞에서 면도는 하지 마시길. 얼굴이 피범벅이 될 테니까.

점성술과 구획 문제

과학철학의 근본적인 문제 중 하나로 구획 문제를 꼽을 수 있다. 과학을 비과학이나 사이비 과학과 어떻게 구별할 것인가의 문제이다. 가령 이런 질문이다. 진화론은 과학이고 창조론은 사이비 과학인 근거는 무엇인가?

과학철학자들은 이 문제에 세 가지의 넓은 접근법을 취했다. 하나는 과학을 사이비 과학과 구별하는 기준을 찾는 것이다. 칼 포퍼는 반증 가능성이라는 기준을 들면서, 실험을 통해 반박될 수 있는 이론이 과학적이라고 말한다. 이 접근법을 가리켜 *방법론적 실증주의*라고 한다.

두 번째는 과학을 사이비 과학과 구별하는 요인은 방법론이 아니라 사회적 기준, 즉 '과학계'의 판단이라고 주장한다. 이 견해는 토머스 쿤Thomas Kuhn, 마이클 폴라니Michael Polanyi, 그리고 로버트 K. 머튼Robert K. Merton 같은 인물이 주장했으며 *엘리트 권위주의*라고 한다.

마지막으로, 구별의 가능성 자체를 부정하면서 과학적 믿음이 비과학적 믿음보다 특권을 누릴 근거는 없다고 보는 관점이 있다. 이 견해를 가리켜 *인식론적 무정부주의*라고 한다.

인식론적 무정부주의자 중 가장 과격한 인물은 파울 파이어아벤트Paul Feyerabend(1924~1994)이다. 과학의 방법론에 대한 그의 모토는 '뭐든 좋다'이다. 그의 친한 친구 러커토시 임레Lakatos Imre(1922~1974)는 반대 입장 – 포퍼와 쿤의 절충안 – 이다. 어떤 단일 이론이 과학적인지 비과학적인지를 묻는 대신에 러커토시는 전체 연구 프로그램을 살펴서 '진보적' 또는 '퇴보적'이라고 구분했다. 그는 이런 대조하기를 통해서 어떻게 과학적 합의가 단지 군중심리의 문제가 아니라 합리적일 수 있는지를 보여주었다.

파이어아벤트는 그런 견해가 설득력이 없다고 보았다. 그는 「무정부주의에 관한 논제」라는 논문의 개요에서 이렇게 썼다. "러커토시를 포함해 누구도 과학이 마법보다 나은지, 그리고 과학이 합리적으로 진행하는지를 밝혀내지 못했다." 하지만 러커토시는 파이어아벤트가 틀린 생각을 고집하고 있다고 끝끝내 설득시키려 했고, 파이어아벤트도 러커토시에게 똑같이 맞받았다.

이 친밀한 적수들은 그 문제를 주제로 많은 편지를 주고받았다. 음담패설도 많았는데, 그중 일부는 도저히 웃어넘길 수 없는 수준이었다. 한 예로 파이어아벤트가 버클리에서 쓴 편지에 이런 내용이 나온다. "안타깝게도 간이 나빠서 매우 피곤하네. 그래선지 여기 있는 계집들을 자빠뜨리려는 – 그러기에 딱 알맞은 표본들이 캠퍼스에 돌아다니고 있지 – 내 욕구가 상당히 줄어들었네." 둘 사이의 애정은 의심의 여지가 없었다. 러커토시는 런던 정치경제대학에서 쓴 편지에서 종종 이렇게 서명했다. "사랑을 담아, 임레가."

하지만 철학적인 면에서 보면, 오랜 세월 동안의 서신교환에서 둘의 입장은 합의점을 찾을 수 없다. 그도 그럴 것이, 구획 문제는 정말로 골치 아픈 난제다.

쉬워 보이는 사례, 점성술을 예로 들어보자. 우리는 누구나 (파이어아벤트는 빼고) 점성술이 사이비 과학이라고 여기지만, 그 이유를 대기란 쉽지 않다. 흔한 논거는 세 가지다. ①점성술은 마법적 세계관에서 나왔다, ②행성들은 인간의 성격과 운명에 영향을 미칠 어떤 물리적 메커니즘을 갖기엔 너무 멀리 떨어져 있다, ③사람들은 오직 위안거리로만 점성술을 믿는다. 이 중에서 첫 번째 주장은 화학, 의학, 그리고 우주론도 마찬가지다. 두 번째도 결정적이지는 않은데, 왜냐하면 물리적 토대가 결여된 과학적 이론도 많았기 때문이다. 가령 중력이론을 내놓았을 때, 아이작 뉴턴은 중력의 불가사의한 '원거리 작용'을 설명할 어떠한 메커니즘도 내놓지 못했다. 세 번째의 경우, 사람들은 훌륭한 이론을 비합리적인 이유로 믿을 때도 종종 있다.

그렇긴 해도 확실히 점성술은 포퍼의 반증 가능성이라는 기준에 부합하지 않는다. 그렇지 않은가? 타당한 비판인 듯한데, 왜냐하면 별점은 예리한 예측이 아니라 애매한 경향만 내놓기 때문이다. 그런데 만약 그런 경향이 정말로 존재한다면, 많은 인구에 대해 통계적 상관관계를 드러내주어야만 한다.

정말로 그런 상관관계를 찾으려는 시도가 있었는데, 대표적인 사례가 1960년대에 진행된 미셸 고클랭Michel Gauquelin의 연구다. 그는 프랑스인 2만 5,000명의 출생 시기와 훗날의 직업을 조사했다. 출생 시 태양의 위치로 결정되는 황도대 별자리와 직업 사이에 유의미한 관련성을 찾지는 못했다. 하지만 특정 직업의 사람들과 출생 시 특정 행성의 위치 사이의 연관성은 내놓았다. 가령 점성술의 예상과 일치하여, 화성이 정점에 있을 때 태어난 사람들은 운동선수가 될 가능성이 높았고 토성이 솟아오를 때 태어난 사람들은 과학자가 될 가능성이 높았다. 두 경우 모두 과학적으로 유의미한 차이를 보였다.

하지만 설령 점성술의 과학적 지위가 포퍼의 기준에서는 의문의 여지가 없을지라도, 어쩌면 러커토시의 기준에서는 그럴 수 있다. 러커토시가 세상을 떠난 지 여러 해가 지난 후, 철학자 폴 R. 세이거드Paul R. Thagard는 점성술이 '대단히 반동적인' 과학 프로그램이어서 사이비 과학임을 자세히 논증했다. 점성술은 프톨레마이오스 이래로 과학에 아무런 기여를 하지 않았음을 세이거드는 지적했다. 비정상적인 설명이 가득한데도 점성술계 사람들은 그것을 바로잡는 데 별 관심을 보이지 않는다. 게다가 점성술은 프로이트 심리학이나 유전학과 같은 인성 및 행동의 대안적 이론들에 의해 대체되었다. (이 두 학문도 사이비 과학이 아닌가 하는 공격에서 자유롭지 않다.)

러커토시는 점성술이 사이비 과학이라고 확신했다. "사회과학은 점성술과 대동소이하네, 변죽을 울려본들 아무 소용이 없지"라고 그는 파이어아벤트에게 쓴 편지에서 밝혔다. ("내가 런던 정치경제대학에서 학생들을 가르치고 있다는 게 재미있긴 하지만!"이라고 덧붙였다.) 파이어아벤트로서는, 마침내 용인할 수 있게 된 과학의 유일한 정의는 '일반적 쾌락주의의 원리에서 도출되는 것'이었다. 그렇다면 진리는 어떠할까? "진리는, 그게 무엇이든 간에, 빌어먹을 것이다. 우리에게 필요한 건 웃음이다."

괴델이 미국 헌법을 문제삼다

역사상 두 번째로 위대한 논리학자 아리스토텔레스는 정치학에도 조예가 깊었다. 역사상 가장 위대한 논리학자 쿠르트 괴델도 마찬가지라고 할 수 있을까? 괴델은 뜻밖의 장소에서 모순을 찾아내는 데천부적인 소질이 있었다. 수학의 공리들을 살펴보고서 불완전성을 간파해냈다. 일반상대성이론의 방정식들을 살펴보고서 '닫힌 시간꼴 곡선 closed time-like curve'을 간파해냈다. 그리고 미국 헌법을 살펴보고서 독재자가 집권할 여지를 줄 논리적 허점을 간파해냈다. 과연 그랬을까?

무대는 1947년 뉴저지 주였다. 16년 전에 괴델은 어떤 논리계도 수학의 모든 진리를 포착할 수는 없음을 증명하여 지성계를 발칵 뒤집었다. 그 결과는 하이젠베르크의 불확정성 원리와 더불어 인간 지식의 한계를 상징하는 아이콘이 되었다. 이후 괴델은 나치가 집권하자 오스트리아를 떠나 미국으로 건너갔고 거의 10년 동안 프린스턴 고등과학연구소의 구성원으로 지냈다. 그러고 나자 이제 미국 시민이 되어야겠다고 결심했다. 그해 초반에는 아인슈타인의 우주론 방정식에 흥미로운 새로운 해解를 하나 찾아냈는데, 그 해에 의하면 시공간은 팽창하기보다 회전한다. '괴델의 우주'에서는 여행을 떠나면 큰 원을 따라 처음 출발했던 시공간 지점으로 되돌아올 수 있다.

하지만 괴델의 시간 여행 연구는 12월 5일 트렌턴에서 예정되었던 시민권 심사 때문에 중단되었다. 그의 성품을 증언해줄 사람은 친하게 지내는 알베르트 아인슈타인과 게임이론의 공동 발명자인 오스카 모르겐슈테른Oskar Morgenstern이었다. 모르겐슈테른은 당시 괴델의 운전기사 역할도 겸하고 있었다. 꼼꼼한 성격답게 괴델은 시험 준비로 미국의 정치제도를 자세히 연구했다. 심사일 전날 그는 잔뜩 흥분하여 모르겐슈테른에게 전화를 걸었다. 자신이 미국 헌법의 논리적 모순을 찾았다고 하자, 모르겐슈테른은 처음에는 웃었지만 괴델이 무척 진지하다는 걸 곧 알아차렸다. 모르겐슈테른은 괴델에게 관련 내용을 판사에게는 말하지 말라고 당부했는데, 시민권 심사가 잘못될까 염려해서였다.

이튿날 트렌턴으로 가는 길에 아인슈타인과 모르겐슈테른은 괴델이 딴생각을 하도록 자꾸 농담을 던졌다. 법정에 도착하자 판사 필립 포먼Phillip Forman은 괴델이 저명한 증인들과 함께 온 것에 놀라서, 자기 집무실로 셋을 초대했다. 가벼운 이야기를 나눈 후 판사가 괴델에게 말했다. "지금까지는 독일 시민권자이셨습니다." 괴델은 아니라면서, 오스트리아 시민권자라고 바로잡았다. 판사가 계속 말했다. "어쨌든 사악한 독재에 시달리고 있지요……. 하지만 다행히 미국에서는 독재가 아예 불가능합니다."

이 말에 괴델은 "천만의 말씀입니다. 어떻게 독재가 가능한지 저는 알고 있습니다"라고 외친 후, 어떻게 헌법이 그런 일이 생길 여지를 주는지 설명하기 시작했다. 하지만 판사는 그것은 자신의 관심거리가 아니라고 말했고, 아인슈타인과 모르겐슈테른도 괴델이 입을 다물게 하는 데 성공했다. (이 이야기는 1998년에 논리학자 솔로몬 페퍼먼Solomon

Feferman이 쓴 『논리에 비추어In the Light of Logic』에 나오는데, 분명 저자는 모르겐슈테른에게서 전해 들었을 것이다.)

몇 달 후 괴델은 미국 시민권을 얻었다. 빈에 있는 어머니에게 보낸 편지에서 그는 이렇게 썼다. "다른 나라 시민권과 달리 미국 시민권은 아주 특별하다는 느낌이 들었어요."

미국 헌법을 통독한 적이 없는 사람들에게 이런 일화는 별로 와닿지 않는다. 괴델이 믿은 논리적 결점이 무엇이었을까? 미국 건국의 아버지들은 파시즘으로 가는 합법적인 문을 실수로 열어두었을까?

여기서 꼭 짚어야 할 것이 있는데, 괴델은 대단히 논리적이면서도 동시에 대단히 편집증적이고 적잖이 순진했다. 그는 엉뚱한 면이 있었다. 유령을 믿었고, 냉장고의 냉매에 병적인 두려움이 있었고, 아내가 창밖에 놓아둔 홍학을 보고서 대단히 매력적이라고 외쳤으며, 신문에 실린 맥아더 장군의 사진에서 코의 크기를 재보고는 다른 사람이 맥아더 장군의 흉내를 내고 있다고 확신했다. 하지만 그의 편집증은 확실히 비극적이었다. '선善을 질식시키는' 세계에서 '어떤 힘'이 작용하고 있다고 그는 믿었다.

헌법의 모순도 그런 식이었을까? 아니면 그건 괴델의 머릿속에서만 그렇게 여겨졌을까? 나는 저명한 헌법학 교수인 로렌스 트라이브Laurence Tribe를 만나보기로 했다. 하버드 법학대학원 교수인 그는 학부 시절 대수적 위상수학에 흥미가 있었다.

트라이브는 내게 말했다. "괴델이 헌법에서 논리상 모순이 되는 부분은 전혀 찾지 못했을 겁니다. 하지만 아마도 그의 마음에 걸린 대목은 헌법 제5조였을 겁니다. 그 조항은 헌법을 어떻게 수정할지에 관해 거의 아무런 실질적 제한을 두지 않았으니까요. 그걸 보고서 수정안이 제시되어 규정된 방식으로 승인이 되면, 설령 공화정의 본질적 특징들을 버리고 인권의 모든 보호조치를 사실상 말살한다 하더라도, 그 수정안이 자동으로 헌법의 일부가 될 것이라고 해석했을 수 있습니다."

트라이브는 계속 말을 이었다. "하지만 제가 옳다면, 괴델의 우려는 불합리한 추론에서 비롯되었습니다. 헌법이 기본적인 권리와 원리들을 심각하게 훼손하여 그런 것들이 부정될 정도까지 될 수 있다는 발상은 비현실적입니다. 어떤 기본적 원리들을 수정할 수 없도록 정해놓은 인도와 같은 나라들이라고 해서 결코 미국보다 인권이나 민주주의가 더 성숙하지는 않았습니다."

내가 이야기를 나눠본 다른 두어 명의 법학자도 트라이브의 짐작처럼 분명 제5조 때문에 괴델이 걱정했을 거라고 했다. 하지만 괴델이 헌법에서 정말로 결점을 찾았는가라는 의문은 페르마가 정말로 '경이로운 증명'을 찾았는가라는 의문과 여전히 약간 비슷하다. 시민권을 심사한 그 판사가 나였더라면 좋았을 텐데. 몸을 앞으로 내밀고 그 흥분한 천재의 눈을 들여다보면서 이렇게 말할 기회가 생긴다고 상상해보라. "농담 한번 잘하십니다, 괴델 씨."

여러분이 해변에서 물과 어느 정도 떨어진 위치에 서 있다. 비명소리가 들린다. 왼쪽으로 눈을 돌리니 누군가가 물에 빠져 허우적거리고 있다. 그 사람을 구해야겠다고 결심한다. 물보다는 땅에서 더 빠르게 달릴 수 있는 능력을 이용하여, 여러분은 그 사람과 가까운 물의 어느 지점까지 달려간 다음, 거기서부터 곧장 헤엄친다. 여러분의 경로는 조난자에게 가장 빨리 도달하는 길이지만, 직선이 아니다. 대신에 그 경로는 두 선분으로 이루어지는데, 여러분이 물에 들어가는 지점에서 두 선분 사이의 각도가 정해진다.

이제 빛의 한 줄기를 고려해보자. 여러분과 마찬가지로 이 광선은 물보다 공기 중에서 더 빠르게 이동한다. 만약 공기 속의 점 A에서 출발하여 물속의 점 B에서 끝난다면, 빛은 한 직선으로 이동하지 않는다. 대신에 점 A에서 물의 가장자리로 이어지는 한 직선 경로를 따라간 다음, 조금 진로를 바꾸어서 물속의 점 B로 향하는 또 다른 직선 경로를 따라간다. (이것을 굴절이라고 한다.) 물에 빠진 사람을 구할 때 여러분이 했던 것과 똑같이, 빛은 자신의 목적지를 살핀 다음, 지나가게 될 두 매질에서 진행속도의 차이를 감안하여 최소한의 시간에 도달하는 경로를 선택한다.

하지만 과연 맞는 말일까? 빛이 택하는 경로에 대한 위의 설명 – 17세기에 피에르 드 페르마가 처음 정식화한 것으로, 이른바 '최소 시간의 원리' – 은 마치 빛이 어떤 식으로든 자신이 어디로 나아갈지를 알고서 거기에 도달하기 위해 의도적으로 행동한다고 가정하고 있다. 이른바 목적론적인 설명이다.

자연의 대상들이 목적 지향적인 방식으로 행동한다는 생각은 아리스토텔레스까지 거슬러 올라간다. 아리스토텔레스에게 최종 원인은 한 사물이 이런저런 변화를 겪으면서 나아가는 목적지인데, 이런 원인을 가리켜 '목적인目的因'이라고 한다. 목적인으로 변화를 설명하기는 어떤 대상이 얻는 결과의 관점에서 설명하는 일이다. 이와 반대로 '작용인作用因'은 변화의 과정을 시작하게 만드는 것이다. 작용인으로 변화를 설명하기는 사전 조건의 관점에서 설명하는 일이다.

과학의 진보에 관한 어떤 견해에 따르면 과학은 목적인에 따른 설명을 역학적(작용인에 따른) 설명으로 대체함으로써 발전한다고 한다. 가령 다윈의 진화론은 이렇게 볼 수 있다. 즉 의도적으로 설계되었다고 보았던 특성, 가령 기린의 긴 목을 우연한 변이와 자연선택의 맹목적 과정의 결과로 재해석했기에 진화론은 과학의 진보에 해당한다는 것이다.

그런데 물리학에서 정반대 현상이 벌어졌다. 1744년에 프랑스의 수학자이자 천문학자 피에르 루이 모페르튀Pierre-Louis Maupertuis가 '최소 작용의 법칙'이라는 원대한 목적론적 원리를 내놓았다. 라이프니츠한테서 영감을 받은 원리였다. (그리고 어쩌면 도용했을지도 모른다.) 페르마의 최소 시간 원리의 더욱 추상적인 형태인 이 법칙에 따르면 본질적으로 자연은 언제나 가장 경제적으로 목적을 달성한다고 한다. 그런데 자연이 경제적으로 행한다는 이 '작용'이란 무엇일까? 모페르튀가 설명했듯이, 그것은 질량, 속도, 그리고 거리의 수학적 혼합물이다.

원래 형태의 최소 작용의 법칙은 너무 모호해서 과학에 그다지 쓸모가 없었다. 하지만 곧 18세기의 위대한 수학자 조지프 라그랑주가 그 원리를 정교하게 다듬었다. 뉴턴의 『프린키피아』가 출간된 지 한 세기 후인 1788년에 라그랑주는 『해석역학』이라는 유명한 책을 출간했다. 이 책은 뉴턴의 물리법칙들을 최소 작용의 법칙의 관점에서 해석했다. 그다음 세기에 아일랜드인 윌리엄 로완 해밀턴도 목적론적 개념을 바탕으로 어떤 형식체계─이른바 '해밀턴의 원리'─를 내놓았는데, 그것으로부터 뉴턴 역학과 광학의 모든 내용을 유도할 수 있었다.

이후로도 최소 작용의 법칙은 여러 형식으로 굉장한 위력을 계속 발휘했다. 뉴턴의 중력을 대체한 아인슈타인의 상대성 방정식들은 모페르튀가 내놓은 것과 다르지 않은 작용 원리로부터 유도해낼 수 있다. "물리학의 가장 높고 야심 찬 목표는 이제껏 관찰되었고 지금도 관찰되고 있는 모든 자연현상을 하나의 단순한 원리 속에 통합하는 일이다"라고 양자론의 창시자 막스 플랑크는 말했다. "지난 세기 동안 물리학의 업적을 낳은 다소 일반적인 법칙들 중에서 최소 작용의 원리는…… 이론 연구의 이 이상적인 최종 목표에 가장 가까이 다가갔다고 할 수 있다."

만약 최소 작용의 법칙(또는 그것의 현대적인 형태)이 정말로 과학의 정점에 서 있다면, 이는 세계에 관하여 무엇을 알려주는가? 모페르튀, 라그랑주, 그리고 해밀턴이 믿은 대로, 삼라만상을 최소한의 노력을 들여 이끄는 의도적이고 지적인 원리가 존재한다는 뜻인가?

작용인의 관점에서 세계를 설명하는 한 벌의 방정식을 우리는 갖고 있다. 목적인의 관점에서 세계를 설명하는 또 한 벌의 방정식도 우리는 갖고 있다. 두 번째 것이 첫 번째 것보다 더 단순하며 새로운 발견을 더 많이 내놓을지 모른다. 하지만 그 둘은 사건들의 동일한 상태를 기술하고 동일한 예측을 내놓는다. 그러므로 플랑크가 말했듯이, "이 사안에 관하여 누구나 어느 관점이 더 근본적인지 스스로 결정해야 한다". 원한다면 목적론자가 되어도 좋다. 여러분의 취향에 더 잘 맞는다면, 기계론자가 되어도 좋다. 아니면 이 사안은 아무런 차이가 없는 단지 형이상학적 구별인지 여부를 계속 궁금해해도 좋을 것이다.

에미 뇌터의 아름다운 정리

세계에 관한 어떤 이론이 객관적으로 옳다는 것은 어떤 의미일까? 무엇보다도 그 이론이 모든 관찰자에 대해서 각자의 관점과 무관하게 옳아야 한다는 뜻이다. 즉 그 이론의 타당성이 각 관찰자가 어떤 입장인지, 어떤 방식으로 바라보는지, 또는 언제 관찰하는지에 따라 달라져서는 안 된다.

관점에 독립적인 이론은 대칭성을 지녔다고 할 수 있다. 일상적 용법에서 '대칭성'이라는 단어는 이론이 아니라 물체를 기술하는 데 쓰인다. 사람의 얼굴, 눈송이, 그리고 결정체는 나름의 방식으로 대칭적이다. 이것들보다 구는 훨씬 더 대칭성의 정도가 높은데, 왜냐하면 어떻게 회전하든 항상 동일한 형태이기 때문이다.

바로 거기에 대칭성을 더욱 추상적으로 정의하는 단서가 있다. 어떤 물체가 만약 여러분이 그것에게 뭔가를 했는데도 여전히 똑같을 수 있다면 대칭성을 지닌다. 물리학자 헤르만 바일(1885~1955)이 내놓은 대칭성의 정의다. 마찬가지로 어떤 이론에 뭔가를 했는데도 – 가령 공간이나 시간에서 좌표를 변환했는데도 – 그 이론의 방정식들이 이전과 똑같을 수 있다면 대칭성을 지닌다. 좌표 변환은 관점의 변화와 비슷하다. (가령 이론의 시간좌표를 변환하면, 관점이 현재에서 과거나 미래로 바뀐다.) 그러므로 이론이 더 대칭적일수록 그 이론의 방정식들은 더욱 보편적으로 타당해진다.

여기까지의 내용은 지난 세기에 가장 평가절하된 발견들 중 하나를 소개하기 위한 발판이다. 한 이론이 지닌 대칭성마다 그것이 기술하는 세계에서 유지되어야만 하는 상응하는 보존 법칙이 있다는 발견 말이다. 보존 법칙은 어떤 양이 새로 생기지도 없어지지도 않는다고 말한다. 만약 특정 이론이 공간 이동을 겪더라도 대칭이라면 – 즉 그 이론의 방정식들이 공간적 관점이 달라지더라도 변하지 않으면 – 그것은 운동량 보존의 법칙을 의미한다. 마찬가지로 특정 이론이 *시간* 이동을 겪더라도 대칭이라면, 그것은 *에너지* 보존의 법칙을 의미한다. *방향*의 변화를 겪어도 유지되는 대칭성은 각운동량 보존의 법칙을 의미한다. 다른 더욱 미묘한 대칭성들은 더욱 미묘한 보존 법칙을 의미한다.

리처드 파인만이 말한 바에 따르면 대칭과 보존 사이의 긴밀한 연관성은 '가장 심오하고 아름다운 것'이며, '대다수의 물리학자들을 여전히 깜짝 놀라게 만드는' 것이다. 한때는 자연계에 대한 뻔한 사실이라고 여겨졌던 법칙들 – 가령 에너지는 생기지도 없어지지도 않는다는 열역학 제1법칙 – 도 알고 보니 사실은 객관적 지식이 가능하기 위한 전제 조건이었다. 단지 우리 자신의 관점에서만이 아니라 모든 범위의 관점에서도 타당한 이론을 세울 때마다, 우리는 암암리에 보존 법칙에 헌신한다. 칸트 느낌이 물씬 나는 이야기다. 하지만 칸트의 초월적 추론은 난해하고 때로는 틀리기도 했다. 반대로 대칭성과 보존 법칙 사이의 연관성은 에미 뇌터라는 여성 덕분에 치밀한 논리적 엄밀성을 갖추었다.

에미 뇌터는 20세기의 가장 위대한 순수수학자에 속한다. 그녀는 1882년 독일 바이에른 주에서 태어나 1907년에 괴팅겐 대학에서 박사 학위를 받았다. 다비트 힐베르트, 펠릭스 클라인, 그리고 헤르만 민코프스키 같은 쟁쟁한 동료들과 실력이 대등했지만, 여자라는 이유로 정교수 자리를 얻지는 못했다. 대신에 프리바트도젠트Privatdozent라는 무급 강사직이 허용되었다. 1933년에 나치가 집권하자 유대인인 뇌터는 괴팅겐 대학의 준공식적인 그 자리마저 빼앗겼다. 그래서 미국으로 도망쳐, 브린모어 칼리지에서 학생들을 가르쳤고 프린스턴 고등과학연구소에서도 강의했다. 그녀는 1935년에 수술 후 감염으로 갑자기 세상을 떠났다.

목소리가 크고 체구가 건장했기에, 뇌터는 친구인 헤르만 바일이 보기에 '활기차지만 미련한 가정부' 같았다. 하지만 추상대수학의 선구자 중 한 명이었을 뿐 아니라 문학적 재능도 뛰어나서 시, 소설, 자서전, 그리고 공저로 희곡까지 썼다. 이론의 대칭성이 보존 법칙을 의미함을 알아낸 사람도 그녀였다. '뇌터의 정리'라고도 하는 이 발견은 1918년에 세상에 알려졌다.

뇌터의 정리는 보존 법칙이 세계의 '저기 바깥'에 존재하지 않고 단지 우리의 인식론적 습관의 부수물일 뿐이라는 뜻일까? 그런 이상주의적 해석은 경계해야 한다. 이 세계는 그것(세계)에 관한 이론이 얼마나 대칭적일 – 즉 보편적일 – 수 있는지에 관해 엄연히 주도권을 행사하기 때문이다. 어떤 대칭성은 실험에 의해 불합격 통지를 받았다. 무슨 말이냐면, 가령 1957년의 노벨 물리학상 수상자인 리정다오Lǐ Zhèngdào와 양전닝Yáng Zhènníng은 어떤 입자 붕괴 과정이 '패리티 보존conservation of parity'을 위반함을 밝혀냈다. 이는 물리법칙이 우리 우주의 거울 영상인 우주에서는 약간 다름을 의미한다.

만약 에너지 보존 법칙이 불합격 통지를 받는다면, 더 심각한 결과가 나온다. 만약 그렇다면 뇌터의 정리로 우리가 알고 있듯이, 세계에 관한 참된 이론은 그 이론이 언제 것인지에 의존하게 되는데, 이는 '객관성'에 크나큰 타격이 아닐 수 없다.

흥미롭게도 과학은 역사상 여러 시기에 마치 에너지 보존 법칙이 불합격 통지를 받은 듯 보였다. 하지만 매번 그런 상황은 에너지의 개념을 더 일반적이고 추상적으로 만들면서 해결되었다. 순전히 수학적 개념으로 시작했던 것이 결국에는 열, 전기, 자기, 음향, 광학 등 여러 에너지 종류를 아우르게 되었다. 아인슈타인의 상대성이론 덕분에 심지어 물질도 '얼어 있는' 에너지로 볼 수 있게 되었다.

에너지 개념을 포기해야 하는 상황이 되면, 앙리 푸앵카레가 말했듯이, 우리는 그것을 구조해낼 새로운 에너지 형태를 발명하게 된다. 에미 뇌터의 심오하게 아름다운 발견 덕분에 우리는 그 이유를 안다. 물리적 진리의 비시간성이 에너지 보존을 꽉 붙들고 있는 것이다.

논리는 강압적인가?

영국인 성직자이자 풍자작가 시드니 스미스Sydney Smith는 어느 날 두 여자가 에든버러의 좁은 골목길을 사이에 둔 서로의 다락방 창문을 통해서 말다툼하는 모습을 보았다. 그는 이렇게 말했다. "두 여자는 결코 상대의 말을 인정하지 않을 것이다. 둘은 서로 다른 전제에서 말하고 있으므로."

19세기 초반의 일이었다. 오늘날은 상황이 더 나쁘다. 설령 상대방과 전제가 동일하다고 해서 결론이 동일해진다고 확신할 수는 없다. 논리도 서로 동일해야 하기 때문이다.

논리의 목적은 타당한 주장을 그릇된 주장, 이른바 오류와 구별하는 것이다. 만약 당신이 내가 인정한다는 전제에서 내가 싫어하는 결론을 그릇된 주장으로 들이댄다면, 나는 그 결론을 받아들일 의무가 없다. 반대로 내가 당신이 인정한다는 전제에서 당신이 싫어하는 결론을 논리적으로 타당한 주장으로 들이댄다면, 당신은 그 결론을 받아들일 수밖에 없다.

"무엇 때문에 그럴 수밖에 없습니까?"라고 당신이 묻는다면, 나는 합리성의 법정에 의해서라고 답하겠다. 내 주장이 논리적으로 타당하다는 사실은 결론이 참이지 않고서 전제가 참일 수 없다는 의미다. 따라서 만약 당신이 그 전제를 믿는다면 또한 결론도 믿어야 하며, 그렇지 않으면 당신은 비합리적이다. "비합리적인 게 뭐가 그렇게 나쁩니까?"라고 당신은 따진다. 그렇다면 나는 한술 더 떠서 내 이유를 당신이 인정해야 할 이유까지 대겠지만, 이번에도 당신은 시큰둥하다. 하지만 이쯤 되면 내가 하고 싶은 것은 내 논리를 곤봉으로 만들어서 굴복할 때까지 당신을 두들겨 패는 일이다.

논리의 무력함은 미국의 철학자 로버트 노직Robert Nozick(1938~2002)이 1981년에 쓴 『철학적 설명Philosophical Explanations』에 여실히 드러나 있다. "왜 철학자들은 사람들이 뭔가를 믿도록 강요하는가?"라고 그는 묻는다. "누군가에게 그렇게 행동하는 것이 좋은 방식인가?" 노직의 적나라한 폭로에 의하면 논리학자가 정말로 원하는 것은, 만약 논리학자의 결론을 받아들이지 않으면, 누군가의 뇌 속에서 계속 울려서 그 사람을 죽게 만드는 논증이라고 한다.

기본적인 논리학 원리 중 하나는 무모순성의 법칙인데, 한 명제와 그것의 부정명제는 둘 다 참일 수 없다는 법칙이다. 사실 자기도 모른 채 이 법칙을 어기는 사람이 많다. 그런 사람들은 명제 p, q, r, s를 모두 믿으면서도 q, r, s가 함께 있으면 ~p(p가 아님)라는 결과를 수반한다는 것을 무슨 까닭에선지 알아차리지 못한다. 만약 이 점을 알아차리게 해주면 그들은 자신들의 신조에서 명제 p를 빼버릴지 모른다. 한술 더 떠서, 모순의 혐의를 벗어나고자 의미를 붙들고 옥신각신할지 모른다. ("내 말은 중립국은 *침략*해서는 안 된다는 거야. 그건 *침략*이 아니라 *침입*이었어!")

하지만 상대방이 월트 휘트먼의 정신을 들먹이면서 이렇게 말한다면 어떻게 될까? "제가 모순이라고요? 당연히 모순이지요." [물리학자 닐스 보어도 그와 비슷했던 적이 있었다. 보어의 연구실 문에 (행운을 가져다준다는) 말발굽이 달려 있는 것을 본 동료 과학자가 말했다. "그런 거 안 믿잖습니까? 안 그래요?" 그러자 보어는 이렇게 말했다. "당연히 안 믿죠. 하지만 그건 믿거나 안 믿거나 효과가 있다더군요."] 이런 사람에게는 뭐라고 말해야 할까?

"그런 태도가 모든 과학을 손상시킨다"고 20세기의 저명한 논리학자 W. V. 콰인Quine은 말한다. "명제 p와 $\sim p$의 결합은 논리적으로 모든 명제를 의미한다. 따라서 한 명제와 그것의 부정명제를 둘 다 참이라고 인정하면 모든 명제를 참이라고 인정하게 되어 참과 거짓의 모든 차이를 없애고 만다." 콰인이 한 말을 이해하기 위해, 여러분이 p와 $\sim p$를 둘 다 믿는다고 가정하자. p를 믿으므로, 임의의 명제 q에 대하여 여러분은 p 또는 q도 믿는다. 하지만 위의 가정에 의해 (p 또는 q) 그리고 $\sim p$로부터 명백히 q가 도출된다. 따라서 임의의 명제가 참이다. [이것을 나타내는 라틴어 문구가 '*ex contradictione quodlibet*(모순으로 인해 모든 것이 도출된다)'이다.]

모순이 나쁜 까닭은 그랬다가는 뭐든 허용되기 때문이라는 생각은 비논리학자에게 이상하게 보일지 모른다. 버트런드 러셀이 대중 강연에서 바로 이 점을 알리려 했을 때, 한 남자가 말을 가로막았다. "그렇다면 만약 2 더하기 2가 5라면 내가 교황이라는 걸 증명해보십시오"라고 그는 말했다. "아주 좋습니다"라고 러셀은 맞받았다. "'2 더하기 2는 5'에서 양변 모두 3을 빼면, 2는 1입니다. 당신 1 더하기 교황 1은 2이므로 당신은 1, 즉 교황입니다."

형식논리학은, 철학과에서 전통적으로 가르쳐온 대로, 어떤 이들에게는 '강압적'으로 보인다. 철학자 루스 긴즈버그Ruth Ginzberg는 이 사안을 긍정논법*modus ponens*의 법칙으로 다루었는데, 이 법칙은 '*p*이면 *q*이다. *p*가 아니다, 그러므로 *q*이다'와 같은 형태의 추론을 허용한다. 긴즈버그에 의하면 긍정논법은 남성이 여성 – 아마도 그것의 타당성을 알아차리기 어려운 – 을 '비이성적'이라며 배제하기 위해 사용된다고 한다. 이와 달리 어떤 개혁가들은 오류란 추론의 실수라기보다 '협력의 실패'로 보아야 한다고 제안했다. 또 어떤 이들은 '자선의 원리'를 도입할 것을 촉구한다. 가령 상대방의 논증이 엉망이라면, 타당해지도록 그것을 재해석해보아야 한다는 입장이다.

이 접근법이 진리로 향하는 더 나은 길인지는 논쟁의 여지가 있다. 하지만 논리학의 이 새로운 친절함은 분명 논쟁의 묘미를 앗아간다. 논리에 의한 – 또는 논리의 모조품에 의한 – 강압은 굉장히 활기찬 재미를 띨 수 있다. 가령 1773년에 디드로와 스위스의 수학자 레온하르트 오일러가 예카테리나 여제의 궁정 앞에서 대단한 논쟁을 펼친 적이 있었다. 무신론자인 디드로는 수학에 완전히 문외한이었다. 독실한 기독교도인 오일러는 그 철학자에게 다가가 인사한 다음 엄숙하게 말했다. "$(a+b^n)/n=x$, 따라서 신은 존재합니다. 대답해보십시오!" 디드로가 이 놀라운 추론에 체면이 구겨지자 사방에서 낄낄대는 웃음소리가 터져 나왔다.

이튿날 디드로는 프랑스로 돌아가도록 허락해달라고 여제에게 청했고, 여제는 그 부탁을 너그러이 들어주었다.

뉴컴의 문제와 선택의 역설

철학자 로버트 노직은 『무정부 상태, 국가, 그리고 유토피아Anarchy, State and Utopia』의 저자로 유명했다. 1974년에 출간된 이 책은 최소한의 정부를 논리적으로 옹호하는 내용으로서 전 세계의 자유주의자들에게 공감을 불러일으켰고, 특히 바르샤바의 반체제인사들에게 바이블이 되었다. 하지만 노직은 결코 자신을 정치철학자로 여기지 않았다. (『무정부 상태, 국가, 그리고 유토피아』는 '어쩌다 쓰게 된' 책이었다고 한다. 그는 하버드 동료 교수인 존 롤스의 『정의론』이 나오자 자극을 받아서 그 책을 쓰게 되었다.) 노직은 합리적 선택과 자유의지에 더 관심이 컸다. 그가 철학자로서의 경력을 시작하게 된 계기는 이 두 주제와 관련된 놀라운 역설 때문이었다. 노직 스스로가 그 역설을 고안해내지는 않았다. 캘리포니아 대학의 물리학자 윌리엄 뉴컴William Newcomb이 처음 떠올렸다. 친구인 프린스턴의 수학자 데이비드 크러스컬David Kruskal이 그걸 듣고서, 역시 친구인 노직에게 어느 칵테일파티에서 들려주었다. (파티라면 사족을 못 쓴 노직은 그것이 '자기가 갔던 중에 가장 중요한 파티'라고 말했다.)

노직은 자신의 박사학위 논문에서 그 역설을 다루었고, 이후 1969년에 그 주제에 관한 논문「뉴컴의 문제와 선택의 두 원리」를 발표했다. 그 결과가 바로 〈저널 오브 필로소피〉에서 표현했듯이, '뉴컴마니아Newcombmania'의 출현이었다. 갑자기 철학계 사람이라면 너나없이 뉴컴의 문제에 관해 글을 쓰고 토론을 하고 있었다. 반세기가 지난 지금도, 그리고 노직을 포함한 수십 명의 철학자가 각고의 노력을 기울였는데도 그 역설은 여전히 처음 구상되었을 때와 마찬가지로 당혹스럽고 논쟁적이다.

뉴컴의 문제는 이렇다. 탁자 위에 닫힌 두 상자, 상자 A와 상자 B가 있다. 상자 A에는 1,000달러가 들어 있다. 상자 B에는 100만 달러가 들어 있거나, 아니면 돈이 전혀 들어 있지 않다. 여러분은 다음의 두 행위 중 하나를 선택한다. ①두 상자 안에 들어 있는 것을 갖는다. ②상자 B에 들어 있는 것만 갖는다.

이제부터 흥미로운 대목이 나온다. 여러분의 선택을 매우 정확하게 예측할 수 있는 어떤 존재가 있다고 하자. 이 존재는 지니라든가, 외계 행성에서 온 뛰어난 지능의 소유자라든가, 여러분의 마음을 읽을 수 있는 슈퍼컴퓨터라든가, 매우 눈치 빠른 심리학자 또는 신일 수도 있다. 그 존재는 과거에 여러분의 선택을 정확히 예측했으며, 여러분은 그 존재의 예측 능력을 대단히 확신한다. 어제 그 존재는 여러분이 곧 무엇을 선택하려 하는지 예측했는데, 바로 그 예측이 상자 B의 내용물을 결정한다. 만약 그 존재가 여러분이 두 상자의 것을 가질 거라고 – 행위 1 – 예측했다면, 상자 B에 돈을 전혀 넣어두지 않는다. 만약 여러분이 상자 B에 들어 있는 것만 가질 거라고 – 행위 2 – 예측했다면, 상자 B에 100만 달러를 넣어둔다. 여러분은 이 사실들을 알고, 그 존재는 여러분이 이 사실들을 안다는 것을 알고, 다시 여러분은 그 존재가 여러분이 이 사실들을 안다는 것을 알고, 계속 이런 식이다.

그렇다면 여러분은 두 상자를 갖겠는가, 아니면 상자 B만 갖겠는가?

당연히 여러분은 상자 B만 가져야 한다. 그렇지 않은가? 왜냐하면 만약 여러분이 그렇게 선택한다면, 그 존재는 거의 확실히 그걸 예측하고서 상자 B에 100만 달러를 넣어두었다. 만약 여러분이 두 상자를 갖기로 한다면, 그 존재는 거의 확실히 그걸 예상하고서 상자 B를 비워두었다. 그러므로 매우 높은 가능성으로 여러분은 상자 A에서 1,000달러만 얻을 것이다. 한 상자 선택이 지혜롭다는 것은, 이 게임에 참여한 여러분의 모든 친구 중에서 한 상자를 선택한 이들이 압도적으로 백만장자이고 두 상자를 선택한 이들은 그렇지 않다는 사실을 여러분이 알아차렸을 때 확인되는 듯하다.

하지만 잠깐만. 그 존재는 이 예측을 어제 했다. 당연히 그는 상자 B에 100만 달러를 넣었거나, 아니면 넣지 않았다. 만약 100만 달러가 들어 있다면, 그 돈은 여러분이 두 상자를 갖기로 선택했다고 해서 사라지지 않을 것이다. 만약 100만 달러가 들어 있지 않다면, 여러분이 상자 B만 선택했다고 해서 생겨나지는 않을 것이다. 그 존재의 예측이 뭐든, 여러분은 두 상자를 선택한다면 결국 1,000달러를 더 얻도록 보장되어 있다. 상자 B만 선택하는 것은 1,000달러짜리 수표를 밀쳐놓기나 마찬가지다. 두 상자 선택의 논리를 더 생생하게 보여주기 위해 두 상자의 뒷면이 유리로 되어 있고 여러분의 아내가 탁자 반대편에 앉아 있다고 가정하자. 아내는 각 상자 속에 무엇이 들어 있는지 훤히 보인다. 여러분이 무슨 선택을 하길 아내가 바랄지는 자명하다. 두 상자 선택하기!

이제 뉴컴의 문제가 지닌 역설을 알 수 있다. 무슨 선택을 해야 하는지에 관한 두 가지의 강력한 논증이 있는데, 논증은 정반대 결론을 내놓는다. 상자 B만 가져야 한다고 말하는 첫 번째 논증은 *기대 효용 극대화* 원리에 바탕을 두고 있다. 만약 그 존재가, 가령 예측 성공률이 99퍼센트라면 두 상자 선택의 기대 효용은 $0.99 \times \$1,000 + 0.01 \times$ $\$1,001,000 = \$11,000$이다. 상자 B만 선택할 때의 기대 효용은 $0.99 \times$ $\$1,000,000 + 0.01 \times \$0 = \$990,000$이다. 두 상자 논증은 *지배원리*에 바탕을 두고 있는데, 이는 만약 한 행위가 있을 수 있는 모든 상황에서 다른 행위보다 더 나은 결과를 내놓는다면 그 행위를 선택해야 한다는 원리다. 두 원리는 둘 다 참일 수 없는데, 만약 그렇다면 모순이 생긴다. 그리고 두 원리는 직관을 무용지물로 만든다.

노직은 1969년의 논문에서 이렇게 썼다. "나는 이 문제를 많은 학우들에게 소개했다. 거의 누구나 어떤 선택을 해야 하는지 명백했다. 그런데 난처하게도 이 사람들은 문제를 놓고서 거의 균등하게 두 진영으로 나뉘어 서로 반대편 사람들이 어리석다고 여겼다." 1973년 마틴 가드너가 〈사이언티픽 아메리칸〉에 쓴 자신의 칼럼에 뉴컴의 문제를 소개하자 엄청나게 쇄도한 편지들에서 한 상자 선택이 5 대 2의 비율로 더 많았다. (편지를 보낸 이들 중에는 아이작 아시모프도 있었는데, 그는 막무가내로 두 상자 선택을 지지했다. 자신의 자유의지의 표현이자 그가 신과 동일시한 예측가에 대한 빈정거림의 발로였다.)

이 문제의 고안자인 뉴컴은 한 상자 선택자였다. 노직은 처음에는 미적지근한 두 상자 선택자였다. 의사 결정 이론가인 마야 바힐렐Maya Bar-Hillel과 아비샤이 마갈릿Avishai Margalit이 한 상자 선택자로 구성된 '백만장자 클럽에 들어오라'고 권했는데도 말이다. 하지만 1990년대가 되자 노직은 두 논증 모두 어떤 행위를 선택할지 결정할 때 어떤 가중치가 부여되어야 한다는 쓸모없는 입장에 도달했다. 어쨌거나 그의 추론에 따르면 가장 단호한 두 상자 선택자라도 만약 상자 A에 든 돈이 1달러로 줄어들면 한 상자 선택자가 될 것이고, 가장 고집 센 한 상자 선택자라도 상자 A에 든 돈이 90만 달러로 늘어나면 거의 전부 두 상자 선택자가 될 터였다. 따라서 아무도 두 논증 중 하나를 완전히 확신할 수는 없다.

어떤 철학자들은 뉴컴의 문제의 전체 설정이 터무니없다는 이유에서 이쪽도 저쪽도 선택하길 거부한다. 이들은 주장하기를, 만약 여러분이 정말로 자유의지가 있다면, 어떻게 다른 존재가 여러분이 두 가지 합리적인 행위 중 어느 쪽을 선택할지 정확히 예측할 수 있는가? 특히나 여러분이 선택하기 전에 다른 누군가가 그 선택을 예측했다는 것을 여러분이 알고 있는데도 말이다.

하지만 실제로 그 예측하는 존재가 완벽하게 정확한 예측을 하지 않아도 역설은 성립한다. 앞서 나왔듯이, 〈사이언티픽 아메리칸〉의 독자들은 5 대 2의 비율로 한 상자 선택을 선호했다. 따라서 적어도 그 사람들의 경우, 보통의 예측가라도 두 상자 선택이 이루어질 것을 70퍼센트 이상의 확률로 언제나 예측할 수 있다. 심리학자라면 여성, 왼손잡이, 박사학위 소지자, 공화당 지지자 등등이 어떤 선택을 할 성향인지를 조사하여 예측 정확도를 높일지 모른다. 만약 내가 그런 통계를 활용해 높은 정확도를 자랑하는 인간 예측가와 그 게임을 한다면, 나는 확실히 두 상자를 선택해야 한다. 한편 만약 그 존재가 초자연적이라면 – 지니나 신 또는 진짜 천리안의 소유자라면 – 아마도 상자 B만 선택하게 될 것이다. 내 선택이 어떤 역인과관계라든지 시간과 무관한 전능성을 통해 그 존재의 예측에 영향을 미칠지 모른다는 것을 우려할 테니 말이다. 또한 나는 정말로 내가 자유롭게 선택하는지 여부도 의아해질 것이다.

오랜 세월 동안 뉴컴의 문제에 제시된 해법들의 방대함과 독창성은 어마어마했다. (양자역학의 슈뢰딩거 고양이, 그리고 열역학의 맥스웰의 도깨비에 비견될 정도였다. 그보다 더 명백한 유사성을 갖는 것은 죄수의 딜레마인데, 여기서 다른 죄수는 여러분의 일란성쌍둥이로서 여러분이 협력하거나 배신하는 선택과 똑같은 선택을 거의 확실히 하게 된다. 그리고 어떤 이들에게는 더욱 무섭게 다가올 텐데, 뉴컴의 문제는 로코의 바실리스크Roko's basilisk의 핵심에 놓여 있다. 이것은 일종의 사고실험인데, 대상자는 미래의 신적인 AI 존재한테 영원한 고문을 당하게 된다.) 하지만 이들 해법 중 어느 것도 확신할 수 없기에 논쟁은 계속되고 있다. 뉴컴의 문제가 제논의 역설처럼 오래갈 수 있을까? 철학자들은 『무정부 상태, 국가, 그리고 유토피아』가 잊힌 지 오랜 세월이 지난 후, 가령 지금부터 2,500년 후에도 그 문제를 붙들고 씨름하고 있을까? 만약 그렇더라도 뉴컴의 문제를 지성의 지도 위에 올려놓은 사람인 노직은 그 문제의 창안자로서 불멸의 영예를 누리지는 못할 것이다. 그는 슬픈 어조로 이렇게 썼다. "그것은 아름다운 문제다. 내 것이었다면 좋았으련만."

존재하지 않을 권리

  2000년대로 넘어오면서 프랑스 대법원은 도덕적으로나, 심지어 형이상학적으로나 대단히 의미심장한 판결을 내렸다. 대법원은 한 17세 소년에게 태어난 것에 대한 보상을 받을 자격이 있음을 선언했다. 어머니의 배 속에서 풍진에 감염되는 바람에 – 의사도 검사기관도 어머니의 병을 진단해내지 못했다 – 아이는 자라면서 청각장애와 정신지체, 그리고 거의 실명에 가까운 상태가 되었다.

  부모의 입장에서 볼 때 법원의 판결은 지극히 타당했다. 풍진에 감염된 사실과 그로 인한 태아의 위험을 미리 알았다면 낙태를 할 수 있었고, 몇 달 후에 다시 임신하여 건강한 아이를 낳을 가능성이 있었기 때문이다. 하지만 17세 소년의 입장에서 보면, 그 판결의 논리가 약간 이상해 보였을지 모른다. 어쨌든, 올바른 진단이 내려졌다면 그 소년이 이 세상에 존재하지 않는 결과로 이어졌을 테니까. 과연 그 아이에게는 더 나은 일이었을까?

  완전한 비존재보다 한 인생이 더 좋은지 나쁜지를 판단한다는 발상에 대해 어떤 철학자들은 터무니없다고 여긴다. 가령 버나드 윌리엄스는 주장하기를, 사람은 그냥 "자기가 존재하지 않았다면 어떠했을지 자기 멋대로 생각해서는 안 된다". 고인이 된 데릭 파핏Derek Parfit 같은 철학자들은 적어도 인생이 살 가치가 있는지 없는지 논하는 것 자체는 의미가 있다고 주장한다. 만약 살 가치가 있다면 태어나지 않은 것보다 나은 인생이고, 살 가치가 없다면 태어나지 않은 것보다 못하다. 하지만 파핏조차도 살 가치가 없는 인생이라면 그 사람이 태어나지 않은 편이 더 나았으리라고 해석하기를 꺼렸다.

어떤 사람들은 아무리 끔찍하더라도 인생은 무無보다 여전히 낫다고 여긴다. 「죽음」이라는 논문에서 토머스 네이글은 이런 견해를 내놓았다. "어떤 요소들이 누군가의 경험에 더해지면 인생은 더 나아진다. 또 어떤 요소들이 누군가의 경험에 더해지면 인생은 더 나빠진다. 하지만 그런 요소들을 전부 제외시키고 남는 것은 단지 중립적이지 않다. 그것은 단연코 긍정적이다. 그러므로 인생은 경험의 나쁜 요소가 많더라도, 그리고 좋은 요소들이 자체적으로 나쁜 요소들을 상쇄시키기엔 너무나 미약하다 하더라도 살 가치가 있다."

만약 모든 인생이 살 가치가 있다면, 아무리 장애가 있는 아이라도 아이를 세상에 내놓는 일은 잘못일 리가 없다. 심지어 다운증후군을 앓는 아이도 행복하게 살 수 있다는 말이 종종 들린다. 하지만 훨씬 더 나쁜 결과를 초래하는 다른 유전질환들도 있다. 가령 레쉬-니한 증후군Lesch-Nyhan syndrome에 걸린 사내아이는 정신지체와 극심한 신체적 고통을 겪을 뿐만 아니라 충동적으로 자해를 한다. 대다수의 사람들은 아이가 그렇다는 사실을 알고도 출산하는 것은 그릇된 행동이라고 여긴다. 사실 그러지 않아야 할 의무가 있다고까지 여긴다.

하지만 여기서 한 가지 흥미로운 비대칭성이 존재한다. 아이를 갖기로 결심하면서, 태어난 아기는 행복하게 살 가능성이 높다고 여기는 부부가 있다고 하자. 이 부부는 결심대로 아이를 출산할 의무가 있는가? 대다수의 사람들은 아니라고 말할 것이다. 어쨌거나, 만약 우리가 태어나게 될 아이의 불행을 생각하여 아이를 세상에 내놓지 않아야 한다는 윤리적 의무를 느낀다면, 태어나게 될 아이의 행복을 생각하여 아이를 세상에 내놓아야 한다는 윤리적 의무를 느껴야 하지 않는가? 왜 한 경우에만 도덕적 고려를 하고 다른 경우에는 그러지 않아야 한단 말인가?

도덕철학자들은 아직 이 비대칭성을 만족스럽게 설명해내지 못했다. 피터 싱어는 조금 에둘러서 설명했다. "아마도 내릴 수 있는 최상의 – 하지만 아주 좋지는 않은 – 판단은 비참하게 살아갈 아이를 갖는 일이 직접적으로 그릇되지는 않았다는 것일 테다. 하지만 일단 그런 아이가 태어나고 나면, 아이의 인생은 불행밖에 없으므로 우리는 안락사를 통해 세계의 고통의 양을 줄여야 한다. 그런데 안락사는 아이를 갖지 않는 것보다 부모와 그 행위에 관련된 사람들에게 더 끔찍한 과정이다. 바로 이것이 비참한 삶을 살 수밖에 없는 아이를 갖지 않을 간접적인 이유이다." 싱어로서는, 부부가 그 아이를 가질지의 여부에 관한 윤리적 의무를 지게 만드는 것은 아이가 앞으로 살아갈 인생을 고려해서가 아니다. 그의 견해에서 보자면 이 사안들을 비대칭적으로 취급해야 할 이유는, 만약 아이를 갖기로 결정했을 때 비참한 아이를 안락사시킬 필요성보다 부모가 겪게 될 불행 때문이다.

만약 그 프랑스 소년의 삶이 조금이라도 살 가치가 있다면, 어머니가 풍진에 감염되었다는 진단이 나오지 않은 것이 아이로서는 다행이었다. 하지만 소년의 삶이 살 가치가 없다고 가정하자. 그렇다면 풍진을 알아내지 못한 의사는 소년이 비참한 삶을 살지 않을 권리를 침해했다고 볼 수 있다. 그러나 이 권리는 그 아이에게 아마도 실현되지 못했을 수 있다. 인간 생식계통의 우발적 특성 때문에 몇 달 후 잉태된 아이는 유전적 정체성이 달랐을 테고, 따라서 다른 아이가 되었을 것이기 때문이다.

몇 달 후 프랑스 부부가 잉태할지 모르는 아이의 경우, 만약 풍진 진단이 미리 내려졌다면 두 가지 방법으로 아이의 곤경을 바라볼 수 있다. 만약 여러분이 실제 세계만 믿는다면, 아이의 존재에 가장 가까운 상태는 (이제는 오래전에 사라진) 연결되지 않은 한 쌍의 생식세포이다. 그런 실체를 놓고서 다행이니 불행이니 할 게 전혀 없다. 한편 만약 여러분이 – 철학자 데이비드 루이스David Lewis가 공공연히 그랬듯이 – 있을 수 있는 여러 세계가 존재한다고 믿는다면, 수많은 세계가 존재할 수 있고, 그 속에는 존재해서 다행인 그 아이의 각각의 버전이 있을지 모른다.

토머스 네이글이 말한 "우리 모두는…… 태어나서 다행이다"는 유쾌한 주장에 여러분이 동의하든 동의하지 않든, 그의 다음 말은 옳다. "태어나지 않은 것이 불행이라고 말할 수는 없다." 그리고 「콜로노스의 오이디푸스」의 합창단이 "태어나지 않는 것이 최고라네"라고 우울하게 선언할 때, 적절한 응수는 이것이다. 그렇게 행운인 사람이 몇이나 되나?

아무도 하이젠베르크를 올바르게 이해할 수 없을까?

『루트리지 철학백과사전Routledge Encyclopedia of Philosophy』에서 '베르너 하이젠베르크Heisenberg, Werner'는 '마르틴 하이데거Heidegger, Martin'와 '지옥Hell' 사이에 나온다. 거기가 바로 하이젠베르크가 속한 곳이다. 양자역학의 창시자들 중 한 명인 하이젠베르크는 제2차 세계대전 동안 히틀러의 원자폭탄 프로젝트를 이끌었다. 전쟁이 끝난 후 그는 자신이 의도적으로 나치의 폭탄 제조 노력을 지연시켰다고 주장했다. 많은 사람들이 그의 말을 믿었다. 하지만 아마도 그의 실패는 은밀한 영웅주의 때문이 아니라 무능 때문이었던 듯하다.

하이젠베르크(1901~1976)는 불가사의한 물리학자였다. 스물네 살 때 북해가 내려다보이는 절벽 위에서 황홀감에 잠긴 채 아원자 세계에 관한 혁명적인 통찰을 얻었다. 2년 후, 물리학 역사상 아마도 가장 많이 인용된 한 논문에서 '불확정성 원리'를 선포했다. 하지만 그의 추론은 투명함과 한참 거리가 멀었다. 가장 위대한 물리학자들조차도 그가 보인 수학적인 불합리성과 논리의 도약에 당혹감을 감추지 못한다. 노벨상 수상자인 스티븐 와인버그는 이렇게 터놓았다. "(그의 초기 논문들 중 한 편을) 읽으려고 여러 차례 시도했지만, 그리고 내가 양자역학을 이해하고 있다고 여기건만, 하이젠베르크가 왜 그런 수학적 단계를 밟았는지 도저히 이해할 수 없었다."

이론가로서는 대단한 능력의 소유자였는지 몰라도, 하이젠베르크는 응용물리학에서는 지진아에 가까웠다. 1923년 그의 박사학위 시험은 재앙이었다. 세월이 흐른 후 토머스 쿤이 그 시험에 대해 묻자 하이젠베르크는 이렇게 얘기했다(시험 출제자는 실험물리학자 빌헬름 빈Wilhelm Wien이었다). "빈 교수가…… 패브리-페로 간섭계Fabry-Pérot interferometer의 해상도를 물었는데…… 나는 그걸 배운 적이 없었던지라…… 그러자 화를 내더니 한 현미경의 해상도를 물었습니다. 나는 그것도 몰랐습니다. 교수는 한 망원경의 해상도를 물었는데, 그것 역시 나는 몰랐습니다……. 그러자 다시 납축전지가 어떻게 작동하는지 물었고 나는 그걸 몰랐……. 어쩌면 교수가 나를 불합격시키고 싶었던 것 같기도 합니다." 전쟁 기간 동안 하이젠베르크는 핵분열이 가능한 우라늄이 얼마만큼이어야 폭탄을 만들 수 있는지를 알아내려고 했다. 그런데 계산이 틀려서 그만 수십 톤이라는 불가능한 수치를 내놓고 말았다. (히로시마 원자폭탄은 고작 56킬로그램이 필요했다.) 무기 개발 프로젝트를 맡기엔 적절한 과학자가 아니었다.

하이젠베르크가 전시에 한 행동의 동기가 애매함을 강조하고자 하는 이들은 그의 물리학, 즉 불확정성 원리에서 은유를 찾아낸다. 극작가 마이클 프레인은 1941년 하이젠베르크와 보어의 수수께끼 같은 만남을 소재로 한 희곡 「코펜하겐Copenhagen」에서 그렇게 했다. 토머스 파워스Thomas Powers는 『하이젠베르크의 전쟁Heisenberg's War』에서 그렇게 했다. 1993년에 나온 이 책은 나치의 핵폭탄 프로젝트를 내부에서 무력화시켰다는 하이젠베르크의 주장을 옹호한다. 데이비드 C. 카시디David C.

Cassidy는 1991년에 출간된 하이젠베르크의 전기 『불확정성Uncertainty』에서 그렇게 했다. 하지만 세 작가 모두 이해가 부족했다.

그들뿐만이 아니었다. 지난 세기의 과학적 개념 중에서 하이젠베르크의 불확정성 원리보다 – 천박한 사람들은 물론이고 학식 있는 사람들에 의해서도 – 더 맹목적으로 숭배되고 남용되고 오해된 것은 없다. 그 원리는 어떤 특정한 것을 얼마나 정확히 알 수 있는지에 대해서는 아무런 언급도 하지 않는다. 다만 어떤 속성들의 쌍이 동시에 둘 다 정확히 측정될 수 없는 방식으로 연관되어 있음을 말할 뿐이다. 물리학에서는 이 쌍들을 가리켜 정준공액변수라고 한다. 그런 쌍의 한 예가 위치와 운동량이다. 여러분이 한 입자의 위치를 정확히 알수록 그것의 운동량은 덜 정확히 알게 된다(그 반대의 경우도 마찬가지다). 또 다른 예가 시간과 에너지다. 여러분이 어떤 사건이 발생하는 시간 간격을 더 정확히 알수록, 관련되는 에너지는 덜 정확히 알게 된다(그 반대의 경우도 마찬가지다).

하이젠베르크라는 사람에게 이 원리는 어떻게 적용될 수 있을까? 희곡 「코펜하겐」의 후기에서 프레인은 이렇게 적고 있다. "어떤 단일한 사고나 어떤 종류의 의도도 정확하게 밝혀낼 수는 없다." 아마도 그럴 것이, 불확정성 원리는 속성들의 쌍에 적용된다. 하이젠베르크의 경우, 적절한 쌍은 동기와 능력이다. 그는 얼마나 기꺼이 히틀러를 도우려 했을까? 그는 핵폭탄을 만들기에 얼마만큼 능력이 있었을까? 그런데 둘 중 어느 하나를 아는 지식은 다른 하나를 아는 지식과 정비례 관계가 있다. 무슨 말이냐면, 우리는 하이젠베르크가 제3제국에 기꺼이 봉사하려 했음을 더 확신할수록, 그가 핵폭탄을 만들기엔 실력이 부족했음을 더 확신하게 된다. 이것은 불확정성 원리가 아니라 정반대이다. 두말할 것도 없이, 부정함과 무능함은 정준공액변수가 아니다.

하이젠베르크의 원리를 더 진부하게 오용한 사례는 사회과학에서 찾을 수 있다. 거기서 이 원리는 종종 한 현상의 관찰 행위가 그 현상을 어떤 식으로든 필연적으로 변화시킨다는 의미로 종종 받아들여진다. 바로 그런 까닭에 가령 문화인류학자 마거릿 미드는 사모아인들의 성 관련 풍습을 알 수 없었다. 그녀가 섬에 있다는 사실 자체가 그녀가 거기서 무엇을 관찰할지를 왜곡시켰던 것이다. 스탠리 아로노위츠Stanley Aronowitz와 같은 포스트모던 이론가들은 불확정성 원리를 주체-객체 관계의 불안정한 해석학의 증거로 들먹이면서, 그 원리로 볼 때 과학의 객관성이 의심스럽다고 주장한다.

심지어 물리학자들조차도 불확정성 원리가 정말로 무슨 의미인지를 놓고서 상당히 불확정적인 태도를 보인다. 오랜 세월 동안 수십 가지의 상이한 해석이 제시되었다. 어떤 해석은 불확정성을 측정 행위 자체의 내재적이고 필연적인 불완전함에서 찾는다. 어떻게 전자의 위치를 아주 정확하게 알아낼까? 전자에 광자를 쏘아서 튕겨 나오게 해서 측정한다. 하지만 전자는 매우 작기 때문에, 광자도 비교적 매우 작은 파장을 가져야 하므로 에너지가 매우 크다(파장과 에너지는 반비례 관계이다). 따라서 광자는 전자에 무작위적인 '충격'을 가해서, 우리가 알 수 없는 방식으로 전자의 운동량에 영향을 주게 된다.

하이젠베르크 자신도 이런 식으로 해석했다. 이를 가리켜 인식론적인 해석이라고 하는데, 왜냐하면 관찰자에게 불확정성의 책임을 지우기 때문이다. 반대로 닐스 보어는 '존재론적' 해석을 지지하여, 불확정성을 관찰자와 관찰 수단의 탓으로 돌리지 않고 실재 그 자체에 돌렸다. 위치, 운동량과 같은 익숙한 개념들은 양자 수준에서 그냥 적용되지 않는다고 보어는 주장했다. 현시대의 물리학자 로저 펜로즈도 하이젠베르크의 원리의 온갖 해석이 마음에 들지 않는다고 밝히면서도, 그런 해석들을 대체할 더 나은 해석을 아직 모른다고 시인했다.

수학적 관점에서 볼 때, 하이젠베르크의 불확정성 원리에는 조금도 문젯거리가 없다. "전자 e가 정확히 p인 운동량을 갖고서 정확히 위치 x에 있다"라는 문장을 양자론의 형식언어로 번역하려고 하면, 문법에 어긋나게 횡설수설하게 된다. 마치 '둥근 사각형'을 기하학의 언어로 번역하려고 할 때처럼. 오직 그 원리를 철학적으로 이해하려 할 때에만 지적인 충만감이 차오르기 시작한다.

몇십 년 전에 프린스턴의 물리학자 존 아치볼드 휠러는 하이젠베르크의 불확정성 원리가 괴델의 불완전성 정리(아마도 20세기에 두 번째로 가장 심하게 오해된 발견)와 심오한 관련성이 있지 않을까 궁금해하기 시작했다. 어쨌거나 둘 다 무엇을 알 수 있는지에 관한 내재적 한계를 두는 것처럼 보인다. 하지만 그런 추측은 위험할 수 있다. 휠러는 이렇게 술회한다. "내가 프린스턴 고등과학연구소에 있던 어느 날, 괴델의 연구실에 갔더니 마침 괴델이 있었다. 겨울이라 연구실엔 전기히터가 켜져 있었고 그는 다리에 담요를 덮고 있었다. 나는 이렇게 물었다. '괴델 교수님, 교수님의 불완전성 정리와 하이젠베르크의 불확정성 원리가 어떤 관련성이 있다고 보시는지요?' 그러자 괴델은 화를 내더니, 나더러 연구실에서 썩 나가라고 했다."

과도한 확신, 그리고 몬티 홀 문제

　여러분은 거짓말쟁이를 잘 알아볼 수 있는가? 대다수의 사람들은 자신이 그걸 꽤 잘한다고 여기지만, 착각이다. 여러 연구에서 드러났듯이, 동영상을 틀어주면서 그 속의 거짓말쟁이와 진실을 말하는 사람을 구별하라고 실험 대상자들에게 시켰더니 아무렇게나 찍은 것보다 별로 낫지 않은 참담한 점수가 나왔다. 심지어 자신이 거짓말 포착에 특별한 전문가라고 확신하는 사람들 – 가령 형사 – 도 그랬다.

　알고 보니 인간은 스스로에 대해 과도한 믿음(지나친 자신감)을 갖고 있다. 우리가 자신의 능력을 과대평가하는 종목은 거짓말 알아맞히기뿐만이 아니다. 영국의 운전자들에 대한 연구 조사에 의하면 조사 대상자 중 95퍼센트는 자신이 평균보다 운전 실력이 낫다고 여겼다. 마찬가지로 대다수의 사람들은 자신이 평균보다 더 오래 살 가능성이 높다고 여긴다. 1977년 〈실험심리학 저널〉에 발표된 고전적인 논문에서, 바루크 피시호프Baruch Fischhoff, 폴 슬로빅Paul Slovic, 그리고 사라 리히텐슈타인Sarah Lichtenstein은 사람들은 종종 옳지 않은 것을 절대적으로 확신한다는 연구 결과를 발표했다. 실험 대상자들은 가령 감자가 실제로는 페루가 원산지인데 아일랜드에서 처음 나왔다고 100퍼센트 확신했다고 한다.

과도한 확신은 거의 보편적이다. 하지만 그것이 균등하게 분포되어 있을까? 천만의 말씀이다. 1999년에 〈성격-사회심리학 저널〉에 실린 한 논문에서 데이비드 A. 더닝David A. Dunning과 저스틴 크루거Justin Kruger는 자신들이 진행한 연구에서 신랄한 결과를 이끌어냈다고 했다. 즉 가장 무능한 사람들이 자신의 능력을 가장 부풀려서 알고 있다는 것이다. 두 심리학자는 이렇게 주장했다. "그릇된 결론을 내리고 불행한 선택을 할 뿐만 아니라 그들은 무능력하기 때문에 그 사실을 깨닫는 능력조차 없다."

더닝과 크루거는 실험 대상자들에게 세 종류의 검사를 실시했다. 논리, 영어 문법, 그리고 유머(농담의 등급은 직업 코미디언 패널의 등급에 비교해서 판단했다). 세 가지 모두에서, 성적이 가장 나빴던 실험 대상자들이 자신의 실력을 '대단히 과대평가할' 가능성이 가장 높았다. 가령 논리 검사에서 100점 만점에 12점을 받은 사람들이 자신의 전반적인 논리 실력을 68점 정도라고 예상했다.

만약 여러분이 실력자에 속한다면 이 연구에서 얼마간 위안을 얻을지 모른다. 왜냐하면 그 사실은 여러분이 지나친 자신감을 가질 가능성이 낮음을 의미하기 때문이다. 하지만 어쩌면 여러분은 실력자라고 그냥 *상상하고* 있는지 모른다. 무능한 자들의 지나친 자신감을 여러분도 지니고 있는지 모른다는 뜻이다.

그리고 걱정할 것이 더 있다. 지나친 자신감은 능력이 커지면 감소할지 모르지만, 어떤 연구에 의하면 박식함이 커지면 증가한다고 한다. 즉 어떤 것에 대해 더욱 전문적인 정보를 갖게 될수록, 그것을 판단할 때 과도하게 확신할 가능성이 더 높아진다. 지나친 자신감은 또한 문제의 복잡성이 커지면 상승하는 경향이 있다. 즉 어려운 문제에 관해 생각하는 전문가들 – 의사, 엔지니어, 금융 애널리스트, 학자, 심지어 권위를 등에 업고 연설하고 있지 않을 때의 교황 – 은 자신이 내린 결론의 타당성을 지나치게 자신하기 쉽다.

일화를 들어 설명해보자. (사회과학자란 '일화'의 복수가 '데이터'라고 여기는 사람이라고 말한 사람이 누구였더라?) 에르되시 팔은 지난 세기의 기라성 같은 수학자였다. 또한 확률론의 세계적인 전문가였다. 정말이지 그가 고안해낸 통계적 방법은 그냥 '에르되시 방법'이라고 종종 불린다. 그의 이름이 확률과 동의어로 쓰일 정도였던 것이다.

1991년 에르되시에게 난처한 일이 벌어졌다. 그해에 〈퍼레이드〉의 칼럼니스트 메릴린 보스 사반트Marilyn vos Savant가 내놓은 몬티 홀 문제라는 확률 퍼즐 때문이었다. 미국의 TV 게임 쇼 「거래를 합시다Let's Make a Deal」의 진행자 이름을 딴 문제인데, 이런 것이다. 무대 위에 A, B, C 세 개의 문이 있다. 그중 하나의 문 뒤에 스포츠카가 있다. 다른 두 개의 문 뒤에는 염소가 있다. 여러분은 세 개의 문 중 하나를 선택하면 그 뒤에 있는 것을 갖게 된다. 문 A를 선택했다고 하자. 이제 그 뒤에 있는 것을 보여주는 대신에, 몬티 홀이 몰래 문 B를 열었더니…… 염소가 보인다. 그러자 몬티 홀은 여러분에게 문 C로 바꿀 선택권을 준다. 그렇게 해야 할까? (논리의 전개상 여러분은 염소들의 매력에 무관심하다고 가정한다.)

직관에 반하게도 정답은 문을 바꿔야 한다는 것이다. 왜냐하면 바꾸면 이길 확률이 3분의 1에서 3분의 2로 높아지기 때문이다. 왜 그럴까? 처음에 문 A를 선택했을 때는 스포츠카를 얻을 확률이 3분의 1이었다. 문 B 뒤에 염소가 있음을 몬티가 알아차린 것은 여러분이 원래 선택한 문 뒤에 관한 아무런 새로운 정보도 주지 않으므로, 문 A의 뒤에 스포츠카가 있을 확률은 여전히 3분의 1이다. 이것은 B를 제외하고 나면 스포츠카가 문 C 뒤에 있을 확률은 3분의 2라는 뜻이다.

하지만 에르되시는 그렇지 않다고 자기 친구에게 주장했다. 그의 직관에 따르면 교체를 해도 승산에 아무런 차이가 없었다. 확률론의 이 절대적인 권위자는 자신의 직관을 확신했는데, 너무 확신한 나머지 벨 연구소의 한 수학자가 그의 오류를 알려줄 때까지 여러 날 동안 계속 대단히 분개한 채로 지냈다.

심리학 문헌에서 최종적인 일반적 결론 하나를 이끌어낼 수 있다. 확신이 높은 정도는 '*과도한*' 확신의 높은 정도와 대체로 결부되어 있다. 확신과 진리 사이의 벌어진 틈은 자신이 가장 확신한다고 여기는 판단일 때 가장 큰 듯하다. 누가 알겠는가? 역사상 가장 과도한 확신이 '생각한다, 그러므로 나는 존재한다'가 될는지.

"그랜트의 무덤*에 누가 묻혀 있습니까?" 그루초 막스가 1950년대에 자신이 진행하는 퀴즈 쇼 「당신의 인생을 걸어라You Bet Your Life」에서 불운한 참가자에게 던지곤 했던 보너스 질문이었다. 사은품처럼 보일지 모르지만 조심해야 한다. 이런 형식의 질문은 기만적일 수 있다. 이런 질문들을 살펴보라. 누가 베이즈 정리를 발견했는가? 누가 기펜의 역설Giffen's paradox을 발견했는가? 누가 피타고라스 정리를 발견했는가? 누가 미국을 발견했는가? 만약 여러분의 답이 각각 베이즈, 기펜, 피타고라스, 그리고 아메리고 베스푸치라면 스니커즈Snickers 상자는 여러분의 차지가 아니다.

(실존 또는 신화 속) 사람의 이름을 따서 그 사람과 연관된 것을 명명하기를 가리켜 시조명eponym이라고 한다. '기요틴guillotine', '보우들러라이즈bowdlerize'**, '사디즘sadism' 같은 시조명 단어도 있다. 펜실베이니

---

* 미국의 제18대 대통령 율리시스 심슨 그랜트의 무덤 - 옮긴이
** 셰익스피어의 작품을 개작하면서 가족이 함께 보기엔 부적절하다고 여겨지는 부분을 모두 삭제했던 토머스 보우들러 박사Dr. Thomas Bowdler의 이름에서 유래되었다 - 옮긴이

아와 펠로폰네소스와 같은 시조명 지명도 있다. 그리고 '코페르니쿠스 체계'와 '핼리혜성'처럼 시조명이 포함된 문구도 있다. 그런 표현이 과학에 등장할 때면, 당연히 이름이 붙은 해당 과학자가 발견했으리라고 가정된다. 하지만 그런 가정은 거의 언제나 틀리다.

내가 과장이 심하다고 여긴다면, 여러분은 분명 스티글러의 명명 법칙을 잘 모른다. 이 법칙은, 가장 단순한 형태로 말하자면 "과학적 발견은 원래의 발견자 이름을 따서 명명되지 않는다"는 것으로서 역사학자이자 통계학자인 스티븐 스티글러가 내놓았다. 명명법에 관한 건방진 선언일까? 결코 아니다. 만약 스티글러의 법칙이 옳다면, 이 명칭 자체가 스티글러 자신이 그걸 발견하지 않았음을 암시한다. 대신에 그 법칙의 원조가 위대한 과학사회학자인 로버트 K. 머튼임을 설명하면서, 스티글러는 겸손함을 드러냈을 뿐 아니라 자신의 이름을 빌려서 명명한 그 법칙이 옳음을 스스로 증명하고 있다.

어째서 스티글러 법칙이 옳은 것일까? 우선 머튼의 유명한 가설, "모든 과학적 발견은 원리상으로 단수가 아니라 '복수'다"라는 가설에서 시작할 수 있겠다. 아마도, 어떤 이유에선지, 발견은 복수의 발견자 중에서 그릇된 한 명에게서 꼭 이름을 얻게 되는 것 같다.

하지만 스티글러의 법칙은 그보다 더 흥미롭다. 피타고라스 정리를 살펴보자. 피타고라스는 그 정리의 발견자들 중 한 명이 아니었다. 그 정리는 피타고라스 이전부터 알려졌고 사후에 증명되었다. 게다가 피타고라스는 심지어 그 정리의 기하학적 의미를 인식하지 못했을지도 모른다. 그런 터무니없이 잘못된 명칭이 허다하다. 기펜의 역설('일부 상품의 수요는 가격이 오르면 증가한다')이 그 시조명인 경제학자 로버트 기펜Robert Giffen에게서 착상된 것이 아니라는 스티글러의 제안을 확인하면서, 나는 백과사전에서 우연히 토머스 그레셤 경에 대한 항목을 만났다. 그레셤의 법칙('악화가 양화를 구축한다')은 이 16세기 영국인의 이름을 따서 지은 명칭이다. 그 항목에는 이렇게 적혀 있다. "그레셤이 최초로 명명한 법칙이라고들 여기지만, 밝혀진 바에 따르면 그 법칙은 그레셤의 시대보다 훨씬 이전에 알려졌고, 심지어 그가 공식적으로 표현하지도 않았다."

이러한 명명 실수는 만약 과학사가들이 과학적 발견에 이름을 붙이는 책임을 맡았다면 규칙이라기보다는 예외에 속했을지 모른다. 하지만 과학사가들은 그런 책임을 맡지 않는다. 결정하는 쪽은 현직 과학자들이고, 엄밀하다고 알려진 것과 달리 과학자들 대다수는 역사에 대한 전문 지식이 없다. 스티글러가 『탁자 위의 통계학 Statistics on the Table』에서 주장했듯이, "이름은 만약 이름 붙이는 자가 칭송되는 과학자와 시간 또는 장소(또는 둘 다)로부터 멀리 떨어져 있지…… 않으면 좀체 부여되지 않고 결코 일반적으로 인정되지 않는다". 이는 공정함을 보장하기 위해서다. 어쨌거나 정리나 혜성에 자기 이름이 붙는 사람에게는 지적인 불멸성이 부여된다. 그런 영예는 과학계에서 국가적인 개입이나 사적인 우정 또는 정치적 압력이 아니라 능력을 바탕으로 얻은 것이라고 여겨진다.

'시조명이 아주 오랜 세월 후에 또는 멀리 떨어진 곳에서 부여되며, 게다가 하나의 개별적 업적보다 일반적인 능력을 높이 사는 현직(그리고 종종 역사적인 지식이 부족한) 과학자들에 의해 붙여지는 경향'을 감안하여, 스티글러는 이렇게 결론 내린다. "대다수의 시조명이 부정확하게 붙여지며, 심지어 (내가 대담하게 주장하건대) 널리 인정된 시조명은 엄밀히 말해서 전부 틀렸다고 할 수 있다."

스티글러의 명명법칙이 지닌 위대한 힘은 특정한 사례, 즉 종형곡선이라는 확률분포 공식에 적용할 때 여실히 드러날 수 있다. 이는 '가우스 분포'라고도 불리는데, 이제 스티글러의 법칙으로부터 가우스가 발견자가 아님을 추론할 수 있다. 정말로 1809년에 나온 책에서 가우스는 라플라스가 관련되어 있다고 했는데, 사실 라플라스는 이미 1774년에 그 문제를 다루었다. 하지만 그 분포는 때로 '라플라스 분포' 또는 '라플라스-가우스 분포'라고도 하므로, 다시 스티글러의 법칙으로부터 라플라스 또한 발견자가 아니라고 추론할 수 있다. 정말이지 최근의 학자들은 그 기원이 1733년에 아브라함 드 무아브르가 발표한 내용이라고 보고 있다.

희한하게도 나는 스티글러 법칙이 심지어 사이비 시조명에서도 타당함을 알아냈다. 'crap'이라는 단어를 예로 들어보자. 사람들은 종종 이 단어가 수세식 변기의 발명자인 토머스 크래퍼Thomas Crapper라는 유명 인물에서 나왔다고 주장한다. 하지만 이 시조명은 의심스럽다. 배설물이라는 의미를 지닌 이 단어는 옛 프랑스어에서 중세 영어로 들어왔다. 그런데도 크래퍼가 'crap'과 연관된다는 사실 때문에, 스티글러의 법칙에 의할 때, 그가 수세식 변기의 최초 발명자는 아닐 듯하다. 그런데 아니나다를까 실제로 그러했다. 수세식 변기는 엘리자베스 1세의 궁정에 있던 존 해링턴 경Sir John Harrington이 고안했다.

더 많은 예를 내놓을 수 있지만, 점심시간도 가까우니 나는 샌드위치 백작 4세가 발명한 것이 아니라는 확신이 드는 그것을 꼭 먹고 싶다.

돌의 마음

우리들 대다수는 동료 인간들이 의식이 있음을 의심하지 않는다. 많은 동물들도 의식이 있음을 꽤 확신한다. 대형 유인원 종과 같은 일부 동물은 심지어 우리처럼 자기 인식도 가능한 듯 보인다. 개나 고양이, 돼지와 같은 동물들은 자기 인식이 없을지 모르지만, 분명 고통과 기쁨의 내면 상태를 경험하는 듯 보인다. 모기와 같은 작은 생명체에 대해서 우리는 그다지 확신하지 않는다. 분명 우리는 그것들을 죽이는 데 별다른 가책을 느끼지 않는다. 식물은, 동화에 나오는 것들이 아니라면, 분명 의식이 없다. 탁자나 돌 같은 무생물도 마찬가지다.

이런 내용은 전부 상식에 속한다. 하지만 상식은 세계를 이해하는 데 그리 좋은 안내자가 되지 못한다. 그리고 이 세계의 현상들 중에서 현재 우리가 가장 이해하기 어려운 것은 의식 그 자체이다. 뇌라는 회색 물질 덩어리 안에서 화학적 과정이 어떻게 의식이라는 놀랍고 현란한 현상을 펼쳐서 기쁨과 분노, 그리고 편안한 만족감에서 지겨움에 이르는 다양한 감정을 발생시킬 수 있을까? 이는 '생물학의 가장 중요한 문제'이자, 심지어 '과학의 마지막 변경'이라고도 불린다. 뇌과학자, 심리학자, 철학자, 정신과 의사, 컴퓨터과학자, 그리고 심지어 가끔씩은 달라이라마에 이르는 전 세계의 지성인들이 그 문제에 몰두한다.

의식의 문제는 너무나도 당혹스럽기에 이들 사상가 중 일부는 완전히 미친 짓이라고 할 수는 없지만 필사적이라고 할 수 있는 가설 하나를 내놓기에 이르렀다. 어쩌면 그들은 마음이 일부 동물의 뇌에 국한된 것이 아니라고 말한다. 아마 그것은 보편적이어서 위로는 은하까지, 아래로는 전자와 뉴트리노까지, 그리고 물컵이나 화분 식물처럼 중간 크기의 것까지 포함하여 모든 물질에 존재할지 모른다. 게다가 그것은 특정한 행성의 어떤 물질 입자들이 알맞은 구성을 우연히 갖추었을 때 갑자기 발생하지 않았다. 오히려 태초부터 우주에 의식이 있었을지 모른다.

우주의 물질에 근본적으로 마음이 있다는 주장을 가리켜 범심론이라고 한다. 몇십 년 전에 미국의 철학자 토머스 네이글은 그것이 어떤 꽤 합리적인 전제들의 필연적인 결론임을 보여주었다. 첫째, 우리의 뇌는 물질 입자들로 구성된다. 둘째, 이 입자들은 어떤 배열 상태에서 주관적인 사고와 감정을 발생시킨다. 셋째, 물리적 속성들만으로는 주관성을 설명할 수 없다. (어떻게 딸기를 맛보는 형언할 수 없는 경험이 물리학 방정식으로부터 생겨날 수 있단 말인가?) 이제 네이글은 이렇게 추론했다. 뇌와 같은 복잡한 시스템의 속성들은 무無에서 갑자기 출현하지 않았고, 그 계의 궁극적인 구성 요소들의 속성으로부터 나왔음이 틀림없다. 따라서 이 궁극적인 구성 요소들은 그 자체로 주관적 속성 − 적절히 조합되어 우리의 내적 사고와 감정을 발현시키는 속성 − 을 지녔음이 틀림없다. 하지만 우리의 뇌를 구성하는 전자, 양성자, 중성자는 세계의 나머지를 구성하는 것들과 다르지 않다. 따라서 전체 우주는 의식의 작은 조각들로 구성되어 있음이 틀림없다.

의식이 '창발적emergent' 속성이라는 주장이 종종 제기된다. 유동성이 비유동적 분자들의 상호작용에서 발생하듯, 의식이 우리 뇌의 뉴런들 사이의 상호작용에서 발생한다는 주장이다. 하지만 그 비유는 틀렸다. 유동성에 관한 사실들은 비록 아무리 예측하기 어렵더라도 여전히 논리적으로 개별적 분자들에 관한 물리적 사실에 의존한다. 의식은 그런 현상과 비슷하지 않다. 그것의 주관적 속성은 낮은 수준의 물리적 사실들로부터 도출될 수 없다. 물질로부터 마음이 갑작스레 발생하는 일은 과학의 어느 영역에서도 찾을 수 없는 '맹목적인' 현상이다. 그렇게 범심론자들은 주장한다.

네이글 자신은 범심론을 받아들이길 주저하지만, 오늘날 범심론은 꽤 유행하고 있다. 오스트레일리아의 철학자 데이비드 차머스David Chalmers, 영국의 철학자 갤런 스트로슨Galen Strawson, 그리고 옥스퍼드 대학의 물리학자 로저 펜로즈는 모두 범심론의 대변자다. 한편 미국의 철학자 존 설과 같은 이들은 그런 개념이 터무니없다고 말한다.

범심론을 미심쩍게 여기는 이들은 여러 가지 우려를 내보인다. 그들은 이렇게 묻는다. 어떻게 아마도 단순한 정신적 상태를 지닌 마음 먼지의 작은 조각들이 결합되어 우리 인간이 갖는 것과 같은 복잡한 경험을 발생시킬 수 있단 말인가? 어쨌거나 많은 사람들을 한 실내에 넣어두었을 때, 각각의 마음이 모인다고 해서 하나의 집단적인 마음이 생겨나지는 않는다. (생겨날까?) 그리고 가령 달이 정신적 경험을 한다는 주장을 과학적으로 검증할 수 없다는 불편한 사실이 있다. (하지만 이는 사람들한테도 마찬가지다. 여러분의 동료 직장인들이 「스타트렉」의 커맨더 데이터Commander Data처럼 의식이 없는 로봇이 아님을 어떻게 증명할 수 있는가?) 마지막으로, 광자와 같은 것들이 원시적 감정이나 원시적 믿음 또는 원시적 소망을 가질 수 있다는 발상에는 해괴하기 그지

없는 측면이 있다. 광자의 내용물이 도대체 무엇을 바랄 수 있단 말인가? "아마도 자기가 쿼크라면 좋을 텐데 하고 있겠죠"라고 한 반범심론자는 비꼬았다.

범심론은 반박하기보다 패러디하기가 더 쉬울지 모른다. 하지만 설령 의식이 이해하기 위한 탐구의 막다른 골목으로 판명되더라도, 그것은 여전히 우주적 전망에 관한 우리의 편협한 사고에서 벗어나도록 도움을 줄 것이다. 우리는 생물학적 존재다. 우리는 자기복제를 하는 화학물질 때문에 존재한다. 우리는 자기복제가 지속될 수 있도록, 주변 환경에서 얻은 정보를 탐지하고 그 정보에 따라 행동한다. 하나의 부산물로서 우리는 뇌를 발달시켰는데, 우리의 자부심 어린 믿음대로 뇌는 우주에서 가장 복잡한 물체다. 우리는 맹목적인 물질(무생물)을 얕잡아본다.

돌을 예로 들어보자. 돌은 적어도 우리가 일반적으로 인식하기에 아무런 대단한 일도 하지 않는 듯 보인다. 하지만 극미의 수준에서 보면, 이루 헤아릴 수 없이 많은 원자가 활발한 화학결합에 의해 연결되어 가장 빠른 슈퍼컴퓨터조차 부러워할 속도로 잽싸게 진동한다. 그리고 이 진동은 무작위적이지 않다. 돌의 내부는 지속적으로 수신하는 중력 신호와 전자기 신호를 통해 전 우주를 '본다'. 그런 계는 일종의 범용 정보처리장치라고 할 수 있는데, 이 장치의 내적 동역학은 우리의 뇌가 경험할지 모르는 일련의 정신적 상태를 닮았는지도 모른다. 그리고 범심론자들의 말로는 정보가 있는 곳에 의식이 있다. 데이비드 차머스의 슬로건대로, '경험은 내부에서 나온 정보이고, 물리학은 외부에서 나온 정보이다'.

물론 돌은 이 모든 '사고'의 결과로서 (뭔가를 하려고) 애쓰지 않는다. 왜 그래야 하는가? 돌은 우리와 달리 생존과 자기복제를 위해 고군분투하지 않고 존재한다. 분쇄되든 말든 개의치 않는다. 여러분이 시적인 기질을 갖고 있다면, 돌이야말로 온전히 명상적인 존재라고 여길지 모른다. 그리고 우주는 현재도 이전에도 마음으로 가득 차 있다는 교훈을 이끌어낼지 모른다. 비록 적자생존의 승리자라며 자만심에 젖은 우리의 후발 주자들은 너무 편협하여 그 교훈을 깨닫지 못하더라도.

제9부

신, 성인, 진리, 그리고 헛소리

21

도킨스와 신

리처드 도킨스. 옥스퍼드 대학에서 '대중의 과학 이해를 위한 시모 니 교수'라는 흥미로운 직책을 맡고 있는 이 사람은 과학 설명과 종합 의 달인이다. 자신의 전공 분야인 진화생물학에서 그는 단연 으뜸이다. 하지만 2006년에 출간된 그의 베스트셀러 『만들어진 신 God Delusion』의 목적은 과학을 설명하려는 것이 아니었다. 그의 말대로 '의식을 드높이 자'는 목적인데, 이는 과학 설명과 전혀 다른 일이다.

의식을 드높이자는 도킨스의 메시지에서 핵심은 무신론자 되기야 말로 '용감하고 숭고한' 갈망이라는 것이다. 신에 대한 믿음은 기만일 뿐만 아니라 '해롭다'고 그는 주장한다. 1에서 7까지의 등급에서 1은 신 이 존재한다는 확신이고 7은 신이 존재하지 않는다는 확신인데, 도킨스 는 자신을 6등급으로 평가했다. "확실히는 모르지만, 나는 신은 너무나 도 있을 성싶지 않다고 여기며, 신이 없다는 가정하에 살아가고 있다."

종교를 거부하는 도킨스의 태도는 버트런드 러셀이 1927년에 쓴 고전적인 에세이 「나는 왜 기독교인이 아닌가」의 맥락을 잇는다. 첫째, 신이 존재한다고 가정하는 전통적 근거들을 부정한다. (여기서 '신'은 유대-기독교의 신을 가리키는 것으로, 영원하고 전능하며 절대적으로 선한 창조주라고 가정한다.) 둘째, 정반대 가설, 즉 신은 존재하지 않는다는 가설을 지지하는 논거를 한두 가지 내놓는다. 셋째, 종교가 순전히 자연을 설명하기 위한 방편임을 보임으로써 종교의 초월적 기원에 의문을 던진다. 마지막으로, 신을 숭배하지 않고도 우리는 행복하고 의미 있는 삶을 영위할 수 있으며, 또한 종교는 도덕을 위해 꼭 필요한 받침대이기는커녕 실제로 선보다 악을 양산한다. 첫째부터 셋째까지는 종교의 진리성을 깎아내리자는 의도이며, 마지막 주장은 종교의 실용적 가치에 관한 내용이다.

도킨스가 이런 관점을 취하게 된 근거는 두어 가지 논증 ─ 그런 사안들이 수 세기 동안 얼마나 철저하게 토론의 대상이 되었는지를 고려하면 결코 하찮은 업적이 아니다 ─ 과 대단한 열정 때문이다. 책은 열의가 넘쳐난다. 하지만 책을 읽어보면 마이클 무어의 영화를 보는 느낌이 조금 든다. 종교적 광신자들의 우매함과 온갖 기만을 폭로하는 훌륭하고 직설적인 내용이 가득하지만, 어조가 우쭐대고 논리도 가끔씩 어설프다. 유려한 산문에 익숙한 도킨스의 팬들은 '신에게 알랑거리기'라든가 '쯧쯧쯧'(여기서 저자는 수상쩍은 논쟁 술책을 동원하여 신을 추종하는 적들을 콧물 질질 흘리는 놀이터의 망나니로 상정하고 있다) 같은 천박한 표현을 마주치고서 놀랄지도 모른다. 도킨스가 팻 로버트슨Pat Robertson 같은 독실한 익살꾼이나 죄 짓기 쉬운 아이들을 핼러윈 때 겁주려고 '헬 하우스Hell House'를 만든 근본주의 성직자들을 조롱하는 대목은 마냥 재미있다. 하지만 고故 스티븐 제이 굴드처럼 반대 의견을 보인 진지한 사상가들의 진실성을 의심하는 대목이나 과학과 영성의 화해를 위한 연구에 수여되는 100만 달러 상금의 템플턴상Templeton Prize 수상자들이 지적인 면에서 부정직함을 (그리고 아마도 사리사욕에 집착함을) 암시하는 대목은 조금 껄끄럽다. 특히 저급한 짓으로 그는 리처드 스윈번이 '홀로코스트를 정당화'하려 했다면서 비난한다. 옥스퍼드 대학의 종교와 과학 교수인 스윈번이 그 엄청난 악을 사랑의 신의 존재와 일치시키려고 애쓴 노력을 도킨스가 곡해한 것이다. 의식을 드높이기 위해서는 뭐든 정당할지 모른다. 하지만 도킨스의 공공연한 적대심은 수사적인 남발과 더불어 마구잡이식 논리 전개에 이바지할 수 있다. 게다가 진화론이라는 총으로 종교를 공격하다가, 자신이 의도한 것보다 더 큰 목표물을 파괴할 위험이 있다.

『만들어진 신』에서 가장 불만스러운 대목은 도킨스가 신의 존재를 지지하는 전통적 논증들을 다루는 부분이다. '존재론적 논증'에 의하면 신은 완전성을 지녔기 때문에, 그리고 존재하지 않는 편보다 존재하는 편이 더 완벽하기 때문에 그 자체의 속성상 존재함이 틀림없다고 한다. '우주론적 논증'에 의하면 세계에는 궁극적인 원인이 있어야 하는데, 이 원인은 오직 영원하고 신적인 실체일 수밖에 없다고 한다. '설계 논증'은 우주의 특별한 성질들(지적 생명체의 출현에 알맞은 적합성)을 들면서, 그런 성질들로 볼 때 우주에 목적을 지닌 설계자가 없는 것보다 있는 편이 더 가능성이 높다고 한다.

요약해서 이 세 가지를 신의 존재에 관한 3대 논증이라고 한다. 도킨스가 보기에 이런 논증들은 가소롭다. 그는 존재론적 증명을 논리의 결점을 찾아내지도 않은 채 '유아적'이고 '변증법적 속임수'로 치부해버린다. 그리고 러셀 같은 철학자 – 바보가 아니라고 그가 인정해주는 사람 – 가 그 논증을 진지하게 여길 수 있다는 사실에 어이없어한다. 비록 중세에 시작되었지만 이 논증이 반박하기 매우 어려운 정교한 현대적 버전으로 제시된다는 점을 도킨스는 모르고 있는 듯하다. 지적인 수고를 회피한 채, 그는 인터넷에서 찾은 패러디풍의 '증명'을 곧잘 들먹인다. 가령 이런 것이다. "감정적인 협박에서 나온 논증 : 신은 당신을 사랑한다. 어째서 당신은 신을 믿지 않을 정도로 비정할 수 있는가? 그러므로 신은 존재한다." (신의 존재에 대한 표준적 논증들의 약점을 이해하고 싶은 이들에게 나는 무신론 철학자 J. L. 맥키Mackie가 1982년에 출간한 『유신론의 기적The Miracle of Theism』을 적극 추천한다.)

많은 사람들이 부모의 영향이나 '부르심을 받았다'는 이유가 아니라 논증 때문에 신을 믿게 되었다고 보기는 의심스럽다. 하지만 그런 논증들은 설령 결정적이지 못하더라도 적어도 종교적 믿음이 있는 사람들에게 합리성의 후광을 안겨다줄 수 있다. 특히 어떤 과학적 발견과 결합될 때 그러하다. 지금 우리가 알기로, 우주는 약 140억 년 전에 갑자기 존재하게 되었고(공교롭게도 빅뱅 이론은 한 벨기에 신부에게서부터 시작되었다) 우주의 초기 상태는 결국에는 생명이 출현하도록 '미세조정'되었던 듯하다. 종교적 성향이 아닌 사람은 이런 내용을 맹목적인 사실이며 물질로 인해 이루어졌다고 여길지 모른다. 하지만 지금 우리가 경험하는 조화롭고 생명 친화적인 우주가 갑자기 존재하게 된 데에는 어떤 궁극적인 원인이 틀림없이 있다고 믿는 사람들에게 신이 존재한다는 가설은 따를 만한 합리성이 있다. 그렇지 않은가?

아니, 그렇지 않다고 도킨스는 말하면서, 자신이 보기에 '내 책의 핵심 논증'이라는 것을 꺼내든다. 핵심을 말하자면, 이 논증은 "그런데 엄마, 하느님은 누가 만들었어요?"라는 어린아이의 질문의 정교한 버전이다. 도킨스는 주장하기를, 신이 모든 존재의 근거라고 상정하기는 실패할 수밖에 없는 가정이다. 왜냐하면 "인간을 진화시킬 정도로 주의 깊고 선견지명이 있게 조정된 우주를 설계할 능력이 있는 신은 지극히 복잡하고 별난 실체여야 할 텐데, 그렇다면 그 신이 내놓으리라고 짐작되는 것보다 훨씬 더 큰 원인이 다시 필요해지기 때문이다". 그러므로 신의 존재 가설은 "확률법칙에 의해 배제되어지는 쪽에 매우 가깝다".

도킨스는 여기서 두 가지 전제에 기댄다. 첫째, 창조주는 피조물보다 더 복잡해야 하며, 따라서 더 별나다(가령 말발굽이 대장장이를 만드는 것을 우리는 본 적이 없다). 둘째, 별난 실체를 더 별난 실체를 끌어들여 설명한다는 것은 전적으로 터무니없다. 그런데 이 둘 중 어느 것도 '확률법칙'에 속하지 않는다고 그는 여긴다. 첫 번째 전제는 신학자들의 열띤 토론의 대상인데, 애매한 형이상학적인 방식으로 그들은 신이 단순성의 정수라고 주장한다. 어쨌거나 신은 모든 면에서 무한하므로 유한한 것보다 정의하기가 훨씬 쉽다. 하지만 도킨스는 신이 다른 모든 업적 중에서 자신의 모든 피조물의 사고를 모니터링하고 동시에 그들의 기도에 응답할 수 있으려면 매우 단순할 리가 없다고 지적한다. ("그처럼 대역폭이 넓은데!"라고 도킨스는 외친다.)

설령 신이 정말로 자신의 피조물보다 더 복잡하고 더 별나다고 해서, 그것 때문에 우주의 타당한 원인에서 배제되어야 하는가? 도킨스가 입에 침이 마르도록 주장하듯이, 다윈의 진화론에 깃든 아름다움은 어떻게 단순함이 복잡함을 발생시키는지를 보여주기 때문이다. 하지만 모든 과학적 설명이 이 모형을 따르지는 않는다. 가령 물리학의 경우, 엔트로피 법칙에 따라 우주는 전반적으로 언제나 질서가 무질서에 굴복한다. 그러므로 과거의 관점에서 우주의 현재 상태를 설명하고 싶다면, 어쩔 수 없이 있음직하지 않은 것(정돈된 상태)의 관점에서 있음직한 것(흐트러진 상태)을 설명해야 한다. 그런데 어떤 설명 모형이 가장 심오한, 다음의 질문에 타당한지는 분명치 않다. 신학자들이 계속 떠벌리고 있다며 도킨스가 투덜대는, 바로 다음 질문이다. 우주는 왜 존재하는가? 다윈주의적인 과정들은 여러분을 단순한 상태에서부터 복잡한 상태로 데려올 수는 있지만, 무에서부터 존재로 데려올 수는 없다. 만약 우발적이고 소멸 가능한 세계를 설명해줄 궁극적인 원인이 있다면, 그것은 필연적이면서 불멸인 어떤 것, 즉 '신'이라고 불리는 것일지 모른다. 물론 그런 원인이 존재할지는 확실히 알 수 없다. 어쩌면 러셀이 생각했듯이, '우주는 그냥 존재하며, 그게 전부'일지 모른다.

이런 식의 냉철한 추론적 사고는 전 세계에서 실제로 행해지는 화려한 종교의식과 한참 동떨어져 있다. 도킨스가 스스로 밝혀냈다고 여기듯이, 만약 종교가 기만에 바탕을 두고 있다면 왜 모든 인류 문화에 종교가 있을까? 많은 사상가들 – 마르크스, 프로이트, 뒤르켐 – 은 종교의 자연사를 제시하면서, 종교가 사회적 내지 심리학적 기능에 이바지하기 위해 발생했다고 주장했다. 가령 프로이트의 설명에 의하면 아버지 같은 인물을 향한 억압된 소망을 실현하기 위해서라는 것이다.

자연사에 대한 도킨스의 태도는 다윈주의적이지만, 여러분이 예상하는 방식과는 다르다. 그는 종교가 생존 가치가 있다는 데 회의적이며, 종교로 인한 분쟁과 고통이 어떤 이득보다 더 크다고 주장한다. 대신에 그는 종교를 적응적으로 유용한 다른 어떤 것 – 가령 아이가 부모를 믿는 진화상의 경향 – 의 '오발' 때문이라고 본다. 그가 보기에 종교적 사상들은 아이들의 속기 쉬운 뇌를 감염시켜 증식하는 바이러스와 유사한 '밈meme'이다. (도킨스는 유전자gene처럼 복제하고 경쟁하는 문화의 요소들을 가리키기 위해 30년 전에 '밈'이라는 용어를 만들어냈다.) 그가 보기에 각각의 문화는 자연선택 과정에서 살아남은 서로 호환 가능한 밈들의 복합체다. (그는 특유의 선동적인 어조로 '아마도 이슬람은 육식 유전자 복합체에 비유할 수 있고, 불교는 초식 유전자 복합체에 비유할 수 있다'고 적고 있다.) 이 시각에 따르면 종교적 믿음은 우리 자신에게도 우리 유전자에게도 이롭지 않고, 오로지 종교적 믿음 그 자체에만 이롭다.

도킨스가 내놓은 '속기 쉬운 아이들 가설'은, 스스로도 인정하듯 이, 종교를 설명하기 위해 제시된 여러 다윈주의 가설 중 하나일 뿐이다. (또 하나의 가설에 의하면 종교는 사랑에 빠지는 우리의 유전적으로 프로그래밍된 경향의 부산물이라고 한다.) 어쩌면 이들 가설 중 하나는 참일지 모른다. 만약 참이라면, 그것이 종교적 믿음 자체의 진리성에 대해 무엇을 말해줄까? 도킨스가 종교에 관해 들려주는 이야기는 과학이나 윤리에도 해당될지 모른다. 모든 사상은 뇌에서 뇌로 옮겨 다니며 복제하는 밈으로 볼 수 있다. 그런 사상들 중 일부는, 도킨스의 말에 의하면 우리에게 유익하기 때문에 널리 퍼지는데, 여기서 유익하다는 것은 우리의 유전자들이 다음 세대로 전해질 가능성을 높인다는 뜻이다. 그리고 다른 것들 - 가령 그의 주장에 의하면 종교 - 이 퍼지는 까닭은 우리 마음에서 평소에는 유용한 부분들이 '잘못 발화하기(오발)' 때문이다. 그가 보기에 윤리적 가치들은 첫 번째 범주에 속한다. 가령 이타주의는 우리의 이기적 유전자들에 이로운데, 왜냐하면 그런 유전자들의 복사본을 공유하는 친족이나 은혜를 갚을 위치에 있는 친족 아닌 이들에게 베풀어지기 때문이다. 하지만 '선한 사마리아인'과 같은 무조건적인 친절은 어떻게 봐야 하는가? 도킨스는 그런 행동은 '오발' 일 수 있다고 보면서도, 고약한 종교적 오발과 달리 '소중하고 축복받은' 오발이라고 얼른 덧붙인다.

하지만 윤리학의 목표가 도킨스의 논리로 훼손되지 않듯이 종교도 마찬가지다. 진화생물학자 에드워드 윌슨은 철학자 마이클 루스Michael Ruse와 함께 쓴 1985년 논문에서 그 점을 다음과 같이 분명하게 드러냈다. 윤리학은 "우리가 협력하도록 유전자가 우리에게 속여서 팔아먹은 거짓말"이며 "생물학이 그 목적을 실행하는 방식은 누구나 따라야 하는 객관적인 더 높은 강령이 존재한다고 우리가 생각하도록 만드는 것이다". 사상을 온갖 종류의 '오발'에 의해 전파되는 '밈'으로 환원시키는 바람에 도킨스는 싫든 좋든, 이른바 다윈주의적 허무주의에 빠지고 만다.

도킨스는 종교의 현실적 이익을 무시하는 데도 고삐를 늦추지 않는다. 설문조사에 의하면 종교적인 사람들이 더 오래 살고(아마도 생활 방식이 건강하기 때문일 것이다) 더 행복감을 느낀다고 한다(아마도 교회에서 얻는 사회적 지원 덕분일 것이다). 미국과 유럽의 출산율 패턴에서 판단해보면, 이들은 세속적인 유형의 사람들보다 더 많이 번식하는 듯한데, 이는 분명 진화론적인 장점이다. 한편 윤리적 행동 면에서 신자들이 무신론자들보다 더 나을 게 없다는 도킨스의 주장은 아마도 옳은 듯하다. 한 고전적인 연구에서 밝혀지기를, '예수의 사람들'이 시험에서 부정행위를 저지를 가능성은 무신론자와 마찬가지였고 이타적인 자원봉사를 할 가능성이 더 높지도 않았다.

그런데 이상하게도 도킨스는 그런 실증적인 증거를 굳이 인용하지 않는다. 대신에 꽤 비과학적이게도 자신의 직관에 기댄다. 그는 이렇게 적었다. "나는 감옥에 무신론자가 매우 적으리라고 보는 편이다." (유니테리언교도*가 더 적다는 데 나는 한 표를 던진다.) 하지만 성경 속의 야훼가 윤간과 인종학살도 용인하는 '무시무시한 전범'이라는 도킨스의 주장은 귀담아들을 만하다. 또한 도킨스는 자신이 지겹게 들은 말, 즉 지난 세기의 으뜸가는 악인인 히틀러와 스탈린 둘 다 무신론자라는

---

* 삼위일체론을 부정하고 신격의 단일성을 주장하는 기독교의 일파 – 옮긴이

반박도 다룬다. 그의 주장에 의하면 히틀러는 "기독교도임을 공식적으로 부정한 적이 없으며", 스탈린의 경우 한때 정교회 신학대학생이었던 그가 "무신론 때문에 잔혹한 짓을 저질렀다는 증거는 없다". 마찬가지로 잔혹했던 마오쩌둥은 언급하지 않았는데, 어쩌면 그는 자기 자신을 신봉하는 종교를 가졌다고 할 수도 있다.

『만들어진 신』의 여러 빛나는 장점에도 불구하고, 종교에 관한 철학적 질문들이 얼마나 어려울 수 있는지 도킨스가 간파하지 못한 탓에 그 책을 읽기란 지적인 면에서 짜증스럽다. 신의 존재를 찬성하든 반대하든 둘 다 결정적인 논증이 없는 한, 일부 똑똑한 사람들은 계속 신을 믿을 것이다. 마치 똑똑한 사람들이 자유의지나 객관적 가치 또는 다른 사람에게도 마음이 존재하는지와 같은 똑 부러진 결론이 없는 철학적 논증을 반사적으로 믿듯이 말이다. "창의적인 초지능이 존재하느냐 그렇지 않느냐는 분명 과학적인 질문이다"라고 도킨스는 단언한다. 하지만 과연 어떤 증거가 신의 존재 가설을 증명하거나 반박할 수 있을까? 사랑의 신이 우리의 삶을 주재한다는 주의는 너무나 두루뭉술하고 유동적인지라 어떤 지상의 악이나 자연재해도 그런 사상과 마찰을 빚을 수 없을 듯하다. 정반대 입장인 무신론자의 확신도 어떤 사건 앞에서든 분명 흔들리지 않을 것이다. 러셀은 1953년에 〈룩Look〉과의 인터뷰에서 이에 관한 질문을 받자, 자신은 '앞으로 24시간 동안 일어날 모든 일을 예측하는 목소리가 하늘에서 들려온다면' 신이 존재한다고 확신할지 모르겠다고 했다.

그런 기적 같은 사건까지는 아니더라도 이 사안을 해결할지 모르는 유일한 것은 죽음 이후의 경험이다. 이를 가리켜 신학자들은 약간 거만하게 '종말론적 검증'이라고 부른다. 만약 사후에 일어날 수 있는 일이 환희에 찬 전망(신이 있음) 또는 망각(신이 없음) 둘 중 하나라면, 신자들이 틀렸다고 알게 될 일은 없을 테고, 도킨스와 그 추종자들은 자신들이 옳았다고 알게 될 일이 없을 것이다.

그 중간에 놓인 사람들 – 종교가 형이상학적 명제라기보다는 이야기로 설명되고 의례에 의해 발전하는 생활 방식이라고 보는, 불가지론자들에서부터 '영적인' 유형에 이르기까지의 여러 부류 – 은 다음의 지혜로운 문구에서 위안을 얻을지 모른다. 미국 작가 피터 드 브리스Peter De Vries의 코미디 소설 『고등어 플라자The Mackerel Plaza』(1958년)의 주인공 앤드루 매커렐 박사가 한 말이다. "신의 전지전능성에 관한 최종적 증명은 그분께서 우리를 구원하시기 위해 존재할 필요는 없다는 것이다."

도덕적 성인에 관하여

여러분이 인생에서 뛰어난 업적을 이루고 싶은데, 아무런 특별한 재능도 없다고 가정해보자. 여러분은 위대한 과학자가 될 만큼 똑똑하지 않거나 위대한 예술가가 될 만큼 창의적이지 않다. 유명한 정치인이 될 만큼 빈틈없는 정세 판단력을 타고나지 못했거나 전설적인 쾌락주의자가 될 만큼 진기한 취향을 (그리고 물려받은 재산을) 지니고 있지도 않다. 그렇다면 범인凡人이 될 수밖에 없는 운명인가? 아니라고 말하는 사고 유파가 있다. 요지는 이렇다. 비록 영리하거나 아름답거나 재능이 있지 않더라도, 여러분은 순전히 의지의 힘으로 대단히 선해질 수 있다. 여러분은 일상적인 도덕의 규범을 뛰어넘을 수 있고 모든 에너지를 배고픈 자들을 먹이고 고통받는 자들을 돌보는 데 쏟을 수 있다. 달리 말해서, 여러분은 도덕적 성인이 될 수 있다.

최대한 선하고 자기희생적이 되려고 노력하는 것이 현명한 생각일까? '도덕적 성인moral sainthood' – 철학자 수전 울프Susan Wolf가 만들어낸

말 – 은 인간이 갈망해야 할 인간적 업적의 한 형태일까? 정말로 우리 각자가 그것을 갈망할 의무가 있을까?

지난 2,000년 넘게 철학자들은 고고한 도덕적 선을 지향해야 할 두 가지 이유를 제시했다. 세상을 더 낫게 만들자는 이유와, 자아를 완성하자는 이유가 그것이다. 이 이유들은 서로 잘 조화를 이루지 못하는데, 왜냐하면 둘 중 하나는 외면으로 향하고 다른 하나는 내면으로 향하기 때문이다. 다른 사람들에게 봉사하면서 자기를 잊음으로써 과연 자기를 완성할 수 있을까? 사실 최대한 선해진다는 것은 세계를 위해서도, 자신의 영혼을 위해서도 좋지 않다고 여길 만한 근거들이 있다.

영혼의 측면부터 살펴보자. 다른 사람들의 복지를 위해 평생을 바치는 이들이 소크라테스와 비슷한 아름다운 인격의 소유자일까? 그들은 대단히 매력적일까? 우리들 다수는 박애주의자를 좋아하지 않으며, 그렇다고 말하길 부끄러워하지 않는다. 그래도 박애주의자가 성실하고, 오지랖이 넓고, 경건한 척하며, 대단히 친절하다고는 여긴다. 이런 판단의 상당 부분은 박애주의자의 빛나는 사례가 우리 자신의 도덕적 가식을 조롱한다는 사실에 분개하기 때문인지도 모른다. 하지만 완벽한 박애주의자의 영혼에는 불균형적인 요소가 도사리고 있는 듯하다. 부자연스럽게 발달된 도덕적 미덕들 – 인내, 행동과 사고의 자비로움, 다른 사람들의 고통을 줄이는 데 쏟는 지속적인 관심 – 은 유머, 지적 호기심, 그리고 박력과 같은 비도덕적 가치들을 몰아내는 경향이 있다.

수전 울프는 도덕적 성인을 두 부류로 구별하여, 사랑의 성인Loving Saint과 합리의 성인Rational Saint이 있다고 주장했다. 사랑의 성인은 다른 사람들을 돕는 데서 전적으로 행복을 느낀다. 합리의 성인은 보통 사람들과 똑같은 요소 – 친구, 가족, 물질적 안락함, 예술, 책, 스포츠, 섹스 등 – 에서 행복을 느끼지만, 의무감에서 자신의 행복을 희생한다. 사랑의 성인은 인생에서 누릴 것들에 무관심한지라, 영혼이 대단히 황량하다. 합리의 성인은 가장 강한 욕구를 계속 억압하거나 부정하는지라, 영혼이 좌절감으로 고통받는다.

대중의 존경을 받는 인도주의자들에게 그런 점이 줄곧 지적되어왔다. 가령 플로렌스 나이팅게일, 마하트마 간디, 알베르트 슈바이처, 마더 테레사 등이 그런 사람들이다. 리튼 스트래치Lytton Strachey의 『빅토리아 시대 명사들Eminent Victorians』을 보면, 플로렌스 나이팅게일은 대단히 비인간적인 모습으로 그려져 있다. 조지 오웰은 간디에게서 뿜어져 나오는 허영심을 간파하고서 "성인은 인간이 결코 추구해서는 안 될 것이다"라고 결론 내렸다. 알베르트 슈바이처는 신이라도 되는 척하는 독재자이자 인종차별주의자로 비난받았다. 미국 작가 크리스토퍼 히친스는 마더 테레사의 유골을 모신 곳에 가서 악취탄을 터뜨리고는, 그녀가 남들의 고통에 의도적으로 둔감했다고 주장했다. 흥미롭게도 가톨릭일꾼운동Catholic Worker Movement을 이끄는 도로시 데이Dorothy Day는 수정주의자들이 저지르는 영혼 폄하 활동을 지금까지 모면했다. 분명 그녀의 성인적인 면모는 과거의 보헤미안적 성격에서 유래한 매력적인 요소들과 균형을 갖추었다.

하지만 세계적으로 유명한 박애주의자들만 살핀다면 선택 편향의 우려가 생긴다. 보통 사람이 불굴의 열정으로 선을 위해 봉사하겠다고 하면 어떻게 될까? 바로 그 질문에서 2001년 닉 혼비의 코미디 소설 『좋은 사람 되는 법How to Be Good』이 시작된다. 소설의 화자인 케이티는 40대 의사로, 런던 북부의 우울증 클리닉에서 일한다. 케이티는 자신이 꽤 착하다고 여긴다. 아픈 사람을 보살필 뿐 아니라("창자 속의 종기를 살펴보려면 착해야 한다") 노숙자 문제와 인종차별, 그리고 성차별 문제에 대해 선하고 진보적인 입장이라는 것이다. 또한 〈가디언〉을 읽고 노동당에 투표한다. 심지어 소설 도입부에서 그녀는 바람을 피우는데, 그것은 긴 결혼 생활 중 처음이었고 가정에 문제를 일으키지 않았고 금세 끝났다. 남편 데이비드는 덜 존경스러웠다. 삐딱하고 게으르고 매사에 투덜대는 남편은 「할로웨이에서 가장 화난 사람」이라는 칙칙한 신문 칼럼을 기고하고 있으며, '다이애나 이후 영국의 노골적인 문화'에 관한 풍자적인 소설을 깨작거리고 있다.

이 결혼은 부정, 서로 상처 주기, 권태 등 흔한 이유들로 시들시들해져갔다. 하지만 결혼 생활이 완전히 무너지기 직전에 데이비드에게 급작스러운 변화가 찾아온다. 허리가 아파서 고생하다가 젊은 괴짜 치료사 D. J. 굿뉴스GoodNews를 찾아간다. 굿뉴스는 데이비드의 관자놀이에 손가락을 대고서 '검은 안개'를 빨아들인다. 그러자 순수한 자비심이 순식간에 그의 내면을 가득 채운다. 데이비드는 성인이 되었다. 그는 "나나 당신이나 생각하는 건 똑같아. 하지만 나는 말한 대로 행동할 거야"라고 어리둥절해 있는 아내에게 말한다. 아내는 남편이 뇌종양에 걸렸나 의심한다. 처음에 데이비드는 닥치는 대로 이런저런 자선 행위를 한다. 가령 거리의 사람들에게 음식을 나눠주고, 학대받는 여성들의 보호소에 아이들의 컴퓨터를 기부한다. 곧이어 자선의 범위를 넓혀서 자기 집의 빈 침실을 노숙자에게 제공하기 시작한다.

데이비드가 갑자기 열혈 자선가가 된 동기는 확실치 않다. 세상을 더 낫게 만들어야 한다고 여러 차례 말하기는 하지만, 자아 완성의 갈망도 드러낸다. 그는 이렇게 말한다. "나는 천국 같은 건 안 믿는다. 하지만 어쨌든 천국에 들어갈 자격이 있는 사람은 되고 싶다." 비록 데이비드의 영혼이 더 아름다워지고 있더라도 그 효과는 케이티에게 보이지 않는다. 이제 그녀가 보기에 남편은 '경박함의 모든 흔적도, 자기모순의 모든 요소도 몽땅 사라져버린' 듯하다. 이전의 남편도 마찬가지로 결점투성이였지만 적어도 그녀를 웃게 해주었는데, 생각해보면 그 랬기 때문에 애초에 그와 결혼했다. 남편의 선행에서 우쭐거림과 허세를 감지해낸 그녀는 사도 바울이 고린도인들에게 보낸 편지 내용 중 한 대목을 의기양양하게 떠올린다. "자선은 뿌듯해할 것도, 자랑스러워할 것도 아닙니다. 과시를 하거나 허풍을 떨어선 안 됩니다." 하지만 남편에게 읽어주었더니, 그건 '자선'을 '사랑'으로 바꿔서 둘의 결혼식에서 낭독되었던 바로 그 문구라고 남편은 알려준다. 또한 둘 다 라틴어 명사 '카리타스caritas'의 번역어임을 데이비드는 지적한다. 그녀는 혼자 골똘히 생각에 잠긴다. "사랑과 자선의 기원이 같다니, 어떻게 그럴 수가 있지? 최근에 벌어진 일을 보면, 둘은 공존할 수 없고 서로 정반대이며 둘을 한 자루에 넣으면 하나가 찢겨질 때까지 서로 물고 할퀴고 비명을 지르는데 어떻게 그럴 수가 있지?"

그런 사색 끝에 케이티는 깨달음을 얻는다(닉 혼비는 이 깨달음을 지지하는 듯하다). 영혼의 아름다움의 진정한 모범은 자기희생적 박애주의자가 아니라 높은 예술적 만족감과 진정으로 자신을 사랑하는 마음으로 가득 찬 '풍요롭고 아름다운 삶'을 살아가는 사람이라는 깨달음이다. 가령 케이티가 마침 읽고 있는 전기의 주인공인 버네사 벨Vanessa Bell 같은 사람일 터이다. 그리고 만약 그처럼 드문 삶이 우리에겐 불가능하다면 – 그런 사람들은 '끊어진 직선'이라고 그녀는 생각한다 – 적어도 우리는 블룸즈버리 책들을 읽거나 감미로운 실내악을 들어서 그들의 기운이라도 흡수할 수 있다. 그렇게 하거나 모든 인류를 걱정하기보다 주위의 가까운 사람들을 돌보는 것이 – "안 그래도 인생은 대단히 힘겨우니까" – 좋은 사람 되기의 비결이다.

닉 혼비의 해법은 도덕적 게으름으로 이어지는 우리의 깊은 성향과 잘 맞아떨어진다. 하지만 그만하면 충분히 좋지 않을까? 어쩌면 문학작품 속의 박애주의자들 – 가령 디킨스의 소설 『황폐한 집Bleak House』에 나오는 젤리비 부인 – 은 현실 속의 그런 사람들을 충분히 그려내지는 못할 것이다. 미국 작가 라리사 맥파쿼Larissa MacFarquhar는 2015년에 『물에 빠진 낯선 사람들Strangers Drowning』이라는 책을 냈다. 이 책에서 작가는 윤리적 헌신에 평생을 바치기로 선택한 다양한 현실의 사람들을 자세히 살펴본다. 한 부부는 여러 장애아를 포함하여 어려움에 처한 아이 스무 명을 입양한다. 또 다른 부부는 인도의 문둥병 마을을 찾아간다. 어떤 사람은 자기 콩팥을 낯선 이에게 기증한다. 맥파쿼가 묘사하는 극단적 이타주의자들은 남들을 돕는 일에 거의 피학적인 수준으로 헌신하는 바람에 우리를 불편하게 만들지 모르지만, 적어도 정상적인 인간이다. 분명 특이하고 도착적이고 까다롭지만, 근본적으로 제정신이다. 가만히 생각해보면 존경스럽기도 하다. 그들의 영혼은 문제가 없어 보인다.

어떤 이들은 우리가 최대한 선하게 살아야 할 의무가 있다고 주장한다. 비록 그랬다가는 자신의 영혼에 별로 좋지 않고, 심지어 '안 그래도 인생은 대단히 힘겹더라도' 말이다. 여자아이가 얕은 웅덩이에서 빠져 죽어가고 있다고 해보자. 여러분은 아이를 구해야겠다는 의무감을 느끼지 않겠는가? 설령 웅덩이에 뛰어들었다가는 30만 원짜리 구두가 젖더라도 말이다. 안타깝게도 세상 곳곳에는 그런 아이와 비슷한 처지인 아이가 많다. 그 아이들은 굶주려서 또는 설사처럼 쉽게 나을 질병으로 죽어가고 있는데, 다행히 해외 원조 기구들 덕분에 여러분은 마음만 먹으면 도울 수 있다. 정말이지 이런 식으로 한 아이를 구해내는 데 드는 추정 비용은 200달러쯤이다. 그냥 손에 신용카드를 들고서 수신자 부담 전화를 걸기만 하면 된다. 그러지 않는 것과 물에 빠져 죽어가는 아이를 외면하는 것의 실질적인 차이가 있는가? 그리고 만약 차이가 없다면, 여러분은 양심상 단돈 200달러를 낼 수 있는가? 여러분은 윤리적 확신에 따라 은행 잔고가 허용하는 한 최대한 많은 아이를 구조해야 하는 것 아닌가?

프린스턴 대학의 피터 싱어와 뉴욕 대학의 피터 엉거Peter Unger는 이 단순하지만 직관적으로 강력한 '구조 사례'를 이용하여 불편한 결론을 옹호했다. 즉 부유한 서구인들은 국제적인 원조 노력에 대부분의 돈을 내놓아야 한다는 것이다. 그렇게 한다고 칭찬받을 일은 아니다. 단지 우리 모두가 암묵적으로 공유하는 윤리적 원리에 따라 요청되는 일일 뿐이다. 피터 싱어가 밝히기를, 자신은 수입의 5분의 1을 기부하고도 그 정도면 충분한지 잘 모르겠다고 한다. 어째서 그럴 수 있을까? 비록 미국의 중산층 가정이 이미 가계 수입의 5분의 4를 옥스팜에 기부하고 있더라도 200달러를 더 기부하면 음식이나 의료 혜택 부족으로 죽어가는 또 한 명의 아이를, 기부자에게 비교적 적은 불편을 초래하면서, 살릴 수 있을 것이다. 가끔씩 하는 사치는 이제 잊도록 하자. 한 병의 동 페리뇽 샴페인이 한 아이의 생명에 비한다면 무슨 가치가 있는가?

만약 도덕이 그런 것을 요구한다면, 여러분은 "빌어먹을 소리 집어치워"라고 말할지도 모르겠다. 케임브리지 대학의 철학자 사이먼 블랙번Simon Blackburn은 아마도 여러분에게 공감할 것이다. 블랙번은 자신이 쓴 도덕철학 입문서 『선Being Good』에서 그런 식의 과도한 요구는 윤리 자체를 훼손시킬 우려가 있다고 주장한다. "윤리의 중심은 우리가 서로에게 합리적으로 요구할 수 있는 것으로 채워져야 마땅하다"고 그는 적었다. 남을 도울 우리의 의무는 무한정일 수 없다. 우리가 채택해야 할 도덕적 원리는 맹목적인 선의 노예로 우리를 전락시키지 않아야 한다. 외국의 어린아이들을 구하기 위해 여러분의 돈을 몽땅 기부하거나, 번듯한 대도시 의사를 그만두고 '국경 없는 의사회'에 참여하거나 노숙자를 여러분의 집에 받아들이는 것이 칭찬받을 일인지는 모르겠지만, 의무는 아니다.

블랙번의 이런 결론은 편하게 받아들여지며, 닉 혼비 소설의 화자가 도달한 결론과도 일맥상통한다. 하지만 그런 구조 사례 논증을 어떻게 반박할 것인가? 블랙번은 그 문제를 심사숙고하진 않지만, 다음과 같은 반응을 내놓고는 있다. 싱어는 자타가 공인하는 공리주의자다. 순수한 형태의 공리주의는 세계에 가장 큰 행복을 가져오도록 우리가 행동해야 한다고 말한다. 그런데 어떤 행동 방식이 윤리적 원리가 될 수 있느냐의 기준은 그것이 '보편화할 수 있는가'의 여부다. 우리는 누구나가 이 원리에 따라 행동한다면 세계가 어떻게 될지 물어본다. 만약 누구든 다른 이의 행복을 위해 자신을 바친다면 어떻게 될까? 그렇다면 평균적으로 모두는 덜 행복해진다. 왜냐하면 모두들 자신의 행복을 제쳐두고 다른 사람을 돕기 때문이다. 만약 모두가 자신의 모든 돈을 옥스팜에 기부하면, 결과적으로 발생할 소비 수요 감소는 세계경제를 붕괴시켜 엄청난 고통을 초래할 것이다. 따라서 자선을 행해야 한다는 그런 원리는 집단적인 규모에서 자기기만적일지 모른다.

보편화라는 기준은 남을 도울 여러분의 의무를 수량화하는 방법을 제시한다. 아마도 우리에게 요구되는 최소한의 희생 윤리는 우리의 '공정한 몫'일 것이다. 즉 모두가 제공해준다면 세상이 가장 행복해지고 고통이 가장 덜해지는 액수이다. 이 원리는 각 개인의 자선 부담을 상당히 합리적으로 만들어준다. 만약 여러분이 이미 기근 구조에 적당한 금액을 기부했고 교회 주방에서 음식 봉사를 약간 했다면, 편한 마음으로 캐비아 통조림 뚜껑을 따도 된다. (글쎄, 완전히 편한 마음은 어려울 듯한데, 왜냐하면 이제 철갑상어를 걱정해야 할 테니까.) 여러분의 공정한 몫을 넘어서는 선행은 윤리학자들이 의무 초과 행위 – 행하면 칭찬을 받을 수 있지만 안 했다고 비난받지는 않는 행위 – 라고 부르는 일일 것이다.

우리가 의무의 부름 이상의 일을 한다고 가정하자. 비록 어떤 직접적인 선을 달성하는 데 성공하더라도, 우리가 하는 이타적 행동의 더 먼 결과도 그러할지는 알 길이 없다. 우리가 아는 바라곤 행동의 결과가 우리 의지의 범위를 훌쩍 뛰어넘어 먼 미래까지 이어지리라는 것뿐이다. 원인과 결과의 우발적이고 카오스적 성질 덕분에 악과 선의 균형은 아무렇게나 걸어가기와 비슷하다. 매 단계마다 예상치 못한 뒤집힘이 발생한다는 말이다. (클라라 히틀러와 알로이스 히틀러가 낳은 세 명의 아기가 비극적으로 병들어 죽은 후 그들의 네 번째 아기를 성공적으로 분만시킨 의사의 사례를 생각해보자.) 우리의 행동이 먼 미래에 미칠 결과는 알 수 없기에, 영국의 철학자 조지 에드워드 무어George Edward Moore는 자신의 책 『윤리학 원리Principia Ethica』에서 이렇게 말한다. "한 행동이 다른 행동보다 더 옳은지 그른지를 판단하기에 충분한 이유들은 아직 발견되지 않았다." 무어의 결론은 공교롭게도 버네사 벨과 블룸즈버리 클럽에 힘을 실어주었는데, 이들은 무어를 현자로 숭배했다. 그의 영향을 받아서 블룸즈버리 클럽 회원들은 자아의 미덕 – 『좋은 사람 되는 법』의 화자가 표현한 대로 '풍요롭고 아름다운 삶'과 어울리는 미덕의 유형 – 이 자선과 자기희생의 낡은 빅토리아 시대 미덕보다 더 중요하다고 판단했다.

물론 블룸즈버리 클럽을 벗어나면, 굉장한 선을 행하는 비범한 상황들을 만날 수 있을지 모른다. 최종 해결Final Solution* 동안 자기 목숨을 걸고서 유대인을 도운 '선한 독일인들'이나 베트남 전쟁 중에 발생

---

* 나치의 유대인 절멸 계획 및 그 진행 과정 - 옮긴이

한 미군의 미라이 학살에서 비무장 민간인들을 사살하는 대신에 소총을 내렸던 캘리 중위 소대의 유일한 병사를 생각해보라. 그런 극단적 상황에서 어떻게 선을 행할 수 있을까? 능력이 분명 도움이 될 수 있다. 유대인 구조를 도운 오스카 쉰들러Oskar Schindler와 라울 발렌베리Raoul Wallenberg, 그리고 국제 원조 전문가 프레드 커니Fred Cuny가 그런 경우다. 하지만 꼭 능력이 필요하지는 않다. 그렇다고 선한 의지만으로 충분할까? 선한 의지와 더불어 쉽게 정의하기 어려운 다른 어떤 기질, 우리가 배짱 또는 강단이라고 칭송하는 기질이 결합되지 않으면 안 된다. 이 기질이 뭐든지 간에, 대다수의 선하게 보이는 사람들에게는 결여되어 있는 것이다. 그런 까닭에 크나큰 악이 행해질 때 그들은 묵묵히 따르는 공범이 되고 만다. 물론 보통의 상황인 경우에는 옥스팜에 기부하는 선택을 할 수 있다. 하지만 여기에서조차도 선을 행하려는 의지와 실제로 행하는 선 사이에는 고정된 비율이 존재하지 않는다. 과부에게 주는 십시일반 성금은 참된 자선의 마음에서 나온 것인데도, 인정 없는 자본가들이 자선단체에 생색내기용으로 내는 수백만 달러와 비교하면 하찮다.

따라서 예외적인 선행에는 늘 특별한 자격이 필요한 듯하다. 비범한 수완이나, 아니면 도덕적 영웅이라야 가능한 대단한 용기와 더불어 극단적 상황에 대처할 수 있는 태도 같은 것이 필요하다. 만약 이 두 가지가 모두 없는 사람이라면, 아마도 제대로 활약할 수 없을 것이다. 알고 보니 성인은 기회야 모두에게 열려 있지만 오직 행운아인 소수에게만 제대로 실현되는 업종들 중 하나—가령 우편 주문만으로 100만 달러 벌기—인 셈이다.

필요한 기술적·조직적 능력뿐만 아니라 위대한 이타적 업적을 달성하려면 뛰어난 창의성도 필요한 것 같다. 전쟁 부상자들을 돌보는 데 평생을 바친 플로렌스 나이팅게일은 엄청난 선을 행했다(하지만 그녀의 개혁은 전쟁의 인명 손실을 줄임으로써 훗날 전쟁이 더 일어나기 쉽게 만들었을지 모른다). 하지만 나이팅게일은, 스트래치가 20세기 초반 사람들에게 폭로했듯이, 다정하고 자기 헌신적인 자비의 천사가 아니었다. 걸핏하면 화를 내고, 신랄하고, 비아냥거리고, 굽히지 않는 꼬장꼬장한 의지를 지닌 자기중심적 여성이었다. 예술가의 기질이 있었다고도 할 수 있다. 영국 작가 에블린 워Evelyn Waugh는 이런 말을 한 적이 있다. "겸손은 예술가에게 유리한 미덕이 아니다. 자부심, 경쟁심, 탐욕, 악의 – 전부 다 혐오스러운 자질 – 야말로 사람이 자신의 자긍심과 시기심과 탐욕을 충족시키는 어떤 것을 만들 때까지 자신의 작품을 만들고 가다듬고 고치고 파괴하고 다시 만들도록 이끈다. 그러면서 예술가는 너그럽고 선한 사람들보다 세상을 더 풍요롭게 만든다. 비록 그 과정에서 자신의 영혼을 잃을지도 모르지만, 이것이 바로 예술적 성취의 역설이다."

이타적 성취의 역설이라고 할 수도 있을 듯하다. 여러분이 만약 성인이 되고 싶다면, 천사가 될 생각은 접으시길.

진리와 지칭

어떤 철학적 논쟁

"대놓고 지어낸 듯한 다음 상황을 상상해봅시다. …… 괴델이 사실은 '괴델의 불완전성 정리'의 발견자가 아니라고 가정해봅시다. '슈미트'라는 사람이 오래전에 빈에서 변사체로 발견되었는데, 실제로는 이 사람이 그 정리를 발견했습니다. 친구인 괴델이 어찌어찌해서 연구 자료를 입수했고 이후로는 괴델의 업적이라고 알려지게 되었지요. …… 그러니 수학의 불완전성을 발견한 사람은 사실 슈미트이므로, 우리가 괴델을 논할 때 사실 우리는 언제나 슈미트를 가리키는 겁니다. 하지만 제가 보기에 우리는 그걸 모릅니다. 우리는 그저 모른 채로……."

"여러분 대다수는 이것이 아주 이상한 사례라고 여기실지 모르겠습니다."

1970년 1월 22일, 프린스턴 대학의 청중에게 솔 크립키가 한 말이다. 당시 록펠러 대학의 철학과 교수였던 스물아홉 살의 크립키는 강의 원고, 심지어 메모도 없이 진행한 세 강연 중에서 두 번째 강연 도중에 그런 말을 했다. 녹취되어 마침내 『이름과 필연Naming and Necessity』(1980년)이라는 책으로도 출간된 그 강연들은 이후의 현대철학사에서 이정표가 된 사건이었다. 미국의 철학자 리처드 로티는 〈런던 리뷰 오브 북스〉에 이렇게 썼다. "그 강의는 분석철학을 뒤집어버렸다. 다들 격분하거나 열광하거나, 아니면 당황해서 어쩔 줄 몰랐다." 크립키의 강의는 이른바 지칭에 관한 새로운 이론을 출현시켜, 언어를 연구하는 철학자들이 의미와 진리의 사안들에 관해 생각하는 방식에 혁명을 일으켰다. 이후 '있을 수 있는 세계들', '고정 지시자', 그리고 '후험적 필연'에 대한 수백 편의 학술지 논문과 박사학위 논문이 쏟아졌다. 덕분에 본질에 관한 아리스토텔레스의 이론이 되살아나기도 했다. 그리고 이미 논리학자들 중에서 컬트적 인물이었던 크립키는 현대철학 천재의 전형이 되었다. 1977년 〈뉴욕 타임스〉는 일요판 매거진의 표지에 크립키의 째려보는 듯한 얼굴을 실어서 그러한 명성을 증명해주었다.

자, 이제 여러분이 원한다면, 대놓고 지어낸 듯한 다음 상황을 상상해보자. 크립키가 사실은 지칭에 관한 새로운 이론의 발견자가 아니라고 가정하자. 예일 대학교 캠퍼스에 불가사의한 족적을 남긴* 모습이 지금도 목격되는 마커스라는 여자 – 신빙성을 높이기 위해 루스 바컨 마커스라고 부르도록 하자 – 가 사실은 그 연구를 했다. 1962년에 그녀가 핵심 개념들에 관해 강연을 했는데, 그곳에 젊은 크립키가 갔다. 그로부터 약 10년 후 크립키는 최초 발견자인 마커스를 숨기고서 그 내용을 아주 정교하게 다듬은 버전을 내놓았다. 이후로 그 업적은 크립키의 것이 되었다. 따라서 지칭에 관한 새 이론을 발견한 사람은 사실 마커스이므로, 우리가 크립키를 논할 때 우리는 언제나 마커스를 가리키는

---

* 죽기 전까지, 즉 2012년까지.

것이다. 그렇지 않은가?

여러분 대다수에게 매우 이상한 이야기로 들릴지도 모른다. 하지만 바로 이 이야기는 쿠엔틴 스미스Quentin Smith라는 철학자가 보스턴에서 열린 미국철학학회 회의에서 지난겨울*에 대규모의 청중 앞에서 과감하게 꺼낸 이야기다. 웨스턴미시간 대학의 교수인 스미스에게만큼은 그 이야기가 대놓고 지어낸 듯한 것이 아니라 사실이었다.

쿠엔틴 스미스가 보스턴의 청중에게 한 말은 다윗과 골리앗의 철학 버전과 비슷했다. 중서부의 시시한 대학에서 온 마흔두 살의 시건방진 교수가 지성사를 다시 쓰려고, 그리고 로버트 노직이 '철학계의 으뜸가는 천재'라고 부른 사람의 명성을 무너뜨리려 했으니 말이다. 스미스가 다가오는 미국철학학회 회의에서 공개할 논문 – 「마커스, 크립키, 그리고 지칭에 관한 새 이론의 기원 Marcus, Kripke, and the Origin of the New Theory of Reference」이라는 논문 – 이 1994년 가을 발표 논문 목록에 소개되자, 철학계는 스미스의 도발을 처음으로 눈치챘다. 곧 인터넷상의 철학 게시판은 누군가가 위대한 솔 크립키를 표절 혐의로 고발할 것이라는 내용으로 도배되었다. 스미스의 논문 초록에 담긴 선동적인 내용으로 볼 때 충분히 타당한 추론이었다.

학회는 12월 28일 보스턴의 코플리 플레이스Copley Place에 있는 메리어트 호텔에서 열렸다. 대단한 광경이 펼쳐지진 않았다. 스미스가 옹호하게 될 인물인 루스 바컨 마커스는 참석하지 않았다. 크립키도 오지 않았다. 크립키의 프린스턴 동료들도 대부분 오지 않았다. (이들의 불참을 놓고서 일부 철학자들은 그들이 크립키와 한통속이라고 해석한 반면, 또 어떤 철학자들은 크립키를 지지하지 않는다는 뚜렷한 신호라

---

* 1994년.

고 해석했다.) 하지만 프린스턴 대학원생 한 명이 대표로 참석하여 스미스에게 야유를 보냄으로써 자신의 존재를 알렸다("마커스가 이러라고 시켰나요, 그렇죠?"라고 적개심에 찬 학생이 고함쳤다). 그리고 (스미스의 주장에 의하면) 마커스가 처음 내놓은 개념들이 크립키의 업적으로 알려지게 된 '역사적 오해'를 스미스가 자세히 설명하기 시작하자, 그 학생은 보아란듯이 자리를 박차고 나가버렸다. 스미스는 이렇게 선언했다. "철학사의 관점에서 이 오해를 바로잡는 일은 플라톤의 형상에 관한 이론의 기원을 플로티노스라고 거의 모든 철학자가 보는 가상적인 상황을 바로잡는 일만큼이나 중요합니다."

스미스의 충격적인 주장에 반격이 뒤따랐다. 선정된 토론자는 스콧 솜즈Scott Soames였다. 프린스턴의 젊은 언어철학자인 그를 두고서 청중들 중 어떤 이들은 크립키 측에서 파견한 철학계의 암살자로 여겼다. (사실 그는 학회 주최 측에서 논평자 역할을 맡아달라는 부탁을 받은 적이 있었다. 두어 명의 다른 철학자가 그런 부탁을 거절한 다음의 일이었다.) 솜즈는 "오늘 내가 할 일은 흔치 않고 그다지 즐거운 건 아니"라고 운을 뗀 뒤, 크립키가 지적인 도둑질을 했다고 빗대어 말한 스미스의 '수치스러운' 주장을 비판했다. 크립키가 지칭에 관한 새 이론의 내용을 마커스에게서 들었고, 처음에는 제대로 이해하지 못하다가 마침내 자신이 소화해내자 마치 자기 것인 줄 착각했고, 철학계 전부가 어쨌든 사기를 당했다는 스미스의 주장에 솜즈는 조롱을 퍼부었다. 솜즈는 마지막으로 이렇게 말했다. "여기서 부끄러운 점이 있다면, 이처럼 부주의하고 어설픈 비난이 아무런 신빙성이 없다는 겁니다."

하지만 그것으로 끝나지 않았다. 미국철학학회의 규칙에 따라 강연자는 논평자가 발언을 마친 후 의견을 낼 수 있다. 그래서 스미스는 일어나서 반박 의견을 냈다. (주석을 제외하고) 27쪽에 달하는 이 내용은 자신의 원래 논문과 솜즈의 의견을 합친 것만큼 길었다. 그는 청중에게 이렇게 말했다. "솜즈 씨가 의견을 내놓을 때 사용하는 종류의 언어가 적절하거나 유용하다고 저는 믿지 않습니다. 철학적인 의견 불일치는 논쟁자들이 서로의 연구를 온갖 부정적이고 감정적인 표현으로 매도해서는 해결되지 않습니다. 타당한 논증을 제시해야 해결됩니다. 그래서 저는 논증을 제시하는 데에만 집중하겠습니다." 이 말에 약간의 박수가 뒤따랐다.

스미스가 문헌상의 철학적 세부 사항을 끊임없이 늘어놓자, 학회 의장인 터프츠 대학의 마크 리처드Mark Richard가 스미스의 말을 중단시키려 했다. 이에 청중들 중 여럿이 반대하면서, 스미스가 규정상 계속 말할 수 있다고 떠들어댔다. 리처드는 묵인해주었지만, 규정에 반하여 솜즈에게 두 번째 의견 개진을 허용했다. ("나는 의장이 솜즈에게 유리한 쪽으로 행동한다는 느낌이 들기 시작했다"고 스미스는 나중에 회상했다.) "만약 마커스가 크립키보다 먼저 그런 개념들을 알았다면, 어떻게 아무도 20년 동안 입도 뻥끗하지 않았습니까?" 솜즈는 청중들에게 수사적인 표현을 곁들여 물었다. "아마도 그건 여성 철학자들이 철학계에 물어야 할 질문인 것 같은데요." 참석한 한 여성이 그렇게 말하자, 강연장은 순식간에 정적에 휩싸였다.

1년 후인 현재,* 크립키 사태는 여전히 진행 중이다. 학회 자료들―스미스의 처음 발표 내용, 솜즈의 반박, 그리고 스미스의 재반박 내용―이 최근에 철학 저널 〈신테세Synthese〉에 발표되었다. 그리고 두 적수는 최근에 분량이 훨씬 더 긴 논문의 요약본을 각각 열심히 가다듬고 있다. 스미스의 논문은 거의 70쪽에 달한다. 한편 엘리자베스 앤스

---

* 이 글은 1996년 2월에 처음 발표되었다.

콤Elizabeth Anscombe, 도널드 데이비슨, 그리고 토머스 네이글 같은 철학계의 저명한 인물들이 미국철학학회에 서한을 보내어 이렇게 밝혔다. "미국철학학회 회의는 철학계 인물에 대한 윤리적 비난을 제기하기에 적절한 자리가 아닙니다. 설령 그 비난이 지지받을 수 있더라도 말입니다." 그 학회의 분기 의사록에 실린 이 서한은, 나아가 미국철학학회가 크립키에게 공식적으로 사과해야 한다고 요청한다.

철학계는 여러 진영으로 분열되었다. 나뉜 기준은 지적인 발견의 출처에 대한 확신 여부뿐만 아니라 크립키라는 사람에 대한 여러 가지 감정도 작용했다. 어쨌거나 그는 호감보다 두려움을 불러일으키는, 음울하고 멀게만 느껴지는 부류의 사람이다. 성격도 괴짜여서 그를 둘러싼 온갖 소문이 들끓었다. 게다가 크립키의 지적인 업적을 열렬히 존경하는 사람들조차도 그가 분석철학의 '경찰' 행세를 하면서 다른 철학자들을 진부하고 멍청하다고 오만하게 매도하는 듯한 태도에 종종 불만을 터뜨린다. 그리고 이번에는 역설적이게도 크립키 경관이 비난의 대상이 되었다.

루스 마커스는 이 문제에 관해 입을 다물었다. 하지만 스미스가 '광야에서 혼자 외치는 자'가 되지 않도록 내게 열몇 편의 학술지 논문을 보내왔다. 오랜 세월 동안 그녀가 지칭에 관한 새 이론의 발견자라고 여기는 철학자들이 쓴 논문이었다. 이와 대조적으로 크립키는 자신의 상처받은 마음과 분노를 여과 없이 토로했다. 그는 이렇게 말한다. "첫째, 스미스가 한 말은 사실이 아니며 둘째, 설령 사실이더라도 그 문제는 더욱 책임감 있게 다루어져야 했다."

그 문제에는 격분하게 할 만한 요소가 있다. 누군가가 다른 사람의 문장을 도용했을 때는 알아내기가 쉽다. 그냥 해당 문구를 찾아서 원저자의 것과 일치하는지 한 단어씩 확인해보면 된다. 아이디어는 확인하기가 꽤 어렵다. 새로운 아이디어가 발견되어 명확하고 공식적인 형태를 띠고 나면, 이전의 모습과 한참 달라져버린다. 그것이 줄곧 거기에 있었을까? 아니면 우리가 단지 그랬으리라고 지금 시점에서 판단할 뿐일까? 올리버 헤비사이드Oliver Heaviside가 정말로 아인슈타인보다 먼저 'E=mc²'을 떠올렸을까? 페르마가 뉴턴보다 먼저 미적분의 근본적인 정리를 알아냈을까? 프로이트가 통찰한 내용은 몽땅 『햄릿』에 이미 있던 것들일까?

•━•━•

크립키/마커스 사례에 걸려 있는 아이디어들은 매우 복잡한지라, 둘의 계보를 알아내기는 더더욱 어렵다. 둘 다 대부분의 내용이 언어철학에 관한 것이지만, 더 깊은 출처는 하나의 진술이 가질 수 있는 진리의 상이한 양상들 – 필연성과 가능성 – 에 관한 형식적 연구인 양상논리학modal logic에 있다. 아리스토텔레스가 맨 처음 연구했으며 중세의 스콜라 철학자들에게 인기가 있었지만 이후의 근대 철학자들이 대체로 외면했던 이 학문은 20세기 초반에 일종의 르네상스를 누렸다. C. I. 루이스Lewis, 루돌프 카르납 같은 철학자들의 연구 덕분이었다.

1940년대에 루스 바컨 마커스 – 당시에는 미혼의 대학원생이었기에 이름이 루스 C. 바컨이었다 – 는 양상논리학에 새로운 형식적 특징들을 추가하여 그 학문의 철학적 함의를 크게 확장시켰다. 그리고 10년 후, 10대 신동인 솔 크립키가 이제껏 그것에 부족했던 무언가를 제공했다. 바로 해석, 즉 의미론이었다. 실제 세계는 있을 수 있는 온갖 세계 – 가령 눈이 초록색인 세계, 제2차 세계대전에서 독일이 승리하는 세계 등등 – 중 하나일 뿐이라는 라이프니츠의 주장에서 착안하여, 크립키는 만약 어떤 명제가 있을 수 있는 모든 세계에서 통한다면 필연적으로 참이며, 있을 수 있는 어떤 세계에서 통한다면 참일 가능성이 있는 것이라고 주장했다. 이어서 그는 양상논리학이 형식적으로 '완결된' 체계임을 증명해냈는데, 이 굉장히 심오한 결과를 그는 불과 열여덟 살인 1959년에 〈기호논리학 저널 The Journal of Symbolic Logic〉을 통해 발표했다.

몇 년 후인 1962년 2월에 크립키는, 지금은 전설이 된 하버드 패컬티 클럽 Harvard Faculty Club의 한 회의에 참석했다. 루스 마커스가 「양상과 내포적 언어 Modalities and Intensional Languages」라는 논문을 발표하는 자리였다. 분위기는 발표자에게 그리 호의적이지 않았다. 하버드 대학의 교수들이 필연성과 가능성의 전반적인 개념을 별로 좋지 않게 보는 편이기 때문이었다. (나중에 그녀는 이렇게 회상했다. "나와 이름이 같은 사람처럼, 나는 다른 이의 밭에 서 있었다."*) 특히 그 논문에 주석을 단 W. V. 콰인도 마찬가지였는데, 마커스의 설명에 의하면 그는 현대의 양상논리학이 '죄 – 단어의 사용을 그것에 대한 언급과 혼동한 죄 – 속에서 잉태되었다'고 믿는 듯했다고 한다.

마커스가 콰인의 비난에 맞서서 양상논리학을 지켜내기 위해 많은 말을 했지만, 그녀 또한 이 기회에 자신이 1940년대 중반에 박사학위 논문을 준비하면서 발전시키기 시작한 언어철학의 몇 가지 아이디어를 확장시키려 했다. 적절한 이름과 그것이 가리키는 대상 사이의 관계에 대한 아이디어들이었다. 20세기가 시작된 이후, 관례적으로 고틀로프 프레게와 버트런드 러셀이 처음 내놓은 고유명 proper name에 관한 인정된 이론에 의하면 고유명이란 그것이 기술하는 내용과 연관되는 이름이다. 이런 기술들이 이름의 의미를 구성한다. 이름의 지시 대상은

---

* 성경 룻기에 나오는 룻 Ruth의 일화를 말한다 – 옮긴이

그런 기술들을 만족하는 고유한 대상이다. 프레게-러셀 이론에 따르면 '아리스토텔레스'라는 이름의 지시 대상은 '알렉산더 대제의 스승', '『형이상학』의 저자' 등의 (그 이름과) 연관된 기술들을 만족시키는 유일한 이름이다.

만약 고유명이 정말로 기술에 대응하는 이름이라면, 모든 - 양상논리학의 맥락을 포함하는 - 논리적 맥락에서 그렇게 작용해야 한다. 하지만 마커스가 주장했듯이 그렇지 않다. 가령 '아리스토텔레스는 아리스토텔레스이다'라는 진술은 반드시 참인 반면에 '아리스토텔레스는 『형이상학』의 저자'라는 진술은 임시적으로 참일 뿐이다. 왜냐하면 역사 속의 아리스토텔레스는 철학자일 뿐더러, 가령 돼지 키우는 사람인 상황을 상상할 수 있기 때문이다. 그런 직관을 통해 마커스는 고유명이 기술적 측면의 개입을 통해 대상에 결부되지 않는다고 여겼다. 대신에 고유명은 의미 없는 꼬리표처럼 그 대상을 직접 가리킨다. 존 스튜어트 밀의 오래된 관용구로 표현하자면, 고유명은 *외연外延, denotation*을 갖지만 *내포內包, connotation*를 갖지는 않는다.

앞에서 말한 내용은 어쩔 수 없이 마커스의 실제 주장의 요약에 지나지 않는다. 실제 주장은 영 마음에 들지 않을 정도로 복잡하고 추상적이었다. 놀랄 것도 없이 그날 케임브리지에서 이어진 토론에서 마커스와 콰인, 그리고 조숙한 학부생 크립키는 종종 서로 동문서답을 하고 있었다. 하지만 돌이켜보면 한 가지는 확실하다. 마커스가 양상논리학을 이용하여 이름의 의미에 관한 전통적 이론을 공격한 것이 지칭에 관한 새 이론 - 10년 후 크립키의 프린스턴 강연에서 완전한 형태로 등장한 - 으로 가는 첫 단계였다는 사실이다. 하지만 마커스의 연구는 그것 이상이었을까?

바로 그 질문을 쿠엔틴 스미스는 1990년 겨울에 곰곰이 생각하기 시작했다. 그해에 스미스는 개인적으로 아는 사이가 아닌 마커스에게서 편지 한 통을 받았다. 스미스가 출간한 논문에서 '고유명에 관한 크립키-도넬런 이론'이라고 언급했는데, 그녀 자신도 이론을 내놓는 데 이바지했기 때문에, 정확한 언급이 아니라는 내용의 편지였다. (UCLA의 키스 도넬런Keith Donnellan은 지칭에 관한 새 이론을 정교하게 가다듬는 데 참여한 또 한 명의 철학자다.) 스미스는 어린애처럼 보이고 목소리가 부드럽고 소심하기까지 한 사람이다. 처음에는 현상학자로 시작했다가 나중에 전공을 바꿔 분석철학자가 되었다. 출간 목록으로 판단해보자면, 그는 굉장히 다재다능하고 연구 결실이 많다. 그의 책『언어와 시간Language and Time』(1993년)은 한 평론가로부터 '걸작'이라는 평가를 받았고, 앞으로 나올 저서에는『윤리적·종교적 의미에 관한 질문The Question of Ethical and Religious Meaning』과 얌전한 이름인『우주 설명하기Explaining the Universe』가 있다.* 하지만 보스턴에 모습을 보이기 전까지는 철학계에서 별로 알려지지 않은 인물이었다.

　마커스에게서 편지를 받은 무렵 스미스는 해석철학의 역사에 관한 한 권 분량의 책을 집필하기 시작하는 참이었다. 그는 마커스의 논문「양상과 내포적 언어」를 다시 읽었다. 그녀가 쓴 이전의 논문들 중 일부도 살펴보았다. 1990년부터 1994년까지 나온 마커스의 저작과 크립키의 저작 사이의 지적인 관련성을 파헤치느라 고군분투했다. (콰인 및 다른 이들과 케임브리지에서 결전을 벌인 후 마커스는 철학적 논리학

---

* 앞의 책은 1997년에『언어철학Philosophy of Language』으로 출간되었지만, 뒤의 책은 내가 아는 한 출간되지 않았다.

분야에서 업적을 쌓아나갔고, 아울러 믿음 및 도덕적 난제들의 속성에 관한 이론에 매우 영향력 있는 연구를 해나가고 있었다.) 스미스는 정기적으로 마커스와 서신을 주고받기 시작했지만, 그녀로부터 자세한 논평은 받지 못했다고 한다. 마침내 그는 결론에 이르렀다. 지칭에 관한 새 이론의 거의 모든 핵심 개념 - 크립키가 '기존의 철학을 뒤엎은' 바로 그 개념들 - 은 사실 마커스에게서 비롯되었다는 결론이었다.

스미스는 그런 충격적인 내용을 1994년 미국철학학회 회의에서 논문을 통해 세상에 알렸다. 스미스로서는 놀랍게도 그런 '특별한 성격'을 지닌 논문인데도 학회 위원회가 받아주었다. 잘못하여 크립키 등이 발견자로 알려진 여섯 가지의 주요 개념을 상세히 설명한 다음 스미스는 지칭에 관한 새 이론의 역사적 기원이 '널리 잘못 알려지게 된' 두 가지 이유를 제시했다. 첫째는 충분히 악의 없는 것이었다. 마커스가 논리와 언어철학의 선구적 인물로 알려져 있긴 했지만, 철학계가 그녀의 이전 연구에 주의를 기울이지 않았기 때문이다. 하지만 두 번째 이유는 조금 불편했다. 크립키가 해당 개념들의 출처로 그녀를 언급하지 않았는데, 이 또한 악의 때문이 아니라 둔감함 때문이었다. 비록 마커스의 기념비적인 강연에 참석했지만, 젊은 크립키는 그 당시에 그녀의 개념들을 제대로 이해하지 못했다. 적어도 그렇다고, 스미스는 크립키와 나눈 대화로 미루어 짐작했다. 『이름과 필연』의 1980년 서문에서 크립키는 "그 속에 제시된 견해들 중 상당수는 대략 1963~1964년 사이에 나왔다"고 언급하고 있다. 스미스가 보기에, 그렇다면 크립키는 마커스가 처음 내놓은 지 1~2년 후에야 그 논증들을 이해했으며, 자신으로서는 새로 알아낸 까닭에 아마도 그 개념들이 새로운, 그리고 자기자신의 것이라고 여기게 되었다. 스미스는 "사상과 예술의 역사에서 그런 경우는 꽤 빈번하게 일어나는 듯하다"고 짐짓 무심한 듯 결론 내렸다.

스미스의 '추잡하고', 또한 '어처구니없이 부정확한' 논문 내용에 맞서 크립키를 변호하면서, 스콧 솜즈는 먼저 루스 마커스를 자신이 존경하고 호감을 갖고 있노라고 밝혔다. (그는 마커스가 1970년대 후반에 예일 대학에서 학생들을 가르칠 때 동료였으며 최근에는 그녀를 위한 기념논문집에도 기고했다.) 솜즈의 비판은 전적으로 스미스를 겨냥했다. 지칭에 관한 새 이론의 일부 내용에 마커스가 우선권을 기대할 자격이 있음을 인정하면서도, "결코 솔 크립키의 기념비적인 역할이 줄어들지는 않는다"고 그는 주장했다. 게다가 스미스가 마커스에게 공을 돌린 일부 개념들 – 가령 고유명이 기술과 등가가 아니라는 개념 – 은 이미 다른 논리학자들, 대표적으로는 미국의 철학자 프레더릭 피치Frederic Fitch가 내놓은 것이라고 했다. 이는 아마도 솜즈가 후회하게 된 주장인데, 왜냐하면 마커스가 1943~1945년에 박사학위 논문을 쓰고 있을 때 실제로 피치가 그녀의 지도 교수였음을, 그리고 솜즈가 언급하지 않은 논문에서 피치가 마커스의 통찰력 덕분에 큰 도움을 받았음을 지적당할 빌미를 스미스에게 제공했기 때문이다.

하지만 위의 경우처럼 우리가 이해할 수 있는 공격은 드물었다. 대체로, 누가 지칭에 관한 새 이론의 진정한 시조인지를 놓고서 쿠엔틴 스미스와 스콧 솜즈 사이에 이어진 논쟁에는 복잡한 철학이 개입되었다. 고정성rigidity의 개념을 예로 들어보자. '고정 지시자'는 있을 수 있는 모든 세계에서 동일한 개인을 가리키는 용어다. (가령 '벤저민 프랭클린'은 고정 지시자이지만, '이중 초점 안경의 발명자'는 그렇지 않다. 왜냐하면 프랭클린이 아닌 다른 사람이 그런 업적을 이룬 세계도 존재할 수 있기 때문이다.) '고정 지시자'라는 표현은 크립키가 새로 만들었는데, 누구도 이에 의문을 제기하지 않는다. 하지만 스미스는 마커스가 그 개념을 발견한 사람이라고 주장한다(용어에 대한 우선권은 확인하기 쉽지만 개념에 대한 우선권은 확인하기 어렵다). "그런 일은 있을 수 없다!"고 솜즈는 반박한다. 고정 지시는 있을 수 있는 한 세계에서 한 용어의 지시 대상에 관한 더욱 일반적인 개념을 전제하는데, 마커스는 그런 개념을 뒷받침할 충분히 풍부한 의미론적 체계를 내놓지 않았기 때문이다. "이중의 오류다!"라고 스미스는 반박한다. 마커스는 크립키만큼 풍부한 의미론적 체계를 갖고 있었을 뿐만 아니라 그런 체계는 고정 지시자의 개념을 정의하는 데에 필요하지조차 않았다는 것이다. 정말로 필요한 것은 양상 논리학의 기본 요소들과 가정법뿐인데, 스미스가 멋지게 설명한 바에 따르면 바로 그 수단을 이용하여 크립키는 『이름과 필연』에서 고정 지시자라는 개념을 도입했다고 한다.

이는 두 적수가 주고받은 공격 중에서 가장 단순한 형태의 것이다 (그리고 솜즈는 분명 자기한테는 또 다른 공격 거리가 있다고 여긴다). 우선순위에 관한 문제들 중 대다수는 그런 미묘한 전문적 논쟁을 야기하는지라, 가령 1980년대에 벌어진 『율리시스』의 수정된 텍스트에 관한 거창한 학문적 논쟁도 위의 논쟁에 비하면 중학생끼리의 토론처럼 보일 정도다. 직업 철학자들을 무작위로 모아놓고서 스미스와 솜즈의 논쟁을 듣게 하면, 그들은 뭘 어떻게 해야 할지 모를 것이다. 하지만 혐의가 너무 첨예하고 중대하다. 만약 스미스가 옳다면 크립키는 이중으로 타격을 입는다. 그의 평판이 실제로는 다른 철학자 - 대다수의 남성 철학자들로부터 외면 받은 여성 - 에게 가야 할 업적 때문에 생겼을 뿐만 아니라 그는 자신이 처음에 그 이론을 이해하지 못했기 때문에 자신의 잘못을 알아차리지 못했다. 천재로서는 지적인 도둑질보다 더 나쁜 유일한 비난이 멍청하다는 지적이다.

다행히도 스미스와 솝즈가 주고받은 세세한 내용을 모두 살펴보지 않고도 이 논쟁에서 얻어낼 수 있는 것이 있다. 어쨌거나 인생은 짧다. 그러니 복잡한 내용은 제쳐두고 지칭에 관한 새 이론이 무엇인지부터 알아보자. 하나의 철학 운동으로서 그 이론은 20세기 분석철학의 여러 초기 조류에 대한 반작용이라고 할 수 있다. '있을 수 있는 세계들'의 풍부한 형이상학적 개념을 부활시킴으로써 – 그리고 그런 세계에 관한 우리의 직관을 진지하게 받아들임으로써 – 대화는 현실 세계의 경험에 비추어 검증할 수 있을 때에만 유의미하다고 주장한 논리실증주의자들을 비판했다. 그리고 양상논리학의 기이한 장치들을 마음껏 활용하여, (비트겐슈타인의 후기 연구에서 영감을 얻은) 통상적인 언어철학자들의 현실적인 방법론을 거부한다.

하지만 지칭에 관한 새 이론이 전통적인 철학적 토양과 진정으로 구별되는 지점은 반유심론anti-mentalism, 즉 의미가 언어 사용자의 마음 속 내용물에 의존한다고 보기를 거부하는 관점이다. 의미는 머릿속에 있지 않다고 그 이론은 말한다. 의미는 세계 – 과학이 기술하는 세계 – 속에 있다는 것이다. 반유심론이 명백히 드러나는 대목은 고유명이 정신적 개념 또는 기술을 매개하지 않고서 대상을 직접 가리킨다는 주장이다. 하지만 그 이론의 추종자들은 거기서 멈추지 않는다. 많은 보통명사 – 가령 '금', '호랑이', '열'과 같은 단어들 – 도 똑같은 방식으로 작동한다고 주장한다. 그런 '자연적 종류'의 용어들은 일반적인 측면에서 정의가 없다고 그 이론은 주장한다. 가령 어떤 물질이 금인지를 결정하는 것은 그 물질이 무겁고 노랗고 녹여서 늘일 수 있고 금속성이라는 사실이 아니다. 그런 것들은 현상적인 성질일 뿐이며, 있을 수 있는 또 다른 세계에서는 다를지 모른다. 오히려 어떤 것을 금이게끔 하는 것은 원자구조다. 그것은 있을 수 있는 모든 세계에서 동일하므로 그것의 본질을 이룬다. 물론 금의 원자번호가 79인 사실은 꽤 최근의 과학적 발견이다. 그 전에 사람들은 그런 속성이 금을 다른 원소와 구별 짓는다는 개념을 모른 채로 금에 대해 이야기했다(지금도 대다수의 사람들은 그러하다).

만약 '아리스토텔레스', '금'과 같은 용어를 그것의 지시 대상과 연결 짓는 것이 언어 사용자의 머릿속에 있는 의미가 아니라면, 무엇이 그런 재주를 부리는가? '인과적 연쇄'라고 지칭에 관한 새 이론은 말한다. 용어는 처음에 최초의 세례 – 가령 가리키기 행위 – 에 의해 지시 대상에 적용되고, 이후에 다양한 의사소통 행위 – 대화, 독서 등 – 를 통해서 다른 이들에게 전해진다. 그러므로 내가 지금 '아리스토텔레스'라고 부르는 것은 시간상으로 아득히 (그리고 공간상으로는 동쪽으로) 처음 이름을 부여받은 순간의 아리스토텔레스 자신에게로 이어지는 인과적 연쇄의 가장 최근 고리인 셈이다.

따라서 지칭에 관한 새 이론은 다수의 상호 관련된 개념을 아우른다. 새 이론에 관한 초기의 영향력 있는 논문 모음집인 『명명하기, 필연, 그리고 자연종 Naming, Necessity, and Natural Kinds』(1977년)에서, 편집자 스티븐 슈워츠 Stephen Schwartz는 신뢰할 만한 분류법을 내놓는다. 그에 따르면 새 이론의 '세 가지 주요 특징' – 그 각각은 "의미와 지칭에 관한 전통적 사고의 주요 내용을 직접적으로 공격한다" – 은 다음과 같다. "고유명은 고정적이다(있을 수 있는 모든 세계에서 동일한 개체를 가리킨다). 자연종 용어는 가리키는 방식 면에서 고유명과 마찬가지다. 지칭은 인과적 연쇄에 의한다."

이 세 가지 주요 특징 중 몇 개가 크립키의 것일까? 스미스는 두 번째와 세 번째 특징을 1970년의 프린스턴 강연에서 크립키가 제시했으며 '진정으로 새로운' 것이라고 인정해준다. 출처에 대한 다툼이 있는 개념들은 전부 첫 번째 특징, 즉 고유명의 고정성에 관한 것이다. 따라서 비록 루스 마커스가 그 개념들 중 일부를 예견했지만, 지칭에 관한 새 이론을 창조하는 데 크립키가 했던 '기념비적인 역할'이 폄하되지는 않는다고 단언한 솜즈의 평가는 옳은 듯하다. 심지어 크립키와 심각하게 의견이 엇갈리는 철학자들조차도 그 점에는 동의하는 편이다. 럿거스 대학의 철학자 콜린 맥긴Colin McGinn*은 이렇게 말한다. "아마도 이런 개념들 중 하나는 크립키 혼자서만 내놓지는 않았을 텐데, 그도 혼자 내놓은 척하지 않았다. 하지만 크립키는 그런 개념들을 논리학자가 아닌 사람들도 중요성을 알아차릴 만큼 매력적인 형식으로 제시했고, 다른 이들이 간파하지 못한 의미들을 이끌어낸 최초의 인물이다."

하지만 쿠엔틴 스미스가 지칭에 관한 새 이론의 진정한 원동력은 솔 크립키가 아니라 루스 마커스임을 폭로할 때, 강단뿐 아니라 상당히 뛰어난 수완을 보였음은 부정하기 어렵다. 정말이지 때때로 스미스는 아주 영리했기에, 마커스가 다소 미숙한 형태로 제시한 개념들 때문만이 아니라 자신이 그런 개념들로부터 창의적으로 알아낸 모든 논리적 결과를 통해서 마커스에게 우선권을 부여했다. 스미스는 현대철학의 역사를 합리적으로 탐구하는 자신의 노력, 즉 중요한 이론의 계보를 명확히 하려는 철학적 논증을 사심 없이 내놓는 노력을 옹호한다. 만약 이 탐구가 열띤 논쟁을 유발했다면, 한 가지 단순한 이유가 있다. 바로 살아 있는 현직 철학자를 대상으로 삼았기 때문이다.

스미스를 비판하는 사람들은 이에 동의하지 않는다. 그들은 스미스가 공개적인 형태로 비난한 것이 잘못되었다고 주장한다. 어쨌거나 비록 크립키를 표절이라고 직접적으로 비난하지는 않았지만 스미스는

---

* 맥긴은 현재 마이애미 대학에서 은퇴했다.

직업윤리에 관한 미묘한 질문, 그리고 크립키의 내면의 심리적 동기에 관한 사적인 질문을 제기했다. "30년 전에 내 마음이 어떤 상태였는지 기억하기는 어렵습니다." 내가 스미스의 주장을 꺼내자 크립키가 대답한 말이다.

이어서 그는 이렇게 말했다. "분명 마커스는 1962년에 했던 강연에서 고유명이 기술과 동의어가 아니라고 했습니다. 나중에 내가 발전시킨 개념들 중 일부는 그 강연에서 개요 형태로 제시되었지만, 자연언어에 관한 논증은 정말로 얼마 없었습니다. 그녀가 말한 거의 모든 내용은 당시에 내가 이미 알고 있는 것이었습니다. 이름에 관한 밀의 이론도, 논리적인 고유명에 관한 러셀의 이론도 알고 있었고 양상논리학의 의미론을 연구하고 있었기에 그런 입장이 양상논리학에 어떤 결과를 낳을지 내 스스로 알아낼 수 있기를 바랐습니다. 확실히 저는 다음과 같이 생각하지는 않았습니다. '와우, 흥미로운 관점이네. 내가 가다듬어봐야지.' 그런 생각은 무의식적으로도 떠오른 것 같진 않습니다."

크립키는 스미스에게 공개적으로 답변하지 않았지만, 미국철학학회에 법적인 대응을 할지 잠시 고려했다. 그리고 올해* 봄에 그 조직에서 사임했다. 크립키는 이렇게 말했다. "제 아내(프린스턴의 철학자 마거릿 길버트Margaret Gilbert)가 1994년 미국철학학회 의사록에서 스미스의 논문 초록을 보고 경악한 게 기억납니다. 초록은 정말이지 비방조의 문구였습니다. 회의 주최 측은 수백 건의 논문을 다루어야 했으니 스미스의 비난이 가치 있는지 여부를 판단할 시간도, 전문적인 식견도 부족했습니다. 소송이 제 마음속에 떠오르긴 했지만, 미국철학학회를 고소한다는 게 내키지 않았습니다. 그리고 언어철학의 이런 전문적인 사안을 판단하

---

* 1995년.

려고 할 판사나 배심원이 과연 있을까요?"

크립키는 이렇게 결론 내렸다. "제가 나쁜 마음으로 행동한 적은 없었던 것 같습니다. 저는 단지 제가 할 수 있는 역할을 철학계에서 하고 싶었을 뿐입니다. 그런 노력이 이런 뒤통수치기를 앞으로 계속 초래하더라도 저는 개의치 않을 겁니다."

크립키의 자기방어는 많은 동료들에게 설득력이 있어 보인다. 그러면서도 철학계에서 크립키의 논쟁적인 위치를 심사숙고하게 만들고 있다. 솔 크립키가 독보적인 천재인가? 아니면 완전한 성공을 거두었다고 보기 어려운 신동인가? 어쨌거나 크립키의 학자로서의 경력은 동료들에게 묵직하게 느껴진다. 왜 그런지는 쉽게 알 수 있다.

잠시 숨을 돌리고 크립키가 발표한 몇 가지 연구 —『이름과 필연』, 그리고 1982년의 저서『비트겐슈타인 규칙과 사적 언어Wittgenstein on Rules and Private Language』— 를 다시 읽어보면, 그 저작들이 주는 엄청난 즐거움에 놀라지 않을 수 없다. 유머, 명료함, 기발한 창의성, 탐구적인 열린 태도, 빛나는 독창성 덕분에 그는 분석철학자들 중에서 이론을 쉽게 설명하는 독보적인 인물이다. 그리고 순진한 솔직담백함도 있다.『이름과 필연』의 한 대목에서 그는 사전 준비 없이 이렇게 말한다. "사실 '소크라테스는 소크라테스라고 불린다'와 같은 문장은 매우 흥미로운지라, 이상하게 들릴지 모르지만, 그런 문장의 분석에 관해 몇 시간 동안이나 이야기할 수 있다. 실제로 나도 그런 적이 있다. 하지만 여기서는 그러지 않겠다. (언어의 바다가 얼마나 높이 솟아오를지 알아보라. 그리고 가장 낮은 지점도 살펴보시길.)"

하지만 크립키는 논쟁에 초보가 아니었다. 동료들에게 가혹한 비판을 할 수 있는 사람이었다. 그리고 자신도 비트겐슈타인에 관한 책을 내고서 비판을 받았다. 책이 처음 나왔을 때는 환호하는 분위기였지만 곧이어 비판이 쏟아졌던 것이다. P. M. S. 해커Hacker와 고든 베이커Gordon Baker의 『회의주의, 규칙, 그리고 언어Scepticism, Rules, and Language』(1984년), 콜린 맥긴의 『비트겐슈타인 의미에 관하여Wittgenstein on Meaning』(1984년) 등의 저작을 통해 결국 많은 철학자들은 크립키의 해석이 틀렸다고 확신하게 되었다. 맥긴은 이렇게 주장한다. "사상 처음으로 오류 가능성이 그의 삶을 침범했다."

게다가 비판자들은 크립키가 자신이 연구한 문제들에 관해 다른 철학자들이 이룬 발전을 오만하게 무시했다고 비난했다. 보스턴 대학의 저명한 철학자이자 〈신테세〉의 편집자인 야코 힌티카Jaakko Hintikka* 는 스미스의 논문과 솜즈의 논문들을 인쇄하기로 했다면서, 왜냐하면 "그 논문들은 크립키의 경력에서 드러나는 한 패턴 – 계속하여 거듭 반복되는 패턴 – 을 알려주기 때문이다. 그런 사례는 1982년에도 발생했는데, 그때 크립키는 비트겐슈타인의 '사적 언어 논증'에 관한 해석을 출간하면서 로버트 포겔린Robert Fogelin이 이미 6년 전에 그 주제에 관해 발표한 매우 비슷한 연구를 전혀 언급하지 않았다".

힌티카가 지적하는 것은, 구체적으로는 비트겐슈타인이 제기한 규칙 준수에 관한 어떤 역설에 대한 크립키의 '회의론적 해법'이다. 다트머스 대학으로 옮기기 전에 예일 대학에서 학생들을 가르친 철학자 포겔린은 비트겐슈타인 역설에 관한 자신의 해석을 저서 『비트겐슈타인Wittgenstein』(1976년)을 통해 발표했다. 이 책의 제2판에서 포겔린은 여

---

* 힌티카는 2015년에 고국 핀란드에서 타계했다.

섯 쪽에 이르는 주석을 포함시켰다. 거기서 이 문제에 관한 자신의 내용과 크립키의 내용이 대단히 비슷함을 지적하면서도 자기 것이 더욱 완성된 형태라고 주장한다.

힌티카는 이어서 말하기를, "크립키가 선의로 행동했음을 나는 의심하지 않는다. 그는 다른 누군가의 생각을 적어도 의식적으로 도용하진 않았다. 대단히 어설펐고 전문가로서 미숙했을 뿐이다. 이 사태에서 진짜 비난받을 쪽은 철학계이다. 무비판적으로 신동이 나타났다며 호들갑을 떠는 바람에 다른 철학자들의 역할을 무시하고 새로운 사상에 대한 발견의 공로를 그에게 너무 일찍 돌리고 말았다. 크립키는 아마도 자신의 연구 결과를 독립적으로 얻었겠지만, 왜 혼자서 그 모든 영예를 다 차지했단 말인가?"

다른 철학자들도 솔 크립키를 둘러싸고 커져버린 '천재 숭배 교단'이 크립키에게도, 철학계 전체에도 그리 유익하지 않았다는 데에 동의한다. 『사랑에 관하여About Love』 등을 낸 텍사스 대학의 철학자 로버트 솔로몬Robert Solomon*은 이렇게 짚는다. "오늘날 대다수의 철학자들이 무미건조한 연구를 하는지라, 그들은 철학계에 19세기식의 낭만적 성향을 지닌 천재가 필요하다고 여긴다. 비트겐슈타인이 철학계의 마지막 천재였다. 그는 케임브리지 대학의 우상이 되었고, 학생들은 너나없이 그의 특이한 어투와 신경질적인 몸짓을 흉내내곤 했다. 그가 떠나고 없는 지금, 또 다른 천재를 찾고 있던 우리에게 전설적인 기벽─어떤 것은 유쾌하지만, 또 어떤 것은 불쾌한 기벽─의 소유자인 크립키가 그런 역할을 맡았다. 주위 사람들이 너무나도 애지중지하고 치켜세우고 숭배하는지라, 그가 과연 옳고 그름을 구별할 수 있을지조차 의심스럽다.

---

* 솔로몬은 2007년에 타계했다.

그는 보호를 받아야 할 백치천재와 같다."

솔로몬은 젠더 문제까지 제기하며 이렇게 묻는다. "여성 철학자는 전부 어디에 있는가? 총명한 여성이 처음에 발견한 사상을 총명한 남성이 발전시켜 유명해진 사례가 지난 2,000년 동안 얼마나 많을까?" (이 점을 크립키에게 짚어주었더니 어이없어하는 반응을 보였는데, 평소의 쉰 듯한 목소리가 아주 고음으로 도약하며 이렇게 말했다. "로버트 포겔린이 여자이고 싶다고 주장한 적은 없지 싶습니다만.") 마커스의 논문 선집 『양상들Modalities』(1993년)의 여러 검토자는 스미스 편에 가세하여 철학적 논리학에 관한 그녀의 초기 연구가 부당하게 경시되었다고 불평했으며, 그녀를 직접 지칭 개념의 최초 발견자라고 칭송했다. 하지만 아마도 대다수의 철학자들은 '고정 지시자' 개념을 바탕으로 세워진 이론을 남성의 것이라고 간주한다.

솔 크립키가 지칭에 관한 새 이론으로 영미권 철학계를 뒤흔든 지, 현재 사반세기가 지났다.* 루스 마커스가 그 이론의 기본 요소들을 예견한 지는 그보다 사반세기 더 이전의 일이다. 스미스가 던진 질문은 사상사에서 의미심장한 것이다. 하지만 지칭에 관한 새 이론이 오늘날 여전히 중요한 연구 분야로 남아 있는가? 스콧 솜즈는 내게 말한다. "당연히 그렇습니다. 『이름과 필연』에서 제시된 논제들은 엄청나게 영향력이 커졌습니다. 지금도 마음에 관한 철학의 새 분야들로 확장되고 있는데, 가령 행동의 원인으로서 믿음과 욕구의 역할을 규명하는 연구에

---

* 이 책의 출간일 기준으로는 반세기가 지났다.

활용되고 있습니다." 이에 반대하는 견해도 있다. 럿거스 대학의 철학자 배리 로워Barry Loewer는 이렇게 말한다. "1970년대 후반과 1980년대에 학술지들은 양상논리학의 철학적 측면, 그리고 진리와 지칭의 의미를 다룬 기사로 넘쳐났다. 이제는 그런 것들을 보기 어렵다." 로버트 솔로몬도 그 분야를 비관적으로 바라본다. 그는 이렇게 말한다. "사람들이 누가 그 사상을 처음 발견했느냐를 놓고서 싸우기 시작하면 그 사조는 분명 죽은 것이다. 있을 수 있는 세계들과 고정 지시자와 자연종에 관한 온갖 논의는 지금 돌아보면 거의 곤혹스럽다. 그것은 언어철학의 좁은 개념을 구성하는 1제곱센티미터 중에서 1제곱밀리미터를 차지하며, 1헥타르 넓이의 철학에서는 지극히 작은 한 영역일 뿐이다."("그가 뭘 안다는 것인가?" 크립키가 발끈하여 대꾸한다. "현상학자인 주제에.") 분명, 지금으로서는 지칭에 관한 새 이론에 내재된 철학적 전망은 더 넓은 지성의 세계에서 보면 대단히 인기가 없다. 상상해보라. 외부 세계의 대상이 지닌 본질이 시인이나 현상학자가 아니라 과학자가 밝혀낸 것이라니!*

지난 10년 동안 크립키에 관한 소식은 별로 들리지 않았다. 소문과 추측과 논쟁이 그를 중심으로 철학계 내에서 소용돌이치자, 그는 거의 종적을 감춘 것 같다. 문학비평가, 정치학자, 그리고 다른 철학 이외 분야의 학자/지식인들에게 그를 언급하자, 대체로 이런 반응이었다. "크립키요? 네, 들어본 적은 있습니다. 오래전에 〈뉴욕 타임스 매거진〉의 표지를 장식했던 사람이죠."** 리처드 로티의 철학을 자세히 논할 수 있는 사람들도 크립키와 어렴풋이 연관되는 단 하나의 개념도 찾아내

---

* 그때 이후로 유행은 다시 변했다. 지금은 심지어 파리에서 새로운 객관성에 관한 논의가 있었다.
** 흥미롭게도 1977년 표제 기사의 저자는 테일러 브랜치Taylor Branch였다. 이후 그는 마틴 루터 킹 주니어와 시민권 운동에 관한 기념비적 3부작의 첫 번째 책으로 퓰리처상을 받았다.

지 못한다. 그 이름은 무언가를 기술해주는 기능이 별로 없다. 그 사람들에게 그 이름은 '특정인을 객관적으로 지시해주지' 않는다. 크립키가 자기 시대를 뛰어넘을까? 그의 이름이 앞으로도 살아남을까? 이 문제를 심사숙고하다 보니 『이름과 필연』에 나오는 다음 구절이 각별하게 다가온다. "우리들 다수가 지칭할 만한 인물인 리처드 파인만을 고려해보자. 그는 현대의 정상급 물리학자다. 여기 있는 모두는 (분명히 나는!) 파인만의 이론을 겔만의 이론과 구별할 정도로 서술할 수 있다. 하지만 그런 능력이 없는 누군가가 '파인만'이라는 이름을 사용하고 있을지 모른다. 그 사람에게 물어보면 이렇게 말할 것이다. '아마 물리학자나 뭐 그 비슷한 사람이지요.' 그렇게 한다고 누군가를 고유하게 특정한다고 그 사람은 여기지 않을지 모른다. 그래도 내 생각에 그는 파인만을 가리키는 하나의 이름으로서 '파인만'을 사용하고 있다."

이와 비슷하게 만약 지칭에 관한 새 이론이 옳다면, 학계는 여전히 '크립키'라는 이름을 이용하여 크립키를 가리킬 수 있다. 비록 그가 알려줄 수 있는 바라곤 '그가 철학자나 뭐 그 비슷한 사람'이라는 것뿐이더라도 말이다. 그런데 만약 지칭에 관한 새 이론이 틀리다면? 만약 이름이 기술과 등가라면? 그 경우 '크립키'에 관해 이야기할 때 우리는 '지칭에 관한 새 이론의 고안자'에 관해 이야기하는 셈이다. 따라서 그 이론을 처음 내놓은 사람이 크립키임이 필연적 진리가 되기 때문에 우리는 쿠엔틴 스미스가 실수를 했음을 절대적으로 확신할 수 있다. 있을 수 있는 다른 어떤 세계에서만 '크립키'는 마커스일지 모른다.

후기

이 논쟁, 그리고 내가 이 논쟁을 다룬 글(〈링구아 프랑카Lingua Franca〉에 실린 글)의 여파는 짚어볼 가치가 있다. 루스 바컨 마커스는 내가 글을 쓰는 동안 직접 만나서 이야기를 나누려 하진 않았지만 전화와 우편으로 많은 내용을 주고받았다. 내가 쓴 글이 마음에 든다고 밝혔다. 불만이라면 그녀의 사상들 중 일부를 설명하기 위해 내가 사용한 '시작 단계인inchoate'이라는 형용사가 마음에 들지 않을 뿐이라고 했다. 크립키도 글이 발표된 후 나와의 전화 통화로 판단할 때 글이 전체적으로 공정했다고 여긴 듯했다. 크립키와 마커스는 서로에 대해 줄곧 의심이 있었는데, 마침 그런 속마음을 마음껏 풀어냈다. 아무리 짧더라도 이 두 특출한 인물의 친구가 된다는 것은 우쭐한 경험이었다.

철학계에서는 대체로 그 사건에 관한 의견이 내 글에서 제시된 결론과 상당히 일치했다. 즉 '지칭에 관한 새 이론'의 핵심 개념들은 정말로 마커스의 연구에서 등장했고 이 이론의 선구자로서 그녀의 역할이 경시된 것은 사실이지만, 크립키가 이 개념들을 풍성하게 만들었고 그런 개념들을 사용하여 구체적인 형이상학적 의미들을 뽑아냈음은 분명 독창적인 업적이지 부당하게 도용한 업적이 아니라는 것이다. 쿠엔틴 스미스의 경우, 그 사건에 대한 그의 역할을 놓고서 나중에 내려진 일부 판단은 내가 내린 것보다 조금 가혹했다. 가령 〈타임스〉의 문학평론지 〈타임스 문학 부록The Times Literary Supplement〉(2001년 2월 9일호)에서 철학자 스티븐 닐Stephen Neale은 크립키와 마커스의 상대적 업적에 관한 스미스의 분석을 '혼란스럽고', 또한 '논할 가치도 없다'고 평가하면서 철학적인 면에서 스미스는 '능력이 닿지 않는' 사람이라고 주장했다.

따라서 지칭에 관한 새 이론이라고 불리는 개념들의 뭉치를 누가 처음 내놓았는가에 관한 질문은 완전히 해결되지 않았지만, 적어도 그 사건 이후 합의에 가까이 다가갔다. 하지만 그 개념들 자체는 어떠한가? 지금도 중요하고 필수적인가? 거의 반세기가 지난 '크립키 혁명'은 철학자들이 형이상학과 인식론의 핵심 사안을 다루는 방식에 지속적으로 혁명을 일으켰는가?

　스콧 솜즈 같은 신봉자들은 그렇다는 입장을 고수한다. 논쟁이 끝난 지 10년 후에 그가 쓴 두 권짜리의 무거운 역사책『20세기의 철학적 분석Philosophical Analysis in the Twentieth Century』에서, 솜즈는 크립키가 철학 이전의 사고에 바탕을 둔 직관 – 가령 아리스토텔레스까지 거슬러 올라가서, 세계의 만물은 진정한 본질이 있다는 직관 – 의 중요성을 철학계에 최초로 부활시킨 사람이라고 평가한다. 솜즈에 의하면 크립키 덕분에 오늘날의 철학자들은 '자연종'과 '필연적 진리'에 관해 자신 있게 논할 수 있게 되었다.

　솜즈의 저작을 〈런던 리뷰 오브 북스〉에서 평하면서, 리처드 로티는 그런 주장의 힘을 빼려는 의도에서 크립키가 부활시킨 본질주의는 '단명한 반동적 유행'이 될 거라고 피력했다. 하지만 이는 로티 쪽에서 원하는 바일지 모른다. 그는 덜 직업적이고 전문적인 철학의 유형, 즉 광범위한 문화적 관심사를 건드리는 유럽 전통을 선호했기 때문이다. (로티는 한때 분석철학에서 눈에 띄는 인물이었지만 요즘에는 철학계에서 거의 언급되지 않는다.) 크립키의 업적에 대해 유보적인 입장의 철학자들조차 그의 독보적인 지위는 인정한다. 미국의 철학자 제리 포더Jerry Fodor는 이렇게 말했다. "일반적으로 동의하듯이, (특히『이름과 필연』을 포함하여) 크립키의 저작들은 비트겐슈타인의 죽음 이후로 무엇보다도 미국과 영국의 철학계에 심대한 영향을 미쳤다. 근래에 철학 천재가 있었는지 전문가에게 물어본다면, 크립키와 비트겐슈타인만이 유력한 후보일 것이다."

　지금 크립키는 70대 후반이다. 프린스턴에서 은퇴한 후 현재 뉴욕 시립대학에서 교수직을 맡고 있다. 거기에는 (방대한 미발간 저작물을 포함하여) 그의 지적 유산을 보존하기 위해 솔 크립키 센터가 설립되어 있다. '1945~2000년에 가장 중요한 영미권 철학자'를 뽑는 최근의 비공식적인 설문조사에서 크립키는 (어떤 이유로 결코 천재라고 불린 적이 없는) W. V. 콰인에 이어 2등을 차지했다.

　루스 바컨 마커스는 2012년에 90세의 나이로 세상을 떠났다. 논리학과 언어철학 분야의 전문적인 연구와 더불어 그녀는 더욱 일반적인 관심사도 다루었다. 대표적인 내용이 도덕적 의무들이 서로 충돌하게 될 가능성에 관한 연구였다. 타계 후 몇 년이 지나서 쓴 마커스에게 바친 헌사에서, 옥스퍼드 대학의 논리학과 교수 티모시 윌리엄슨Timothy Williamson은 내가 몰랐던 그녀에 관한 사실을 언급했다. 즉 초기 연구 경력 중 대부분의 기간 동안 – 예일 대학에서 박사학위를 받은 직후인 1948년부터 젊은 크립키가 참석한 하버드 대학 강연을 했던 이듬해인 1963년까지 – 그녀는 "주요 대학의 철학과에 속해 있지 않았고, 어디에도 지원하지 않았다. 그녀는 아내이자 어머니였고, 주부이자 양상논리학자의 삶을 살았다". 윌리엄슨은 이어서 "독창적이고 영리하고 아름답고 매력적이고 영향력 있고 시대를 앞서갔을 뿐만 아니라 실제로 – 내가 믿기로 – 참인 개념들을 내놓았다"며 그녀에게 찬사를 아끼지 않았다.

아무 말이나 하세요

사람들은 자신이 헛소리를 하고 있음을 부정한 채 헛소리를 해왔고, 오랫동안 남들을 헛소리를 한다고 비난해왔다. "저 사람 입을 다물게 해! 헛소리만 하고 있네!"라고 17세기 영국 희곡의 한 등장인물이 말한다. "전쟁 대신에 평화를 말하는 것은 헛소리가 아니다"라고 같은 시대의 한 정치가는 선언한다. 말을 가리키는 데 쓰이는 '헛소리bull'라는 단어는 기원이 확실치 않다. 믿을 만한 추측을 하나 들자면, 불(불라bulla에서 유래했으며, 불라는 문서에 붙이는 봉인이다)이라고 알려진 교황의 칙령을 경멸적으로 가리키는 데서 시작되었다고 한다. 또한 굉장히 터무니없는 사람인 오바디아 불Obadiah Bull과 연관시키는 설이 있다. 불은 헨리 7세가 집권하는 시기에 런던에서 살았던 아일랜드 변호사였다. 줄곧 '가식적이고, 기만적이고, 고지식한'이라는 뜻으로 사용되어온 '불'이 소의 수컷 ─ 더 구체적으로는 소의 배설물 ─ 과 의미적으로 연결된 것은 20세기에 들어와서다. 오늘날 그릇되긴 하지만 일반적으로 그 단어는 '불싯bullshit' - 사전에 따르면 1915년경부터 사용된 단어 - 의 완곡한 줄임말로 여겨진다.

'불'과 달리 '불싯'이 뚜렷하게 현대 언어적 혁명이라면, 이는 다른 뚜렷한 현대적인 것들, 가령 광고, 홍보, 정치 선동, 그리고 사범대학 등과 관련되어 있을 수 있다. 프린스턴의 석좌교수인 저명한 도덕철학자 해리 프랑크푸르트Harry Frankfurt는 이렇게 말한다. "우리 문화의 가장 두드러진 특징 중 하나는 헛소리bullshit가 너무 많다는 것이다." 그가 보기에 헛소리의 만연을 우리는 당연시한다. 우리들 대다수는 그것을 찾아내는 능력을 매우 확신하는지라, 그게 아주 해롭다고 여기지 않는지도 모른다. 우리는 헛소리를 하는 사람을 거짓말을 하는 사람보다 더 좋게 보는 경향이 있다. (미국 작가 에릭 앰블러Eric Ambler의 소설 속에서 아버지는 아들에게 "헛소리로 상황을 타개할 수 있는데, 굳이 거짓말을 해서는 안 된다"라고 조언한다.) 이 모든 상황이 프랑크푸르트로서는 걱정스럽다. 그의 생각에, 우리는 헛소리가 과연 무엇인지 더 확실하게 이해하기 전까지는 그것이 우리에게 미칠 효과를 제대로 알 수 없다. 그런 까닭에 헛소리의 이론이 필요하다.

이런 노선을 따라 프랑크푸르트가 기울인 노력이 한 편의 논문에 들어 있다. 30년도 더 전에 그가 예일 대학의 교수진 세미나에서 발표한 논문이다. 나중에 이 논문은 학술지에 등장했고, 이어서 프랑크푸르트의 저작선집에 포함되었다. 그러는 동안에 복사본이 팬에서 팬으로 전해졌다. 2005년에는 『헛소리에 관하여On Bullshit』라는 책으로도 출간되었다. 큰 활자로 인쇄된 67쪽짜리의 이 작은 책은 전혀 예상치 못한 성공을 거두어 〈뉴욕 타임스〉 베스트셀러 목록에 반년 동안이나 올랐다.

철학자들은 대다수의 사람들이 본질이 있으리라고 결코 생각지 않는 것들의 본질을 알아내려는 직업적인 성향이 있는데, 헛소리가 그러한 예다. 헛소리의 모든 사례에는 있고 헛소리가 아닌 것들에는 없는 어떤 속성이 과연 있을까? 어처구니없는 질문인지도 모르지만, 그 질문은 적어도 형식상으로 철학자들이 진리에 관해 묻는 질문과 다르지 않다. 오늘날 철학계에서 가장 의견이 분분한 문제는 진리의 본질적 속성을 논할 만한 중요한 무언가가 있기는 있느냐는 것이다. 이와 달리 헛소리는 단지 하찮은 것으로 보일지 모른다. 하지만 그 둘 사이에는 동일한 난감함을 초래하는 비슷한 점들이 있다.

만약 여러분이 헛소리의 본질을 탐구하는 학계의 철학자라면 어디에서부터 시작할까? 프랑크푸르트는 무덤덤하게 이렇게 주장한다. "내가 아는 한, 이 주제는 연구 업적이 별로 없다." 그는 이전의 어느 철학자가 비슷하지만 더욱 고상한 이름을 달고 있는 '협잡humbug'을 분석하려던 시도를 찾아냈다. 그 철학자가 정의하기에 협잡은 거짓말에는 못 미치는, 허세 부리는 그릇된 말이다. (자신의 종교적 신념의 중요성을 역설하는 정치인이 떠오른다.) 프랑크푸르트는 이 정의가 전적으로 마음에 들지는 않았다. 거짓말과 헛소리의 차이는, 그가 보기에 정도의 문제 이상이었다. 분석을 새로운 방향으로 진행하기 위해 그는 철학자 루트비히 비트겐슈타인에 관한 약간 특이한 일화를 살펴본다. 1930년대에 비트겐슈타인은 편도선을 막 떼어낸 친구를 병문안하러 병원에 간 적이 있었다. 친구는 비트겐슈타인에게 꺽꺽거리며 말했다. "차에 치인 개가 된 것 같은 느낌이야." (친구의 회상에 의하면) 비트겐슈타인은 친구의 말이 역겨웠다. 그래서 "차에 치인 개가 어떤 느낌인지 넌 모르잖아"라고 받아쳤다. 물론 비트겐슈타인은 그냥 농담을 했는지 모른다. 하지만 프랑크푸르트는 비트겐슈타인의 신랄한 말이 농담이 아니라 진짜라고 여긴다. 어쨌거나 비트겐슈타인은 자신이 무의미의 해로운 형태라고 여기는 것들과 싸우느라 평생을 바친 사람이었다. 친구의 비유적 표현에서 그가 불쾌했던 까닭은, 프랑크푸르트의 짐작으로는, 아무 생각 없이 나온 말이었기 때문이다. "친구의 잘못은 무언가를 올바르게 알지 못했다는 게 아니라 시도조차 하지 않았다는 것이다."

프랑크푸르트가 알아내기를, 헛소리의 본질은 진리를 전혀 신경 쓰지 않는다는 것이다. 헛소리는 꼭 거짓이지 않아도 된다. "헛소리하는 사람은 무언가를 위조한다. 하지만 그렇다고 꼭 자기가 말한 내용을 잘못 알고 있다는 뜻은 아니다." 헛소리하는 자의 속임수는 사건의 상태를 잘못 표현하는 데 있지 않고 자기 말의 진리성에 무관심한 태도를 은폐하는 데 있다. 이와 달리 거짓말쟁이는 일종의 삐뚤어진 방식으로 진리에 관심이 있다. 거짓말쟁이는 우리가 진리로부터 멀어지길 원한다. 프랑크푸르트가 이해한 바에 따르면 거짓말쟁이와 진실을 말하는 사람은 동일한 게임 – 진리의 권위에 의해 정의되는 게임 – 의 정반대 측면을 행하고 있다. 헛소리하는 자는 이런 게임을 아예 하려고 하지 않는다. 거짓말쟁이 및 진실을 말하는 자와 달리, 헛소리하는 자는 자신이 옳다고 여겨서 하는 말에 아무런 구애를 받지 않는다. 그리고 프랑크푸르트가 말하기를, 바로 그 점 때문에 헛소리는 매우 위험하다. 헛소리는 진리를 말하기에 부적격한 사람으로 만든다.

헛소리에 관한 프랑크푸르트의 설명은 이중으로 놀랍다. 헛소리를 거짓말과 구별하는 새로운 방법으로 정의할 뿐만 아니라 이 정의를 이용하여 다음과 같은 강력한 주장을 확립해낸다. "헛소리는 거짓말보다 진리의 더 큰 적이다." 만약 그게 참이라면, 우리는 거짓말이 드러난 사람보다 헛소리가 드러난 사람을 더 가혹하게 대해야 한다. 헛소리하는 자와 달리 거짓말쟁이는 적어도 진리에 관해 신경을 쓰긴 한다. 그는 자신의 말이 비록 거짓이지만 진리와 상관되어야 한다고 신경 쓴다. 그래서 결국에는 뒤집기 위해서지만, 그림을 올바르게 이해하는 데 관심이 있다.

하지만 이는 거짓말쟁이를 너무 호의적으로 보는 시각이 아닐까? 이론상으로 물론 속임수를 순수하게 사랑하여 거짓말을 하는 사람도 있을 수 있다. 이 유형은 성 아우구스티누스의 저작 『거짓말에 관하여On Lying』에서 설명되고 있다. 다른 어떤 목적을 위한 수단으로 거짓말을 하는 사람은 '본의 아니게' 거짓말한다고 아우구스티누스는 말한다. 이와 달리 순수한 거짓말쟁이는 "거짓말에서 기쁨을 얻고 거짓 그 자체를 즐긴다". 하지만 프랑크푸르트가 인정하듯이 그런 거짓말쟁이는 지극히 드물다. 「오셀로」에 나오는 간교한 인물 이아고조차도 그 정도의 순수한 악의는 없다. 보통의 거짓말쟁이는 어떤 원리에 입각한 진리의 적이 아니다. 부정직한 중고차 판매원이 여러분에게 차를 한 대 보여준다고 가정하자. 그는 어떤 할머니가 일요일에만 몰던 차라고 말한다. 엔진도 성능이 아주 좋고 차가 시동이 잘 걸린다고 말한다. 이제 만약 여러분이 그 말들이 죄다 거짓임을 안다면, 그는 거짓말쟁이다. 하지만 그의 목적은 여러분이 진리의 정반대를 믿도록 하는 것일까? 아니다. 차를 사게 하려는 것이다. 만약 자신이 한 말이 어쩌다 참이더라도, 그는 계속 그런 말을 할 것이다. 설령 이전의 차주가 누구였는지, 또는 엔진이 어떤 상태였는지 모르더라도 계속 그렇게 말할 것이다.

이 사례를 거짓말과 헛소리에 관한 프랑크푸르트의 엄격한 구별과 어떻게 조화시킬 수 있을까? 프랑크푸르트는 중고차 판매원이 단지 우연히 거짓말쟁이가 된 거라고 말할 테다. 비록 진리를 알기는 하지만, 그는 진리가 뭔지 신경 쓰지 않고 자기가 무슨 말을 할지를 결정한다. 하지만 그렇다면 거의 모든 거짓말쟁이가 내심으로는 헛소리하는 사람이다. 거짓말쟁이와 헛소리하는 사람은 둘 다 대체로 목적이 있다. 상품을 파는 것이든, 표를 얻는 것이든, 충격적인 폭로를 통해 배우자와 결별하는 것이든, 누군가에게 호감을 얻는 것이든, 유대인을 찾고 있는 나치 대원을 속이는 것이든. 거짓말쟁이가 거짓으로 얻는 이득은 자신에게 유리한 상황인데, 이는 소기의 목적에 이바지하지 않게 되는 순간 깨지고 만다.

거짓말과 헛소리에 관한 프랑크푸르트의 이론적 경계의 모호성은 캐나다 작가 로라 페니Laura Penny의 2005년 책『당신의 전화는 우리에게 중요하다 : 헛소리에 관한 진실 Your Call Is Important to Us: The Truth About Bullshit』에서 명백히 드러난다. 젊은 대학 강사이자 전직 노조 설립자인 저자는 프랑크푸르트의 '미묘하고 유용한' 구별을 소개하면서 책을 시작한다. "거짓말쟁이는 진리를 신경 쓴다. 헛소리하는 사람은 그런 걱정거리에서 자유롭다." 이어서 그녀는 '헛소리'의 관점에서, 막강한 자본가들이 대중을 속이기 위해 사용하는 온갖 종류의 속임수를 파헤친다. '뉴스로 통하는 대다수의 것들은 헛소리'라고 페니는 말한다. 법률가들과 보험 업계 사람들이 쓰는 언어도 그렇다. 광고에서 록 음악을 사용하는 것도 그렇다. 심지어 그녀는 범위를 넓혀서 언어뿐 아니라 물건에도 헛소리를 적용한다. '여러분의 삶을 바꾸게 될 신제품은 아마도 그저 조금 더 싼 플라스틱 쓰레기bullshit'라고 그녀는 적고 있다. 프랑크푸르트를 인정하면서도, 가끔씩 페니는 헛소리를 의도적인 속임수와 동일시하는 듯하다. "인류 역사에서 지금처럼 대단히 많은 사람들이 자신이 거짓이라고 알고 있는 바를 표출한 적은 없었다." 하지만 이어서 그녀는 조지 W. 부시('세계사적 헛소리꾼')와 그의 일당들이 '자신의 헛소리를 믿음으로써 유명해진다'고 말하는데, 이는 그들 자신이 착각에 빠졌다는 뜻으로 읽힌다. 에둘러 말하는 그런 찬사를 도널드 트럼프한테 바쳐도 되지 않을까 싶다.

프랑크푸르트는 대중적 용법에서 '헛소리'가 '구체적인 정의상의 의미와 무관하게 악용을 가리키는 총칭'으로 쓰인다는 점을 인정한다. 다만 자신이 원했던 바는 해당 사안의 본질을 파헤쳐보는 것이라고 말한다. 하지만 헛소리에 단 한 가지의 본질만 있을까? 「헛소리 속으로 더 깊이Deeper into Bullshit」라는 논문에서 옥스퍼드 대학의 철학자 G. A. 코헨Cohen은 프랑크푸르트가 헛소리의 어떤 한 범주를 몽땅 제외시키고 있다고 항의한다. 바로 학문적 저술에 등장하는 헛소리다. 만약 일상생활의 헛소리가 진리에 대한 무관심에서 생긴다면, 코헨의 말로는, 학계의 헛소리는 의미에 대한 무관심에서 생긴다. 그런 헛소리는 대단히 진심 어린 것일 수는 있지만, 그럼에도 터무니없는 소리다. 마르크스주의 전문가인 코헨은 젊은 시절(1960년대)에 바로 그런 종류의 헛소리 때문에 큰 피해를 입었다고 불평한다. 그 시절 코헨은 루이 알튀세르가 영감을 준 프랑스 마르크스주의 학파의 저작에 심취해 있었다. 그 지나치게 모호한 텍스트들을 이해하려다가 너무 진이 빠진 나머지 스스로 1970년대 말에 마르크스주의자 토론 모임을 결성했는데, 모토가 '헛소리가 없는 마르크스주의'였다.

파리 좌안La Rive Gauche에서부터 미국의 영어학과들에까지 건너간 여러 '이론'에 익숙한 사람이라면 고상한 헛소리의 사례를 마음껏 내놓을 수 있을 것이다. 하지만 모든 불명확한 대화를 헛소리로 치부해버리는 것은 성급한 처사일 테다. 코헨은 더 정확한 범주를 제시한다. 불명확할 뿐만 아니라 명확하게 만들 수 없는 것이어야지만 헛소리다. 즉 헛소리는 명확하도록 만들 수 없는 모호한 말이다. 어떻게 헤겔이나 하이데거 같은 철학자들을 그들의 저작이 헛소리라는 비난으로부터 지켜낼 수 있을까? 코헨의 말에 의하면 그들이 진리에 신경 썼음을 보여준다고 될 일이 아니다. (그 점을 보여주기만 하면, 만약 프랑크푸르트의 정의에 따른 헛소리하는 자라는 비난을 받을 때 그들은 곤경에서 거뜬히 벗어날 것이다.) 대신에 그들의 저작이 실제로 타당함을 보이려 하면 된다. 그리고 어떻게 그 반대 상황, 즉 어느 진술이 대책 없이 불명확하고, 따라서 헛소리임을 증명할 수 있을까? 한 가지 검증 방법은 그 진술에 '아니다not'를 보태서 진술의 타당성이 차이 나는지를 알아보는 것이다. 만약 차이 나지 않는다면 그 진술은 헛소리다. 공교롭게도 하이데거는 한때 자신이 그렇게 하는 상황에 매우 가까이 다가갔다. 자신의 논문 「형이상학이란 무엇인가?」(1943년)의 네 번째 판에서 그는 이렇게 단언했다. "존재는 정말이지 존재하지 않음일 수 있다." 다섯 번째 판(1949년)에서 그 문장은 다음과 같이 바뀌었다. "존재는 존재하지 않음이 결코 아니다."

프랑크푸르트는 고상한 헛소리를 하나의 특별한 유형이라고 인정하지만, 그래도 자신이 관심을 두는 유형의 헛소리에 비해 그리 위험하다고는 여기지 않는다. 정말로 무의미한 담론이 '짜증스럽긴' 하지만, 학계에서 오랫동안 진지하게 취급되기는 어렵다. 진실인지 여부를 문제삼지 않는 헛소리가 훨씬 더 위험하다고 프랑크푸르트는 주장한다. 왜냐하면 "문명화된 생활 방식, 그리고 그런 방식에 의하지 않고는 유지될 수 없는 제도의 생명성이 진실과 거짓의 구별에 근본적으로 달려 있기 때문이다".

헛소리하는 사람은 얼마나 사악할까? 그건 정직성이 얼마만큼 소중한가에 따라 결정된다. 사회적 협력의 토대가 되는 신뢰를 유지하는 데 정직성이 매우 중요하다고 프랑크푸르트가 주장할 때, 그는 진리의 수단적 가치를 역설하고 있다. 하지만 정직성이 그 자체로서 어떤 가치가 있는지 여부는 별개의 질문이다. 비유를 드는 차원에서, 잘 돌아가는 한 사회가, 실제로 존재하든 아니든, 신에 대한 믿음에 의존한다고 가정하자. 반체제적 성향인 누군가는 신의 존재에 의문을 던지면서, 공공의 도덕에 미칠지 모르는 영향을 그다지 걱정하지 않을 수 있다. 그런 태도는 진리에 대해서도 가능하다. 철학자 버나드 윌리엄스가 타계하기 얼마 전인 2002년에 출간된 책에서 주장했듯이, 진리에 대한 의심은 현대사상에서 두드러진 조류였다. 윌리엄스는 이렇게 탄식했다. "진리의 존재를 정말로 믿지 않는다면, 정직성을 소중히 여기는 자세가 무슨 소용이 있는가?"

진리의 존재를 의심한다는 발상은 기이하게 보일지 모른다. 제정신인 사람이라면 누구도 '사담 후세인이 대량 살상 무기를 갖고 있다' 또는 '탄소 배출이 기후변화를 초래한다' 또는 '고양이가 매트 위에 있다'와 같은 진술이 있을 때 진실과 거짓이 명확히 판가름난다는 데 의문을 품지 않는다. 하지만 더욱 흥미로운 명제들 – 옳음과 그름에 관한 주장, 아름다움에 대한 판단, 원대한 역사적 서술, 가능성에 대한 논의, 관찰 불가능한 실체에 관한 과학적 진술 등 – 의 경우, 진리의 객관성은 지켜내기가 더 어렵다. (윌리엄스의 표현대로) 진리의 '거부자들'은 우리 각자가 자신만의 견해에 갇혀 있다고 주장한다. 세계에 관해 나름의 이야기를 지어내어, 일종의 권력 행사로서 그것을 남에게 들이민다는 것이다.

절대적 진리의 거부자와 수호자 사이의 전투 경계선은 이상하게 그어진다. 진리의 찬성자 측에서 대표적인 인물은 전임 교황 베네딕토 16세다. 그는 도덕적 진리는 신성한 계명에 해당한다면서 그 자신이 (이상하게) 명명한 '상대주의의 독재'를 비난했다. '뭐든 좋다' 측의 대표적인 인물은 조지 W. 부시 행정부의 한 구성원이다. 그는 객관적 진리라는 개념을 조롱하면서 이렇게 선언했다. "우리는 지금 제국이기에, 우리의 행동이 진실을 창조한다." 철학자들 중에서는 장 보드리야르와 자크 데리다 같은 대륙의 후기구조주의자들이 반反진리 노선에 위치한다. 영국과 미국에 있는 그들의 냉철한 맞수들 - 이른바 분석철학자들 - 은 확실히 친親진리 진영에 있으리라고 예상할 수 있을지 모른다. 하지만 사이먼 블랙번이 2005년에 출간한 자신의 책『진리 : 안내 Truth: A Guide』에서 주장하고 있듯이, 지난 50년 동안의 '유명한' 영미권 철학자들 - 비트겐슈타인*, W. V. 콰인, 토머스 쿤, 도널드 데이비슨, 리처드 로티 - 은 실재와의 일치를 진리라고 보는 상식적 개념을 허무는 것처럼 보이는 위력적인 논증들을 발전시켰다. 정말이지 블랙번의 말에 의하면 "진지한 철학의 마지막 세대의 거의 모든 경향은 '뭐든 좋다' 분위기에 일조했다". 바로 그런 분위기가 헛소리가 만연하도록 조장했다고 해리 프랑크푸르트는 주장한다.

케임브리지 대학의 철학 교수인 블랙번은 친진리 세력을 회복시키길 원한다. 하지만 반대편에도 마땅한 몫을 주는 데 관심을 쏟는다. 『진리』에서 그는 진리에 반대하는 사례가 일어난 여러 형태를 꼼꼼하게 고찰한다. 가령 고대 그리스의 철학자 프로타고라스에까지 거슬러 올라가는데, 그의 유명한 말 '인간은 만물의 척도다'를 소크라테스는 위험한 상대주의의 표현이라고 여겼다. 가장 단순한 형태의 상대주의는 반박하기 쉽다. 리처드 로티가 가벼운 마음으로 제시한 상대주의의 한 버전을 예로 들어보자. "진리란 여러분의 동시대인들의 판단에 따라 여러분이 지니고 가는 것이다." 문제는 지금 이 시대의 미국인들과 유럽인들이 진리의 그런 특성을 여러분이 지니고 가도록 허용하지 않는다는 것이다. 따라서 그 자체의 기준상 위의 진술은 참일 수 없다. (미국의 철학자 시드니 모겐베서 Sidney Morgenbesser가 실용주의 - 대략적으로 말해서, 진리를 유용성과 동일시하는 관점 - 를 놓고서 한 불평도 비

---

* 오스트리아 태생이지만 인생의 후반부는 영국에서 활동했다 - 옮긴이

숫한 취지였다. "이론상으로는 정말 잘 통하는데 현실에서는 통하지 않는다.") 이어서 진리 전체는 언제나 우리를 피해나간다는, 종종 들리는 불만이 있다. 꽤 타당한 말이지만, 블랙번에 의하면 부분적 진리들은 여전히 완벽하게 객관적일 수 있다. 그는 제1차 세계대전 때 프랑스의 총리였던 조르주 클레망소의 말을 인용한다. 제1차 세계대전에 관해 후세 역사학자들이 뭐라고 말할 것 같으냐는 질문을 받자 그는 이렇게 대답했다고 한다. "벨기에가 독일을 침공했다고는 말하지 않을 겁니다."

만약 상대주의에 딱 맞는 슬로건이 있어야 한다면, '사실은 존재하지 않고 해석만이 있을 뿐이다'라는 니체의 금언이 그런 예다. 니체는 진리는 발견되기보다 만들어진다고 여기는 성향이어서, 우리의 믿음이 '실재와 일치하도록' 만들기보다는 다른 사람들이 그런 믿음을 공유하도록 조작하는 것이 관건이라고 보았다. 그래서 '진리는 우리가 환영임을 잊어버린 환영이다'라는 말도 남겼다. 만약 그렇다면, 진리에 신경 쓰지 않는 헛소리하는 사람을 대단히 악랄하다고 보긴 어렵다. 아마도 니체의 말을 쉽게 풀이하자면, 진리는 악취가 빠진 헛소리에 다름 아니다. 블랙번은 니체에 대해 양가적인 감정을 품는데, 한편으로 니체는 '비범하게 예민한 통찰'이 없었다면 '철학계의 주정꾼'으로 취급받았을 것이라고 본다. 또 한편으로 이렇게 주장한다. 현재 니체는 '포스트모더니즘의 수호성인'임은 말할 것도 없고 가장 영향력 있는 위대한 철학자이므로, 우리가 붙들고 고민해야 하는 인물임은 틀림없다고 말이다. 니체의 더욱 악명 높은 신조 중 하나는 관점주의perspectivism이다. 누구나 저마다의 이익과 가치에 따라 세계를 편파적이고 왜곡된 관점으로 바라본다는 생각이다. 이것 때문에 니체가 진리를 거부하게 되었는지는 논쟁거리다. 적어도 원숙한 저작을 통해 보자면, 그의 조롱은 형이상학적 진리를 겨냥했지 과학적이고 역사적인 진리를 향해 있지는 않았다. 그렇긴 해도 블랙번은 니체의 엉성한 사고를 비판한다. 우리가 한 가지 관점에 영원히 묶여 있거나 상이한 관점들이 정확성에 따라 등급이 매겨질 수 없다고 볼 하등의 이유가 없다고 그는 말한다. 그리고 만약 우리가 한 관점에서 다른 관점으로 옮겨갈 수 있다면, 편파적인 견해들을 종합하여 상당히 객관적인 세계관을 내놓지 못할 까닭이 무엇인가?

미국 학계에서 리처드 로티는 근래에 아마도 가장 걸출한 '진리 거부자'이다. (그는 2007년에 세상을 떠났다.) 로티의 뛰어난 장점은 진리, 그리고 함의상 서양철학 전통 전체를 반대하는 주장의 명료성과 유창함이다. 우리의 마음은 세계를 '비추지' 않는다고 그는 주장했다. 우리가 어떻게든 우리 자신을 벗어날 수 있고, 우리의 사고와 실재의 관계를 알아낼 수 있다는 생각은 기만이다. 우리는 그런 관계에 대한 이론을 얻을 수는 있겠지만, 그 이론은 단지 또 하나의 생각일 뿐이다. 언어는 일종의 적응 수단이며 우리가 사용하는 단어들은 도구일 뿐이다. 세계에 관해 논하는, 서로 경쟁하는 여러 어휘가 존재하는데 인간의 필요와 이익에 따라 그중 어떤 것이 더 유용할 뿐이다. 하지만 어떤 어휘도 실재에 대응하지 않는다. 탐구는 세계에 대처할 최상의 방법에 관한 합의에 이르기 위한 과정이며, '진리'는 우리가 그 결과에 바치는 칭찬일 뿐이다. 진리 찾기가 행복 찾기의 일부일 뿐이라는 취지로 했던, 미국의 실용주의자 존 듀이의 말을 로티는 즐겨 인용했다. 또한 진리는 신의 대리자라는 니체의 주장도 즐겨 인용했다. 로티의 말에 따르면 누군가에게 '진리를 사랑하는가?'라고 묻는 것은 '구원받았는가?'라고 묻는 것과 마찬가지다. 도덕에 관한 추론을 할 때, 우리는 결론이 신의 의지에 부합하는지를 더 이상 걱정하지 않는다. 그래서 다른 탐구 영역에서도 우리는 결론이 마음과 무관한 실재에 부합하는지를 더 이상 걱정하지 않아도 된다는 것이다.

로티의 이런 주장은 헛소리하는 사람들에게 도움과 위안을 줄까? 블랙번은 그렇다고 여긴다. 동료들 간에 합의를 얻어내는 것은 성실한 실험과학자들이 하려고 하는 일이다. 하지만 또한 창조론자들, 그리고 홀로코스트를 부정하는 이들도 하는 일이다. 주의 깊게 로티는 비록 진리와 합의의 구별이 불가능할지라도 우리는 '경솔함'과 '진지함'을 구별할 수 있다고 주장한다. 어떤 사람들은 '진지하고 품위 있고 신뢰가 가는' 반면에 또 어떤 사람들은 '상대하기 어렵고 재미없고 자기 생각에만 빠져' 있다. 블랙번은 둘을 구별하는 유일한 방법은 진리에 대한 태도라고 본다. 진지한 사람은 진리를 신경 쓰고 경솔한 사람은 그렇지 않다는 것이다. 하지만 로티의 저작에서 이끌어낼 수 있는 또 다른 가능성이 있다. 진지한 사람은 합의를 도출할 뿐만 아니라 합의를 도출하기 위한 방법을 정당화할 수 있다. (가령 천체물리학자들은 그렇게 하지만 점성술사들은 그렇지 않다.) 이런 점, 그리고 진리에 대한 어떤 초월적인 개념을 신봉하지 않는 태도가 진지한 탐구자와 헛소리하는 자를 구별하는 로티의 기준이다.

하지만 블랙번이 실용주의자와 관점주의자만 적으로 여기는 것은 아니다. 그의 책에서 상당 부분은 '전일주의', '비교 불가능성', '주어진 것의 신화Myth of the Given'와 같이 체제 전복적으로 들리는 표현을 내놓은 현대의 논증들을 다룬다. 이 셋 중에서 마지막 것을 살펴보자. 상당히 합리적인 가정에 의하면 세계에 관한 우리의 지식은 우리와 우리 속의 것들 사이의 인과적 상호작용에 토대를 두고 있다. 우리 몸에 영향을 주는 분자와 광자들이 감각을 발생시키며, 이 감각으로 인해 기본적인 믿음 – 가령 '나는 지금 빨간색을 보고 있다' – 이 생겨나고, 이 믿음은 세계에 관한 더 높은 수준의 명제를 지지하는 증거가 된다. 이 과정에서 이해하기 어려운 부분은 감각과 마음 사이의 관련성이다. 어떻게 '날것 상태의 느낌'이 명제와 같은 것으로 변환된단 말인가? 윌리엄 제임스는 이렇게 썼다. "감각이란 사건을 변호사에게 맡겨놓은 의뢰인과 같다. 변호사가 가장 말하기 편리하다고 여긴 사건에 관한 설명을, 좋든 싫든, 수동적으로 법정에서 듣고 있는 의뢰인 말이다." 그런데 감각이 사고의 과정 속으로 직접 들어갈 수 있다는 개념을 가리켜 '주어진 것의 신화'라고 한다. 영미권 철학계에 누구도 넘볼 수 없는 영향을 끼친 미국의 철학자 도널드 데이비슨은 그런 신화에 대한 비판을 간명하게 표현했다. "한 믿음은 또 다른 믿음 없이는 결코 타당하다고 볼 수 없다."

블랙번이 보기에 그런 사고 노선은 지식과 세계 사이의 모든 접촉을 차단시킬 우려가 있다. 만약 믿음이 다른 믿음에 빗대서만 옳은지 확인할 수 있다면, 믿음의 한 집합이 옳은지 판단할 유일한 기준은 그런 믿음들이 일관된 그물망, 즉 전일주의라고 알려진 지식의 구도를 형성하느냐는 것뿐이다. 그리고 세계와 상호 작용하는 다른 사람들은 위의 경우와 상이하지만 마찬가지로 일관된 믿음의 그물망을 형성하고 있을지 모른다. 이런 가능성을 가리켜 비교 불가능성이라고 한다. 그런 경우, 무엇이 진리이고 무엇이 헛소리인지를 누가 구별할 수 있겠는가? 하지만 블랙번은 위의 내용을 전혀 받아들이지 않는다. '한 믿음은 또 다른 믿음 없이는 결코 타당하다고 볼 수 없다'라는 슬로건은 결코 옳을 리가 없다고 그는 주장한다. 어쨌거나 만약 "존이 집에 들어왔더니 개 냄새가 훅 난다면 그는 로버가 집에 있다고 믿을 이유가 생긴 것이다. 만약 메리가 냉장고를 열고 보았더니 버터가 있다면, 냉장고에 버터가 있다고 믿을 이유가 생긴 것이다".

뭐가 그리 급하냐고 데이비슨 일파는 대꾸할지 모른다. 감각은 '개

냄새 맡기'나 '버터 보기'로 뭉뚱그려 이름 붙일 수 없는 것이라면서 말이다. 그런 서술은 상당한 정도의 사전 개념 형성을 의미한다. 로버가 집에 있다고 믿을 이유를 존에게 부여하는 것은, 사실은 또 다른 믿음이다. 즉 자신이 맡고 있는 냄새가 '개 냄새'의 범주에 속한다는 믿음이다. 그런 믿음들이 세계와의 인과적 상호작용에서 생기지 우리 머릿속의 목소리로부터 생기는 게 아니라는 블랙번의 주장은 절대적으로 옳다. 하지만 그런 믿음들을 정당화하는 – 우리가 그런 믿음들을 올바르게 얻었는지 그릇되게 얻었는지를 판단하는 – 과정은 그것을 다른 믿음과 맞추어봐야 하는 문제일 수 있다. 그런 맥락에서 데리다의 다음 말이 완전히 헛소리는 아니었다. "텍스트 바깥에는 아무것도 없다."

블랙번은 객관적 진리는 그것을 비판하는 이들의 공격에서 살아남을 수 있고, 또한 반드시 그래야 한다고 결론 내리긴 하지만 그도 자신이 옹호하게 될 내용을 약화시킬 수밖에 없었다. 생각해보자면, 블랙번과 그의 추종자들은 다음 질문에 어떤 식으로든 답을 내놓아야 한다. '농담 삼아' 빌라도가 예수에게 던진 '진리가 무엇인가?'라는 질문이다. 진리는 사실에 대응되는 것이라는 가장 명백한 답은 이 '대응'이 어떤 형태를 띠어야 하며, 어떤 '사실'이 진리 그 자체와 다른 것일 수 있는지 말하기 어렵다는 점에서 좌초하고 만다. 정말이지 누구나가 동의할 수 있는 유일한 것은, 각각의 진술은 참인지를 뒷받침할 자기만의 조건을 제공한다는 점이다. 가령 '눈은 희다'라는 진술은 오직 눈이 흰 경우에만 참이다. '사형은 옳지 않다'라는 진술은 오직 사형이 옳지 않은 경우에만 참이다. 블랙번으로서는, 이 단순한 사실을 뛰어넘어 무엇이 참이고 거짓인지에 관한 일반적 이론을 세우려는 시도는 그릇된 것이다. 그런 까닭에, 블랙번 자신의 용어로 표현하자면, 그는 진리에 관한 '미니멀리스트'가 되었다. 블랙번은 진리를 '작고 평범한' 어떤 것으로 축소시킴으로써, 희망하건대 적들이 포위 공격을 철회하도록 유도한다.

이 미니멀리즘 전략의 문제점은 우리가 신경 쓸 거리를 남기지 않는다는 것이다. 만약 진리를 이론적으로 파악하는 것이 아예 불가능하다면, 진리가 절대적으로 좋다는 것은 차치하고라도 그것이 가치가 있는지를 우리는 어떻게 알 수 있는가? 우리의 믿음이 '참'이라고 불릴 자격이 있는지의 여부를 우리는 왜 신경 써야 한단 말인가? 내심으로 우리는 목적 달성에 도움이 되고 우리를 잘 살게 해줄 수 있는 것이면, 참이든 아니든 가릴 것 없이 뭐든 믿고 싶어 할지 모른다. 신이 없더라도 신을 믿는 편이 더 행복할지 모른다. 우리가 하는 일에 우리가 정말로 재능이 있다고 여기면, 설령 그것이 환상이더라도 우리는 더 행복할지 모른다. (연구 결과에 따르면 자신의 진짜 능력을 가장 올바르게 이해하는 사람들은 우울증에 걸리는 경향이 있다.)

따라서 진리는 절대적인 선이 아닐지 모른다. 심지어 진리의 수단적 가치도 과대평가되었을지 모른다. 하지만 진리를 옹호할 한 가지 이유는 있다. 바로 헛소리보다 더 아름답다는 것이다. 대다수의 헛소리는 추하다. 정치 선동, 홍보활동PR의 형태를 띨 때 헛소리는 완곡어법, 상투어, 거짓으로 꾸민 소탈함, 거짓 감정, 그리고 거창한 추상적 표현으로 가득하다. 그렇지만 헛소리라고 꼭 추해야 하는 것은 아니다. 정말이지 우리가 시라고 부르는 것들 중 다수가 숭고한 언어의 옷을 입은 진부하거나 거짓된 생각으로 이루어져 있다. 가령 '아름다움은 진리이고 진리는 아름다움이다'라는 사상은 아름다울지 모르지만 참이지는 않다. (오스카 와일드는 자신의 책 『거짓의 쇠락The Decay of Lying』에서 제안하기를, 예술의 적절한 목표는 '아름답지만 참이지는 않은 것을 표현하기'라고 했다.)

헛소리의 미학적 차원은 프랑크푸르트의 글에서는 대체로 무시되고 있다. 하지만 그는 헛소리가 예술적 요소를 지닐 수 있음은 인정한다. '즉흥성, 개성, 그리고 창의적 표현'의 기회를 준다고 본다. 문제는 대다수의 헛소리가 숨은 동기에서 나온다는 데 있다. 가령 목표가 제품 판매이거나 유권자 조작하기일 때, 언어를 지독하게 남용하게 될 가능성이 농후한 법이다.

하지만 꿍꿍이 없이 나오는 헛소리에는 즐거운 요소가 있을지 모른다. 딱 어울리는 사례가 문학 역사상 가장 웃기는 천재 존 팔스타프 경Sir John Falstaff이다. 권모술수와 전쟁, 그리고 음모와 배신이 난무하는 암울한 셰익스피어의 작품 속에서 팔스타프는 자유의 상징으로 등장한다. 그는 자신의 안락함을 방해하는 어떤 것에도 예속되기를 거부하는데, 특히 진리의 권위에 굴복하지 않는다. 이 뚱뚱한 기사의 매력적인 헛소리는 자신은 물론이고 다른 사람들도 재치 있는 사람으로 만든다. 그는 근엄한 도덕군자의 적이며, 유쾌한 어울림과 동료애의 전형이다. 재미없는 비트겐슈타인보다 같이 있기가 훨씬 낫다. 정치적·상업적·학문적 헛소리를 다룰 때에는 무슨 일이 있어도 단호해야 한다. 그렇다고 재담꾼을 내쫓지는 말자.

1. 아인슈타인이 괴델과 함께 걸을 때
   • John S. Rigden, *Einstein 1905: The Standard of Greatness*(Harvard, 2005).
   • Rebecca Goldstein, *Incompleteness: The Proof and Paradox of Kurt Gödel*(Norton, 2005).
   • Palle Yourgrau, *A World Without Time: The Forgotten Legacy of Gödel and Einstein*(Allen Lane, 2005).

2. 시간은 거대한 환영에 불과한 것일까?
   • Paul Davies, *About Time: Einstein's Unfinished Revolution*(Simon & Schuster, 1995).
   • J. Richard Gott, *Time Travel in Einstein's Universe: The Physical Possibilities of Travel Through Time*(Houghton Mifflin, 2001).
   • Huw Price, *Time's Arrow and Archimedes' Point: New Directions for the Physics of Time*(Oxford, 1996).

3. 숫자 사나이
   • Stanislas Dehaene, *The Number Sense: How the Mind Creates Mathematics*, rev. ed.(Oxford, 2011).
   • Stanislas Dehaene, *Consciousness and the Brain. Deciphering How the Brain Codes Our Thoughts*(Viking, 2014).
   • Brian Butterworth, *What Counts: How Every Brain Is Hardwired for Math* (Free Press, 1999).

4. 리만 제타 추측, 그리고 최종 승자의 웃음
   • Karl Sabbagh, *The Riemann Hypothesis: The Greatest Unsolved Problem in Mathematics*(Farrar, Straus and Giroux, 2003).
   • Marcus du Sautoy, *The Music of the Primes: Searching to Solve the Greatest Mystery in Mathematics*(Harper, 2003).

• V. S. Ramachandran and Sandra Blakeslee, *Phantoms in the Brain: Probing the Mysteries of the Human Mind*(Morrow, 1998).

5. 프랜시스 골턴 경, 통계학… 그리고 우생학의 아버지
• Martin Brookes, *Extreme Measures: The Dark Visions and Bright Ideas of Francis Galton*(Bloomsbury, 2004).
• Daniel J. Kevles, *In the Name of Eugenics: Genetics and the Uses of Human Heredity*(Knopf, 1985).
• Stephen M. Stigler, *The History of Statistics: The Measurement of Uncertainty Before 1900*(Belknap, 1986).

6. 수학자의 로맨스
• Edward Frenkel, *Love and Math: The Heart of Hidden Reality*(Basic, 2013).
• E. T. Bell, *Men of Mathematics*(repr., Touchstone, 1986).

7. 고등수학의 아바타들
• G. H. Hardy, *A Mathematician's Apology*(Cambridge, 1940).
• Michael Harris, *Mathematics Without Apologies: Portrait of a Problematic Vocation*(Princeton, 2015).

8. 브누아 망델브로와 프랙털의 발견
• Benoit Mandelbrot, *The Fractalist: Memoir of a Scientific Maverick*(Pantheon, 2012).
• Benoit Mandelbrot and Richard L. Hudson, *The (Mis)behavior of Markets: A Fractal View of Financial Turbulence*(Basic, 2006).

9. 기하학적 창조물
• Edwin A. Abbott, *The Annotated Flatland: A Romance of Many Dimensions*, with an introduction and notes by Ian Stewart(Perseus, 2002).
• Lawrence M. Krauss, *Hiding in the Mirror: The Quest for Alternate Realities, from Plato to String Theory*(Viking, 2005).

10. 색깔의 코미디
• Robin Wilson, *Four Colors Suffice: How the Map Problem Was Solved* (Princeton, 2003).
• Ian Stewart, *Visions of Infinity: The Great Mathematical Problems*(Basic, 2013).

11. 무한한 비전
• David Foster Wallace, *Everything and More: A Compact History of* ∞ (Norton,

2003).
- Shaughan Lavine, *Understanding the Infinite*(Harvard, 1994).

12. 무한 숭배
- Loren Graham and Jean-Michel Kantor, *Naming Infinity: A True Story of Religious Mysticism and Mathematical Creativity*(Belknap, 2009).
- Rudy Rucker, *Infinity and the Mind: The Science and Philosophy of the Infinite*(Princeton, 1995).

13. 무한소라는 위험한 발상
- Amir Alexander, *Infinitesimal: How a Dangerous Mathematical Theory Shaped the Modern World*(Scientific American / Farrar, Straus and Giroux, 2014).
- Michel Blay, *Reasoning with the Infinite: From the Closed World to the Mathematical Universe*, trans. M. B. DeBevoise(Chicago, 1998).
- Joseph Warren Dauben, *Abraham Robinson: The Creation of Nonstandard Analysis, a Personal and Mathematical Odyssey*(Princeton, 1995).

14. 에이다를 둘러싼 논란
- Dorothy Stein, *Ada: A Life and Legacy*(MIT, 1987).
- Benjamin Woolley, *The Bride of Science: Romance, Reason, and Byron's Daughter*(McGraw-Hill, 1999).

15. 앨런 튜링의 삶, 논리, 그리고 죽음
- Andrew Hodges, *Alan Turing: The Enigma*(Walker, 2000).
- David Leavitt, *The Man Who Knew Too Much: Alan Turing and the Invention of the Computer*(Norton, 2006).
- Martin Davis, *Engines of Logic: Mathematics and the Origin of the Computer*(Norton, 2000).

16. 닥터 스트레인지러브가 '생각하는 기계'를 만들다
- George Dyson, *Turing's Cathedral: The Origins of the Digital Universe* (Pantheon, 2012).
- Norman MacRae, *John von Neumann: The Scientific Genius Who Pioneered the Modern Computer, Game Theory, Nuclear Deterrence, and Much More*(Pantheon, 1992).

17. 더 똑똑한, 더 행복한, 더 생산적인
- Nicholas Carr, *The Shallows: What the Internet Is Doing to Our Brains*(Norton,

2010).

- Steven Johnson, *Everything Bad Is Good for You: How Today's Popular Culture Is Actually Making Us Smarter*(Riverhead, 2006).
- Gary Marcus, *Kluge: The Haphazard Construction of the Human Mind* (Houghton Mifflin, 2008).

18. 끈이론 전쟁, 아름다움은 진리인가?

- Brian Greene, *The Elegant Universe: Superstrings, Hidden Dimensions, and the Quest for the Ultimate Theory*(Norton, 1999).
- Lee Smolin, *The Trouble with Physics: The Rise of String Theory, the Fall of a Science, and What Comes Next*(Houghton Mifflin, 2006).
- Peter Woit, *Not Even Wrong: The Failure of String Theory and the Search for Unity in Physical Law*(Basic, 2006).

19. 아인슈타인, '유령 같은 작용', 그리고 공간의 실재

- George Musser, *Spooky Action at a Distance: The Phenomenon That Reimagines Space and Time—and What It Means for Black Holes, the Big Bang, and Theories of Everything*(Scientific American / Farrar, Straus and Giroux, 2015).
- Tim Maudlin, *Quantum Non-Locality and Relativity: Metaphysical Intimations of Modern Physics*, 3rd ed.(Wiley-Blackwell, 2011).

20. 우주는 어떻게 끝나는가?

- Steven Weinberg, *The First Three Minutes: A Modern View of the Origin of the Universe*(Basic, 1977).
- Sean Carroll, *From Eternity to Here: The Quest for the Ultimate Theory of Time*(Plume, 2010).
- Paul Davies, *The Last Three Minutes: Conjectures About the Ultimate Fate of the Universe*(Basic, 1994).

21. 도킨스와 신

- Richard Dawkins, *The God Delusion*(Houghton Mifflin, 2006).
- J. L. Mackie, *The Miracle of Theism: Arguments for and Against the Existence of God*(Oxford, 1982).
- Richard Swinburne, *Is There a God?*(Oxford, 1996).

22. 도덕적 성인에 관하여

- Nick Hornby, *How to Be Good*(Riverhead, 2001).
- Simon Blackburn, *Being Good: A Short Introduction to Ethics*(Oxford, 2001).
- Larissa MacFarquhar, *Strangers Drowning: Grappling with Impossible*

Idealism, Drastic Choices, and the Overpowering Urge to Help(Penguin, 2015).

23. 진리와 지칭

- Ruth Barcan Marcus, *Modalities: Philosophical Essays*(Oxford, 1993).
- Saul Kripke, *Naming and Necessity*(Wiley-Blackwell, 1991).
- A. J. Ayer, *Philosophy in the Twentieth Century*(Vintage, 1982).

24. 아무 말이나 하세요

- Harry G. Frankfurt, *On Bullshit*(Princeton, 2005).
- Simon Blackburn, *Truth: A Guide*(Oxford, 2005).
- Richard Rorty, *Truth and Progress: Philosophical Papers*, vol. 3(Cambridge, 1998).

| 감사의 말 |

이 책에 나온 긴 분량의 글은, 약간 다른 형태이긴 하지만, 아래에 발표된 글에 이미 실렸던 내용이다. 「수학자의 로맨스」, 「고등수학의 아바타들」, 「브누아 망델브로와 프랙털의 발견」, 「기하학적 창조물」, 「색깔의 코미디」, 「무한소라는 위험한 발상」, 「닥터 스트레인지러브가 '생각하는 기계'를 만든다」, 그리고 「아인슈타인, '유령 같은 작용', 그리고 공간의 실재」는 〈뉴욕 리뷰 오브 북스〉에 실렸다. 「아인슈타인이 괴델과 함께 걸을 때」, 「숫자 사나이」, 「프랜시스 골턴 경, 통계학… 그리고 우생학의 아버지」, 「무한한 비전」, 「에이다를 둘러싼 논란」, 「앨런 튜링의 삶, 논리, 그리고 죽음」, 「끈이론 전쟁, 아름다움은 진리인가?」, 「도덕적 성인에 관하여」, 그리고 「아무 말이나 하세요」는 〈뉴요커〉에 실렸다. 「무한 숭배」와 「더 똑똑한, 더 행복한, 더 생산적인」은 〈런던 리뷰 오브 북스〉에 실렸다. 「도킨스와 신」은 〈뉴욕 타임스 북 리뷰〉에 실렸다. 「우주는 어떻게 끝나는가?」는 〈슬레이트Slate〉에 실렸다. 「시간은 거대한 환영에 불과한 것일까?」는 〈라팜스 쿼터리Lapham's Quarterly〉에 실렸다. 「진리와 지칭」은 〈링구아 프랑카〉에 실렸다. 「리만 제타 추측, 그리고 최종 승자의 웃음」은 데미언 브로더릭Damien Broderick이 편집한

『이어 밀리언Year Million』(2008년)에 실렸다. '제8부 짧지만 의미 있는 생각들' 은 〈링구아 프랑카〉에 실린 것들인데, 예외적으로 「뉴컴의 문제와 선택의 역설」과 「아무도 하이젠베르크를 올바르게 이해할 수 없을까?」는 〈슬레이트〉에, 「죽음은 나쁘다?」는 〈뉴욕 타임스 북 리뷰〉에, 「돌의 마음」은 〈뉴욕 타임스 매거진〉에 실렸다.

　　다음 편집자들께 감사드린다. 〈뉴욕 리뷰 오브 북스〉의 (고) 로버트 B. 실버스Robert B. Silvers, 〈뉴요커〉의 헨리 파인더Henry Finder와 레오 캐리Leo Carey, 〈런던 리뷰 오브 북스〉의 메리-케이 윌머스Mary-Kay Wilmers와 폴 마이어스 코Paul Myerscough, 〈슬레이트〉의 제이컵 와이스버그Jacob Weisberg, 메건 오로 크Meghan O'Rourke, 그리고 잭 섀퍼Jack Shafer, 〈뉴욕 타임스 북 리뷰〉의 샘 타넨 하우스 슈슬러Sam Tanenhaus Schuessler와 제니 슈슬러Jenny Schuessler, 〈라팜스 쿼터리〉의 루이스 라팜Lewis Lapham과 켈리 버딕Kelly Burdick, 그리고 〈뉴욕 타 임스 매거진〉과 〈링구아 프랑카〉의 알렉스 스타Alex Star.

찾아보기

494

아인슈타인이 괴델과 함께 걸을 때

초판 1쇄 발행 ︱ 2020년 5월 15일
초판 11쇄 발행 ︱ 2023년 12월 28일

지은이 ︱ 짐 홀트
옮긴이 ︱ 노태복
펴낸이 ︱ 박남숙

펴낸곳 ︱ 소소의책
출판등록 ︱ 2017년 5월 10일 제2017-000117호
주소 ︱ 03961 서울특별시 마포구 방울내로9길 24 301호(망원동)
전화 ︱ 02-324-7488
팩스 ︱ 02-324-7489
이메일 ︱ sosopub@sosokorea.com

ISBN 979-11-88941-44-5 03400
책값은 뒤표지에 있습니다.

이 도서의 국립중앙도서관 출판예정도서목록(CIP)은 서지정보유통지원시스템 홈페이지(http://seoji.nl.go.kr)와
국가자료공동목록시스템(http://www.nl.go.kr/kolisnet)에서 이용하실 수 있습니다. (CIP제어번호 : CIP2020014715)